河北省气象局大事记

1954—2019年

河北省气象局 编著

气象出版社
China Meteorological Press

内容简介

本书采用编年体的形式，在河北省气象局收集、整理了大量史料的基础上，客观记述了自建局以来到2019年65年中河北省气象工作的大事要情，包括机构变革、人员调动、获奖情况等，以附录的形式针对内文的要点进行补充。为记述完整、接续严谨，大事记追溯至建局前。本书更好地发挥了历史档案材料的作用，给领导和各单位提供一个了解和查找史料的纲目，能够使河北省气象工作者更加深入地认识和理解河北气象事业，是河北省气象机关工作必备的工具书。

图书在版编目（CIP）数据

河北省气象局大事记：1954—2019年／河北省气象局编著． -- 北京：气象出版社，2023.3
ISBN 978-7-5029-7938-6

Ⅰ．①河… Ⅱ．①河… Ⅲ．①气象局-大事记-河北-1954-2019 Ⅳ．①P451-092

中国国家版本馆CIP数据核字(2023)第044347号

河北省气象局大事记（1954—2019年）

Hebei Sheng Qixiangju Dashiji（1954—2019 Nian）

河北省气象局　编著

出版发行：气象出版社	
地　　址：北京市海淀区中关村南大街46号	邮政编码：100081
电　　话：010-68407112（总编室）　010-68408042（发行部）	
网　　址：http://www.qxcbs.com	E-mail：qxcbs@cma.gov.cn
责任编辑：邵　华　宋　祎	终　　审：张　斌
责任校对：张硕杰	责任技编：赵相宁
封面设计：追韵文化	
印　　刷：中煤（北京）印务有限公司	
开　　本：889 mm×1194 mm　1/16	印　张：21.25
字　　数：548千字	
版　　次：2023年3月第1版	印　次：2023年3月第1次印刷
定　　价：158.00元	

本书如存在文字不清、漏印以及缺页、倒页、脱页等，请与本社发行部联系调换。

《河北省气象局大事记（1954—2019年）》编撰委员会

主　　编：张　晶

副 主 编：王世恩　王欣璞　赵黎明　郭树军

　　　　　汤仲鑫（特邀）　张广智（特邀）

执行主编：张润民

序言

砥砺奋进六五载　扬帆启航新征程

　　1954年12月，河北省气象局正式成立。历经69年时光磨砺，河北气象事业在艰难中起步、在探索中前进、在创新中发展，不断焕发出勃勃生机。

　　回望过去，风华正茂；不忘初心，砥砺前行。69年来，河北气象事业在党的路线、方针、政策的指引下，在中国气象局和省委省政府的领导下，科研业务、人才队伍、技术装备、基础设施、精神文明等各个方面都取得了长足进步，探索走出了一条具有中国特色的社会主义气象事业发展之路，造就了一支基本适应气象事业发展需要的高素质人才队伍，初步建成了以先进科学技术为支撑的现代气象业务体系、供给普惠化的气象服务体系、宽领域广覆盖的综合气象探测体系、防抗结合的新型气象灾害防御体系、功能完善的气象技术保障体系，气象服务领域日益扩大，服务手段不断改善，气象服务的经济效益、社会效益和生态效益显著增强。

　　河北省气象局随着省会的变迁经历了保定、天津、保定到石家庄的数次搬迁。河北省气象部门经历了"63·8""75·8""96·8"等特大洪涝灾害；经历了邢台、唐山、张北地震；经历了几十年一遇的干旱、风暴潮、冰冻、大雾、暴雪、沙尘暴、森林大火和雾/霾。在自然灾害面前，河北气象人恪守职业操守，分分秒秒战斗在防灾减灾第一线，所体现出的"准确、及时、创新、奉献"的新时期气象精神，成为推动气象事业发展的宝贵精神财富。

　　俯身但务耕耘事，不觉硕果满枝头。《河北省气象局大事记（1954—2019年）》客观记述了建局以来我省气象工作的大事要情，为我们展示了河北气象事业65年的风雨历程。作为一部鉴古知今、承前启后的资料性著述，不仅是对历史的记录和见证，更是对未来的激励和鼓舞，是河北气象事业的宝贵财富。相信本书的推出，必将推动全省气象工作者更加深入地认识和理解河北气象事业，极大地增强自豪感和凝聚力，彰显并传承河北气象人使命至上、无私奉献的优良品格，汇聚河北气象事业发展的强劲动力。

  本书凝聚着编纂人员的辛勤劳动，他们克服困难，伏案奋笔，历经五载，数易其稿，许多老前辈热心地提供宝贵原始资料。值此《河北省气象局大事记（1954—2019年）》出版之际，向他们表述衷心的感谢和敬意，并希望河北气象部门全体同仁以大事记为鉴，承前启后、继往开来，为更加辉煌灿烂的河北气象事业而努力奋斗。

河北省气象局局长 张 晶
2023年2月

前言

2019年是中华人民共和国成立七十周年，也是河北省气象局建局六十五周年。在为建设局史馆收集历史资料的同时，我们收集、整理、编写了《河北省气象局大事记（1954—2019年）》一书，目的是更好地发挥历史档案材料的作用，向领导和各单位提供一个了解和查找史料的纲目，是河北省气象局机关工作必备的工具书。

该书采用编年体的形式，简要客观地记述了自建局以来到2019年10月全省气象工作的大事要情，为记述完整、接续严谨，大事记追溯至建局前。但限于编者水平有限和现存档案材料的不全，难免有错漏之处，望补充指正。

河北省气象局办公室

河北省气象事业65周年回顾项目编纂办公室

二〇一九年十月

编写说明

一、《河北省气象局大事记（1954—2019年）》收录资料来源：《中国气象局大事记》、河北省气象局档案资料、河北省气象局部分大事记、《河北省志·气象卷》和部分回忆录等资料，收录时间从河北省气象局建局有档案记录以来到2019年11月。

二、全书由张润民同志统编。王素侠、张永红负责部分档案收集，汤仲鑫、张广智、马瑞隽、李立宪、郭迎春、张润民、闫树龙、夏唯光等同志分别进行章节勘校和全书初审；办公室领导刘怀玉、赵妙文、李红艳、杨雪川、张冀梅先后进行指导和复审；局领导张晶、王世恩、赵黎明等多次提出指导意见并参与该书的终审工作。

三、《河北省气象局大事记（1954—2019年）》内关于机构名称前后不一，主要是严格按照机构当时称谓进行编辑，例如：中央气象局、国家气象局、中国气象局；河北省人民委员会、河北省革命委员会、中共河北省委、河北省人民政府；华北军区气象处气象科、华北区气象处河北省气象科、河北省革命委员会水文气象工作总站、河北省气象局等。本书中简称"省局、市局和县局"的分别为"省气象局、市气象局和县气象局"。

四、参与本书编辑工作的还有河北省气象局机关各职能处室的领导和同志们，由于参与人员较多，本书中将不一一列出名单。在此一并感谢！

五、编辑本书在资料收集中因年度跨越时间较长，所利用资料缺乏和编辑水平有限，发生错漏在所难免，故不能盖全河北省气象工作之大事，请同志们在今后的工作中勘误补正。

编　者

二〇二二年三月

目 录

- ◆ 序言
- ◆ 前言
- ◆ 编写说明
- ◆ 中华人民共和国成立前
  （1912—1949 年）……………… 1
- ◆ 中华人民共和国成立后—河北省气象局
  建局前（1949.10—1954.11）……… 3
- ◆ 河北省气象局建局后 ……………… 6
  - ◆ 1954 年 ……………………………… 6
  - ◆ 1955 年 ……………………………… 6
  - ◆ 1956 年 ……………………………… 11
  - ◆ 1957 年 ……………………………… 13
  - ◆ 1958 年 ……………………………… 15
  - ◆ 1959 年 ……………………………… 19
  - ◆ 1960 年 ……………………………… 20
  - ◆ 1961 年 ……………………………… 23
  - ◆ 1962 年 ……………………………… 24
  - ◆ 1963 年 ……………………………… 25
  - ◆ 1964 年 ……………………………… 33
  - ◆ 1965 年 ……………………………… 35
  - ◆ 1966 年 ……………………………… 36
  - ◆ 1967 年 ……………………………… 37
  - ◆ 1968 年 ……………………………… 37
  - ◆ 1969 年 ……………………………… 37
  - ◆ 1970 年 ……………………………… 37
  - ◆ 1971 年 ……………………………… 37
  - ◆ 1972 年 ……………………………… 38
  - ◆ 1973 年 ……………………………… 38
  - ◆ 1974 年 ……………………………… 39
  - ◆ 1975 年 ……………………………… 40
  - ◆ 1976 年 ……………………………… 40
  - ◆ 1977 年 ……………………………… 42
  - ◆ 1978 年 ……………………………… 42
  - ◆ 1979 年 ……………………………… 45
  - ◆ 1980 年 ……………………………… 46
  - ◆ 1981 年 ……………………………… 49
  - ◆ 1982 年 ……………………………… 50
  - ◆ 1983 年 ……………………………… 51
  - ◆ 1984 年 ……………………………… 53
  - ◆ 1985 年 ……………………………… 56
  - ◆ 1986 年 ……………………………… 60
  - ◆ 1987 年 ……………………………… 61
  - ◆ 1988 年 ……………………………… 65
  - ◆ 1989 年 ……………………………… 67
  - ◆ 1990 年 ……………………………… 69
  - ◆ 1991 年 ……………………………… 71
  - ◆ 1992 年 ……………………………… 72
  - ◆ 1993 年 ……………………………… 74
  - ◆ 1994 年 ……………………………… 77
  - ◆ 1995 年 ……………………………… 79
  - ◆ 1996 年 ……………………………… 82
  - ◆ 1997 年 ……………………………… 86
  - ◆ 1998 年 ……………………………… 88
  - ◆ 1999 年 ……………………………… 91
  - ◆ 2000 年 ……………………………… 93
  - ◆ 2001 年 ……………………………… 94
  - ◆ 2002 年 ……………………………… 96
  - ◆ 2003 年 ……………………………… 98

- 2004年 …… 101
- 2005年 …… 103
- 2006年 …… 106
- 2007年 …… 109
- 2008年 …… 113
- 2009年 …… 118
- 2010年 …… 129
- 2011年 …… 133
- 2012年 …… 139
- 2013年 …… 145
- 2014年 …… 149
- 2015年 …… 151
- 2016年 …… 154
- 2017年 …… 159
- 2018年 …… 162
- 2019年 …… 165

附　录 …… 169

附录1　河北省气象局隶属及沿革 …… 169
附录2　河北省气象局党的组织机构沿革 …… 170
附录3　河北省气象学会历届建会情况 …… 172
附录4　河北省气象局历任局领导及其任职时间 …… 177
附录5　河北省气象部门当选省以上党的会议代表、人大代表、政协委员及其他组织统计 …… 179
附录6　河北省气象局工青妇工作情况 …… 181
附录7　河北省气象部门享受政府特殊津贴人员统计 …… 186
附录8　河北省气象部门当选首席人员统计 …… 186
附录9　河北省气象部门正高级工程师统计（共48名，以姓氏笔画为序） …… 187
附录10.1　河北省气象部门获得省部级以上个人荣誉统计（行政部分） …… 189
附录10.2　河北省气象部门获得省部级以上个人荣誉统计（业务部分—填图） …… 200
附录10.3　河北省气象部门获得省部级以上个人荣誉统计（业务部分—预报） …… 200

附录10.4　河北省气象部门获得省部级以上个人荣誉统计（业务部分—测报） …… 206
附录10.5　河北省气象部门获得省部级以上个人荣誉统计（业务部分—通信网络） …… 257
附录11　河北省气象部门获得省部级以上集体荣誉统计 …… 259
附录12　河北省气象部门获得省部级以上科研成果统计 …… 271
附录13　河北省气象局各级机构设置（2019） …… 284
附录14　河北气象工作中的第一 …… 286
附录15　省、市电视天气预报节目各阶段具体开播时间 …… 291
附录16　全省气象部门开通政府服务终端、地-县微机终端时间 …… 292
附录17　"121"天气预报自动答询系统开通时间 …… 292
附录18　河北省气象部门各类业务比赛（竞赛）统计 …… 293
附录19　河北省气象部门在全国、华北区及全省各类业务比赛（竞赛）情况统计 …… 297
附录20　河北省有关气象工作的地方法规、政府规章目录 …… 301
附录21　河北省气象局处级以上干部名录 …… 302
附录22　河北省气象局历年人员情况统计（1980—2019） …… 317
附录23　河北省气象部门赴南极科考情况统计 …… 319
附录24　河北气象65周年纪 …… 319
附录25.1　石家庄气象赋 …… 320
附录25.2　承德气象赋 …… 321
附录25.3　张家口气象赋 …… 321
附录25.4　秦皇岛气象赋 …… 323
附录25.5　唐山气象赋 …… 323
附录25.6　沁园春·廊坊气象 …… 324
附录25.7　保定气象赋 …… 324
附录25.8　衡水气象赋 …… 325
附录25.9　邢襄气象赋 …… 325
附录25.10　邯郸气象赋 …… 326

中华人民共和国成立前
（1912—1949年）

1912年　北洋政府在保定设立直隶农事试验总场测候所。

1914年　天津成立直隶农事试验场（今北宁公园处）气象观测分所。

1918年　天津成立顺直水利委员会。

1919年5月　中华民国政府京绥铁路工程处在万全县（现张家口市察哈尔烈士陵园附近）进行连续17年的降水观测，这是张家口市有气象记录以来现存最早的降水资料。

1926年　法国传教士在开滦筹建开滦矿务局测候所。

1927年　河北大学农科所在保定西关薛家庄开展气象观测。

1928年　国民革命军攻克平津（今北京、天津）后，中华民国政府建设委员会派员接收顺直水利委员会，改组为华北水利委员会。

1929年　华北水利委员会成立北方大港筹备处并于1931年在乐亭县穆楼村建立测候所。

1937年　日本占领天津后，华北水利委员会撤离天津，日本人在天津军粮城建立华北农事试验场军粮城支场。

1937年1月　中华民国政府在万全县（现张家口市察哈尔烈士陵园附近）建立测候所，开始气象观测，7月1日起记录中断。

1938年1月　伪满洲国沈阳观象台在承德建立观象台。

1939年1月　伪蒙疆联合自治政府在万全县（现张家口市察哈尔烈士陵园附近）恢复气象观测，现存6年持续观测资料。

1944年　中华民国政府成立华北观象台保定测候所。

1945年8月　日本投降后，中华国民政府中央气象局接收塘沽测候所。

1946年5月　将承德观象台改建承德气象所。

1947年4月　中华民国政府建立张家口测候所（张家口市和平公园内，1948年2月，改名为张家口气象站）。

1947年5月　中国人民解放军在河北冀中地区招录了80名学员，有45人编入华北电专陆空通信气象专业队，1948年12月，晋冀鲁豫军区通信学校合并军委三局电讯队、军委气象队，组建"华北军区电信工程专科学校"，校址现石家庄市鹿泉区大李庄。1949年10月学习结束后，大部分学员分配到陆海空三军、民航和气象部门工作，有27人从事气象工作。这是中国共产党历史上第一次通过正规专业学校培训气象人员。

1948 年 12 月 张家口第二次解放后，中国人民解放军空军察绥航空站接管了张家口气象站，成为中国共产党人民政权下张家口人民政府的第一个气象站。

1949 年 5 月 热河省农林厅接管承德气象所。

1949 年 6 月 河北省农林厅成立唐山农事试验场，开展多要素气象观测及报表记录。

从 1912 年北洋政府在直隶农事试验场正式成立测候所起，到 1949 年 10 月中华人民共和国成立前的 37 年间，全省总共先后有十几个点建立过测候所或因其他需求进行过部分项目的观测，台站分布不合理，设备标准不统一，资料保存残缺不全，且大部分因战争破坏，台站留存甚少，对河北省的天气和气候研究基本空白。

中华人民共和国成立后
——河北省气象局建局前
（1949.10—1954.11）

1949 年

10 月　张家口气象站隶属中国人民解放军空军察绥航空站建制。

12 月 8 日　中央人民政府人民革命军事委员会气象局（简称军委气象局）成立，负责接收、管理、新建全国各级气象机构。

1950

8 月　察哈尔省农业劳动模范怀安县太平庄农民贾化龙首创利用蔚县纸炮轰打雹云的方法驱雹。

1951 年

7 月　东北军区气象处、热河军事部、热河省军区将承德气象所改建为承德气象站。

1952 年

6 月 20 日　中国人民解放军华北军区气象处成立，负责管理北京、天津、河北、山西、内蒙古等省（自治区、直辖市）的气象机构，华北军区气象处下设天气科、测政科、机要科、通讯科、器材科及办公室，编制 50 余人，办公地址为天津市哈尔滨道 229 号。

8 月　河北省军区司令部设立气象科。

9 月 15 日　中央军委气象局将所属塘沽气象站正式移交华北军区气象处领导。

11 月　察哈尔省撤销，其所属察南、察北两个专区合并为张家口专区，连同张家口、宣化两市划属河北省，所属气象站因行政区划变动划归河北管辖。

1953 年

1 月　大气探测业务执行中华人民共和国全国统一的气象观测规范。

7月1日 河北省军区司令部设立气象科，科长：马鸣山；参谋：杨永生；见习参谋：王兴业、张墨方；见习生：范光斗；会计、报务员、观测员、机要员、摇机员等。

7月16日 农林等经济建设部门提出在河北建设一部分气象站和气候站。

类别	建站地点	建站理由	地址
气象站	石家庄	农场需要	农场内
	汉沽	农场需要	汉沽国营机械林场
	冀衡	农场需要	冀衡国营机械林场（衡水、冀州之间）
	永年	农场需要	永年国营机械林场
	保定	农场需要	保定国营机械林场
	双桥	农场需要	双桥国营机械林场
	芦台	农场需要	芦台国营机械林场
	五里店	农场需要	五里店国营机械林场
气候站	唐山	农场需要	农场内
	沙岭子	农场需要	农场内
	昌黎	农场需要	农场内
	通县	农场需要	农场内
	邯郸	纺织工业部需要	
	峰峰	燃料工业部需要	
	邯郸	地质部需要	
	宣化	地质部需要	
	龙关	地质部需要	（原赤城县县城所在地）

8月1日 根据毛泽东主席、周恩来总理对气象工作的批示："既为国防建设服务，同时又为经济建设服务"精神，全省各级气象台站开始为广大群众开展预报服务。

9月1日 河北省气象工作从军队建制改为政府建制，（建立大区气象处）改称河北省气象科。

12月16日 1953年第一批新建山海关、邢台、沧县三个气象站，加之察哈尔省撤销，将其新建的蔚县、怀来县两站划归河北省，上述5站同时于1953年12月16日建妥并正式开始工作。

12月31日 中央气象局、财政部发文：自1954年1月1日起，各级气象机构的经费开支改为向政府系统领报。

同 年 华北气象处天气科增设天气预报组，开始制作短期天气预报。

1954年

1月 张家口气象站更名为中国人民解放军第六航空学校气象站。

6月29日 河北省人民政府发给"河北省气象科"木质长印一枚，自本月30日启用，原印章印模同时作废。

7—9月 接收中央地质部、河北省农林厅9处气候站：庞家堡、沙岭子、昌黎、军粮城、通县、定县、石家庄、冀衡、邯郸。气候站归气象科建制，行政和业务由气象科与农场双重领导。

8月18日 河北日报社、河北省气象科联合出台《关于灾害性天气刊登日报办法》。

8月21日 华北气象处正式结束工作，成立天津海洋气象台，下设天气、机要、通讯、观测四个股和一个秘书室，编制50人，台长刘树勋，股长分别为周学海、杨慰畔、吉福隆、刘惠贞。台址在天津市河西区八里台南（今天津市河西区气象台路100号），归中央气象局建制，由河北省气象局代管。

同　月 热河省财政经济计划委员会将承德市气象站改建为承德市气象台。

10月11日 河北省气象科第一次气候站会议决定各种问题解决方案。列出台站编制、人事工作、领导关系、业务工作、房屋建筑和其他六大问题，提出台站改建意见：沙岭子、昌黎、邯郸、石家庄4站原地扩建；冀衡、庞家堡2站迁移扩建；军粮城站原地扩建除障。

10月18日 中央气象局通知，各大区气象处撤销后，经中央批准，将原各省（区）气象科（包括内蒙古）均改为省气象局，属省政府建制，自1955年起列入行政编制由中央拨给，各省气象局除受当地人民政府领导外，气象业务受中央气象局领导。

11月1日 保定气象站成立（由保定西关薛家庄迁至新华村西侧）。

11月16日 河北省编制委员会通知，自1955年度起省气象科列入行政编制，其人员定为27名（含勤杂人员）。

河北省气象局建局后

1954年

12月 河北省气象科改建为河北省气象局,标志着河北省气象局正式成立(地址:1954年,保定市金线胡同;1956年,保定市北关;1958年春,保定市红星路13号,现保定市气象局)。

12月1日 石家庄气象台建立(省台),首任台长:朱玉峰,地址:石家庄桥西。

12月22日 冯生臣(当时属中央气象局干部)等8人赴河内,帮助越南气象部门进行建站和培养干部等工作。

1955年

1月1日 未改局之前,从1955年1月1日起,全面工作由马鸣山同志负责领导,编制分为业务科、办公室。业务科工作包括:台站管理、审核、资料整理、供应、天气、通讯、器材等工作,由田泽坤同志负责;办公室工作包括:秘书、计划、机要、财务、打字、收发等管理,由丁连印同志负责。

1月4日 河北省气象局接管原属中国人民解放军华北军区空军部民航天津机场气象哨。

1月14日 各级气象站主任改为站长。

2月21日 河北省人民委员会〔1955〕人字第一号通知内称:河北省人民委员会所属各工作部门负责人员,业经本委员会第一次会议通过,除报请国务院任命外,希各该员先行到职工作。据此,"河北省气象科"改为"河北省气象局"。现李春光局长已到职正式工作。特此通知。

4月16日 河北省气象局接管原属中国人民解放军华北空军司令部气象处张家口气象站。

同 月 河北省气象局整理出人员花名册。

河北省气象局人员花名册(1955年4月)

部别	姓名	性别	年龄	职别	籍贯	参工时间	文化程度
省局领导	李春光	男	46	局长	遵化县	1939.5	高中
	马鸣山	男	33	代副局长	新城县	1938.1	初中
局办公室	丁连印	男	27	主任	山东东平县	1945.5	相当初中
	廉介之	男	38	秘书	成安县	1945.12	初中
	蔡维才	男	21	人事科员	枣强县	1947.6	相当初中

续表

部别		姓名	性别	年龄	职别	籍贯	参工时间	文化程度
局办公室		郭喜善	男	27	人事科员	河南辉县	1947.5	相当高小
		杨生荣	男	25	机要科员	山西离石县	1944.7	初中
		袁贻谷	男	38	会计	江苏金山县	1949.3	大学二年
		王士臣	男	20	会计	河南封邱县	1951.8	初中一年
		王斯仓	男	35	管理员	饶阳县	1950.2	初中
		李淑贤	女	23	打字员	饶阳县	1950.1	高小
		杜济涛	女	21	收发	四川纳溪县	1951.8	初中
局业务科	业务组	田泽坤	男	26	科员	安平县	1941.5	初中
		周厚德	男	24	台站科员	山西广灵县	1947.1	高小
		陈吉明	男	23	气候站科员	江苏海门县	1949.1	高中
		陈蕴生	男	37	台站科员	天津市	1949.2	高中
		王援军	男	24	天气科员	阳原县	1950.11	初中
		范光斗	男	20	通信科员	天津市	1951.1	高中二年
		陈玉玺	男	32	器材科员	河南获嘉县	1945.2	高小
		陈泽翠	女	19	机务员	上海市	1951.1	高中二年
	审核组	孙慧涵	女	23	审核员	上海市	1951.6	高中
		宋蒨如	女	18	审核员	山东济南市	1951.7	初中
		陆 慧	女	19	审核员	南京市	1951.6	初中
		萧承茂	男	18	审核员	四川铜梁县	1953.9	初中
	资料组	刘舜华	女	21	资料员	南京市	1949.6	初中三年
		查一棠	女	19	资料员	江苏丹阳县	1951.6	初中
共计		26人						

河北省气象局台站人员花名册（1955年4月）

部别	姓名	性别	年龄	职别	籍贯	参工时间	文化程度
河北省气象局石家庄气象台	朱玉峰	男	27	台长	山西石玉县	1937.8	初小
	戴禾年	男	26	预报小组长	上海市	1952.9	大学
	陈志文	男	19	预报员	福建南安县	1951.2	高中一年
	蒋桂清	女	20	预报员	安徽宿城县	1951.7	高中一年
	王 群	女	21	预报员	湖南湘泽县	1951.6	初中
	曾新民	男	19	机务员	四川简阳县	1953.6	高中二年

续表

部别	姓名	性别	年龄	职别	籍贯	参工时间	文化程度
河北省气象局石家庄气象台	张绍棣	男	18	机务员	四川成都市	1953.3	初中
	付湘媛	女	21	填图员	四川荣县	1951.3	初中二年
	柴淑英	女	18	填图员	浙江宁波市	1951.8	高小
	郑清海	男	23	管理员	丰润县	1951.1	高小
	王永祥	男	22	机务组长	山东黄县	1950.12	高中一年
	廖振华	女	22	机务员	湖南湘潭县	1951.6	高中一年
	徐纪南	女	18	机务员	辽宁朝阳市	1951.6	高小
	刘文甲	男	20	机务员	辽东东阳县	1953.3	高中三年
	翟景铮	男	18	机务员	河北栾城县	1953.3	高中二年
	赵诚英	女	22	观测员	安徽六安县	1951.6	初中
	朱显达	男	16	观测员	四川巴县	1953.9	初中
	张湧线	男	18	观测员	四川璧山县	1953.9	初中
	吴培厚	男	17	观测员	四川铜梁县	1953.9	初中
	龙汉洪	男	19	见习观测员	湖北天门市	1954.3	初中
	谷旭恒	男	25	报务主任	安国县	1947.7	高小
	闫海朝	男	20	报务员	山东菏泽县	1951.7	中学
	范景哲	女	24	报务员	阜平县	1950	高小一年
	吴彩章	女	20	报务员	南京市	1949	高小
	吴 玲	女	22	报务员	南京市	1950.3	初中二年
	张连碧	女	20	报务员	湖南安乡县	1951.1	初中
	吴久胜	男	19	报务员	湖北省枝江县	1954.3	初中
	张自成	男	18	报务员	湖北松滋县	1954.3	初中
	饶志民	男	18	报务员	湖北孝感县	1954.3	初中
	卞清利	男	17	报务员	湖北蕲春县	1954.3	初中
	李文通	男	24	会计	深泽县	1949	初中
	刘 影	女	20	填图员	束鹿县	1953.9	初中
共计	32人						

河北省气象局台站人员花名册（各气候站 1955年4月）

部别	姓名	性别	年龄	职别	籍贯	参加工作时间	文化程度
石家庄气候站	王 亨	男	25	气候员	山西平遥县	1949.4	高中
	牛庸芝	男	26	气候员	高邑县	1949.3	初中
	余龙祥	男	20	气候员	安徽宿县	1954.8	高中

续表

部别	姓名	性别	年龄	职别	籍贯	参加工作时间	文化程度
宣化沙岭子气候站	彭望光	男	20	气候员	江苏吴县	1951.3	初中
	周其日	男	20	气候员	浙江富阳区	1951.1	高中
昌黎气候站	刘相陞	男	23	气候员	乐亭县	1951.12	高小
	王英庶	男	37	气候员	辽宁沈阳市	1949.3	初中
	冯亿荪	男	20	气候员	江苏无锡市	1951.6	初中
通县气候站	刘德懿	男	23	气候员	河北省房山县	1952.7	高中
	杜俊生	男	23	气候员	河北省房山县	1952.7	初中
军粮城气候站	刘福昌	男	23	气候员	安徽濉溪县	1954.1	初中
	尹学诚	男	33	气候员	河北省大兴县	1954	高中
定县气候站	李敬芬	女	19	气候员	安平县	1951.1	初中
	陆铸钧	男	20	气候员	江苏崇明县	1950.6	高中
庞家堡气候站	赵尚仁	男	20	气候员	山西大仁县	1951.5	初中
	熊绍华	女	25	气候员	四川涪陵区	1953.3	高中
邯郸气候站	王幂禄	男	23	气候员	南河县	1951.7	高中
	沈桂蓝	女	21	气候员	山东临清市	1953.	高中
冀衡气候站	郭福钰	男	24	气候员	沧县	1951.8	高中
	岳冠群	男	19	气候员	冀县	1954.4	高小
张贵庄气象观测哨	郑志群	男	25	观测员	束鹿县	1947.6	初中
	刘玉坤	女	22	观测员	四川三台县	1950.10	高中
	邹畹芝	女	26	观测员	江苏泰州市	1950.10	高中
共计	23人						

5月6日 中央气象局发文《关于进行测定土壤蒸发试验工作的通知》，石家庄与北京、南京等10个气象（候）站进行此项试验工作。

5月20日 河北省气象局统一制发各气象（候）台站、观测哨印章。由此统计当时建设和接收的各类台站共26个，其中气象台1个；气象站10个；气候站14个；观测哨1个（见列表）。

河北省气象台站统计表（1955年5月）

一、气象台（1）			
序号	名称	地址	主要领导
1	河北省石家庄气象台	石家庄市郊区	朱玉峰

二、气象站（10）			
序号	名称	地址	主要领导
1	河北省保定气象站	保定市一区	李房山
2	河北省山海关气象站	山海关太傅庙	周厚德
3	河北省邯郸气象站	邯郸市贸易东街	杨永生

续表

二、气象站（10）			
序号	名称	地址	主要领导
4	河北省张家口气象站	张家口近郊	马 光
5	河北省蔚县气象站	蔚县西合营镇	张墨方
6	河北省遵化气象站	遵化县城外	吉海明
7	河北省沧县气象站	沧县水月寺	王兴业
8	河北省邢台气象站	邢台新兵营	杨振武
9	河北省黄骅气象站	黄骅县岐口镇	李培恭
10	河北省怀来气象站	怀来沙城镇	逯俊喜

三、气候站（14）		
序号	名称	地址
1	河北省邯郸气候站	邯郸市贸易东街
2	河北省昌黎气候站	昌黎果树园试验场
3	河北省军粮城气候站	宁河县军粮城
4	河北省定县气候站	定县西北城根定县专区农场
5	河北省宣化庞家堡气候站	庞家堡中央地质部221队
6	河北省通县气候站	通县东站通县专区农场
7	河北省石家庄气候站	石家庄市郊区
8	河北省宣化沙岭子气候站	沙岭子农业试验场
9	河北省涞源气候站	
10	河北省张北气候站	
11	河北省冀县（冀衡）气候站	南良庄冀衡机械农场
12	河北省峰峰气候站	
13	河北省柏各庄气候站	
14	河北省邯郸气候站	邯郸南郊邯郸专区农场

四、观测哨（1）	
序号	名称	地址
1	河北省张贵庄观察哨	天津张贵庄

注：有通信台2处。

6月13日 河北省人民委员会发（河北省气象局）铜质印章一枚，旧铜质方印、木质长印（河北省气象科）交回作废。

6月15日 河北省气象局启用铜质印章，并刻制"河北省气象局业务科""河北省气象局办公室"印章，与局章同时启用。

6月28日 河北省农业厅、河北省气象局联合发文要求农业试验站应设专人掌管气象观测工作。

7月19日 河北省气象局确定本年度农场气候站主要任务。

1. 物候观测站：石家庄、昌黎、邯郸、沙岭子。

2. 土壤湿度测定站：石家庄、定县、军粮城、沙岭子。

3. 土壤蒸发观测站：石家庄。

同　月　张家口气象站又改名为中国人民解放军2536部队2支队气象站。

8月　河北省气象局将石家庄气象台定位为省级气象台架构，并开展短期天气预报业务。对外发布的天气预报采用密码形式，通过邮电部门直接向用户发布，主要服务对象为仓库、铁路、纺织、运输、建筑、水利等部门。

9月12日　中共河北省委批复任免干部，李春光任河北省气象局局长（8月19日中央政治局会议批准）；马鸣山免去其代理河北省气象局副局长职务（8月19日中央政治局会议批准）。

10月5日　河北省气象局发函，转河北省人民委员会人事局转国务院人事局〔1955〕国人字第3051号通知：经国务院1955年9月16日第18次全体会议通过：李春光任河北省气象局局长。

12月8日　河北省气象局（机关）人员统计，总计：34人，男22人，女12。其中40～60岁1人，40岁以下33人，大学3人，高中7人，初中12人，相当初中12人。

1956年

1月1日　经国务院批准，本日起民航气象台（站、组）改为气象系统建制，但仍作为民航机场组成单位之一，实行气象和民航两部门的双重领导。

1月6日　为适应新形势的发展和加强河北地区的气象服务工作，经国务院批准将天津海洋气象台划归河北省气象局建制领导。

1月18日　热河省气象局正式撤销，所属台站划归河北省气象局管辖。按照国家档案局要求，热河省气象局的全部档案资料原则上均统一交河北省人民委员会保管，其他省有需要时可以借用。

3月13日　中共河北省委批复，经中央政治局2月24日批准，李国庆同志任河北省气象局副局长。

4月13日　天津海洋气象台正式向河北省气象局办理移交工作，天津海洋气象台改名为河北省气象局天津海洋气象台。原天津海洋气象台所负责的海洋预报仍由该台负责，塘沽、张贵庄气象站也仍属天津海洋气象台建制。

5月4日　河北省气象局出台关于灾害性天气预报警报的预防工作和使预报警报下乡划分服务地区的计划。

1. 天津海洋气象台为全省天气服务中心。
2. 石家庄气象台（准备搬至保定）为专业服务性能的气象台。
3. 承德气象台为专业服务性能的气象台。

5月17—23日　河北省第一届气象工作会议在保定市召开，省气象局、省气象台、天津海洋气象台、承德气象台和全省各地气象站、气候站的主要负责人共50多名代表参加会议（建局以来首次有市、县气象局领导参加的会议）。

6月1日　原热河省气象局正式移交河北省气象局。

6月16日　河北省气象局李春光局长向省委报告摘要：我省气象事业自1953年9月在军事系统转建的基础上，当时只有气象站5处，干部30余人，至1955年底，已发展到气象台1处、气象站12处、气候站14处、干部210人。根据中央指示精神及新形势发展需要，1956年接管气象台2处、气象站3处、气候站3处、观察哨1处，新建气象台2处、气象站4处、气候站29处。

6月19日 河北省气象局将温压湿日周转仪器分发各台站，7月1日开始将原有周转自记仪器撤换，8月1日开始启用新仪器。

同　月 根据中央广播事业局、中央气象局文件精神，本月起在全省各人民广播电台和有线广播站建立《天气预报》广播节目，每日定时广播天气预报。

7月1日 河北省气象局发文《关于布置大台（站）管小站通知》。

1. 大台站确定：天津海洋气象台、石家庄气象台、承德气象台、邯郸气象站、张家口气象站、沧县气象站、保定气象站（省局）七处。

2. 大台（站），管小站划分详见下表。

河北省气象局大台（站）管小站分配表

序号	大台（站）	小站	数量
1	天津海洋气象台	塘沽、山海关、霸县、大清河、遵化气象站；通县、昌黎、唐山、迁安、柏各庄、秦皇岛、蓟县、密云、大兴气候站；张贵庄观察哨	15
2	石家庄气象台	饶阳气象站；井陉、定县、安国、衡水、冀县、赞皇、辛集气候站	8
3	承德气象台	围场、丰宁、青龙气象站；鱼儿山、御道口、承德、张三营、凤山、大庙、寿王坟气候站	10
4	邯郸气象站	邢台气象站；永年、峰峰、涉县、大名、广宗、宁晋气候站	7
5	张家口气象站	怀来、蔚县气象站；庞家堡、沙岭子、张北气候站	5
6	沧县气象站	岐口气象站；庆云、泊镇、宁津、河间气候站	5
7	保定气象站（省局）	石家庄、邯郸、涞源气候站	3

7月12日 河北省气象局制定部分制度、规定和职责范围：1. 会议制度；2. 值班制度；3. 办公制度；4. 公文处理办法；5. 使用印信规定；6. 文件催办制度；7. 机关内部各科室工作职责范围。

8月11日 经中共河北省委7月26日常委会批准，河北省气象局党组干事会组成人员任职：李春光任河北省气象局党组干事会书记；李国庆任河北省气象局党组干事会副书记；高正新任河北省气象局党组干事；王希贤任河北省气象局党组干事。

9月1日 天气预报开始在《河北日报》公开刊登。

10月 气象物资供应逐步由实物供应办法改为供销管理办法，划分为中央统筹物资和省局自筹物资两部分。

1956年11月1日—1958年1月10日 河北省气象局举办气象干部训练班，1956年11月1日—12月10日基础科教学；1956年12月11日—1957年1月26日专业课教学；延期至1958年1月10日毕业。

12月17日 河北省人民委员会转发国务院任命，赵冠英同志任河北省气象局副局长（列李国庆之后）。

同　年 河北省气象局12年远景发展规划中记录1956年台站和干部情况如下。

1. 台站情况：在1955年基础上，1956年已接收气象台2处、气象站2处、气候站3处。计划新建、改建、接收气象站7处、气候站29处。

2. 干部情况：全省共有255人，其中行政干部61人，技术干部182人。

【本年度重大气象服务专题】

河北省开启天气预报服务工作

自1956年6月1日起公开发布定时天气预报以后,对水利、民航、海运、水产、盐业、工农业生产等方面起到了一定作用,服务量显著增加,通过各地人民广播电台发布了预报每日广播3～9次。有收音机或矿石机的都可以收听,利用地方报纸刊登了第2天的天气预报,利用有线广播站、收音站和暴风警报站进行传播,因而天气预报深入到了农村和沿海等广大群众之中。

1956年河北省汛期天气变化是复杂且突出的,表现在台风侵入河南等地以后引起河北省强烈的广阔的暴风雨,使省内各河系普遍出现洪峰,各河堤大小决口近千处,造成百年来罕有的水灾。在全省广大群众与洪水紧张搏斗的同时,气象工作紧密地配合,支援了本次紧张的战斗,为及时准确地进行天气预报,各台加速了抄报、填图、分析、供应等方面的工作,为领导指导防汛及采取防汛措施等方面提供了重要参考资料。

对渔民因天气变化所造成的人身伤亡事故及渔业生产上的损失比1955年大为减少,如4月28日乐亭县渔民马志方赴东海生产,接到大风警报后,立即从海上安全抢收网具回港,他感激地说:"这回不是政府的预报,一定被大风堵在海里,连命都保不住,更谈不到抢收网具了。"对于农业生产方面,提供了很多有利于生产的气象资料,特别是公开广播以后,普遍深入到农村,指导了生产,如宁河县密会庄、唐县北放水村农业生产合作社在麦收时,每逢听到次日晴天的广播就大力进行打麦和晒麦,顺利地完成了麦收任务。据昌黎地区不完全的统计,因有了预报使安山乡的1100亩麦子和2100亩旱稻未受损失,城关区700斤烟叶未被雨淋,100多万斤白薯未受霜冻,以及保证了县粮食局510万斤的晒粮任务。对工业生产方面也同样起到了显著作用,如在八月初台风影响到石家庄期间,该市药厂听到天气预报后,便把放在露天地里的71吨药品搬到屋内,避免了1万多元的损失,该市焦化厂听到下大雨预报后马上安装了水泵,向外排水,没有影响到生产。

1957年

1月1日 河北省气象台更名为石家庄专区气象台。

1月7日 河北省气象局发文明确正规行文手续:1.实行一文一事制;2.一律自左而右,横排横写,左侧装订,纸的大小一律采用十六开单页、八开双页。

1月8日 河北省气象局印发《有关观测方面的一点意见》,主要针对近期迁站事宜提出。"今后若遇台站迁址,若前后站址地理环境差异较大,迁移站址后的记录将产生不均一性,为了使前后两段资料可以比较参考他用,在迁址后的一段时间内,在新旧站址,对重要气象要素做一同时间的观测(平行观测)"。

同　月 自1957年初,河北省气象局开展了以科室为单位(五科一室)的文书处理部门的立卷工作。

3月6日 中央气象局通知,因利用率不高,决定撤销第一(天津)流动气象台。

4月11日　中央气象局批复河北省气象局设立（天津）气象仪器检定机构。

4月25日　《中国青年报》刊登青年气象先进工作者（群像）照片，河北省气象局孙顺衍在列。

4月29日　毛泽东、朱德、邓小平等党和国家领导人在北京接见出席全国气象先进工作者代表会议的代表。

※根据档案显示河北省气象局列选全国气象部门先进集体1个、先进个人4位，分别是，先进单位：庞家堡气候站（朱仲通代表先进单位出席）；先进个人：刘占先（河北天津海洋气象台）、孙顺衍（保定地区气象局）、戴禾年（石家庄气象台）、王凤辉（承德地区气象局）。

5月8日　河北省气象局就在天津建立仪器检定所一事回复中央气象局，为统一我省器材工作，便于领导，我局意见建在保定（省局）为宜。

5月23日　农业部、农垦部、中央气象局联合发文建立农业气象试验站，将河北石家庄、邯郸气候站与全国其他7处气候站扩建为农业气象试验站。

同　日　河北省人民委员会批复同意新建古北口、南宫气象站两处。

同　月　河北省编制委员会确定河北省气象局编制。编制43人，设：局长1名、副局长2名；下设6个科，分别是：1.秘书室（主任、秘书、机要秘书、文书档案、打字文印、收发、管理员、通信员、公务员）；2.台站管理科（科长、副科长、台站科员、农业气象科员、台站检查员）；3.天气科（科长、天气科员、服务科员、通信科员）；4.计划财务科（科长、事业行政会计、统计科员、计划科员）；5.器材科（科长、科员、会计、机务员）；6.人事科（科长、科员）。

6月　河北省编制委员会确定河北省气象局事业编制，全省合计502人。其中：1.省气象局直属37人；2.训练班10人；3.气象台153人；4.气象站150人；5.气候站147人。

8月1日　贯彻全国农业发展纲要，河北省气象局制定建设目标，详见下表。

河北省气象局建设目标表

	第一个五年计划预计		第二个五年计划时期逐年达到				
	1956原有	1957预计	1958	1959	1960	1961	1962
气象台（含民航台）	5	6	7	9	9	9	9
气象站（含台观测站）	20	23	25	27	27	27	27
气候站（含各试验站）	46	53	53	56	59	61	61
观察哨				1	2	2	2
总计	71	82	85	93	97	99	99

8月25日　接管天津市农林水利局所属杨柳青、韩城桥气候站划归河北省气象局建制。

11月19日　河北省农业厅、河北省气象局联合发文《关于邯郸气象站与气候站合并的通知》，合并后仍称为河北省邯郸气象站。

12月　沽源牧场、苏鲁滩新生农牧场建成两处气象站，将于1958年1月1日正式观测记录。

同　月　河北省气象局精简机构及干部下放。行政人员编制49人，精简至26人；事业人员编制47人，精简至32人，并初步确定第二批下放干部13人名单。

【本年度重大气象服务专题】

预报服务工作情况

1957年在预报、警报的服务中取得了显著的成绩。各台经常服务的单位增加到了81个，服务次数28873次，临时服务的60个，服务次数3368次。在交通运输服务方面，一年来张贵庄民航台保证了飞班机飞行194架次，非班机661架次和本场飞行23580架次的飞行安全。

在组织农业生产、防汛、抗灾、渔业等方面，由于向各生产领导机关及时提供气象情报及雨情资料，对领导的工作预见性和计划性、及时正确布置工作、组织生产与自然灾害进行斗争发挥了很大作用。如在渔业方面，基本上避免了不可抗拒的自然灾害，渔民有了预报出海壮了胆，生命有保障。渔船上都设有专门收听预报的收音机，全省已达500多台。到1957年底，水产局设在沿海专门收听天气的暴风警报站已达19个。建立汉沽专业台以后，在盐业方面进一步密切了与生产的配合。盐务局反映说：建立汉沽台以来，由于联系方便预报准确率较高，因而便利了盐业生产的及时指导。在防汛方面，1957年除加强天气广播外，对防汛指挥部直接供应了我省48小时和外省有关24小时的天气预报和三天趋势预报，并与水利厅交换了降水资料。此外在仓储保管及其他方面也起了很大作用：石家庄1957年比1954年没有预报前就减少了100万元左右的损失，承德市社库管理物资减少了10万元，张家口4月8日的一次降温，因预报及时采取措施，未影响工程进度等。

1958年

1月1日　河北省保定气象站更名为河北省保定气象台。

1月8—14日　河北省气象局在保定召开气候专业会议，会期7天，会议通知明确要求会员代表自带粮票。

1月12日　原"河北省杨柳青气候站"来往公文借用天津市农林水利局综合试验站公章，经河北省气象局批准改名为"河北省天津气候站"。

1月14日　在《第一个五年计划执行情况简要总结》中提到，全省已建气象台6个，气象站22个，气候站53个。

同　　月　月初，青光气象站（今北辰区气象局）、杨柳青气候站（今西青区气象局）建立。

2月1日　河北省气象局、河北省农业厅联合发文，将原"河北省石家庄气候站"扩建为"河北省石家庄农业气象试验站"。

同　　月　天津市成为河北省省会。河北省气象局着手搬迁工作，先后经历一年时间。

3月20日　河北省气象局接收中国人民解放军国防体育协会张家口航空干部训练班，接收后改名称为"河北省气象局张家口民航气象台"，5月26日移交完毕。

3月22日　中央气象局通知有检定所的省（区）气象局，在编制1959年器材申请计划中应将小风洞列入。

3月31日　河北省供销社、河北省气象局联合发文《关于改变探空仪回收办法改由全省各地供销合作社按废品收购的通知》。

5月27日 河北省气象第一个五年计划执行情况总结,摘录如下。

1. 气象台站工作基本建设情况。旧中国气象事业给我们的遗产是残破不堪的,解放后,我省只有两个气象站,1953年转入地方建制后,划为天津气象台,属中央直接管理,所以当时全省一个站也没有。至1953年底才新建了5个气象站,1954年又接收了农业部门的一部分气候站。真正台站网建设还是在1955年才开始的,尤其是在1956年,随着农业合作化高潮,全省台站比前三年总计年增加了两倍多。五年共新建气象台2处,气象站13处,气候站40处,农业气候站1处。接管气象台2处,民航台1处,小型气象台1处,气象站4处,气候站12处。至1957年底气象台站达77处,其中:气象台6处(包括民航和小型台),气象站18处,气候站52处;另外,经纬仪测风5个,通报台4个。

1953—1957年各类气象台站统计表

	1953	1954	1955	1956	1957
气象台		1	1	4	6
气象站	5	6	9	16	18
气候站		8	13	44	52
农业气象试验站					1
合计	5	15	23	64	77

注:①保定台是在保定气象站基础上扩建的,故1954年气象站减少一个。②1955年以前不包括中央和热河省的台站数。

2. 五年来共投资1867504元,其中基建投资640634元(国家投资436134元,计划外投资105500元),建设面积7878平方米,共完成55处新建、2处迁站和3处扩建。

3. 1953年,仅有的5个站仪器残缺不全,当时的各种温度表除两套地温有检定证外,其他都是无检定仪器。全省只有一套雨量计,两套蒸发用的雨量器。1954年从农场接管的9个气候站配了3副干湿球温度表。为保证建站工作,把通风干湿球也拆下来代替干湿球。总之,当时的装备只是有什么配什么,有什么观测什么。经过一番努力,到1957年底,全省台站基本上配备了与工作相适应的气象仪器(包括地面、高空、农气和训练教学器材)。现配有曲管地温表33站、直管地温表15站、水银气压表44站、雨量计40站、电线结冰13站、冻土器30站、实测云高1处、风向风速自记5站、达因式风向风速计5站、温压湿自记35站(参加国际地球物理年的台站配备了备份),绝大多数有了各种备份温度表。

4. 观测工作的业务范围不断地扩展,并开展了许多新观测项目,除进行4次定时、8次绘图及补助绘图观测外,并在17个站组织了拍发航空报和13个站组织了危险天气通报,在17个站进行了气候旬报工作。

5. 农气工作。至1957年底,有30个站开展了物候观测,其中在28个站开展了器测土壤观测。16个站开展了仪器测土壤温度观测、6个站土壤蒸发观测、2个站田间小气候观测,农业气象试验研究1处,物候观测品种增到10种以上。

6. 1956—1957年开展了先进工作者运动,竞赛中先后产生了3个先进单位和40名先进工作者。

6月14日 中华人民共和国国务院科学规划委员会发文确定1958—1959年在河北建立海洋水文

气象台、站。具体为：海洋水文气象台（天津）；海洋水文气象站（一）（秦皇岛、岐河口），海洋水文气象站（二）（滦河口、大清河口、大沽、南堡）。

同　月　河北省张家口民航气象台正式成立，原河北省张家口气象站合并为张家口民航气象台观测组。

7月31日　河北省气象局将石家庄农业气象试验站和石家庄气象台合并，并移交河北省农业科学研究所（拟扩大为农业科学院迁移保定）。

同　月　河北省气象局天津海洋气象台实现天津至北京的（通过邮电部门市话、长途）有线电传电路，设备使用西德产51型电传机接传气象电报。

8月1日　河北省天津专区气象台正式成立。

8月8日　中共河北省委宣传部答复同意河北省气象局出版内部刊物《河北气象》。

8月8日—10月10日　河北省气象局为做好海洋水文台站网建设工作，组织人员先后到我省沿海秦皇岛、老米沟、大清河口、南堡、塘沽和岐口等6处进行了两次站址勘测。

9月11日　张家口民航气象台与张家口气象站合并，拟由原来的张家口市领导改为张家口专区领导。

9月29日　中央气象局发文准备协同有关部门在吉林、安徽建立基地进行人工控制局部天气重点试验，并以一部分力量参加河北省克服春旱的试验工作。

同　月　根据全国气象会议确定的"全党全民办气象"的方针，气象系统管理体制由河北省气象局统管下放到地方分管。

10月6日　河北省气象局在北京主持召开华北气象协作区第一次协作会议。

10月13日　由于河北省编制委员会"同意将原省气象训练班扩建为中等气象专业学校"的批复，河北省气象学校成立。

10月20日　根据国务院第81次会议决定将河北省密云、怀柔、平谷、延庆四个县划归北京市，故上述四个县的所属气象站因行政区划变动划归北京市气象局。

10月27日　中共河北省委向省科委、农林厅党组发信，内容如下："省委同意在我省试验大面积人工降雨计划，及建立专门委员会负责推动此项工作，并同意该委员会人选由阮泊生同志（时任河北省政府副省长）担任。请天津市委帮助解决干冰生产问题。"

11月6日　河北省人民委员会省长办公室发布《省长联合办公纪要》，第四条，关于人工降水委员会工作，可先由有关部门抽调干部建立起办公室，不另设临时编制，经费和住房问题由办公室联合有关部门解决。

同　日　河北省人民委员会发文《关于设立人工降水委员会办公室并开始办公的通知》。为战胜我省历年旱灾，省和中央有关部门已成立了河北省人工降水委员会，并设立办公室主持日常工作。办公室即日开始办公。

附发"河北省人工降水办公室"印模，联系工作地址：暂在天津市河西区遵义道天津海洋气象台。

河北省人工降水委员会名单

主　　任：阮泊生　河北省副省长
副 主 任：常　青　河北省科委副主任
　　　　　魏凤图　河北省农林厅副厅长
　　　　　王常柏　天津地委书记
　　　　　赵冠英　河北省气象局副局长
委　　员：解永先　天津市科委副主任
　　　　　黄静华　天津市计委副主任
　　　　　张仲苍　河北省交通厅副厅长
　　　　　张连桂　河北省农业大学副校长
　　　　　罗　漠　中央气象局观象台台长
　　　　　程纯枢　中央气象局观象台副台长
　　　　　沈　力　地球物理所天气控制室主任
　　　　　叶笃正　地球物理所天气控制室研究员
　　　　　沈　钟　北京大学教员
　　　　　初　光　空军司令部气象处处长
　　　　　潘　环　空军司令部气象处研究室主任
　　　　　刘铭西　河北省水利厅副厅长

11月11日　河北省气象局将密云古北口气象站、密云气候站、大兴县永合庄气候站、通州市通县气候站移交给北京市农林水利局。

11月13日—12月22日　中央气象局张乃召副局长到河南省参加南阳气象化评比现场会，并检查河南省、河北省气象局的工作。

11月14日　中央气象局要求河北省气象局仪器鉴定所协助天津各气象仪器生产厂家做好仪器出厂检定。

12月2日　中央气象局涂长望局长参加中华人民共和国科学技术委员会在北京召开的全国有关省（甘肃、河北、内蒙古、安徽、江西、吉林、青海、新疆）人工降水会议。涂长望局长在会上作了《关于人工降水方案的报告》，各省代表介绍了开展人工降水的经验。会议确定1959年人工降水工作"重点推广、扩大试验"的方针。

12月15日　河北省气象局派员参加电传机务训练班，1959年2月底结束。

12月22日　河北省气象局给省委、省人委、中央气象局发出《台站哨组星罗棋布，气象大军十万有零，我省建成气象服务网》的喜报。喜报中称："由于党的正确领导、总路线的光辉照耀、群众的大力支持、有关部门的密切配合以及全体气象工作人员的积极努力，艰苦奋战于12月21日建成了我省气象服务网，计新建气象台3个，气象站137个（包括民办站55个），气象哨1480个，气象组14343个，气象联络员55385名，全省共组成105507人的气象大军，特向领导报喜，并向1959年元旦献礼。"

12月26—31日　河北省第三届气象会议在保定举行，全省各专、县、社和气象台、站、哨的代表共220余人参加会议。河北省政府张克让副省长、中央气象局张乃召副局长参加会议并讲话（建局以来第一次开到县站、气象哨的会议）。

12月31日 河北省气象局1958年基本总结和1959年工作安排（摘要）如下。

我省气象工作在1958年有了很大跃进，尤其是全国第三届气象会议提出"全党、全民办气象"的方针以后，我省气象更出现了新的高潮。

1. 全省于12月21日基本建成了气象服务网，计划建台4个（原有7个）、建站194个（原有73个）、气象哨1597个、气象组15345个、联络员103894名，共组织168877人的队伍，为进一步开展服务打下良好基础。

2. 13个站开展中长期预报，41个站开展单站补充预报，准确率多在87%以上，其中18个台站准确率超过95%。43个台站开展了单站农业气象旬报服务，61个台站开展了物候观测，13个台站测定了土壤农业水文特性，12个站做了农业气象预报。

3. 在试验研究工作上，初步求得棉麦温度指标，试验了人工降水和赤磷防霜，并提出16篇技术总结，工作中出现了不少发明创造。对6个海洋气象台进行了勘测，并提前六个半月编制出塘沽、秦皇岛两地的潮汐预报。

4. 初步进行了人工降雨、消雾试验。

同　年 秋，河北省气象局由保定迁往天津（原因是天津市划归河北省）（地址：天津市气象台路原中央气象局海洋气象台原址）。

同　年 河北省人民委员会对河北省气象局关于建立气象站的批复，同意县县都建立气象站，同意在人民公社一级普遍建立气象组织。

同　年 河北省气象局第一次派出流动气象台，随指挥部渔船出海，为海上渔业捕捞服务。

1959年

2月17日 河北省气象局在给河北省委报送1958年工作报告和1959年主要任务中写道"在全国大跃进形势带动下，1958年气象事业有很大发展，到12月中旬，气象台站由77个发展到206个，贯彻了全党全民办气象的方针，建立了群众性的气象哨、气象组和气象员，基本建成了气象服务网"。中共河北省委于1959年2月20日批转了河北省气象局工作报告。

2月 河北省气象局由保定迁至天津，天津气象台定为河北省气象台，天津海洋气象台改名为河北省气象科学研究所。

同　月 河北省气象台开始发布渤海海面的波浪预报、渤海解冻和封冻预报。

3月23—26日 河北省气象局派员参加中央气象局召开的气候资料服务手册编写会议。

5月8—10日 河北省气象局派员参加中央气象局召开的黄海、渤海渔业生产气象服务座谈会。

5月11日 河北省气象学会在天津市成立。选举杨志民为理事长，崔杰、朱玉峰、张汉章为副理事长，崔杰为秘书长，张汉章为副秘书长；理事会由5名理事组成，未设专业学组，河北省气象学会挂靠在河北省气象局，全省会员人数43名。

6月4日 中央气象局发文《关于重新规定山东、河北、辽宁三省海洋天气预报区域范围的通知》自6月15日生效，原区域划分规定同时作废。

6月15—16日 河北省气象局领导参加中央气象局在北京召开的海洋水文气象工作座谈会。

8月10—14日　中央气象局在保定市召开全国气象教育工作经验交流会，会议主要交流各校办学和教学经验，饶兴副局长出席会议并作总结讲话。

11月2—7日　河北省气象科学研究所观测组组长刘占先同志出席全国群英大会和由中央气象局组织的先进事迹报告会。

1960年

1月1日　石家庄专区气象台更名为石家庄市气象局。

2月25日　河北省编制委员会审定河北省气象局内部机构及人员编制（见下表）。

河北省气象局内部机构及人员编制表

机构名称	编制人数	实有人数	劳动锻炼	机构地址
局机关				
局长	3	3		
秘书室	11	10	2	
人事科	4	2	1	
计划供应科	5	5	1	
海洋气象科	5	4		
台站管理科	9	6	3	
民航气象科	3	2		
合计	40	32	7	
附属事业机构				
科研所	64	64	16	天津市
气象学校	37	35	2	保定市
气象资料室	23	22	5	天津市
农业研究室	10	8	1	天津市
气象仪器检定所	17	16	5	天津市
海洋气象台	28	28	2	天津市
人工降雨研究室	10	10	3	天津市
张贵庄民航气象台	28	26		天津市
汉沽气象台	5	4		天津市
仪器仓库	5	3		暂住保定
档案管理室	4	2		天津市
民航专业机动人员	4			天津市
塘沽气象站	14	13		天津市
秦皇岛海洋气象站	11	11		秦皇岛市
大清河口海洋气象站	4	4		乐亭县
南堡海洋气象站	4	4		乐亭县

续表

机构名称	编制人数	实有人数	劳动锻炼	机构地址
黄骅海洋气象站	4	4		黄骅县
昌黎海洋气象站	4	4		昌黎县
合计	276	258	34	

2月27日 河北省气象局印发《关于建立水文气象服务站有关几个问题的意见》,确定在横山岭、岗南、王快、黄壁庄、陡河、西大洋等大型水库以及北大港、察汗湖等湖泊建立水文气象服务站,并将原安新气象站扩建成白洋淀水产水文气象试验站。

3月4日 1960年2月20日,塘沽海洋水文气象服务站作出塘沽区渔业生产主要渔场对虾、鲶鱼、黄花鱼、虾等品种的鱼群洄游预报,并首次向河北省气象局提供预报一份。3月4日,河北省气象局作出批转,并给出"这个预报做得很及时,也很好"的批示,向其他气象服务台站批转供参考。

3月21日 河北省气象局副局长在全国海洋、水产、气象、安全工作联席会议上以《坚决做好气象服务,保证水产事业继续跃进》发言,摘录如下:"我省已基本建成海洋水文气象服务网,并逐步健全和巩固,目前,全省有海洋水文气象服务台1个;流动气象服务台3个;海洋气象服务站5个;群众自办哨30个、组93个;连同联络员发展到1千多人,从而实现了社有哨、队有组、船有联络员的海洋气象服务网"。

3月22日 河北省气象局公布新成立的科、室、台和直属单位名称,并启用新印章。

1. 河北省气象局人事科。
2. 河北省气象局气象资料研究室。
3. 河北省气象局档案管理专用章。
4. 河北省气象局张贵庄民航气象服务站。
5. 河北省气象局汉沽盐业气象服务站。
6. 河北省气象局海洋水文气象服务站。
7. 河北省塘沽海洋水文气象服务站。
8. 河北省岐口海洋水文气象服务站。
9. 河北省南堡海洋水文气象服务站。
10. 河北省秦皇岛海洋水文气象服务站。
11. 河北省大清河海洋水文气象服务站。

3月25日 河北省气象局印发《关于进行潮汐预报验证工作的通知》。

同 日 河北省气象局发布《1960年3—6月鱼群汛期展望》。

3月28日 河北省气象局发布《1960年3—6月毛虾汛期展望》。

4月28日 河北省人民委员会批复:同意河北省气象局在邯郸、承德两地建立民航气象台。

5月19日 河北省气象局转发《长芦汉沽盐场天气谚语汇集》,文件称:汉沽盐业气象服务台充分利用天气谚语,开展天气补充预报,提供天气预报服务,满足盐业生产需要,保证盐业生产的安全与生产任务的超额完成,经过一年来广泛收集,并经过多次整理分析,验证提炼,最后得出具有使用价值的112条,用现代气象基本知识加以解释,汇编成册。

5月23日 河北省气象局发文《关于配合制盐研究所开展海盐蒸发研究工作的通知》。

6月28日 河北省气象局发文《关于开展海洋水文气象要素预报及大找各项指标的通知》。

6月29日 张家口市人委根据入夏以来，市科委和市气象服务站根据本市气候、地形等自然条件，进行的人工增雨、土法消冰雹和闪电制肥等局部气象控制试验研究，指示各县（区）成立人工降雨委员会，下设办公室；各公社成立人工降雨指挥部；生产大队组织火力点，大力开展人工控制局部天气的工作。

7月9日 河北省气象局确定丰润县涧河海洋气象水文服务站站址。

8月23日 河北省气象局调整部分单位名称并启用新印章。

1. 原河北省人工降水委员会调整为河北省气象局人工控制天气试验研究室。
2. 原人事科调整为人事教育处。
3. 原计划财务科调整为计划财务处。
4. 原业务科（天气台站管理科）调整为业务处。
5. 原海洋水文气象科调整为海洋水文气象处。
6. 原器材仓库调整为气象仪器供应站。

9月3日 河北省气象局确定白洋淀水产水文气象试验站和官厅水库气象水文服务站站址。

11月11日 中央气象局卢鋈副局长到河北省气象局检查工作，并在全体干部职工大会上讲话。

11月15日 河北省气象局印发《关于迅速开展海冰预报服务工作的通知》，将河北省气象局提出的"近海结冰解冻预报方法"和山东羊角沟海洋水文服务站的"河流封冻预报方法"转发，供参考。

同 年 上半年，河北省气象局要求全省各级台、站、哨一律在名称中增加"服务"二字，以适应新时期需求和服务观点，更改后的单位同时启用新印章。

例：河北省气象台更改后为河北省气象服务台。

正定县气象站更改后为正定县气象服务站。

遵化县建明公社气象哨更改后为遵化县建明公社气象服务哨。

同 年 河北省气象科学研究所调整为河北省气象台，设天津地区气象台。

【本年度重大气象服务专题】

启动海洋水产气象服务

1960年正式启动海洋水产气象服务，为了更好地服务于水产事业，1960年2月27日确定在横山岭、岗南、王快、黄碧庄、陡河、西大洋等大型水库以及北大港等湖泊、湿地，建立水文气象服务站，并将原安新气象站扩建成白洋淀水产水文气象试验站。同月，塘沽海洋水文气象服务站作出"塘沽区渔业生产主要渔场的对虾、鲶鱼、黄花鱼等品种的鱼群洄游预报"。为了全面开展海洋水文气象预报服务工作，提高服务效果，开展了海洋水文气象专业预报，如海洋温度预报、海雾预报、盐度预报、鱼群汛期洄游预报、结冰解冻预报、海浪预报。并收集整理了大量指标，如大风指标、降水指标、海雾指标、水温与气温关系指标、鱼群汛期洄游水文气象因子指标、结冰解冻时的水文气象因子指标、海带生长过程水文气象因子指标、盐业生产过程水文气象因子指标、海浪预报指标等。

1961 年

年初 河北省气象局对全省气象台站进行统计，详见下表。

全省气象台站统计表

类型	数量	1958 年前
省台	1	
专区气象台	9	
县站	96	
气候站	23	
农业气象试验站	5	
海洋台站	7	
专业站	2	
合计（台站数）	148	60 多个
合计（人数）	919	522

2月1日 自本日起，民航系统的气象台、哨全部划归民航建制，实行以民航为主的双重领导，气象部门在技术业务上仍为领导关系。

2月2日 中共河北省科委联合党组、中共河北省气象局党组向中共河北省委提交《关于扩大试验，大力推广闪电制肥新技术》的报告。报告称，承德市农业气象试验站利用自然雷电制取氮肥试验成功。为推广这一经验，河北省科委和河北省气象局于 1960 年 6 月下旬在承德市召开了现场会，国家科委、中国科学院有关所和山东、山西、内蒙古、辽宁等省（区）气象局也派人参加指导。

2月4日 据保定专区气象局 1961 年 2 月份大事汇报记录，驻涞源县的中央、省、市、县的联合人工降雪试验小组于 1961 年 2 月 4 日结合有利天气，在白石口、白马鞍进行了一次人工降雪试验，主要采用柴油、木炭烧碘化银的方法，实验证明有一定效果。

4月20日 河北省气象局印发《省局下放海洋水文气象服务站的通知》，将直属岐口、南堡、秦皇岛和大清河口四处海洋水文气象服务站分别下放当地领导。

4月25日 河北省编制委员会通知，经精简领导小组审查报省委批准，确定河北省气象局新编制 58 人（机关），局机关下设：秘书室、人事处、业务处、人工控制天气办公室。事业单位编制 80 人，省气象台 45 人、研究所 25 人、海洋气象台 10 人。合计编制 138 人。

5月8日 张家口市农林局下发《关于撤销宣化市龙关气象服务站，由蔚县站派员接交气象仪器的通知》，以此龙关（现赤城县）气象服务站从 5 月正式撤销。

7月10日 张家口地区气象台预报员于生今由组织委派协助商都县（现属内蒙古）开展人工降雨工作，在采用土火箭进行人工降雨作业过程中，因火药爆炸，造成严重烧伤，经抢救无效牺牲，经中共张家口地委批准，授予革命烈士称号。

7月29日 河北省气象局、河北省盐务管理局联合发文，将汉沽盐业气象服务站划归汉沽盐场建制。

8月23日 中央气象局发出《关于进行十年气候资料基本总结的通知》，要求对十年气候资料进行一次系统的统计、整编和分析总结，内容包括地面、高空气候资料的统计整编，绘制地面、高空气候图和编写气候分析说明三个部分。

同　月 中央气象局副局长饶兴在河北省气象局作报告，强调了气象工作"以服务为纲，以农业服务为重点"的方针和"四结合两过关"的农气工作原则及"听、看、谙、地、资、商、用、管"补充天气预报八字措施。

9月13日 河北省气象局下达《关于专、县气象机构和人员编制的意见》（见下表）。

专、县气象机构和人员编制统计表

台站类型	基本人数
专区气象局	15
专区气象服务台	29
国家基本发报台	9
县气象服务站	7
地区站（气候站）	4
一类海洋站	10～12
二类海洋站	4～5
专区农业气象试验站	10

1962年

1月1日 新的《地面气象观测规范》从即日起执行。

1月30日 1961年河北气象科学研究工作总结。1.整编分析了从1840—1949年一百年的历史旱涝资料并进行初步分析；2.研究土壤墒情预报方法，进行了有关数据调查研究；3.对人工控制局部天气工作中的降水、消雹、闪电制肥等试验研究方面进行了大量工作；4.研究了四川省中期预报方法在我省贯彻应用问题。

2月21日 河北省气象局制定《河北省气象事业十年规划提纲（1962—1972）》，规划中提到1968—1972年租用或购置气象探测和人工降水专用飞机一架。

4月24日 河北省气象局印发《关于第一批精简压缩全省气象机构及人员方案》。1.邢台、邯郸、天津、沧州、唐山专区气象台，每台暂留35人，石家庄、保定、承德专区气象台因高空任务，各增加观测员1人，每台暂留36人。2.县气象站，目前已设气象站的县，保留一县一站；县气象站属于国家基本站的暂留7人；省内基本测报站暂留4人；一般气象站暂留3人。3.县地区站，除保留承德鱼儿山、御道口站外，其他均撤销，计有：郭家屯（隆化）、凤山（丰宁）、新拨（围场）、大青沟（尚义）、浆水（邢台县）、口头（行唐）、紫荆关（易县）。

6月14日 河北省气象局调整农业气象站：1.将石家庄、唐山专区农业气象试验站改为河北省气象局直属农业气象试验研究站；2.邯郸、保定、承德专区的农业气象试验站移交给农业部门。

8月 河北省气象学校撤销（停办）。

11月21日　河北省气象局向省委省政府专题报告，近几年用于试验研究成果应用的农业生产的项目：1.冬小麦霜冻温度指标；2.棉花播期温度指标；3.小麦播期温度指标；4.长期预报方法；5.渤海风浪预报方法；6.土炮消雹试验研究；7.催化云层人工降水试验。

1963年

1月2日　河北省气象局出台《河北省气象局气象台站管理暂行办法（草案）》，提出省域内气象台站属河北省气象局建制。

1月3日　河北省编制委员会、河北省人民委员会人事局发文同意河北省气象局机关李春光、崔嵬、逯俊喜，气象台张改兰长期编外修养。

3月21日　河北省气象局根据党的精兵简政精神，对全省各类气象台站进行了调整，调整前159个，调整后109个。计：气象台11个；气象（候）站94个；农业气象试验站2个；海洋水文气象站2个。

5月26日　"河北省气象局气象干部训练班"成立。河北省气象局在1963年5月11日杨一辰副省长主持召开的省长办公会上提出设置气象干部训练班的意见，省长同意，1963年5月20日向省人委农办请示，1963年5月26日，省人委农办同意并批复。1963年6月13日，河北省气象局发文通知成立，1.编制以保定专区气象台去年末实有职工人数调制7人编制；2.气象干部训练班直属省局领导，为便于管理，委托保定专区气象局代管。

6月1日　全省各类台站经过调整现有：总计112个，气象台11个、气象（候）站97个、农业气象试验站2个、海洋水文气象站2个。其中：一类站18%；二类站71%；三类站11%。

同　月　上旬，河北省气象局在天津召开全省气象工作会议，会议代表140余人，各专气象局（台）长，各农业试验站、海洋水文气象站站长，民航、盐业、水库和农场等专业气象台派代表出席。中央气象局派员到会指导，会议期间，河北省政府杨一辰副省长出席会议，并做了目前形势和任务的报告。

8月2—9日　河北省太行山东侧一带连降特大暴雨，导致山洪暴发，河水猛涨。暴雨来势之猛、雨量之大、受灾面积之广，是近百年来历史上罕见的。洪水席卷了大半个河北平原，直接威胁着天津、北京的安全。

据统计，8月1—10日总降水量超过1000毫米的测站有：邯郸1034毫米，东川口1520毫米，石家庄1511毫米，郝庄1456毫米，朱庄1014毫米，西台裕1308毫米，獐么2051毫米，八一水库1116毫米，赞皇1187毫米，望都1061毫米，大良岗1117毫米，富岗1042毫米。

8月6日　河北省政府郭芳副省长到河北省气象台听取天气预报汇报，他满意地说："你们这几天的暴雨预报都很成功，给省人委防汛指挥部当了好助手，不要松劲，要夺取防汛、抗灾的最后胜利。"

8月14日　《河北日报》刊登了《气象台十天十夜》的文章，详尽报道了河北省气象台在抗洪抢险预报服务工作中的真实情况。

10月10—20日　华北协作区气象技术会议在天津召开，会议由河北省气象局召集。参加会议的有：河北、山西、内蒙古、北京等省（自治区、直辖市）气象局代表，中央气象局和山东、河南省气象局以及水利、军事等有关部门的代表应邀参加。中科院陶诗言、杨鑑初先生，北大仇永炎副教授也应邀参加会议。会议议程：1963年11月—1964年8月长期天气展望；分析1963年8月上旬出现的以河北省为中心的特大暴雨；交流预报改革技术经验。

10月29日 河北省气象局印发《关于加强与邻省、专气象台天气情报、预报、会商等协作问题的通知》。文件要求：1.邻省（自治区、直辖市）及各省邻专区各气象台之间互相交换长期预报；2.互通灾害性天气情报及预报，当所属地区内发生灾害性天气现象时，结合本台预报意见，及时用电话将实况及预报通知有关邻省地区气象台（省级对省级，专级对专级）；3.相互支援重大服务任务的天气情报、预报。

10月30日 河北省气象局事业机构统计见下表。

河北省气象局事业机构设置一览表

序号	单位名称	人数	地址
1	河北省气象台	40	天津市河西区气象台路
2	河北省气象科学研究所	27	同上
3	河北省气象仪器检定所	5	同上
4	河北省气象干部训练班	7	保定市红星路东头
5	河北省石家庄农业气象试验站	9	石家庄市西郊
6	河北省唐山农业气象试验站	7	唐山市吉祥桥
7	河北省塘沽海洋水文气象站	18	塘沽新港
8	河北省秦皇岛海洋水文气象站	11	秦皇岛市海港码头
9	河北省张家口专区气象台	34	张家口市郊姚家庄机场
10	河北省承德专区气象台	34	承德市南营子小佟沟
11	河北省唐山专区气象台	31	唐山市西山口
12	河北省天津气象台	32	天津市河西区气象台路
13	河北省沧州专区气象台	31	沧州城西北水月寺
14	河北省衡水专区气象台	20	衡水城东郊
15	河北省保定气象台	34	保定市红星路
16	河北省石家庄专区气象台	34	石家庄市中山路
17	河北省邢台专区气象台	33	邢台市新兵营
18	河北省邯郸专区气象台	32	邯郸县中堡村
19	河北省怀来县气象服务站	8	怀来县沙城镇西堡村
20	河北省蔚县气象服务站	9	蔚县西合营西庄村
21	河北省张北县气象服务站	5	张北县城西门外
22	河北省沽源县气象服务站	5	沽源县苏鲁滩新生农场
23	河北省康保县气象服务站	4	康保县北关外
24	河北省赤城县气象服务站	4	赤城县城南门外
25	河北省尚义县气象服务站	3	尚义县南壕堑镇西梁头
26	河北省怀安县气象服务站	3	怀安县城西关
27	河北省阳原县气象服务站	3	阳原县城西南郊外
28	河北省崇礼县气象服务站	3	崇礼县城关

续表

序号	单位名称	人数	地址
29	河北省宣化县气象服务站	3	宣化县洋河南沙河东村
30	河北省涿鹿县气象服务站	3	涿鹿县城北关
31	河北省围场县气象服务站	8	围场县三道街
32	河北省丰宁县气象服务站	8	丰宁县人委后边
33	河北省青龙县气象服务站	8	青龙县城内
34	河北省平泉县气象服务站	5	平泉县城老杖子
35	河北省兴隆县气象服务站	5	兴隆县城西关村
36	河北省围场御道口气象服务站	5	围场县御道口国营牧场
37	河北省隆化县气象服务站	4	隆化县城内
38	河北省滦平县气象服务站	3	滦平县城郊
39	河北省承德县气象服务站	3	承德县城（下板城）
40	河北省丰宁县鱼儿山气象服务站	4	丰宁县鱼儿山国营农场
41	河北省宽城县气象服务站	5	宽城县城
42	河北省遵化县气象服务站	8	城北牧场村西头
43	河北省乐亭县气象服务站	8	城南闫各庄镇（距城25千米）
44	河北省秦皇岛气象服务站	8	北郊一中东面
45	河北省昌黎县气象服务站	5	北关果树研究所
46	河北省抚宁县气象服务站	3	东关
47	河北省迁安县气象服务站	3	东门外
48	河北省卢龙县气象服务站	3	卢龙南菜园
49	河北省玉田县气象服务站	3	西关
50	河北省滦县气象服务站	3	滦县沙耕子村
51	河北省霸县气象服务站	8	西贾庄北
52	河北省静海县气象服务站	4	城关南门外（距城0.5千米）
53	河北省蓟县气象服务站	5	城南殷留镇（距城7.5千米）
54	河北省宝坻县气象服务站	3	城西圣人庄村南
55	河北省香河县气象服务站	3	东关汽车站
56	河北省大厂县气象服务站	3	人委后边
57	河北省武清县气象服务站	3	京津路豆张庄车站北方
58	河北省安次县气象服务站	3	廊坊北史家务村
59	河北省永清县气象服务站	3	城关东门外
60	河北省固安县气象服务站	3	城南吕家营村（距城1.5千米）
61	河北省大城县气象服务站	3	城西夏屯县苗圃场内
62	河北省文安县气象服务站	3	西关娘娘宫
63	河北省三河县气象服务站	3	城南兰各庄（距城1.5～2.5千米）
64	河北省宁河县气象服务站	3	津唐公路大桥北大赵庄

续表

序号	单位名称	人数	地址
65	天津市北郊区气象服务站	3	京津路北仓车站
66	天津市西郊区气象服务站	4	曹庄车站农场内
67	天津市东郊区气象服务站	3	军粮城苗街大桥东
68	河北省黄骅县气象服务站	8	黄骅县城东郊
69	河北省盐山县气象服务站	5	盐山县城西韩庄
70	河北省河间县气象服务站	5	河间县城关西北
71	河北省吴桥县气象服务站	5	吴桥县桑元公社立心村大队
72	河北省宁津县气象服务站	3	宁津县城北大柳镇
73	河北省任丘县气象服务站	3	任丘县城东北白塔村南
74	河北省青县气象服务站	3	县城东郊外
75	河北省献县气象服务站	3	献县城关
76	河北省交河县气象服务站	3	津浦路泊头镇交河县城北
77	河北省庆云县气象服务站	3	庆云县城后
78	河北省肃宁县气象服务站	3	肃宁县城关南西寨里
79	河北省饶阳县气象服务站	11	饶阳县城西关
80	河北省故城县气象服务站	3	故城县郑家口
81	河北省深县气象服务站	3	深县城关公社南氏村
82	河北省冀县气象服务站	3	冀县城西北南良庄
83	河北省定县气象服务站	5	定县城东
84	河北省涞源县气象服务站	5	涞源县城关
85	河北省阜平县气象服务站	5	阜平县城北
86	河北省徐水县气象服务站	4	徐水县大寺各庄
87	河北省易县气象服务站	4	易县城东关外
88	河北省安国县气象服务站	3	安国县城内
89	河北省唐县气象服务站	3	唐县城东南丁家园村
90	河北省涿县气象服务站	3	涿县城南
91	河北省曲阳县气象服务站	3	曲阳城西
92	河北省高阳县气象服务站	3	高阳县城东
93	河北省安新县气象服务站	3	安新县城
94	河北省易县紫荆关气象服务站	3	易县紫荆关镇西
95	河北省满城县气象服务站	3	满城城关
96	河北省平山县气象服务站	5	平山城西良种繁殖场内
97	河北省束鹿县气象服务站	3	束鹿县城东北农村内
98	河北省新乐县气象服务站	3	新乐县东长寿车站人委会院
99	河北省藁城县气象服务站	3	藁城县南关
100	河北省井陉县气象服务站	3	井陉县微水镇长岗村

续表

序号	单位名称	人数	地址
101	河北省赞皇县气象服务站	3	赞皇县城西南郊外
102	河北省灵寿县气象服务站	3	灵寿县城北
103	河北省赵县气象服务站	3	赵县城西北种子试验站
104	河北省宁晋县气象服务站	5	宁晋县城关外农科所
105	河北省巨鹿县气象服务站	3	巨鹿县城关公社柳林村南
106	河北省内丘县气象服务站	3	内丘县城东南角四里铺村南
107	河北省清河县气象服务站	3	清河县戈仙庄
108	河北省沙河县气象服务站	3	沙河县尚贤村东
109	河北省威县气象服务站	3	威县城东南郊
110	河北省隆尧县气象服务站	3	隆尧县城关西
111	河北省临城县气象服务站	3	临城县西竖村
112	河北省浆水气象服务站	3	邢台县浆水镇
113	河北省南宫县气象服务站	9	南宫县城北
114	河北省大名县气象服务站	5	大名县城北郊
115	河北省涉县气象服务站	5	涉县城北关凤凰台
116	河北省曲周县气象服务站	4	曲周县城南王村
117	河北省武安县气象服务站	3	武安县骈山村西南
118	河北省磁县气象服务站	3	磁县城北五里铺村南
119	河北省临漳县气象服务站	3	临漳县城东南拖拉机站
120	河北省肥乡县气象服务站	3	肥乡县南关

11月18日 从1963年起，将地方所属气象台站正式上调为省属单位。上调后全省共有气象事业机构120处，其中：气科所1处；气象干部培训班1处；仪器检定所1处；省气象台1处；专区气象台10处；县气象站95处；地区气象站4处；农业、海洋专业气象站4处；天津市郊区气象站3个。（注：全省气象台站1957年前仅有72处，其余都是1958年后建立的，目前尚有48个县没有气象机构。）

1963年底尚没有气象机构的县统计表

地区	数量	县名
石家庄	6	深泽、无极、晋县、高邑、行唐、栾城
承德	1	宽城
张家口	1	万全
唐山	5	迁西、滦南、丰润、丰南、乐亭
廊坊	3	大厂、三河、香河
保定	4	蠡县、容城、顺平（完县）、雄县
沧州	4	东光、南皮、海兴、孟村
衡水	6	枣强、阜城、安平、武邑、吴强、景县
邢台	7	临西、柏乡、任县、南和、广宗、平乡、新河

续表

地区	数量	县名
邯郸	7	永年、魏县、广平、馆陶、成安、鸡泽、邱县
合计	44	

★表中48个没有气象机构的县中在河北区域的有44个县,另有4个县划出河北区域。

11月28日 全省气象部门进行干部情况统计,干部总数:888名,其中行政机关:45名,党的专职干部:1名。男:581名,女:307名;汉族:869名,少数民族:19名;高等学校:146名,高中:401名,初中:304名,高小:33名,初小:4名;党员:108名,团员:399名,无党派:381名。

12月21日 河北省气象局发文《关于进行动植物物候观测试点的意见》。

1963年全省连续12个月测报质量达到优秀者人员名单

地区	人数	名单
唐山	9	邢安利、王炫荣、崔宝珠、马志琪、岳福清、任成良、蔡云波、李 林、赵庆芬
承德	6	关嫡嫔、邢树人、王式辉、刘秀芝、彭承堂、肖帅学
天津	6	陈 期、董伯池、董建永、李东桥、邢振文、李清珍
邢台	5	贾文芳、凌 云、张富生、白玉芝、赵淑英
沧州	4	刘 昆、王国有、梁寿春、李红霞
省直	4	郭大敏、宋倩如、刘金玉、孙淑珍
张家口	3	赵逢春、陶利华、顾天宝
保定	3	吴瑞军、朱呈达、王东先
石家庄	2	史宏杰、王杏森
衡水	1	丘大政
邯郸	1	李造法
合计	44	

同 年 河北省气象局发文《关于在目前没有气象站的县设立气象哨的通知》。文件中提到:为更好地贯彻"以生产服务为纲、以农业服务为重点"的方针,全面开展气象服务工作,消灭气象服务"空白点",经研究,在无气象站的县,先设立国家气象哨,以利工作的开展和资料的积累。要求:1.每日三次收听专台广播,听后向领导和有关部门传递;2.每日进行三次基本气象观测(08、14、20时),只做记录,不做报表;3.汛期(7、8、9月)向省专拍发雨量报。

同 年 河北省各气象台站统计迁站情况,详见下表。

1963年迁站情况统计

台站名	迁站完成日期或进展情况	在新址开始工作日期
宣化	1963.7.20	1963.7.20
唐山台	1963.10	1963.11.1
滦县	1963.11	1963.11
涿县	1963.11	1963.11.3

续表

台站名	迁站完成日期或进展情况	在新址开始工作日期
徐水	1963.12	1964.1
新乐	1963.12	1963.12
平山	1963.11	1963.12.1（旧址仍做平行观测）
井陉	1963.12.21	1964.1
赵县	1963.12.18	1963.12.18
故城	1963.11	1963.12
宁津	1963.12	1964.1
宁河	1963.12	1964.1.1
沙河	1963.12.25	1963.11（暂借房工作）
固安	1963.11.23	1963.11.24
大城	1963年底已备料未施工	
冀县	款已下达正备料	

【本年度重大气象服务专题】

"63·8"特大暴雨气象服务

1963年8月上旬，因大陆移出的日本海高压稳定，低压与切变线活动于京广线两侧，南来和东来的水汽供应充沛，及太行山地形抬升作用，故造成邯郸、邢台、石家庄和保定一线广大地区的特大暴雨。主要降雨时间为8月3—9日，4—7日为降雨量峰值，根据降雨量和降雨面积，全省地面上的总水量约为589亿立方米，邯郸、邢台、石家庄、保定四个雨量较大的地区总水量约为458亿立方米。从1—10日总降水量分析，大于400毫米的雨区：南北长500公里以上，东西宽140～190公里，全省为5.7万平方公里；大于800毫米的雨区：南北长380公里，东西宽80～140公里；大于1000毫米的雨区分别是八一水库、易县西北和望都。此次特大暴雨，雨量之多、范围之大、时间之集中为百年一遇，洪水应为120年有资料可查的洪水灾害中最严重的一次。

自8月4日发现有400毫米以上的特大暴雨之后，我局召开全局紧急动员会，局长挂帅，深入第一线，参加天气会商。省台进一步加强值班工作，台长、工程师、老预报员一齐上前线，增加了夜间会商，增绘3次辅助天气图，增加800 hPa高空图，抄收北京空司航空报，并加强与中央台、河南、山西、山东等兄弟省及本省各专台的天气会商，通过全体同志的积极努力，暴雨的路径、强度报得较好，仅4—6日暴雨过程结束时间报得偏快，特别是放晴时间预报准确，8月上旬降水预报平均准确率达70%，为防汛抗洪斗争的进行，提供了参考资料。

此外，每天两次向省委书记处或省委常委会汇报天气情况，并通过示意图表示历史和未来的天气形势、发展方向、强度及发展变化情况，除局长、台长口头汇报外，还抽调有经验的预报员，到省、市防汛救灾指挥部去服务，通过简易图表向领导同志汇报。气象公报一般每天发二次，有时还要临时增加，印发份数由原来的100多份增加到280份。为了使省领导及相关部门及时了解天气情况，我局组织了6名干部担任通信员进行昼夜投递。

8月7日凌晨,岳城水库上游的漳河有特大暴雨,水库存在极大安全风险,急需开闸放水,但邯郸地区已是洪水成灾,如岳城水库在夜间提闸放水,群众无所准备,势必造成人民生命财产的更大损失。在这千钧一发之际,我局马上分析水库上游降雨量,经与长治、安阳、新乡、郑州、太原等兄弟省台会商,认为岳城水库上游的漳河虽有雨但雨量不大,该结论经中央台同意。省台预报漳河雨量不超过10毫米,卫河雨量不超过30毫米,省委根据预报并经中央批准,做出只放2500秒公方的决定,这对保证岳城水库安全缩减灾情起到了重要作用。

暴雨过后,根据省委指示我局制作了十天大面积洪水蒸发量预报,预报蒸发量每天为3.55~5.0毫米,即每平方公里水面一天蒸发3500~5000立方米的水,经验证,大型蒸发器的蒸发量为4.6毫米,大面积水面略低一些,估计为4毫米左右,这个预报成为计算径流量的重要依据。

在洪水漫流,河流、洼淀水位不断猛涨的情况下,在确保天津的斗争中,二级风便可能造成堤坝溃决,特别是西风、西南风、西北风。为保证防汛抗洪的胜利,对河流、洼淀,特别是影响天津的三洼两淀地区的风速风向,应该报好。为此我局指定洪水袭击地区的11个台站一遇6米/秒以上的风,便第一时间向省台报告,并组织了从北京到石家庄有关台站的联防。省台每2小时抄收一次北京空司航空报,加强与杨村、静海机坊气象台的天气会商(主要是风向风速),并在气象广播中增加洼淀地区的风速风向预报。

在防汛抗洪斗争中,全省气象工作者经受了洪水的考验,表现了临危不惧、公而忘私、舍己为人的共产主义风格,涌现出大量可歌可泣的好人好事。

8月3日后,我省太行山区连降暴雨,1—8日08时止总雨量,邢台、邯郸、石家庄专区西部和保定专区西南部,一般在700毫米以上,其中邯郸市890毫米、武安844毫米、定县821毫米。暴雨导致山洪暴发,河道漫决,洪涝灾害宽展至邯、邢、石、保、衡、沧6个专区57个县,5632个村庄,淹地2438万亩[1],占这些地区耕地面积38%。各大型水库均溢洪,邢、邯地区的18座中小型水库倒坝。保定市区水深2~3米以上。鸡泽县城水深3丈[2]。永年县城水近城墙。宁晋县城墙仅跟水面1米,城外水深8尺[3]。肃宁县60万亩被淹三分之二,平地水深4~5尺。(摘自《河北省气象局雨情、灾情的汇报》)

在这紧要时刻,全省气象工作者,尤其是灾区的气象工作人员,在各级党委的领导下,与广大群众一道,奋不顾身地投入抗洪斗争。抗洪期间,省气象局按上级划分的战线,投入天气预报这一中心工作环节。在水库提闸放水的时间和数量、暴雨的路径和强度、大面积洪水蒸发量的计算、暴雨径流量的统计和洼淀风速风向的预报服务上,均做出了重要贡献。在抗洪斗争中涌现出许多先进单位,如宁晋县气象站在水深2米的困难条件下,与风雨搏斗,坚持了预报、测报工作,被评为邢台专区气象系统抗洪先进站;唐县气象站由于服务好、风格高,被评为县农业局的抗洪模范单位。还有许多同志被评为舍己为公的模范,如带病在水中坚持工作的张富生,通宵达旦传送雨情的赵淑英,身先士卒、不怕困难的李贵贤,风里来雨里去坚持测报的张启贤,一个月不下船抢救灾民的马有礼,体弱多病跳水救幼童的陈建国等。据不完全统计,在抗洪斗争中受到表扬的模范集体9个,受表扬的优秀党员、模范干部109名。

---

[1] 1亩≈666.67平方米。
[2] 1丈≈3.33米。
[3] 1尺≈0.3333米。

1964 年

1月27日 河北省气象局进行全省农业气象基本观测站及开展物候观测年代统计。

河北省农业气象基本观测站及开展物候观测年代统计表

年代	台站	数量
1955	昌黎气象站、邯郸气象台、石家庄农业气象试验站	3
1956	定县、围场御道口气候站,衡水气象台	3
1957	沽源、张北、盐山、涞源气象站,唐山农业气象试验站	5
1958	河间、徐水气象站	2
1959	平山、南宫、大名、涉县、平泉、宁晋气象站	6
1960	隆化、兴隆、蓟县、天津西郊、静海气象站,邢台气象台	6
1961	蔚县气象站	1
合计		26

2月5日 中共河北省委农村工作部发文,1月18日华北局批准,免除崔嵬河北省气象局副局长职务。

3月4日 衡水地区气象局正式成立,隶属衡水地区专员公署署理。

4月20日 河北省气象局印发《河北省气象系统五好单位、五好干部名单》。

一、五好红旗单位（5个）

承德专区气象局台站管理组　　　　黄骅县气象服务站
青龙满族自治县气象服务站　　　　盐山县气象服务站
宁晋县气象服务站

二、五好单位（16个）

沧州专区气象台通信组　　　　邢台专区气象台预报组
石家庄专区气象台观测组　　　河北省气象台预报组
遵化县气象服务站　　　　　　蔚县气象服务站
武清县气象服务站　　　　　　易县气象服务站
平泉县气象服务站　　　　　　新乐县气象服务站
唐县气象服务站　　　　　　　深县气象服务站
献县气象服务站　　　　　　　大名县气象服务站
南宫县气象服务站　　　　　　保定专区气象台预报组

三、五好标兵（12名）

邢台专区：贾文芳、张富生　　　　张家口专区：杨福全

衡水专区：苏建林　　　　　　　　沧州专区：蔡福祥、刘昆
唐山专区：邢安利　　　　　　　　石家庄专区：刘兰菊
天津专区：邢振文　　　　　　　　保定专区：蒋洪祥
承德专区：关嫣嫔　　　　　　　　邯郸专区：尤永和

四、五好干部（85名）

天津专区：刘虹彩（专局）、董建永、贺西茹（武清）、李东桥（安次）、陈其（霸县）。

唐山专区：蔡云波（专局）、任成良（乐亭）、王聚兰、赵庆芬（遵化）、王德森、王炫荣、刘盛起（秦皇岛）、岳福清（玉田）。

保定专区：汤仲鑫、孙顺衍、崔显恒（专局）、陈宝成（阜平）、李桂贤（唐县）、尹长发（高阳）、王榜山（曲阳）、彭二飞（涿县）。

衡水专区：张书元、宗力（专局）、邱大政（饶阳）、李恒（深县）。

承德专区：李兰芬、韩忠、檀盛岐（专局）、李秀芳（青龙）、怀兴仁（鱼儿山）、陈玉山、邢树人（平泉）、郝展阁（滦平）。

邢台专区：丁华春、查一棠、孙璿、尚永和、张墨芳（专局）、白玉芝（南宫）、赵淑英（宁晋）、邓宝坤（威县）、刘兆谦（临城）。

邯郸专区：于传杰、蔡新光、赵志敏、徐少萍（专局）、申吉贤（临漳）、马有力（大名）。

石家庄专区：于杏森、刘德懿、姚维斌、史宏杰、赵希明、胡永辉（专局）、高辉（井陉）、吕秀琴（新乐）、龙维和（藁城）。

沧州专区：王淑荣、张永新（专局）、李炳照（任丘）、王国有（献县）、桑国芳（黄骅）、蒋正荣（盐山）、李红霞（河间）。

张家口专区：于根实（专局）、张其林、钱文斐（蔚县）。

省直属站：宋彩萱、高万青（唐山农气站）、刘金堂（石家庄农气站）、李桂椿、段振民（秦皇岛海洋站）、麦珠显、孙淑贞（塘沽海洋站）。

省直各部门：张凤岗、秦岭、刘佐治、赖淑彦、路春华、臧秀英、张德全、朱志俭、邢树本、孙振兴、田福生。

5月25日 国家级、省级农气基本观测点统计。

国家级、省级农气基本观测点统计表

专区	国家级	数量	省级	数量
张家口	沽源、张北、蔚县	3	怀来	1
承德	御道口、隆化、平泉、兴隆	4	围场、丰宁	2
唐山	昌黎、唐山农气站	2	遵化、乐亭、秦皇岛	3
天津	蓟县、静海、天津西郊	3	安次	1
沧州	河间、盐山	2	吴桥、黄骅	2
衡水	衡水	1	深县	1

续表

专区	国家级	数量	省级	数量
邢台	邢台、宁晋、南宫	3		
邯郸	邯郸、涉县、大名	3		
石家庄	平山、石家庄农气站	2		
保定	定县、徐水、涞源	3	阜平	1
合计		26		11

7月18日 中共河北省委农村工作部发文，4月1日中央批准，免除李春光河北省气象局局长职务。

同　日 中共河北省委农村工作部发文，6月25日华北局批准，梁景惠任河北省气象局副局长职务。

7月21日—9月1日 涞源气象站与中央观象台协作进行消雹试验。共进行了29次轰击雹云作业，效果统计：24次防雹区无灾，5次有雹无灾，实验区外无炮点地方出现雹灾。7月31日下午，凶猛雹云向驿马岭实验区扑来，2小时内，轰击打炮160发，用药40斤，区内无雹，实验区外王安镇等地雹灾严重，据县农业局统计，估计受灾区减产5成。

7月29日 河北省气象局批复无极、元氏县建立气象服务站。

8月 在盐山召开的天气预报学术讨论会上，32篇论文有28篇由县气象站提交。

9月7日 河北省气象局批复获鹿县建立气象服务站。

9月30日 河北省气象局"四清"工作队在怀来县气象站召开县站预报"群"字上马现场会，把县站预报方法定为"以土为主""以群为主""以小为主"，并提出这种方法是"中国式的气象路子"。

10月9日 河北省气象局批复邱县建立气象服务站。

10月29日 河北省气象局批复枣强县建立气象服务站。

11月3日 河北省气象局批复博野县建立气象服务站。

12月4日 河北省编制委员会批复同意建立南皮、东光县气象站，编制各3名。

12月30日 河北省气象台观测组6人编制移交天津专区气象台。移交后河北省气象台编制由45人减至39人，天津专区气象台编制由88人增至94人。

12月31日 沧州专区气象台迁址后于该日20时在新址发报，1965年1月1日正式进行观测值班。

同　年 迁站情况统计，已经拨款迁站的台站共9个，其中气象台2个（沧州、邯郸），县气象站7个（曲周、灵寿、任丘、庆云、文安、武清、乐亭）。1963、1964年合计迁站总数25个，其中专区气象台3个、县站22个。

1965年

3月11—20日 河北省委、省政府在省会天津召开贫农下中农、农业先进生产者、先进单位代表会议，黄骅县气象服务站获得红旗单位；南宫县气象站、盐山县气象站、蔚县气象服务站、青龙满族自治县气象站获得先进集体。会上黄骅县气象服务站刘昆、盐山县气象服务站副站长程炳煜分别作了发言。

4月26日　河北省气象局下发《关于录用原河北气象学校下放毕业生的意见》，鉴于气象工作业务技术较强，无法调剂解决，我们的意见，拟将原河北气象学校下放的120名中专毕业生分期分批予以录用。经摸底调查，第一批可先录用51名。

6月8日　河北省人事局复函同意河北省气象局《关于录用原河北气象学校下放毕业生的意见》。

6月24日　根据中央气象局、国家海洋局《关于移交海洋水文的联合通知》精神，河北省气象局向国家海洋局的移交工作将于六月底结束。

7月7日　中央气象局指定在我省邢台建立无线电探空站，并经省计委批准同意建立。

9月16日　河北省气象局批复同意海兴县建立海兴县气象服务站。

11月21日　乐亭县气象站从本月下旬起每天施放气球，以探测高空气象情况。

1966年

1月19日　河北省编委会批复，将原塘沽海洋水文气象服务站，定名为天津塘沽气象服务站。为便于领导和管理，将该站移交给天津专区气象局管理。

2月28日　河北省气象局因天津市改为直辖市，由天津迁保定市，为此河北省气象局制定《迁保计划》，从组织领导和搬迁时间上作了具体安排，初步安排4月中旬开始，月底搬完。

3月22日　国务院农办、国家科委批转同意中央气象局、国家科委人工控制天气办公室《关于配合抗旱斗争，以北方八省、自治区、直辖市为重点，进一步开展人工降水试验》的报告。

3月23日　河北省气象局批复同意在丰润、滦南两县建立气象站。（批复中明确人员配备方式为半工半农，滦南配一名国家干部负责）。

3月26日　河北省气象局向省人委杨一辰、郝田役副省长递交《关于我省继续开展人工降水、消雹试验的请示》，请示中提出具体试验方案。

4月3日　河北省气象局提交《搬迁工作报告》："我局部分人员于3月中旬先期到保做具体安排，第一批物资（部分业务设备、办公桌椅等）已于3月27日运保。"

4月9日　河北省气象局向国家科委、中央气象局、军委空司、省人委上报《四月六日人工降雨试验报告》。报告中详细列举了天气形势、作业概况、效果分析。

4月25日　河北省气象局印发《关于我局迁保定市办公的通知》，根据省委决定，我局迁往河北省保定市（保定市红星路东头）。河北省气象台（1966年4月30日迁移到保定）5月1日正式在保定办公并发布全省天气预报。其他单位5月10起正式在保定办公。气科所、气象仪器检定所、供应站暂留天津市。

4月29日　河北省人委批复河北省气象局，同意成立天津市气象局，天津市气象局受天津市人委和河北省气象局的双重领导，暂定事业编制33名。

5月17日　河北省气象局批复，同意在武强气象哨的基础上扩建为武强县气象站。

同　日　河北省气象局批复，同意魏县建立魏县气象站，人员编制和工资由县里自行解决。

7月21日　河北省气象局批复同意在阜城县建立阜城县气象服务站。

10月28日　河北省气象局向保定市粮食局申请，为水、暖、电和锅炉工人增加粮食定量。

12月13日　河北省编委批复同意容城、蠡县建立气象站。

12月16日 河北省编委批复同意临西县建立亦工亦农气象站。建站后由县里配备站长1人，亦工亦农气象员4名，补贴工资每月以不超过15元为宜。

1967年

5月11日 河北省气象局向河北省人民委员会递交《关于移交天津市气象局的请示》，请示中提到"鉴于天津市已直属中央领导，我们的意见，天津市气象局的财务供应、人事管理工作移交天津市，业务技术指导，上交中央气象局直接领导。"

8月9日 河北省气象局批复同意高邑、行唐、晋县建立气象站。

1968年

河北省气象局由保定市迁至石家庄市（原因：河北省革命委员会在石家庄成立，地址：租借体育大街河北省体育运动委员会办公楼临时办公）。河北省气象局汛期前派遣预报员、报务员等9名同志，与石家庄地区气象台合署办公并发布全省天气预报。地、市、县基础业务工作保持正常，观测、预报工作没有中断。

1969年

因"文化大革命"运动，加之机关随河北省省会搬迁，河北省气象局大部分人员到宣化"五七"干校劳动锻炼，其他管理工作基本停滞。仅有约10人左右，与石家庄地区气象台合署办公，发布全省天气预报。地、市、县基础业务工作保持正常，观测、预报工作没有中断。

同　年 天津专区气象局从天津迁至廊坊。

1970年

1月 河北省气象局与河北省水利局水文总站合并，全称：河北省革命委员会水利局水文气象工作站。

6月4日 接河北省革命委员会水利局转中国人民解放军总参谋部通知：全国气象战备工作经验交流会议定于7月10日在北京召开，会期预计15天，通知要求我省选派3～5名台站代表参加，经研究确定：南宫、遵化、宽城、枣强县气象站和衡水地区气象台各派一名代表参加会议。7月6日到河北省革命委员会水利局水文气象工作站集合（地点：桥东东方红体育场西楼）。

1971年

1月16日 从河北省革委会水利局水文气象工作站《1970年工作总结》中可以看出，全站处室分为三个班，工作、总评都以班为单位。最有时代代表性的是：全站参加劳动472天，268人次，自己生产粮食2000斤，白薯1000斤，菜1000斤。

5月4日 根据省革委、省军区冀革〔1971〕129号文件通知，决定气象与水文总站分家，恢复建立河北省气象局，5月4日，省军区正式接管，实行军队与地方双重领导，以省军区领导为主的管理体制（军队派干部在各级气象部门任教导员、指导员）。

6月23日 启用新公章"河北省气象局"，原"河北省革命委员会水利局水文气象工作站"印章同时作废。

8月17日 中国人民解放军河北省军区司令部批复，决定在1972年新建张家口测风雷达站。测风雷达为"气一"型（701装车厢），中央气象局配发实物，基建5.6万元由省局列入1972年计划，地区负责施工建设，人员编制暂定10人，一般由地区增配，少量技术骨干省局予以调配。

同 年 河北省革命委员会水利局水文气象工作站派出流动气象台，深入渔场开展服务。

1972年

3月7日 中国人民解放军河北省军区通知，河北省气象部门抽调资料人员参加十年（1961—1970）气候资料整编出版会战，时间预计半年左右。张家口、承德、保定、沧州、邢台、石家庄地区各2名，天津、唐山、邯郸、衡水各1名。

5月 河北省气象台恢复汛期旱涝预报会商。

7月15日 自1971年5月4日我省各级气象部门实行双重领导以来，在组织建设上，气象部门的机构和人员得到逐渐恢复和发展，省局重新组建，并建立了临时党委以及机关和气象台支部，全省空白县新建气象站19个，气象人员从1971年5月坚持工作的746人，增加到1511人（"文革"前998人），党员由原来165人增至473人，原来52%的县站无党员，现在达到站站有党员。（摘自河北省军区司令部《关于对气象部门实行双重领导情况的报告》）

1973年

2月21—28日 河北省气象工作会议在石家庄召开。

5月29日 河北省无线电管理委员会批复，同意省气象局在石家庄市桥东体育大街地区招待处以东300米处设置测雨雷达站一处，最大发射功率3千瓦。建成后由省体委临时办公地搬入现址（国家划拨土地30亩，建局部四层整体三层办公楼一幢，地址：体育大街178号）。

6月5日 河北省气象局向河北省革命委员会编制办请示恢复气科所和增加事业编制的请示，名称：河北省气象局气科所。行政隶属河北省气象局，业务上隶属中央气象局研究所和省科委，下设7个气象研究室或小组，编制50人。

6月25日 根据河北省革命委员会、中国人民解放军河北省军区《关于调整邮电、气象、测绘部门体制的通知》，河北省气象局自1973年7月1日起归同级革委会领导，河北省气象局归口河北省革命委员会农办分管。

7月6日 河北省革命委员会编制委员会批复，同意河北省气象台增设测雨雷达站，编制12人；

气象卫星云层照片接收组,编制 6 人,共增编 18 人,由气象事业费开支。

8 月 蓟县、宝坻、武清、静海、宁河 5 个气象站移交天津市气象局,原河北省天津地区气象局更名为廊坊地区气象局。

9 月 11 日 河北省革命委员会农林办公室批准河北省气象局关于恢复气象仪器检定站和气象仪器供应站的请示。1973 年 9 月 26 日,河北省气象局发文恢复气象仪器检定站和气象仪器供应站,原来的印章同时启用。

11 月 15 日 河北省气象局发文《关于地区气象局(台)及国家站领导干部任免配备的意见》,明确:1. 地区气象局(台)正副局(台)长和国家基本站的站长任免和调配以当地为主,与省局协商同意后即可执行,档案由当地党委保管,省局保留干部登记表,一般人员由当地党委负责。2. 省站和县站正、副站长的人事任免和调动均由当地党委和地区局(台)协商解决,事后由地区局(台)负责向省局备案。

11 月 17 日 河北省气象局向河北省革命委员会农办党委递交《关于收回下放的农业气象试验站的请示》。河北省气象局 1959 年在唐山和石家庄地区农业研究所分别建了农气试验站,共有 20 多人,业务、人事、财务均属河北省气象局领导。1959 年精简机构时随省直其他单位一起下放,分别下放到唐山地区农业试验所和石家庄地区气象台,请示收回河北省气象局领导。

1974 年

3 月 26 日—4 月 1 日 河北省气象局在石家庄召开全省气象工作会议。

7 月 13 日 中央气象局党的核心小组召开会议,确定中央气象局"五七"干校地址选定河北固城。

9 月 5 日 解放军北京军区通知,根据战备需要,确定在近两年内完成调查汇编华北地区各省(市、区)和地区(盟)三级的《军事气候志》。

10 月 15 日 河北省气象局上报艰苦气象台站调查情况,全省共 9 个站,包括沽源、康保、尚义、张北 4 个县站和鱼儿山、御道口、窄岭、凤山和新拨 5 个气象分站,详见下表。

艰苦气象台站情况调查表

序号	台站名称	人数	享受艰苦津贴标准	批准机构	交通运输状况
1	鱼儿山	5	6 元/人/月	省革委	交通困难,靠骡马运送,冬季尤甚
2	御道口	7	6 元/人/月	省革委	同上
3	沽源	9	6 元/人/月	省革委	可通车,但交通工具困难
4	康保	8	6 元/人/月	省革委	同上
5	尚义	6	6 元/人/月	省革委	同上
6	张北	11	6 元/人/月	省革委	同上
7	窄岭	2	6 元/人/月	省革委	气象站无交通工具

续表

序号	台站名称	人数	享受艰苦津贴标准	批准机构	交通运输状况
8	凤山	2	6元/人/月	省革委	同上
9	新拔	2	6元/人/月	省革委	同上

说明：全省气象台站数156个，人数1555人，其中艰苦台站数9个（6%），人数52人（3%）。

10月　河北省气象局迁入新址办公。

同　年　从本年度起，河北省部分气象台站开展雨季飞播造林气象服务。

1975年

3月9—15日　河北省气象局在衡水召开全省气象部门学大寨经验交流会，各地区气象局（台）负责同志和先进集体、先进个人代表参加会议，会议还邀请了中央气象局、华北农业大学、河北农业大学、河北师范大学的领导和专家出席会议。

3月31日　中央气象局、国家地震局发出《关于在京、津、唐、张、渤等地区气象台站担负地震测报和发气象报工作的函》，根据国务院领导指示，为进一步加强地震预测，捕捉临震异常现象，确定北京市、天津市、河北省气象台做担负有关地震测报和发气象报工作。

7月27日—8月2日　河北省气象局在承德地区隆化县召开河北省人工防雹现场交流会。据不完全统计，全省10个地区已有62个县（市）开展了人工防雹。有土火箭发射点919处，发射架3000多个，高炮120门，土炮1929门，土火箭、土炮生产点94处。已能控制雹灾面积190万亩。组成以民兵为骨干的3万多人的防雹队伍。涞源县艾河大队连续15年防雹15年无灾，井陉县吴家窑公社8年防雹8年无灾。

7月28日　中国科学院大气物理研究所安排美籍华人气象学教授张捷迁夫妇到涿县气象站和小邵村气象哨参观。

同　月　中央气象局安排巴基斯坦访华代表团（巴基斯坦气象局局长萨米拉）到涿县气象站参观。

9月　中央气象局安排阿尔巴尼亚气象考察组到涿县气象站和小哨村气象哨参观。

10月16—18日　河北省气象局在廊坊召开气象哨用仪器鉴定座谈会。

11月11日　河北省革命委员会编制办就河北省气象局恢复气科所和增加事业编制的请示答复河北省气象局，经编委研究，为了减少重复机构，不再建立研究所。可在河北省气象台内增加搞科研、海洋、渔业气象服务、气象传真及海上流动气象服务的人员编制21人。增后河北省气象台编制78人。

1976年

4月5日　河北省气象局向河北省革命委员会报告《关于进一步落实省革委会冀革〔1973〕59号

文件精神的报告》。报告中称：关于我省各级气象部门的隶属关系问题，《省革委会关于邮电、气象、测绘部门调整体制工作中几个问题的通知》即冀革〔1973〕59号文件明确指示："气象部门，1.隶属关系：地、市、县气象部门由同级革委会领导，归口农林水利办公室或生产指挥部（组）分管；2.干部管理：气象工作人员要保持相对稳定，人事任免和调配，以地方为主，主要干部的调配与省气象局协商"。但目前仍有89个县局属农林局、水利局或科委等部门领导，不符合文件精神。有些台站业务人员变动大，调动频繁，据全省7个地区统计，1971—1975年调出气象部门340名，调入859名，仅沧州地区就调出89名，调入131名。石家庄地区赞皇、行唐、平山3县1971年共有22名工作人员，到1975年只剩下5名，其余都是新调入的，赞皇县仅1973年就调出4人，人员调动频繁直接影响气象工作的开展。建议把气象台站（局）归口农林水利办公室或生产指挥部（组）分管，县站任免调配与地区局协商、地区局任免调配与省局协商。

4月12日　中央气象局在石家庄召开全国长期预报经验交流会。

7月28日　河北省唐山市丰南县发生7.8级大地震。唐山大地震发生后，7月30日中央气象局负责人邹竞蒙一行4人立即携带气象仪器、食品罐头等物资，赴灾区对当地气象部门进行慰问，31日返京，并带走伤病员和孤儿进行治疗、安置。

8月2日　河北省气象局杨志民副局长、边文华副台长率省气象局抗震救灾工作组相继来到唐山地区气象局指导抗震救灾，组成以唐山为总台的临时通信网。遵化、乐亭两站的气象资料每天按时发到唐山，并转发到北京，恢复了气象通信和天气预报广播。

11月20日　《河北省军事气候志（上、下）》（初稿）完成。

【本年度重大气象服务专题】

唐山丰南7.8级大地震气象服务及抗震救灾工作

1976年7月28日晨3时42分，发生了震惊中外的唐山大地震。地处极震区的唐山市气象局顿时房倒屋塌，全部仪器、仪表、设备、资料尽埋于废墟之中，刚刚安装的雷达和电接风向风速计等室外仪器设备也没能幸免，当场有9人死亡，5人受重伤。在这危机时刻，许多同志冒着生命危险，在余震未停，大地晃动的情况下，奋不顾身地抢救伤员。业务组长范永祥，家住在唐山市内，他不顾及亲人安危，尽最大努力抢救机关的战友，连续救出9人。正在值班的李成军，地震发生后没往自己家里跑，而是首先抢救机关里的战友，在护理伤员时，无微不至，三天三夜没合眼。正在市内住院的李静华，地震发生后，从医院跑出来直奔机关大院，参加了抢救战友的战斗，事后才知道，家中几名亲人因未及时抢救而遇难。

7月30—31日，中央气象局副局长邹竞蒙亲自驾车到唐山地区气象局慰问并营救伤员回北京治疗。

8月2日，河北省气象局杨志民副局长、边文华副台长率省气象局抗震救灾工作组相继来到唐山气象局指导抗震救灾，给唐山地区气象工作者带来了党的温暖和全国、全省气象战友的深切问候。唐山、乐亭、遵化3个台站承担着国际或国内气象情报交换任务，正常情况下，他们的观测资料每天4～8次发往世界或国内各地。震后这3个台站已经几天没有参加气象通信广播了，河北省气象局工作组到后，就从倒塌的房屋中搜集木板，架起电台，搭起地铺和工作室。由于电力中断，带去的50瓦发报机无法使用，原先使用的一架老式 15 瓦收报机由于长期未用，元件老化失效，和北京始终无法联络。幸好第三天邮电系统的救灾队伍接通了北京电报大楼的有线通信，震后的第一份气象电报终于发到了北京，紧接着又分兵到乐亭和遵化，一名从天津气象台调回遵化工作的老报务员带去了一架退役的 15 瓦电台，使遵化站的编报也顺利地发到了设在唐山的总台，一个以唐山为总台的临时通信网组成了。遵化、乐亭 2 站的气象资料每天按时发到唐山，然后经电传发到北京，就这样，3 个站的气象通信广播全部恢复了。又过了几天，随着广播电台的修复，天气预报也开始广播了，有效地配合了唐山震区防疫、救灾工作。

1977 年

2 月 4—10 日 全省气象部门第二次农业学大寨会议在邢台市召开。会议总结中提到：1976 年全省有一百多个台站开展农气工作，比 1975 年增加了一倍。气象哨组建设由 1975 年的 594 个，发展到 1976 年的 1403 个，临西、大厂、曲周等 16 个县基本实现了"社社有哨"。全省 67 个县开展人控工作，防雹和增雨受益面积分别达到 540 多万亩和 570 多万亩。抗震救灾取得重大胜利，丰南气象站的同志们在全站人员受伤情况下，震后立即搭起了棚子，抢救修复好仪器开展工作，气象记录无一天中断，成为"震不垮、砸不烂"的气象站。

3 月 8 日 河北省气象局同意承德、张家口、沧州地区气象局建立地区所在地气象站，其人员编制、干部配备、基建经费由当地解决，气象部门负责仪器设备、人员工资、业务经费等开支。

8 月 22 日 中央气象局在山西太原召开全国测报工作座谈会议，提出在全国气象部门加强岗位责任制、试行质量考核和开展"连续百班无错情劳动竞赛"活动。

8 月 23 日 河北省农林局、河北省气象局联合发文将农村人民公社气象哨（组）纳入四级农业科学实验网。

12 月 25—29 日 全省气象局长会议在石家庄召开。

1978 年

1 月 29 日 河北省革命委员会向国务院、中央军委发文《关于使用飞机进行人工增雨试验的请示报告》，文中强调根据天气预报分析，春季仍有干旱发生，计划在 4—6 月利用军队或民航飞机继续开展飞机人工增雨工作，作业 20～25 架次。

2 月 22 日 河北省气象局发文计划年内为张家口地区气象局配备 711 型测雨雷达一部，要求地方解决人员编制和基本建设经费以及架设地点。

3 月 22 日 河北省人工降雨领导小组办公室向河北省革命委员会及农办提出关于更改河北省人工降雨领导小组名称和充实领导成员的报告。

报告中称，河北省人工降雨领导小组及其办公室，自 1973 年成立以来，取得了一定成绩。随着农业生产的迅速发展，这个领导小组的任务已由人工降雨发展到包括人工降水、防雹、防霜在内的整个人工控制局部天气工作，鉴于此种情况，建议将此小组改为"河北省人工控制局部天气领导小组"。

河北省人工控制局部天气领导小组成员名单

组　　长：王金山　省委书记
副组长：李永进　省委常委、省农办主任
　　　　常书田　省农办副主任
　　　　田同春　省军区副司令员
　　　　胡西征　省科委副主任
　　　　杨　沛　省计委副主任
　　　　周　欣　省气象局局长
成　　员：张灿西　省财办副主任
　　　　张振禹　省商业局副局长
　　　　黄　文　省工办副主任
　　　　李　源　省财政局副局长
　　　　黄振华　省供销社副主任
　　　　张祥甫　省化工局副局长
　　　　徐庆春　四航校副参谋长
　　　　刘继久　省机械局副局长
　　　　张振生　省邮电局局长
　　　　周恩全　省交通局副局长
　　　　方　苏　省物资局局长
办公室：主　任：周　欣　省气象局局长
　　　　副主任：边文华　省气象局人控组组长
　　　　　　　　王福振　省气象局人控组副组长

3月28日　中共河北省直属机关委员会批复：同意河北省气象局建立中共河北省革委会气象局机关委员会。书记：梁景惠；专职副书记：张学文；副书记：孙增贤；委员：张瑞珍、崔杰、徐景福。

4月15日　河北省气象局召开全省气象部门学大寨、学大庆先进代表会议。青龙、昌黎、三河、正定、巨鹿、临西、永年、容城、肃宁、武邑县气象局（站），张家口地区气象局、大城县气象局人控组、怀来县气象站测报组、涿县小邵村气象哨共14个集体获得授锦旗先进单位。

秦皇岛市气象台马玉民、唐山地区气象局颜木荣、易县气象站蒋洪祥、深县气象站张广智、晋县气象站杨继山、黄骅县气象站沈和利、河北省气象局包书琪、保定地区气象局汤仲鑫8人授予先进工作者模范称号。

康保县气象站、蔚县气象局、张北县气象站、沽源县气象站农气组、怀来县气象站、兴隆县气象站、承德县气象站、隆化县气象站人控组、围场县气象站、丰润县气象站、遵化县气象局、滦南县气象站、安次县气象局农气组、永清县气象站测报组、徐水县气象站、阜平县气象站、黄骅县气象站、平山县气象站、元氏县气象站、枣强县气象站、柏乡县气象站、邢台地区气象台、涉县气象站、肥乡县气象站、鸡泽县气象站、省气象台雷达组、阳原县槽村气象哨、青龙县瓦房气象哨、丰润县南夏庄气象哨、香河县城关气象哨、容城县北张气象哨、南皮县刘夫青公社气象哨、束鹿县小辛庄气象哨、景县前村气象哨、临西县下堡寺气象哨、曲周县大河道气象哨、永清别古庄中学气象哨、陡河水库气象站38个单位获得先进集体称号。

余根实、王凤辉、潘玉清、张书元、陈焕弟、许永和、刘顺明、胡永辉、吴淑英、赵佩芳、王惠云、秦岭、钱文斐、刘汉学、刘秀芝、张月彭、王自义、孙玉珍、韩云龙、李玉珍、赵秀兰、刘凤英、王义衡、李欣升、谢书坤、王震、马玉凤、张元成、岳福清、马智、梁寿春、韩清华、商新贞、崔书坤、岳春亭、姬宪俊、陈舒静、龙维和、杜凤梅、万全、杨树生、毕国典、诸剑明、孙世昌、张大产、林尔达、苑海文、马有祯、袁同芳、杨凤英、王金广、张富生、钟容好、周治国、黄康明、李蕤、马石桥、赵士明58名同志获得先进个人荣誉称号。

会上，河北省革命委员会为获得以上荣誉的单位和个人印发了光荣榜。

4月26日 河北省气象系统进行市、县局站人员统计，详见下表。

河北省气象系统市、县局站人员统计表

地区	总人数	市局、台	县站	临时工
张家口	239	63	176	44
承德	209	56	153	26
唐山	250	61	189	40
廊坊	175	48	127	15
沧州	233	73	160	38
衡水	140	40	100	22
保定	215	46	169	4
石家庄	227	60	167	40
邢台	220	62	158	26
邯郸	167	58	109	12
合计	2075	567	1508	267

5月18日 河北省气象局发文，同意邢台地区气象局地区气象台自6月1日07时起正式启用701测风雷达。

6月16日 河北省气象局发布省气象局领导变动情况报告。

局　　　长：周　欣（党组书记）　　45岁　党员

副　局　长：杨志民（党组副书记）　55岁　党员

副　局　长：张文秀（党组成员）　　56岁　党员

副　局　长：李志萱（党组成员）　　55岁　党员（女）

副　局　长：梁景惠（党组成员）　　54岁　党员

人控组长：边文华（党组成员）　　50岁　党员

顾　　　问：张　彪（党组成员）　　61岁　党员

9月14日 河北省气象局向各行政公署气象局发文恢复技术人员职称，内文摘录如下。

为落实全国科学大会精神，充分调动气象战线广大科技人员的社会主义积极性，加速气象事业的现代化建设，河北省气象局决定恢复气象技术人员的技术职称。

一、凡从事气象业务技术工作的1970年以前毕业的大学、大专、中专生，且技术级为13级以上者，一律恢复技术员职称。技术级为14级以下的，一律恢复助理技术员职称。

二、凡从事气象业务技术工作的1971年以后毕业的大学、大专、中专生，均恢复助理技术员职称。

三、现做技术工作的行政级别人员，凡符合第一条，行政22级以上者，恢复技术员职称，行政23级以下者恢复助理技术员职称。

10月4日 根据河北省革命委员会〔1978〕66号文件精神，恢复河北省气象学校，学员规模360名。为此，河北省气象局发文下达教职工编制，定编60名。

10月7—19日 全国气象部门学大寨、学大庆、红旗单位、标兵、先进集体和先进个人"双学"代表会议分片在天津、北京召开，河北省气象部门的青龙县气象站获得"红旗单位"称号；三河县气象局、正定县气象站、永年县气象站、巨鹿县气象站、怀来县气象站测报组、涿县小邵村气象哨获得"先进集体"称号；秦皇岛市气象台马玉民（女）、易县气象站蒋洪祥、深县气象站张广智、晋县气象站杨继山、黄骅县气象站沈和利、唐山地区气象台颜木荣等六名同志获得"先进工作者"称号。党和国家领导人华国锋、叶剑英出席了闭幕式并接见与会全体代表及工作人员。

11月8—13日 河北省气象局召开全省气象工作会议。

12月8—17日 中国气象学会在邯郸市召开年会，这是中国气象学会自1962年中断活动15年后召开的第一次年会。

12月30日 河北省气象局发文同意沧州地区气象局李家堡海洋气象台（54625）自1979年1月1日起开始执行任务。

同 年 河北省气象局沈玉铭、杨家治同志在相对日照原理及其应用的研究中取得科学技术成果，受到中共河北省委、河北省革命委员会奖励。

1979年

1月1日 张家口市新建的市气象站正式进行观测业务运行。

1月21日 原河北省气象局党组书记、局长李春光同志因长期患病医治无效在京逝世，享年71岁。李春光同志1908年出生，1938年4月加入中国共产党，同年参加革命工作。1958年9月经国务院批准任河北省气象局第一任局长，1963年1月因病经河北省人民委员会批准编外休养。

3月23—26日 河北省气象局在石家庄举办了全省首届测报技术比武赛，共有28名选手参加了比赛。承德、邢台、沧州地区气象局代表队分获团体前三名；柏乡杨凤英、任丘宋书芒、满城钱宗良、围场王式辉、磁县黄康明、定县张忠照、清河刘运星分获个人前七名；石家庄蔡恒容、丰宁王淑贤、杨凤英分获笔试前三名；杨凤英、钱宗良、刘运星分获电报前三名；张忠照、杨凤英、沽源谭娟分获报表前三名；张忠照、王淑贤、王式辉分获操作前三名。

5月29日—6月3日 河北省气象局召开全省气象局长研讨会，重点研讨气象管理体制改革以及机构设置和人员编制等问题。7月4日，河北省气象局以会议纪要形式将本次会议内容下发，供全省气象部门贯彻落实。

6月12—28日 河北省气象局组织人员到甘肃、安徽两省气象部门考察学习体制改革问题。此前已有包括甘肃、安徽在内的部分省、自治区气象局改为以气象部门领导为主的双重领导体制。

7月12—21日 中央气象局在秦皇岛召开全国气象部门第一次农业气候资源调查和农业气候区划会议，戈锐、程纯枢副局长主持会议，饶兴局长在会上作了《加速农业气候资源调查和区划工作》的报告。

7月27日 中央气象局通知，停办中央气象局固城"五七"干校，停办后改为中央气象局农场，作为中央气象局农副业生产基地。

10月25日—11月3日 中央气象局在邯郸召开全国气象教育工作会议。

同　年 河北省气象局开始对飞机人工增雨的云物理结构、云层条件、自然降水过程和催化方法等进行研究。

同　年 全省10个地区148个县在完成农业气候资源普查的基础上，陆续开展了农业气候区划工作，要求省级与县级区划1984年底完成，地区级区划于1986年底完成。

1980年

1月1日 气象部门开始实施体制上收工作，实行气象部门与地方政府双重领导，以气象部门为主的管理体制，具体上收工作历时三年完成。

3月1日 中央气象局颁发的《高空气象测报质量考核办法》（修订本）和《个人百班无错情竞赛办法》自即日起执行。

3月3日 河北省气象局表彰1979年度先进台站、先进单位，名单见下表。

1979年度先进台站、先进单位名单统计表

地区/单位	先进台站	先进单位	先进组	合计
张家口	怀来、蔚县、阳原			3
承德	青龙、兴隆、承德县、丰宁、围场	地区业务科		6
唐山	昌黎、玉田、迁安、迁西、卢龙、丰润	遵化、抚宁防雹办公室		8
沧州	黄骅、肃宁、吴桥	地区火箭厂		4
衡水	武邑、枣强	地区台中期组		3
廊坊	三河	地区测报管理组		2
保定	涿县、容城、阜平、徐水	地区预报组		5
石家庄	正定、新乐、束鹿、高邑	地区测报组		5
邢台	地区气象台、临西、柏乡、隆尧、任县	地区资料组、雷达组		7

续表

地区/单位	先进台站	先进单位	先进组	合计
邯郸	肥乡、涉县、峰峰、魏县、鸡泽、临漳			6
直属单位		河北气校、教务科、基建办公室、资料室		4
局机关		业务处		1
合计	39	15		54

说明：县站先进组未列入上表的有：饶阳、任丘、青县、献县、安次、李家堡海洋台观测组；河间、盐山、香河预报组；任丘、南皮、安次农气组；孟村、大城人控组。

同　日　河北省人民政府副省长张克让出席全省气象局长会议并讲话。

4月15日　北京气象中心停止原有天气图分析广播，改为传真图播发，河北省气象局发文要求各地区气象台（秦皇岛台）加强接收使用传真图。

4月24日　河北省编制委员会同意河北省气象台编制由原来的69人增加到79人，以解决中央气象局拟给我省713气象雷达业务人员的需求。

4月25日　中央气象局向河北省气象局发文《关于请试制地区气象台通信控制台的函》，文件中提到："你局在廊坊地区气象局组织试验的具有移频信号存储和回放功能的通信控制台，可在一定程度上解决地区台通信设备安装标准化和因停电而掉报的问题。为此建议你局在今年内再安排试制出两台更完善的同类控制台，经鉴定定型后，拟向其他省、市、区介绍和推荐。"

5月17日　国务院以〔1980〕国发130号文批转中央气象局〔1980〕中气字01号《关于改革气象部门管理体制的请示报告》。报告提出在全国气象部门实行统一领导、分级管理，气象部门与地方政府双重领导，以气象部门领导为主的管理体制。在实施步骤上分两步走，第一步，在1981年前，经省（自治区、直辖市）人民政府批准，省以下气象部门改为以省（自治区、直辖市）气象部门为主的双重领导；第二步，全国气象部门自上而下改为以气象部门领导为主。

6月1日　中央气象局明确拟定和修订的《气象无线电台管理办法》《气象电传管理办法》《气象站拍发气象电报规定》《气象通信质量检查办法》《气象通信错情和事故检查办法》《气象通信岗位责任制》《气象通信百班"优质高效"评比办法》，自即日起河北省气象部门开始试行。

8月7日　按照国务院、中央军委《关于从民兵高炮中拨出部分旧炮专门用于降雨防雹的通知》精神，河北省人民政府、河北省军区贯彻执行通知精神，调集69门高炮用于降雨防雹。

人工降雨防雹专用高炮分配表

接收单位	总数量	高炮型号	分数量	移交单位
张家口地区	24	55式单37高炮	5	张家口军分区
		39式单37高炮	4	
		39式单37高炮	10	保定军分区
		55式单37高炮	2	石家庄警备区
		杂式单37高炮	3	邢台军分区

续表

接收单位	总数量	高炮型号	分数量	移交单位
承德地区	6	55式单37高炮	2	承德军分区
		39式单37高炮	4	
唐山地区	22	55式单37高炮	5	唐山军分区
		39式单37高炮	11	
		杂式单37高炮	1	
		55式单37高炮	1	沧州军分区
		39式单37高炮	4	石家庄警备区
沧州地区	3	55式单37高炮	3	沧州军分区
保定地区	4	39式单37高炮	4	保定军分区
邢台地区	4	39式单37高炮	4	邢台军分区
邯郸地区	6	39式单37高炮	6	邯郸军分区
合计	69			

8月20日 河北省气象局印发《关于建立"站址"勘察报告书的函》，要求今后凡属气象台站新建或迁移，除文字报告外，还需向省局填报《气象台站勘察报告书》。

8月26日 鉴于河北省革命委员会已改称河北省人民政府，原"中国共产党河北省革命委员会气象局机关委员会"印章作废，新印章"中国共产党河北省气象局机关委员会"启用。

10月4日 河北省气象局转发中共河北省直属机关委员会《关于响应党中央号召带头只生一个孩子》的通知。

12月22日 河北省人民政府就气象部门体制改革问题批转《河北省气象局关于贯彻执行国发〔1980〕130号文件的意见的报告》。

同　　月 河北省气象局预备役民兵建制情况（116人）如下。

1. 连部（8人）

连长：冯长均；指导员：杨如心；副连长：孙玉军、钱学超；副指导员：冯占福、杨永孚；文书：孙桂顺；通讯员：李晓坤。

2. 一排（基干排43人）

排长：孙玉军（兼）；副排长：马保安、李云川。

一班（15人）

班长：岳国恒；副班长：陈俊英；

战士：刘继勇、杨绥湘、王铁英、段英、刘宝林、刘海月、王长生、高志强、杜东明、张生旺、赤宪明、刘选、李彦华。

二班（13人）

班长：杨士江；副班长：臧建生；

战士：封哲民、张贵昭、池俊成、李建国、张洪汛、张会英、杨家琪、吴建军、耿宝生、夏伟光、刘庆利。

三班（12人）

班长：李生荣；副班长：蔡会军；

战士：杨淑兰、李志华、郭瑞芹、袁兰英、李双全、刘金韬、徐爱君、张颖、任彦华、荀秀卿。

3. 二排（普通排33人）

排长：吴明勋；副排长：王洪荣、康秀昌。

四班（16人）

班长：姚连喜；副班长：刘亚兴；战士：略。

五班（14人）

班长：李向东；副班长：张建起；战士：略。

4. 三排（普通排33人）

排长：辛庆贵；副排长：王广义、赵庆芬。

六班（12人）

班长：秦岭；副班长：沙振忠；战士：略。

七班（18人）

班长：樊慧欣；副班长：孙淑云；战士：略。

1981年

1月9—17日　河北省气象局在石家庄召开全省气象局长会议。会议对上一年度工作进行总结，撤销了5个距离县站近、工作重复的分站；农气基本站由52个调整为43个；国家补贴气象哨由1135个调整为583个；南部6个地区由省拨款筹建的6个土火箭厂，停办4个，转社队办1个，另一个也计划停办；投入人工防雹和降雨作业的县由96个减少到65个。

同　月　下旬开始，对全省气象部门技术人员中申请晋升工程师技术职称的人员开始进行考核。

同　月　河北省气象局农业气候区划办公室统计了近50个站24年的资料，写出了《河北省低平原的农业气候分析》并报河北省农委。

3月30日　根据河北省直属机关人民武装部文件《关于民兵武器、弹药集中保管的通知》精神，河北省气象局向河北省直属机关人民武装部上交封存56式半自动步枪10支、子弹带10条、背带10根。

同　月　周欣局长到中央党校学习。

5月　到本月底，全省气象部门体制改革工作进展情况：邢台、石家庄、廊坊、衡水4个地区已将所属各县气象站全部收归到地区。张家口地区近期也将接收完毕。邯郸地区已接收了临漳、磁县、鸡泽、广平，目前因麦收暂停。承德地区接收了丰宁和鱼儿山。沧州、保定、唐山尚未接收。

6月5日　河北省国防工业办公室、河北省气象局对国营凌云机械厂、河北省气象科学研究所研制的"聚能碘化银三七降水弹"通过了专家技术鉴定，希望尽快把研究成果应用到生产中去。

同　月　河北省气象系统上半年申报晋升工程师人员339人，批准晋升101人（其中包括高级工程师1人）。

7月15日　根据国家人事局、中央气象局要求选派气象测报人员支援西藏气象工作的通知精神，河北省气象局选派乐亭县气象站肖新民、青龙满族自治县气象站马成来2位同志赴西藏援助工作。

同 月 河北省气象局根据年初计划着重调整了全省人工控制天气工作布局，目前除张家口、承德、唐山三个地区，因当地领导坚持继续做人工防雹工作而保留这项工作的人员、设备外，其他各地区气象局均不再开展此项工作。今后，关于人工控制天气工作作为科研项目，由河北省气象科学研究所进行。

8月1日 河北省气象局对河北气象学校恢复招生（1978、1979）两届80名毕业生分配工作进行发文安排。

同 月 根据河北省农委负责同志指示，河北省气象局加强省级气候区划研究工作，决定在原有的基础上，从各地抽调一些技术人员，集中力量，尽快做好省级农业气候区划工作。

10月15日 河北省气象台气象通信设备更换为全国统一的西门子-1000型电传机（75波特）。与此同时，通信与填图工作开始分设。

12月4日 河北省气象局召开落实政策大会，对1957—1970年间"反右派""四清""文革"中造成的冤假错案给予平反纠正。

同 月 1982年1月1日全国将启用世界统一的"陆地测站地面天气报告电码"。为正确熟练执行新的规范，河北省气象局对全体预报员进行了"天气电码""填图规范"的考试。

1982年

1月23日 由河北省气象局杨家治等研制的DT-1型电报和传真信号录放机，通过了中央气象局组织的专家鉴定。

2月18日 全省气象部门填图比武竞赛在石家庄举行。

2月21—25日 中共河北省委、河北省人民政府在石家庄召开全省劳动模范、先进集体代表会议。我省气象部门涿县气象站获得先进集体荣誉；河北省气象科学研究所副所长张汉章、张家口地区气象台副台长余根实、邢台地区气象台预报员吴波荣获河北省劳动模范荣誉。

2月23日—3月4日 全省气象局长会议在石家庄召开。

4月13—22日 河北省气象局、河北省气象学会在石家庄联合举办数值预报、雷达回波分析学术讨论会。会议邀请北京大学地球物理系张玉珍副教授、谢安讲师等到会主讲。

6月9—17日 邢台地区连续6次降雹，冰雹体积大、密度大，且伴有8~11级大风，给人民生命财产造成重大损失。据统计，全区受灾公社127个，大队1362个，受灾面积1643000亩，伤4786人，其中重伤375人，死亡8人。

同 月《河北气象》（季刊）内部交流刊物，恢复出刊。

《河北气象》编委会：

主任：梁景惠；

副主任：张汉章、孙志泉、游景炎；

编委：（以姓氏笔画为序）刘占先、刘培基、孙志泉、邢树本、杨家治、吕明惠、张学文、张汉章、秦岭、梁景惠、游景炎、蔡存耀。

8月2日 肥乡县气象站向全省兄弟台站发出倡议书，开展一个学先进、赶先进、创先进的社会主义劳动竞赛活动。目标是：搞好两个文明建设，提高业务、服务质量，取得更大的经济效益。倡议书同时提出了5项具体条件和内容。

8月23—26日 河北省气象科普工作会议在承德召开，会议邀请气象出版社和《气象知识》《大众气象》和《气象》杂志编辑部的代表进行了交流。

10月4日 我省首批8名干部被成都气象学院专修科录取。

10月5日 为提高我省中级科技人员的外语水平，适应四化建设需要，河北省气象局决定在河北省气象学校举办速成科技日语培训班，来自各地区和省局直属单位的40名工程师参加为期40天的学习。

10月11日 国家气象局呈报国务院〔1982〕国气字第20号文《关于气象部门管理体制第二步调整改革的请示报告》。报告提出，气象部门管理体制第二步调整改革后，在全国实现自上而下的以气象部门为主的双重领导。11月9日，国务院以国办发〔1982〕76号文批准报告。气象部门管理体制第二步的调整改革，自1983年起实行。

10月20日 河北省气象学校第一期函授班招生考试工作在全省各地区进行，按照招生简章要求，凡具备初中毕业或同等学历的气象部门在职职工均可报考，经考试录取60名，于12月1日开课。

同　月 丁德刚同志被选为中国气象学会第二十届理事会理事。

11月9日 全省气象系统第一次"业务服务质量月"（9月）活动落下帷幕。河北省气象局召开总结表彰大会，对31个先进集体、236名先进个人进行表彰。

同　年 全省气象部门评定晋升高级工程师2名，工程师141名，技师60名，助理工程师562名，技术员30名。

同　年 河北省气象部门有8个气象台站陆续开展了专业有偿气象服务。廊坊地区气象台为石油管道局提供石油管道沿线气象服务，是全省第一个开展专业有偿服务的台站。

1983年

1月4—14日 河北省气象局在天津召开河北省海岸和海涂气候资源考察会议。

2月11日 国家气象局下发〔1983〕国气办字第4号文《关于全国气象部门管理体制第二步调整改革实施方案》。指出第二步体改以国务院国办发〔1982〕76号文为依据，重点是选好省局领导班子，提出机构设置和编制方案，明确与地方党政部门和有关部门的职责分工等。

2月25—27日 由中央气象台主持召开的1983年北方冬小麦区春季降水预报会商会在石家庄召开，北京、天津、山西、内蒙古、甘肃、宁夏、陕西、河南、山东、安徽、江苏及我省气象台以及农牧渔业部、中国科学院大气物理研究所的代表参加会议。

3月9—18日 1983年全省气象工作会议和1982年度全省气象部门先进集体、先进个人代表会在石家庄召开。出席会议的代表和列席人员共250余人。中共河北省委副书记杨泽江、河北省人大常委会副主任丁廷馨、河北省委农委副主任康敏等领导向11个红旗单位、36个先进集体和143名先进个人授旗发奖并讲话（建局以来第二次有市、县气象局领导参加的会议）。

3月10日 全省气象部门机构改革方案（讨论稿）出台。

一、河北省气象局机构设置

1. 设置职能处室5个：办公室、人事处、计划财务处、科技教育处、业务管理处。

2. 党委办事机构（含纪检、群团）3个：机关党委、纪律检查组（直属局党组）、气象学会秘书处。

3. 直属事业单位6个：气象台、河北气象学校、科研所、资料室、气象仪器标准计量所、物资供应站。

二、地市级机构设置

1. 凡实行地市合并，由市领导县的地方，原地区气象局改为所在市气象局（台），如果所在市已有气象台的，一律合并。地市气象部门一律为事业单位，实行局台一个机构，两个牌子，仍属县团级。

2. 地（市）局（台）下设：办公室、人事科、业务科、计划财务科、预报科（即原气象台），维持原组织结构不变。

三、县级气象部门机构设置：县级气象部门为事业单位，一律称县气象站，仍为县科局级单位。

3月11日 经河北省物价委员会同意，河北省气象局制定并下发了《气象服务收费规定（试行）》。

3月23日 河北省气象局、河北省气象学会首次举办"世界气象日"纪念活动。

同 月《河北气象》与《河北气象科技》合并出刊。

4月6日 河北省计划委员会批复，同意河北省气象局在院内建713雷达业务楼一座，高70米，21层，建筑面积8977平方米，建设投资控制在240万元以内。

4月11日 河北省气象局召开干部职工大会，宣布河北省气象局新的领导班子。河北省人民政府副省长王克东、国家气象局副局长王瑞琪出席会议宣布并讲话。冯生臣任河北省气象局党组书记、局长，杨志民任党组副书记、副局长，丁德刚、游景炎任副局长，梁景惠任党组成员、顾问。

4月12日 河北省气象局决定同意将柏各庄气象站更名为唐海县气象站。撤销衡水县、安次县气象站建制并入所属地区气象台。

4月16日 国家气象局党组召开第12次会议，听取赴河北接收工作小组汇报，党组同意河北省气象局新领导班子组成名单。

4月27—28日 河北省气象学会在石家庄召开气象服务经济效益学术讨论会。

5月9—14日 河北省气象局在石家庄召开加强天气预报服务工作会议，中国科学院副院长、中国气象学会理事长叶笃正出席会议并讲话。

5月23日 国家气象局批复河北省气象局关于唐山、秦皇岛市气象局的机构设置。1.决定撤销"河北省唐山地区气象局"设"河北省唐山市气象台"，将丰南、丰润、玉田、滦县、滦南、遵化、迁安、迁西、乐亭、唐海等10个县气象站由唐山市气象台领导和管理。2.原河北省秦皇岛市气象台名称不变，将昌黎、抚宁、卢龙、青龙（原属承德地区）等4个县气象站由秦皇岛市气象台领导和管理。

7月7日 中共河北省委批准河北省气象局机构改革方案，并印发《中共河北省委关于省气象局机构改革后领导干部任职通知》。冯生臣任局长、党组书记；杨志民任副局长、党组副书记；丁德刚、游景炎任副局长；梁景惠任顾问、党组成员。

7月21日 全省气象部门统一更换工作人员工作证。

7月28日 河北省气象局在《河北省气象台站观测环境现状及分析报告》中提出，1977年以前因各种原因有 66 个台站站址和观测场进行过搬迁，近 5 年来又有 12 处迁移了站址或场地，迁站总数多达 78 站（次），占现有台站总数（164）的 47.6%，其中有的站竟搬迁了三四次。总结原因，一是 1958 年"大跃进"搞气象化运动，只讲数量，不讲质量，属农业部门领导，无固定土地、房屋，任人摆布，造成站址一迁再迁。二是"63·8"我省遭受洪水灾害，部分水毁严重，且不能就地重建，被迫迁站。三是气象台站征购土地面积都小，一般只有 3～4 亩，各地城镇建设规划和发展，造成被迫迁移。四是各级领导和自身对保护台站环境重要性认识不足，要求不严、措施不力。

8 月 14 日 各地气象局根据《唐山、承德地区气象局、秦皇岛市气象台机构调整交接工作会议纪要》做出如下安排。

1. 唐山地区气象局将所领导的秦皇岛市气象台、昌黎、卢龙、抚宁气象站从 1983 年 8 月 14 日起正式移交给秦皇岛市气象台管理。正式职工 72 人，计划内临时工 5 人，计划外临时工 3 人，离休 1 人，退休 1 人。

2. 承德地区气象局将青龙气象站从 1983 年 8 月 14 日起正式移交给秦皇岛市气象台管理。正式职工 12 人，计划内临时工 1 人，计划外临时工 2 人，副业工 1 人。

9 月 23 日 中共河北省委给河北省气象局颁发"中国共产党河北省气象局党组"印章一枚，新印章自本通知下达之日起启用，原"中共河北省气象局党组"印章作废。

同　月 原河北省气象局顾问张彪、副局长马鸣山、李志宣、张文秀离职休养。

10 月 21—25 日 全省气象测报比赛在石家庄举行。唐山、秦皇岛联队荣获团体第一名，廊坊、邢台获得团体二、三名，巨鹿刘瑞璞、丰润杨兰春、固安周文英分别荣获个人一、二、三名。

10 月 25—28 日 河北省气象局丁德刚副局长等 9 人参加在天津市召开的黄渤海气象考察工作总结和科研成果交流会。

11 月 7 日 河北省气象局制定下发《关于加强观测环境保护的若干规定》。

11 月 15 日 全省气象系统第二次"业务服务质量月"（7 月中旬—8 月中旬）活动落下帷幕。河北省气象局召开总结表彰大会，对 21 个先进集体、127 名先进个人进行表彰。

12 月 5—10 日 河北省气象局在石家庄召开全省暴雨和 MOS 预报（模式输出统计预报）技术经验交流会。

12 月 31 日 1983 年度河北气象系统综合统计年报。年末固定职工总数 2482 人。学历情况：本科 197 人，大专 312 人，中专 758 人，高中 380 人，初中 693 人，小学以下 142 人。

同　月 原河北省气象局副局长杨志民、梁景惠离职休养。

同　年 河北省气象部门引进微型计算机，用于气象通信业务。

1984 年

1 月 6 日 河北省气象部门 32 个台站使用特种电话用于灾害性天气预报会商、通报灾情和紧急服务。分别是：省、地（市）及黄骅李家堡等 13 个气象台；省台、邯郸、邢台、衡水、沧州、唐山、秦皇岛、张家口及承德 9 个气象雷达站；遵化、易县、涉县、乐亭、黄骅、张北、围场、沽源、蔚县及任丘 10 个灾害性天气多发站和服务重点站。

1 月 20 日 河北省气象局发文，根据河北省人民政府冀政〔1983〕80 号文件精神，将交河县气象站改名为泊头市气象站。

1月28日　国家气象局批复河北省各地市气象机构设置。

1. 同意张家口、承德、廊坊、沧州、衡水、保定、邢台、邯郸地区暂时保留气象局名称，实行局台合一，一个机构，两个牌子。

2. 石家庄地区设气象管理处，负责本地区气象部门的管理工作，石家庄地区气象台并入省气象台，原石家庄地区气象台承担的气象服务任务由省气象台负责。

3. 唐山、秦皇岛两市气象机构设置，仍为气象台（唐山地区气象局改为气象台、秦皇岛市气象局升格为地区级气象台）。

2月15日　河北省气象局编制《河北省海洋气象工作"七五"计划和后十年设想》。

2月17日　根据省政府下发的《关于邯郸等六市改为省辖市和实行市管县的通知》的指示精神，河北省气象局决定：各市不另设气象机构。划归石家庄、保定、沧州、承德、张家口等市管辖的获鹿、井陉、满城、沧县、承德县、宣化县等县气象站仍隶属原地区气象局管理。为各市工农业生产和各项建设事业提供气象保障和服务的工作，由各地区气象站负责。

2月25日　《河北省气象现代化建设初步规划》出台。根据全国气象事业现代化建设规划制定了到20世纪末16年河北省现代化建设7条具体发展目标。

1. 建成综合大气观测系统和仪器计量检定系统。

2. 建成省内传真电路、低速有线和无线通报网；卫星通信信道组成的通信系统。

3. 建立气象资料自动化处理与服务系统。

4. 建立天气预报业务系统和气候诊断、分析、预测系统。

5. 充分利用各种通信和新闻传播工具的现代化手段，综合开展各种专业气象服务。

6. 气象科研：①天气研究；②农气研究：研究我省主要农作物农气灾害指标、农业气候区域成果推广应用；③开展大气污染、酸雨及人工降水的研究。

7. 气象教育：调整河北气象学校任务，重点办好中专和中专函授，继续办好各种类型短训班，"六五"期间完成青工文化补习和技术培训。

2月25日—3月1日　河北省气象局召开全省气象局长会议，河北省副省长杜竟一出席会议并讲话。

全省气象局长会议相关数据：全省176个各级气象机构；总编制2753人；事业经费591.7万元；基建经费40万元。

省局领导班子调整，新班子一正三副、一名顾问，平均年龄由59岁降为54岁。

机构调整，局机关设：办公室、人事处、业务管理处、计划财务处、科技教育处、物资处（根据省委有关规定，设机关党委和纪律检查组。原气象计量检定所和仪器供应站撤销，改为物资处，下属两个科级单位）。

事业单位设：省气象台、省气象科学研究所、省气象资料室、河北气象学校。

3月6日　《中共河北省委组织部关于李正钧同志任职的通知》下发，省委决定：李正钧同志任河北省气象局副局长、党组副书记。

3月15日　本日0时起（国际时），全省气象通信部门气象电报格式统一使用国际气象电报格式。

5月29日　中共国家气象局党组下发《关于冯生臣同志任免职通知》，经与河北省委研究决定：冯生臣同志任河北省气象局副局长、党组成员，免去原任职务。

7月1日　河北省气象局发文批准邢台地区气象台正式启用PC-1500计算机投入探空记录整理工作。

7月10日　《中共河北省委组织部关于董清林同志任职的批复》下发，省委同意：董清林同志任河北省气象局党组成员。

7月12日　河北省气象局发文《关于将"唐山市气象台"改为"唐山市气象局"名称的通知》，决定恢复"唐山市气象局"的名称。

9月24日　经河北省无线电管理委员会批准并核发电台执照，同意河北省气象部门（省台至各地市台）启用无线电单边带收发讯机进行联络业务。

9月26日　河北省气象局成立无线电管理委员会。

同　月　河北省气象局成立物资处，承担气象仪器及器材的供应、检定和维护工作。

11月15日　河北省气象局发文批准张家口地区气象台正式启用PC-1500计算机投入探空记录整理工作。

11月17日　经中共国家气象局党组研究，并商得河北省委同意，决定朱品同志任河北省气象局局长、党组书记。

11月20—22日　河北省气象局在石家庄召开全省气象教育工作会议。

11月27日　河北省气象局发文撤销邢台县、沧县、承德市和宽城县汤道河气象站。文件中指出：这是根据1981年全国气象局长会议关于"一地不设两个气象站"的调整精神而决定的。在原已撤销邢台县（南石门）、沧县、承德市气象站观测任务的基础上，撤销上述三站建制，该三站的气象预报服务工作分别由所在地区气象台负责。宽城县汤道河气象站已在1983年由承德地区气象局在未经请示省局的情况下撤销，今后应严格报批手续。

11月28日　河北省气象局批复同意撤销李家堡海洋气象台的机构，保留其观测业务，改为李家堡气象站。撤销后有关人员、设备、经费等问题，由沧州地区气象局具体安排处理。

12月3—8日　河北省冬小麦遥感估产技术会议在石家庄召开。

12月8日　河北省气象局下发《关于调整机关机构、启用新印章的通知》，决定：

1.调整后省局机关设五处一室：办公室、人事处、计划财务处、业务管理处、科技教育处、物资处。

2.调整后局直属单位四个：省气象台、省气象科学研究所、省气象资料室、河北气象学校。原省气象计量检定所和省气象仪器供应站撤销，改为物资处所属两个科级机构，印章可在业务中继续使用。

3.为加强气象咨询工作，负责协调管理全省专业气象服务工作，设立"河北省气象咨询服务中心"并刻制印章及财务专用章各一枚即日启用。

同　日　河北省气象局发文撤销栾城农业气象试验站，有关人员、经费、固定资产等问题，由河北省气象科学研究所与石家庄地区气象局协商。

12月10—27日　河北省气象学会在省局举办PC-8000微型电子计算机使用讲习班。

12月27日　河北省气象局、长芦盐务局联合发文《关于加强对盐业气象台站的领导和技术业务指导的联合通知》，具体为：人事、经费、计划由盐务局负责；业务及业务考核、人员培训由气象部门负责。

12月31日　气象系统1984年综合统计年报：全省有气象台站159个，其中：省气象台1个（无观测站），市级气象台11个（国家基本站8个，一般站3个），气象站147个（国家基本站11个，一般站136个）。

计算机配备及使用情况

单位	机型及产地	台数	用途	使用年月
省气象台	IBM-PC（美）	2		1984.12
	APPLE-Ⅱ（美）	1	预报	
	TP-803（美）	1	预报	1983
	PC-1500（日）	3	预报	1984
局机关	APPLE-Ⅱ（美）	1	教学、科研、业务处	1984.12
	PC-1500（日）	7	管理、业务处5、科教处2	1984
资料室	CCS-400（美）	1	资料处理	1983
	PC-1500（日）	4	资料处理	1984
科研所	PC-800（美）	1	教学、科研	1983
	PC-1500（日）	5	教学、科研	1984
气象学校	PC-1500（日）	8	教学、科研	1984
石家庄地区局	PC-1500（日）	3	预报1、资料1、教学科研1	1984
	PC-1211（日）	1	预报	1984
邢台地区局	PC-1500（日）	7	预报1、资料5、教学科研1	1984
邯郸地区局	PC-1500（日）	2	预报1、管理1	1984
衡水地区局	PC-1500（日）	3	预报1、资料1、管理1	1984
沧州地区局	PC-1500（日）	4	预报1、资料2、管理1	1984
	APPLE-Ⅱ（美）	1	预报1	1984.12
保定地区局	PC-1500（日）	3	预报1、资料1、管理1	1984
唐山地区局	PC-1500（日）	6	预报2、资料3、管理1	1984
秦皇岛市台	PC-1500（日）	4	预报1、资料2、管理1	1984
承德地区局	PC-1500（日）	5	预报1、资料3、管理1	1984
张家口地区局	PC-1500（日）	10	预报3、资料6、管理1	1984
廊坊地区局	PC-1500（日）	3	预报1、资料1、管理1	1984
	PC-1211（日）	1	预报	1984
合计		87		

同　年　河北省气象系统人员文化程度统计：年末2393人，大本218人、大专308人、中专714人、高中390人、初中697人、小学以下66人。

同　年　因办公用房严重短缺，河北省气象局决定在目前使用的办公楼上加盖四层，年底完工。

同　年　河北省气象台装备云图接收机，主要接收美国的极轨气象卫星和日本静止气象卫星发布的公开云图资料，应用于天气分析和预报。

1985年

1月1日　根据国家气象局批示精神，调整部分艰苦气象台站津贴从即日起执行。

1月15—17日　河北省气象学会召开第四次会员代表会议，选举出第四届理事会。

1月31日 河北省气象局发布关于地面气象测报推行PC-1500机应用的措施。

1.6月底前，完成全国统一的业务程序和操作手册，下半年逐级培训人员，争取1986年1月1日起正式执行。

2.配发计算机，国家基本站和有航危报的站应选用带有16K模块的PC-1500机，年内国家基本站应配齐。

2月2日 中共河北省气象局党组决定在各地市局（台、处）均设党组纪检组，专职纪检干部编制1～2人，纪检组由3～4人组成，组长由党组书记或副书记兼任。

2月8日 国家气象局发文批复河北省气象局《关于调整部分艰苦气象台站津贴种类的请示》，自1985年1月1日起执行。

2月11日 北京气象中心华北区域气象传真广播将于3月1日试播，6月1日正式广播。

4月9日 河北省气象局集中购进APPLE-Ⅱ微机17台，配发给各地、市气象局，省局技术发展办公室、物资处、资料室、气象学校各1台，河北省气象台2台。

4月16日 河北省气象局委托河北气象学校举办APPLE-Ⅱ微机培训班，学期25天。

5月27日 国家气象局"七五"计划中新建雷达测风站和国家重点保护气候基本站的计划中，河北省乐亭、张北、邢台国家基准站在列。

6月1日 河北省气象台首次接收气象传真图。

6月5—7日 河北省气象局、河北省气象学会在保定市召开全省气象科普工作会议。

6月14日 河北省气象学会设立青年气象科技奖的决定经河北省气象学会常务理事会讨论通过并实施。

6月15日 国家气象局在人民大会堂举办"祖国为边陲优秀儿女挂奖章"活动，张北县气象站张德贵同志获得铜质奖。

7月2日 我省保定等23个县（市）遭受冰雹、暴雨、大风3种自然灾害严重侵袭。受灾面积168万亩，其中绝收（含毁种）面积达74万亩，死亡18人，伤1779人。这场风雹的最大风速36米/秒，最大冰雹直径达70毫米。平地平均积雹2～10厘米。冰雹伴有暴雨，半小时雨量最大75毫米，对这次强风暴，河北省气象台和保定地区象台都预报准确、服务及时，河北省顾问委员会主任杨泽江对气象部门给予了表扬。

7月5日 河北省气象局发文《关于组建气象超短波通信网的通知》，决定在石家庄、衡水、沧州、廊坊、保定、唐山等6个地市的59个台站先后建立地-县超短波电台，采用气象保护频率半双工工作方式。

7月8日 根据国办发〔1983〕22号文件精神，省（自治区、直辖市）气象局为正厅局级，地（州、盟、市）气象局（处、台）为正县团级，县（旗）气象站（局）为正县科局级。

7月19日 国家气象局调河北省气象局副局长丁德刚任天津市气象局局长、党组成员，免去河北省气象局副局长职务。

8月9日 河北省气象台填图工作实现自动化，从河南自动化研究所引进的XY填图仪正式投入业务使用。（第一张用自动填图仪填写的是当日20时东亚地面天气图）

8月20日 国家气象局以〔1985〕国气计字第181号文批复河北省气象局《关于建立乐亭基准气候站和改为雷达测风项目所需经费的请示》，同意征地等8项，总投资为23万元。

9月20—23日 河北省气象局在遵化召开全省卫星遥感测产工作会议。

9月24—27日　河北省气象局在遵化召开全省农业气象工作会议。

9月30日　河北省气象部门配备现代化设备，具体统计见下表。

河北省气象部门现代化设备配备统计表

	型号	数量
计算机	APPLE-Ⅱ	21台
	CCS-400	1台
计算机	IBM-PX/XT	3台
	HEC-PC8000	1台
	TP-803	1台
	PC-1500	79台
	PC-1500A	20台
合计		126台
通讯设备	高频电话	72部
	警报发射器	2部
合计		74部

10月11日　《渤海海面与沿岸测站大风对比分析成果》于1985年5月整编出版，该成果是北方沿海四省市大风联防协作组从1979—1981年连续对黄、渤海进行了气象考察，获得了大量的一手材料，并对资料进行海陆测站的对比分析。为此，河北省气象局专门发文要求应用好该研究成果。

10月14日　河北省农业气象站做出调整，具体见下表。

河北省农业气象站网调整表

地区	原有站	撤销站	新建站
张家口	沽源、张北、怀来、蔚县	沽源	
承德	御道口、围场、丰宁、承德、兴隆	御道口	
秦皇岛	青龙、昌黎		
唐山	唐山、遵化、唐海、滦南	滦南	
廊坊	三河、安次、大城	大城	
沧州	黄骅、南皮、肃宁	南皮、肃宁	沧县
衡水	阜城、深县、枣强	枣强	
保定	容城、涿县、阜平、定县、易县、涞源	易县、涞源	安国
石家庄	栾城、平山、新乐	新乐	正定
邢台	南宫、内丘、宁晋、临西	宁晋、临西	
邯郸	肥乡、涉县、永年、大名	永年、大名	
合计	41	14	3

注：新建正定、安国、沧县三个省农气基本站，分别以蔬菜、瓜果、药材和金丝小枣等为主要观测和服务项目。

10月15日 国家无线电管理委员会同意河北省张家口、承德、保定地区灾害性天气监测数据传输网使用频率和多普勒天气雷达工作频率。

同 月 由河北省气象局科研人员参与研究的《北方暴雨预报方法和理论研究》获国家科学进步奖二等奖，《冰雹预报方法研究》《寒潮中期预报方法研究》获国家科学进步奖三等奖。

11月7日 全省气象部门党建工作统计：全省有12个党组、1个党委、1个机关党委、119个党支部、929名党员，占职工总数36%。有44个站没有党支部，4个站无党员。

11月26日 河北省气象局、河北省财政厅联合发文转发国家气象局、财政部《关于气象部门开展专业服务收费及其财务管理的几项规定》。

同 月 河北省气象学会在唐山召开1985年技术年会，会议表彰了从事气象工作30年以上的人员266名；奖励青年优秀论文获得者13名；交流学术论文137篇。中国气象学会副秘书长彭光宜、北京大学教授仇永炎应邀做学术报告。

12月1—3日 河北省气象服务经验交流会在唐山召开。

12月14日 国家气象局以国气计字〔1985〕第271号文批复河北省气象局《关于雷达资料业务楼设计任务书的报告》，同意该局新建713雷达资料业务楼，建筑面积6500平方米，投资200万元。

12月20日—1986年1月23日 河北省气象局参加全国气象系统微机应用展览。

12月31日 全省气象部门老干部情况统计见下表。

全省气象部门老干部情况统计表

参加革命工作时间	人数/人
1928.8.1—1937.7.6	1
1937.7.7—1945.9.2	66
1945.9.3—1949.9.30	133
合计	200
可享受离休待遇尚未离休的	85
已离休	115

同 月 由河北省气象台汤仲鑫等编著的河北省软科学项目《海河流域历代自然灾害史料》出版。

同 年 全省气象部门概况：全省有气象台12个，国家基本站19个，一般气象站123个；职工总数2388人，专业技术人员达到1161人，其中高级工程师1人，工程师211人，助理工程师612人，技术员337人。

全省160个台站有96个台站开展了有偿服务，据不完全统计，签订专业合同1115份，服务收达43.6万元，比1984年增加了两倍多。

全省已拥有苹果机21部，PC-1500机100部，其他型号的微机6部，高频电话77部，单边带电台11部，天气警报发射机4部。全省通讯网建设已铺开，1985年初"三报一话"电路开通，部分传真图改用话路接收，省级微机转操作系统、用户程序、通信接口实施阶段已结束，进入联机调试阶段；全省有5个地区地县级高频电话网基本建成。微机比较普遍地应用于业务工作中，如网格点资料处理和农气旬月报处理系统、雷达回波编报及拼图输出、雨情统计和高空测风、地面测报、仪器检定等。

同 年 河北省气象局组织编写完成《河北省天气预报手册》。

同　年　由河北省气象台研制的"WT-1A卫星云图接收机功能开发与利用"研究项目获得河北省科学技术进步三等奖。

同　年　河北省气象局应用诺阿气象卫星预测小麦产量首次获得成功，预测精度达95%以上，时效提前两个多月。

同　年　河北省气象局完成全省海岸带气候资源调查，并编制了资料汇编、图集及综合分析报告，通过了专家组一级验收。

同　年　河北省完成全省气候区划工作，农业气候区划办公室取消。

同　年　河北省各级气象台站普遍实行了"三制一体"的管理办法，促进了各项业务质量的提高。

同　年　河北省气象档案馆成立，与河北省气候资料室为一个机构两块牌子。

1986年

1月13日　河北省气象局计算机配备和应用范围统计见下表。

河北省气象局计算机配备和应用范围统计表

应用范围	计算机数量 / 台
预报	34
资料	11
通信	2
测报	0
教学科研	15
管理	18
其他	51
合计	131（本年新增48）

同　日　河北省气象系统人员文化程度统计：本科230人，大专338人，中专841人，高中416人，初中610人，小学以下67人。

1月26—30日　全省气象工作会议在石家庄召开，中共河北省顾问委员会主任杨泽江到会看望与会代表并讲话，期间专门观看了参加全国气象系统微机应用展览展板。

2月　参加全国气象系统微机应用展览展板撤回后在河北省气象局展出。

3月22日　河北省气象局、河北省气象学会联合举办第26个世界气象日纪念活动，河北省人民政府副省长张润身出席纪念活动并讲话。

4月14日　国务院1986年3月5日批准撤销定县、束鹿县、南宫县、任丘县，设立定州市、辛集市、南宫市、任丘市（县级）。河北省气象局发文将上述四县气象站改为市气象站。

4月18日　河北省气象局成立卫星遥感综合测产协作组，主要负责冬小麦遥感测产。协作组由业务处、科研所和省气象台组成。

5月4日—9月4日　根据国务院要求，全国实行夏时制，河北省气象局对首次实行夏时制作了详尽的安排。

5月26日　河北省气象局转发"三制一体"试点单位《科教处三制一体试行办法（讨论稿）》。

6月12日　国家气象局副局长温克刚一行到河北省气象局检查指导工作。

6月19日　张北县气象站完成国家基准气候站（713雷达站）设计任务书。业务楼500平方米，高度12米，宿舍1000平方米，扩征土地15亩，投资30万元，工期1986年7月至1987年12月。

7月4日　河北省气象局批复：撤销李家堡海洋气象站，业务终止时间定在1986年7月31日20时。

8月6日　国家气象局党组以国气党发字〔1986〕第026号文通知，同意游景炎任中共河北省气象局党组成员。

9月29日—10月11日　河北省气象局副局长游景炎参加中国气象局考察团对日本气象工作进行为期13天的考察访问。

10月8—9日　由北京气象中心与河北省气象局共同开发研制的ZBX-1微机转报系统在石家庄通过技术鉴定。

10月13—18日　华北地区部分省市气象学会在秦皇岛召开华北干旱气候学术讨论会。

11月1日　完成调整平原地区站点的调研工作，气候基准站开始筹建，站点调整工作开始进行。

12月18日　河北省气象局批复：同意兴隆县雾灵山自然保护区建立专业气象站方案。该站属于自建、自营、自用的专业站，人员、设备等均由雾灵山自然保护区负责解决。

12月31日　1986年劳资年报统计，年末人数2747人，其中女职工1021人。

同　日　河北省气象部门"六五"期间接收了大中专毕业生共275人，详见下表。

河北省气象部门"六五"期间接收大中专毕业生统计表（人）

	1981	1982	1983	1984	1985	合计
本科	3	24	25	10	11	73
大专		10	13			23
中专	8	43	41	46	41	179
合计	11	77	79	56	52	275

同　年　气象通信工作有了较大发展。与北京气象中心、中山大学共同研制的计算机自动转报系统在省气象台运用成功；开通了廊坊、保定、沧州、石家庄、衡水5个地区与省台的有线电传线路；全省已装备甚高频电话118部，其中有5个城市的全部县局都配上了高频电话；承德地区各台站安装单边带发射机9部，基本组成了地县级通信网络；7个地市气象台和8个县气象站安装了天气警报系统，共为用户安装警报接收机500多部，改善了天气预报的传输手段，从而有效地防止和减少灾害性天气造成的损失。

同　年　完成河北省气象部门职工定编定员工作。

同　年　全省气象部门共有39名同志经参加全国成人高考被国家气象局所属三所院校录取。

1987年

1月23日　河北省人民政府副省长张润身到河北省气象台看望值班人员。

2月5日　国家气象局同意在乐亭县石臼坨岛和秦皇岛市金山咀各建1个海岛自动测风站。两站经费共计 6 万元。

2月16日　国家气象局批复河北省气象局成立气象咨询服务中心机构，为省局直属处级事业单位。

2月24日—3月1日　全省气象局长会议在石家庄召开，会议邀请谢义炳院士到会指导工作。河北省人民政府副省长张润身出席会议并讲话。

3月11日　国家气象局决定全国气象部门1987年实行夏时制，要求各地各单位安排好各项气象业务和服务工作。

3月13日　国家气象局无线电管理委员会以气无发字〔1987〕第008号文批复河北省气象局业务管理处《关于天气警报系统工作频率分配方案意见的请示报告》，并作了相应调整

3月14日　中国气象学会在石家庄召开《北方九省市短期、短时预报方法课题》科研成果鉴定会，河北省人民政府副省长张润身出席会议，并听取成果介绍。中国科学院大气物理研究所、北京大学、国家气象局有关专家、学者参加会议。

3月16日　中国气象学会在石家庄召开世界气象日纪念会，参加会议代表130人。中国气象学会名誉理事长、北京大学教授谢义炳，中国气象学会理事长、中国科学院学部委员研究员陶诗言应邀出席会议，并就"气象国际交流和合作"作大会报告。

3月23日　河北省气象局、河北省气象学会联合举办世界气象日纪念活动，主题是"气象-国际合作的范例"。

3月27日　国务院1986年9月24日批准涿县"县改市"，河北省气象局批复：涿县气象站也相应改为涿州市气象站，仍属县科局级。

3月30日　河北省气象局下达1987年进口汽车分配指标，分配给唐山、衡水地区气象局各一辆苏产拉达小轿车，价格3.4万元。

3月31日　河北省气象局同意各地市气象局成立机务通讯科、气象咨询服务中心和预报服务科。

4月2日　河北省气象局批复：同意撤销定兴、博野县气象站；同意清苑县气象站建制撤销，原站址由保定地区气象局管理，留2～3人作为地区台一个服务组。5月1日正式撤销。

4月7日　国家气象局批复河北省气象局《关于建立精神文明建设办公室的请示》，同意河北省气象局成立精神文明建设办公室，与人事处合署办公，增设一名处级领导职数。

4月23日　河北省气象局成立精神文明建设办公室，与人事教育处合署办公。

同　月　国家气象局批复同意河北省气象站点调整方案，将河北省列为全国气象站网调整试点省份。

5月2日　河北省气象局调整职称改革组织机构。

一、领导小组

组　长：朱品；

副组长：李正钧、游景炎；

成　员：董清林、杨秀真、汤仲鑫、张广智、郭春德、秦岭。

二、办公室

主　任：董清林；

副主任：杨秀真；

工作人员：吴玉田、朱永湘、杨文桂、钱学超、陆铸均、李士英、曹广斌。

三、专业职务技术评审委员会

主任委员：游景炎；

副主任委员：尹祥林、汤仲鑫；

委员：杨秀真、马瑞隽、秦岭、闫宜玲、陆铸均、杨家治。

5月16—19日 全省气象部门职称改革第一次会议在石家庄召开。在完成对全省具有中、初级技术职称的1117人复查评审的基础上，新评定中级技术职称432人。

6月1日 省—地微机转报系统全部开通并投入业务使用，取代了单边带收报。

6月5—6日 张家口、承德地区的部分县降了雨雪。积雪深度达8～15厘米。48小时降温10～21℃。这次罕见的灾害性天气过程，使59.7万亩作物受重灾。冻死羊1.5万只，大牲畜144头。12个受灾县损失总额达到4275万元。

6月30日 国家气象局批复河北省气象局《关于张北、南宫基准气候站设计任务书的报告》，同意张北基准气候站征地15亩，投资10.5万元；同意南宫基准站投资7万元。

7月1日 望都、唐县、涞水3个气象站改为辅助站。

7月16日 河北省人民政府副省长张润身到河北省气象局了解汛期气象服务情况，对汛期工作做了指示。

8月2—8日 国家气象局副局长骆继宾一行4人到河北省气象局检查指导工作。先后到石家庄、沧州、保定地区和青县、徐水、新城、涞源、紫荆关5个基层气象站检查指导工作。河北省人民政府副省长王祖武会见了骆继宾一行。

8月10—18日 全国农业气象资料信息化培训班在河北省气象学校举办。

8月12—14日 河北省气象局召开全省气象部门第二次职改工作会议，研究部署全省气象部门专业技术职务评聘工作。

8月26日 夏令时13点30分，河北邢台威县出现龙卷，黑色漏斗状，直径约200多米，自南向北行程6千米，先后持续10分钟左右，所到之处房屋大部分倒塌，树木所剩无几，造成10人死亡，49人受伤。

同　日 国家气象局发文《关于做好亚运会气象服务工作的通知》，确定第11届亚运会比赛现场的气象服务工作，以北京市气象局为主，其中，秦皇岛海上运动场地气象服务由秦皇岛市气象局负责。

9月5—30日 河北省气象局组织钱文斐、张长铎、王玉芝、孙国显等先进个人组成的先进事迹报告团，先后在省局和10个地市举办了11场报告会。

9月7—14日 国家计划委员会农水局总工程师上官长君、国家气象局计划财务司司长李光佩一行4人到河北省气象局调研台站基建工作。9月14日，河北省人民政府副省长张润身、省计委有关负责人会见上官长君等，对有关气象工作交换意见。

9月8—10日 河北省气象站网调整工作会议在保定召开，会议讨论审议了《河北省气象局关于气象站网调整的意见（讨论稿）》《河北省辅助气象站业务工作暂行规定》《省、地两级气象业务管理工作暂行规定》和《预报业务技术体制改革的设想》等4个文件。会议确定了全省1988—1989年站网调整的具体任务。两年内共改辅助站38个（含前已改的3个），撤并站12个（含前已撤的3个），建成基准站2个（乐亭、张北），雷达测风站1个（乐亭），海岛自动测风站2个（乐亭石臼坨、秦皇岛金山咀防浪堤），713测雨雷达站1个（张北）。

9月28日 国家气象局下达河北气象部门1988年底人员控制数2586人（不含计划内临时工）的规定。实际现有2600人，其中地市和学校2259人，省局机关和直属单位341人。

10月6—9日 国家气象局在北京召开了新中国成立以来首次全国省气象台台长会议。河北省气象台台长刘金才出席会议。

10月7—11日 全省第三届测报比赛在秦皇岛市举行，保定、沧州、邯郸气象局分别获得测报技术团体前三名；田国辉（保定）、赵士明（邯郸）、李素芹（保定）、赵延斌（沧州）、杨兰春（唐山）、周文英（廊坊）分别获得测报技术个人总分前六名（同时获得"测报能手"荣誉证书）；邵兴海、田芳、孙秀换、樊武、郭叔华、冯树旺、李继良、李华蕊、王云秀、陈惠敏、刘兰锁、乞宏修等12名同志获得了"测报能手"荣誉证书。

11月10—13日 河北省"气象条件对名、优、特产品质量影响"学术讨论会在石家庄召开。中国气象学会、国家气象局气象科学研究院（简称气科院）、河北省科学技术委员会（简称省科委）、河北省科学技术协会（简称省科协）、河北省气象局等单位领导、专家、学者共50余人出席会议，交流论文32篇。

11月27日 河北省气象局在石家庄召开1987年度气象服务座谈会。

同 月 国家气象局与河北省气象局开通远程中文传输。

12月9日 河北省气象局机关和直属事业进行单位编制和实有人员统计，详见下表。

河北省气象局机关和直属事业单位编制和实有人员统计表

序号	单位	编制	实有
1	局机关	98	90
2	物资管理处	36	37
3	河北省气象台	105	102
4	科研所	40	41
5	行政处	39	42
6	气候资料室	45	42
7	气象学会	5	6
8	气象咨询服务中心	9	5
合计		377	365

12月31日 全省气象部门职工统计如下。

职工总数：2181人；本年新增96人、本年减76人。

年底实有：2201人；机关81人、事业单位2120人。

同 年 新购高频电话22部，全省已有甚高频电话174部。新购微机6台，新研制70多项软件投入业务使用。下半年河北省气象局开通10部程控专线电话。全省158个台站中有157个台站开展有偿服务，涉及35个行业近2000个单位，合同数2615份，收入113万元。有天气警报发射机38部，接收机1551台。

同 年 河北省气象部门开展气象警报系统专业有偿服务，沧州东光县"建立县科技信息中心进行综合服务"的经验和做法迅速在全省和全国推广。到1988年末，全省发展到有气象警报发射机71台、接收机3794台，开展服务的台站已达148个，占总台站数的90%以上。

1988年

1月1日 全省实施第一期站网调整方案，乐亭基准气候站正式投入业务运行，33个一般气象站改为辅助气象站，撤销6个一般气象站。

1月17日 河北省气象局进行计算机配备和应用范围统计，详见下表。

河北省气象局计算机配备和应用范围统计表

应用范围	计算机数量/台
预报	68
资料	16
通信	4
测报	75
科研	12
教学	15
管理	28
其他	8
合计	226

1月18日 河北省气象局首次举办气象信息新闻发布会。

1月27日 河北省气象局同意撤销广宗县气象站建制，气象服务工作由威县气象站承担。

同　　月 1987年河北省气象部门有偿服务情况统计：签订服务合同：2615份，预订款金额：1071805元、纯收入：729823元。参加服务人员：850人（兼）、61人（专）。

同　　月 1987年河北省气象部门综合经营情况统计：经营收入：138415元、利润：32504元。参加人员：12人（正式7人、其他5人）。

2月2日 河北省气象局举办河北省气象科技志稿邀评会，河北省科技志、地方志编委会部分专家教授出席会议。

2月22日 国家气象局批复河北省气象局《关于邢台基准气候站设计任务书》，同意该站为改善观测环境，进行征地等建设，投资15万元。

3月14日 河北省气候资料室改名为河北省气候中心，职能编制不变。与河北省气象档案馆一个机构两块牌子。

3月16日 河北省气象部门科技扶贫现场会在阜平县召开，全省各产枣县气象局（站）50多名代表参加会议。

3月29日 全省气象系统双文明建设先进集体、先进个人表彰大会在石家庄举行，大会共表彰38个先进集体、61名先进个人。10个先进集体代表、12个先进个人在大会上汇报交流了先进事迹和经验，被国家气象局授予的全国气象系统双文明建设先进个人颜木荣同志在会上做了报告。从事气象工作30年的部分人员参加了会议。

5月23—25日 全省气象工作会议在石家庄召开，会议讨论通过《河北省气象业务技术体制改革方案》《河北省气象局关于放开搞活、扩大基层自主权的改革意见》等3个文件。

5月28日 华北地区气象部门高级技术职务评委会第四次工作会议在秦皇岛举行。

6月20日 国家气象局党组以国气党发字〔1988〕第019号文通知，决定免去李正钧河北省气象局副局长、党组副书记职务。

6月30日 全省气象部门顺利完成首次气象专业技术职务资格评审和聘任工作，共有1975人取得相应专业技术职称和任职资格，占各类专业技术人员总数的87.9%。新评定相当正高级任职资格1人，高工33人，具备中级任职资格686人，初级任职资格1255人。

7月13日 河北省气象咨询服务中心改称河北省气象局气象服务处，对外仍使用河北省气象咨询服务中心名称。

7月24日 全国青少年气象夏令营河北营在沧州开营。

8月8日 河北省人民政府省长岳岐峰、常务副省长叶连松等听取河北省气象局副局长冯生臣、游景炎关于全省气象工作情况和"学赶山东"工作情况汇报。

8月22—25日 河北省气象系统首届体育运动会在河北省气象学校举行。

9月3日 沧州市遭狂风暴雨和特大冰雹袭击。下午3时15分开始降雨、45分狂风、50分降雹。雨量45.3毫米，大风阵风达到10级，冰雹直径3~5厘米，堆积厚度15厘米。据统计受灾面积87万亩，绝产43万亩，损毁房屋8035间，伤2839人，死亡2人。

9月19日 河北省气象局组织参加第一届省会科技周宣传活动。

9月21—24日 河北省气象局召开全省气象部门首次综合经营工作会议。

10月12日 河北省气象局组织沧州、唐山、邯郸地区气象局技术人员对沧州711测雨雷达进行为期三个月的阵地大修，这项工作在河北属首次开展。

10月13日 河北省气象局在省科技馆举办气象卫星及其应用学术报告会，邀请国家卫星气象中心项续康、杨建平重点介绍我国研制的"风云一号"气象卫星资料处理系统和发射情况。

10月26—28日 河北省短期天气预报基本功比赛在廊坊举办，共有23名预报员参加比赛。比赛分预报基础知识、计算机基本知识和天气分析与预报三个单项进行。比赛结果总分前8名选手分别是：扈成省（衡水）、徐国强（保定）、艾维申（省台）、高万全（保定）、金平（衡水）、尤凤春（省台）、陈小雷（邢台）、王月宾（唐山）。

10月29日 国家气象局发文决定张北县基准气候站从1988年12月31日20时（北京时）起正式开展基准气候观测。

11月19日 国家气象局党组以国气党发字〔1988〕第030号文通知，决定朱品任河北省气象局局长；冯生臣、游景炎任副局长。根据党的十三大关于逐步撤销政府部门党组的精神，上述同志原党组成员职务不变，不再重新任命。

11月21—23日 河北省气象局召开会议部署第二期站网调整工作。

11月25日 河北省气象学会全省会员大会在石家庄召开，会议选举产生了由11人组成的第五届常务理事会。

11月26日 由北京气象中心、河北省气象台共同研制的"气象信息收集与实时处理系统"通过技术鉴定。国家气象局副局长骆继宾等领导和专家出席了鉴定会。

12月23日 河北省计委正式批复，原则同意河北省气象局713雷达业务楼建设初步设计方案。

12月28日 河北省气象局、河北省广播电视厅、河北省邮电管理局联合下发《转发〈关于加强灾害性天气预报警报的制作、传输和广播的通知〉的通知》。

同　年 河北省气象局启动气象业务技术体制改革，在大气探测、气象通信、天气预报、气候资料和气象业务管理5个系统进行试点。

同　年 省、地（市）两级气象部门全部实行目标管理岗位责任制，18个气象站（组）实行各种形式的承包责任制。

同　年 省、地（市）两级气象部门开始党政分开，转变职能。唐山、沧州、邯郸地（市）气象局撤销党组和纪检组。

同　年 全年公益气象服务经济效益达9450万元。

同　年 河北省气象部门开展气象警报系统专业有偿服务，沧州东光县"建立县科技信息中心进行综合服务"的经验和做法迅速在全省和全国推广。到1988年末，全省发展到有气象警报发射机71台、接收机3794台，开展服务的台站已达148个，占总台站数的90%以上。

1989年

1月1日 全省实施第二期站网调整方案，张北国家基准气候站正式投入业务运行，改12个一般站为辅助气象站，撤销1个一般站。至此，历时三年的气象站网调整任务顺利完成。

1月20日 由河北省气象局银图广告公司研制的"电视天气预报节目制作技术"项目通过鉴定。鉴定委员会认为：该项目通过技术处理，把微机产生的图像信号转换成可供录像机转录的全电视信号，解决了直接用摄像机拍摄画面，再由录像机反复转录使同步信号变弱和画面不稳定等现象。该成果在国内省级电视天气预报节目制作技术方面处于领先地位。

同　日 河北省气象局团委组织的歌伴舞《告诉我》在首届省直文艺汇演中获得第一名，省直机关共有150多个节目参加演出，19个节目获得名次。

4月1日 廊坊地区和廊坊市撤销，新组建廊坊市（省辖）。廊坊地区气象局改为廊坊市气象局。

同　日 河北省气象台与石家庄市联合建成并开通了"农业科技信息网"。

4月12日 张家口地区气象局钱文斐同志被国家气象局授予全国气象部门双文明建设劳动模范称号。

5月5—8日 全省气象局长会议在石家庄召开，讨论通过了《河北省天气预报业务技术体制改革方案》《河北省气象局关于继续搞好基层台站管理改革的意见》等7个文件。河北省人民政府副秘书长黄宗林代表副省长张润身到会看望全体会议代表并讲话。

5月10日 河北省省直廉政工作指导小组发出《关于对朱品等同志为政清廉先进事迹的通报》，通报及介绍朱品先进事迹的文章刊登在1989年5月15日中共河北省直属机关工作委员会主办的《机关生活报》二版。

5月15日 邯郸地区气象局王亨同志被中共河北省委、河北省人民政府评为农业劳动模范。

5月22日 河北省气象局成立"河北省气象局监察审计室"。

5月23日　河北省气象局713雷达资料业务楼正式开工建设。

6月29日—7月2日　国家气象局卫星气象中心在廊坊召开"风云二号"静止卫星应用系统方案论证会。会议期间，国家气象局副局长骆继宾到廊坊市气象局及大厂、霸县气象站检查指导工作。

6月13日　国家气象局批复河北省气象局《关于拟将涞水县气象站的建制转为地方政府的请示》。原则同意该局将涞水县气象站的建制转为地方政府的意见，在"将人员、固定资产全部交给地方"中，应明确不划转经费。

6月30日　河北省气象局决定涞水县气象站转为地方政府建制。

7月5日　河北省人民政府副省长张润身主持召开研究贯彻落实原国家计委、财政部、国家气象局联合下发的《关于请地方财政合理负担部分气象经费的请示》（国气字〔1988〕24号）文办公会议。河北省政府、国家气象局和河北省气象局有关部门及领导出席会议，会议决定以河北省政府办公厅名义下发文件，提出具体贯彻意见。

7月22日　河北省气象局、河北省气象学会联合举办学术报告会，报告会邀请中国科学院高登义研究员做学术报告。

7月23日　全国青少年气象夏令营河北分营在衡水举办。

7月31日　经国家气象局党组研究并征得中共河北省委同意，决定汤仲鑫同志任河北省气象局副局长、党组成员。

8月27日　河北省气象局原党组副书记、副局长离休干部杨志民同志因病去世，享年66岁。

9月24日　河北省气象局制作了"普及科学技术、提高国民素质"为主题的宣传展牌，参加第二届省会科技周宣传活动。

9月27日　河北省气象局开展公物还家活动，共收回公物165件，原使用者留用作价处理280件。

9月28日　河北省气象局举办庆祝中华人民共和国成立40周年文艺汇演活动。

10月10日　河北省气象局决定御道口气象站与林场气象站合并，合并后建制属气象部门，名称为：围场县御道口气象站，区站号不变，仍属国家一般站，站址在林场气象站。

11月9—11日　河北省气象局、河北省气象学会联合举办微机开放应用学术报告会，收到论文66篇。

11月16—23日　受国家气象局委托，河北省气象局局长朱品率国家气象局代表团赴罗马尼亚考察。

11月18日　中国人民保险公司河北省分公司与河北省气象局联合下发《关于投保单位使用气象信息防御气象灾害的通知》。

11月30日　河北省气象局决定开展"我为气象事业做奉献"活动，并设立青年科技奖——奉献奖。

12月14—17日　国家财政部会同国家气象局有关人员对河北省气象经费紧张状况进行了全面考察和调研。

12月26日　河北省人民政府组织专家论证会，通过了河北省气象局《关于我省开展飞机人工增雨的计划及实施方案》，决定正式恢复人工影响天气工作。

12月28日　河北气象科学研究所为五对青年举办集体婚礼，河北省气象局朱品局长亲自主婚，体现河北气象部门移风易俗、勤俭办事的新风尚。

同　年　《河北气象》编审委员会进行调整，第二届编审委员会名单如下。

主　任：游景炎；

副主任：尹祥林、魏滨；

秘书长：宋歆方；

委　员：（以姓氏笔画为序）马瑞隽、王同庆、朱志俭、刘增基、苏剑勤、杨家治、段英、胡永辉、赵亚民、秦岭、梁凤森、闫宜玲、郭世荣。

同　年　省—地甚高频电话网络投入使用。

同　年　河北省县级气象部门由原来的县（市）气象站更名为县（市）气象局。

同　年　本年度人员总数2275人。其中机关91人，事业单位2184人。

1990年

1月20日　国家气象局印发《国家气象局关于高空气象探测站网调整的通知》，撤销保定和承德站的经纬仪小球测风业务。

1月22日　第十一届亚洲运动会组委会在北京召开1989年度先进集体和先进工作者表彰大会。亚运会气象服务中心秦皇岛分中心和秦皇岛市气象局蔡政同志分别受到大会的表彰。

2月10日　河北省人民政府副省长张润身听取河北省气象局局长朱品、副局长游景炎汇报全省气象工作情况。

2月15日　根据省编委、省委组织部、省直工委、省妇联关于在省直单位建立妇女组织的通知精神，河北省气象局选举产生了妇女委员会。李淑荃任主任，韩新、王琨玲任副主任，委员有：史凤兰、胡晓蓉、陆绥芳、李红梅。

同　日　经河北省气象局党组研究，将河北省气象局装备处更名为河北省气象局技术装备处，属事业单位。

2月20—23日　全省气象工作会议在石家庄召开，20日，河北省人民政府副省长张润身到会看望会议代表并讲话。

3月1日　河北省气象局朱品局长到中央党校参加为期四个半月的学习。

3月2日　由河北省气象局52名女职工组成的合唱队参加了省直妇女纪念"三八"节革命歌曲表演赛，并获得三等奖，这是妇委会组建以来首次组队参加活动。

3月23日　河北省气象局积极参加辖区人大代表换届选举工作，全局351名合格选民投上庄严的选票。

4月2日　《河北省气象系统创业史展览》正式展出。

4月5日　河北省人民政府印发（冀政办函字〔1990〕57号）文件，决定成立河北省人工影响天气领导小组及办公室（简称人影办），组长：张润身。下设人工影响天气办公室，挂靠河北省气象局，办公室主任：游景炎，副主任：段英。

4月30日　河北省人民政府副省长张润身冒雨到空军石家庄第四航空学院看望支援我省人工增雨作业的空军39290部队机组人员和学院飞行保障及人影办工作人员。

5月26日　河北省气象局组织团员青年踊跃向亚运会无偿献血。

6月5日　空军增雨机组在河北省恢复人工影响天气工作以来首次飞抵石家庄，河北省人民政府副秘书长赵景才到机场迎接全体机组人员。

6月9日　河北省气象局机关党委召开党员代表大会。大会总结第二届机关委员会五年工作，选举产生了第三届委员会11名委员和第一届机关纪委5名委员。

6月12日　河北省气象局决定成立老干部办公室，挂靠人事处。

6月14日　河北省气象局组织33名干部职工参加黄壁庄水库护堤抢险会战。

6月15—16日　国家气象局副局长骆继宾到霸州、涿州市气象局检查三夏期间气象服务工作。

6月30日　为庆祝中华人民共和国成立69周年，河北省气象局组织学雷锋服务队上街为市民服务，开展的理发、修车、家电维修项目深受市民欢迎。

7月2日　由河北省人民政府侨务办公室安排，美籍华人、原台湾省气象局副局长魏元恒先生到河北省气象局参观。

7月11—14日　为配合"国际减灾十年"活动，河北省气象学会、河北省消防协会和河北省保险学会联合举办河北青少年气象、消防、保险减灾夏令营。

7月13—15日　国家气象局副局长骆继宾一行3人到沧州、衡水地区气象局及东光、阜城、枣强县气象局就气象部门搞好"四个结构"（专业结构、队伍结构、人才结构、投资结构）调整进行调查研究。

7月21—24日　国家气象局副局长骆继宾一行3人赴秦皇岛市气象局检查亚运会赛场保障工作。

7月28日　河北省气象局团委与驻石51025部队团工委共同举办"迎八一歌唱社会主义、讴歌当代军人风采"的文艺演出。

7月31日　我省气象部门1672名气象职工踊跃向亚运会捐款5157.2元。

8月30日—9月1日　华北地区气象部门第二届办公室主任会议在承德召开。

8月30日—9月4日　河北省气象局朱品局长被邀到太原卫星发射基地现场观看我国自行研制的FY-1B气象卫星发射。

9月16日—10月2日　河北省气象局副局长游景炎到秦皇岛指导第十一届亚洲运动会赛区气象服务工作。

10月13—15日　华北地区气象部门行政处长研讨会在秦皇岛市气象局召开。

10月13—18日　第三届华北区气象部门运动会"燕赵杯"男子排球邀请赛在秦皇岛举行。

12月10日　中国气象科学研究院张家诚研究员应邀来河北省气象局做学术报告。

12月22日　经河北省委宣传部新闻出版处和省新闻出版局报纸管理处批准，《中国气象报》河北记者站获准登记，代管单位河北省气象局，站长李向东，副站长张润民。

同　年　石家庄、承德、秦皇岛3个酸雨观测站，秦皇岛、石臼坨海岛自动测风站投入业务运行。

同　年　河北省气象部门启动气象"四个结构"调整。

同　年　河北省气象部门全面深化气象管理改革，各级气象部门均实行综合岗位目标管理责任制，对全省气象业务和专业有偿服务继续实行专项目标管理。

同　年　计算机配备情况统计，截至年底共配备各类计算机303台，其中微型机84台、PC-1500袖珍计算机219台。

同　年　戴维士等6位同志荣获"我为气象事业做奉献"青年科技奖首届奉献奖。

1991 年

2月11日　国家气象局副局长温克刚代表国家气象局来河北向全省气象干部职工拜年,并实地察看了713雷达业务楼建设情况。

3月1日　河北省气象局713雷达资料业务楼被继续列为全省重点建设工程项目。

3月5日　河北省气象局举办"无私奉献专题报告会",主讲人为邢台市气象局退休干部张淑文同志。

3月6日　河北省气象局组织的舞蹈节目《在希望的田野上》,在省直妇工委举办的"庆三八文艺汇演"中获得优秀奖。

3月26—30日　全省气象工作会议在石家庄召开。讨论通过《1991年全省气象工作安排》等7个文件。河北省人民政府副秘书长赵景才到会并讲话。

4月19日　河北省气象局成立预报业务技术体制调整指导小组,游景炎任组长,梁凤森、马瑞隽任副组长。

4月22—27日　国家气象局副局长马鹤年一行4人来河北省气象局,石家庄、保定地区气象局,河北省气象学校,正定、涿州等市(县)气象局检查工作,并就气象事业"四个结构"调整和"八五"发展计划及十年规划等问题进行调研,河北省人民政府副省长张润身会见了马鹤年副局长一行。

4月30日　经国家气象局党组研究并商得河北省委同意,决定:河北省气象局局长、党组书记朱品同志任职年限延长到1993年1月。

5月1—2日　河北省气象局团委组织优秀青年团员赴泰山举办"建功立业登泰山"活动。

5月26日　河北省气象局组织驻石新闻单位联合采访飞机人工增雨工作。

6月3—5日　中国气象科学研究院院长周秀骥、副院长丁一汇一行10人来河北调研。

6月11日　河北省气象局举办迎"七一"知识竞赛活动(活动分省局和学校两个赛区)。

6月11—12日　河北省人工防雹工作会议在石家庄召开,河北省人民政府副秘书长赵景才出席会议并讲话。

6月12日　河北省气象局被国家人事部、劳动部、原国家教委等7部委联合授予"全国职工教育先进单位"称号。

6月16日　河北省气象局组织的舞蹈节目《牡丹颂》,在省直工委举办庆祝中国共产党成立70周年文艺汇演中获得优秀节目奖。

7月1日　河北省气象局举办"新党员入党宣誓、老党员忆传统"活动。

7月8日　当晚,河北省气象局召开全省气象部门防汛紧急电话会议,重点贯彻落实国家气象局、河北省人民政府召开的全国气象部门和全省防汛紧急电话会议精神。会议之前,河北省气象局局长朱品、副局长汤仲鑫向副省长张润身汇报全省汛情和未来天气趋势,以及召开全省气象部门防汛紧急电话会议准备情况。

7月12日　国家气象局批复河北省气象局,同意《河北省气象资料处理和分析服务系统设计方案》和设备配置计划,项目建设总投资58万元。

8月2日　河北省气象局副局长游景炎、河北省气象台副台长马瑞隽向副省长张润身汇报全省8月份天气预报，以及根据预报降水明显减少情况，提出农业生产要注意"卡脖旱"和水库关闸蓄水建议。

8月3日 为保证汛期气象服务工作，河北省气象局提前将713雷达安装在尚未完工的713雷达业务楼上，试机成功。

8月18日 国家气象局印发《关于华北区域程控通信网设计任务书的批复》。建设内容包括河北等九省气象（通信）台联网的程控交换机等设备。

9月8日 河北省气象局被河北省人民政府办公厅授予"修志工作先进单位"，袁溪溥同志被授予"修志先进个人"荣誉称号。

9月27日 国家气象局印发《关于秦皇岛市气象台海洋气象业务系统设计任务书的批复》。批复如下：同意秦皇岛市气象台建立由资料收集处理、海洋预报、服务产品分发等组成的海洋气象业务系统；在"七五"专家系统建设的基础上，系统主要配置386微机2台，286微机2台，PC/XT微机1台，以及相应的UPS电源（不间断电源）、打印机等；国家气象局投资16万元（总投资21万元）。

10月16日 河北省气象局承办的1991年省直机关第五届"气象杯"青年男子排球赛在石家庄举办，共有17个厅局组队参加了比赛，河北省气象局排球队获得第四名。

11月4日 国家气象局发文：吴波任河北省气象局副局长（名列汤仲鑫之后）、党组成员；河北省气象局副局长冯生臣离职休养；免去游景炎河北省气象局副局长、党组成员职务，改做技术工作。

11月13日 河北省气象局成立河北农业气象中心，在不增加领导职数和人员编制的情况下，与河北省气象科学研究所合署办公。

11月25—27日 国家气象局副局长李黄来河北省气象局宣布新一届领导班子，期间，河北省人民政府副省长张润身会见李黄。

12月31日 经河北省气象局办公会研究决定，从1992年1月1日起，河北省人工影响天气办公室与河北省气象科学研究所不再合署办公。

同　年 计算机配备情况统计，截止到年末共配备计算机326台，其中微型机112台、PC-1500袖珍计算机214台。

同　年 全省136个台站全部选配齐政工人员，116个台站建立党支部，占县站总数的86%。

1992年

1月1日 河北省人工影响天气办公室与河北省气象科学研究所分离，独立办公。

1月4日 《河北省志·气象志》通过河北省地方志编委会办公室组织的评审。

1月9日 中央电视台报道河北省气象局社教工作队在邢台市南和县开展社会主义教育的工作情况。

1月13日 宁晋县气象局在刘路乡安装无线遥控广播站，是河北气象部门最早开通乡—村气象信息服务传输的县局，解决气象服务最后一公里的问题。

1月19日 河北省气象局局长朱品出席全国气象局长会议，期间参加国务委员宋健主持召开的座谈会并发言。

1月30日 驻石51025部队赠送河北省气象局写有"军民共建情意长"匾额，以感谢近几年来在军地双方军民共建中河北省气象局给予的支持。

同　月 全省地、市气象台全部实现微机收发报。

2月9日 《人民日报》发表了王金良、冀宗社《抢队员》文章，深入报道河北省气象局社教工作队为当地农民办实事、传技术，积极宣传党的方针、政策，受到当地农民群众欢迎的生动事例。

2月20—23日 全省气象工作会议在石家庄召开。23日下午，讨论通过《河北省气象部门四个结构调整》的支持政策和配套措施等3个文件。河北省人民政府副省长张润身出席会议并讲话。

2月24日 国家气象局向国务院报送了在中央电视台和中央人民广播电台《天气预报》节目中增播部分非省会重点城市天气预报的请示。3月10日经国务院批准，从5月15日起陆续增播秦皇岛等城市的天气预报。

2月28日—3月15日 应美国沙漠研究所邀请，由河北省人民政府副秘书长赵景才、省财政厅副厅长路宝锐，省人工影响天气办公室主任游景炎、副主任段英一行5人组成的河北省人工影响天气考察团到美国进行考察。

同　月 河北省气象局通报表彰"两优一先"先进单位和个人。先进气象局（站）5个：正定、迁安、涿州、临西、怀来；优秀县气象局（站）长6名：临漳郭学文、抚宁赵恩来、新乐李素芹、肃宁孙秀花、武邑史金鹏、三河韩锡娟；优秀青年气象工作者4名：青龙张亮、沧州董志敏、张秉祥、围场董学友。

3月17日 第三届河北省气象局气象科学技术委员会组成。

主　任：汤仲鑫；

副主任：吴波、游景炎、尹祥林、魏滨；

委　员：马瑞隽、刘增基、刘胜蕊、杨秀真、秦岭、闫宜玲。

3月18日 河北省气象局决定撤销综合经营管理办公室，成立河北省气象局综合经营管理处，为省局直属处级单位，承担全省气象部门综合经营管理职能，对外为技术服务实体，名称为河北省通力技术开发服务中心。

3月27日 中国气象局决定：张北雷达不纳入全国天气雷达布网，作为国家气象局对河北地方气象事业的支持移交河北省气象局，由河北省气象局根据地方气象事业发展的需要与当地政府协商处理。

同　月 保定地区气象台助理工程师徐志清成功开发了侯旬月平均高度场格点报微机自动绘图软件，使过去手工处理需要4个小时的工作，只需要3分钟就能完成。

4月22日 河北省气象局调整《华北地区小麦优化灌溉技术》推广领导小组。

组　长：吴波；

副组长：杨秀真；

成　员：赵庆芬、马庆保、张灿仿。

4月22日 河北省气象局赴南和县社教工作队圆满完成工作任务，被中共河北省委评为先进工作队并返回工作岗位。

4月28日 河北省气象局团委举办"庆祝中国共产主义青年团建团70周年知识竞赛"活动。河北省气象台、直属单位和机关团支部代表队分获第一、二、三名。

5月7日 国家气象局批复河北省气象局，原则同意河北省农业气象情报、预报服务系统建设方案，国家气象局投资18万元。

5月9日 河北省气象局撤销鱼儿山气象站。

5月20日 石家庄开通消防、保险、气象广播电台。

5月23—27日　河北省气象局代表队在全国第二届地面测报技术比赛中夺得团体第六名，于志明、郭卫东、李淑敏分别荣获个人第11、12、16名。河北省气象局决定给予于志明、郭卫东、李淑敏、李素芹、冉玉芳、张和国6位选手及教练记大功奖励，并在全省气象部门通报表彰。

5月30日　游景炎同志被中共河北省委、河北省人民政府确定为河北省首批省管优秀专家。

6月13—14日　美国内华达大学系统沙漠研究所人工影响天气专家瓦布特夫妇和柴国凯（美籍华人）一行3人应邀来我省访问。

6月28日　河北省气象台高分辨同步卫星云图接收和资料处理系统安装调试结束投入业务使用。

7月23—24日　全省大部分地区降雨，沧州东光县特大暴雨，根据电报分析，该地区气象台站从23日17时55分至24日凌晨2时测量到降雨达365毫米，个别乡镇达到420毫米。

7月23日　河北省人民政府印发《关于贯彻落实国发〔1992〕25号文件的通知》，对建立健全与气象部门现行领导管理体制相适应的双重气象计划财务体制，进一步改善气象部门的工作生活条件等提出了具体要求。

8月11—13日　河北省青少年海洋气象夏令营在秦皇岛举办。

同　月　《中国改革开放辉煌成就十三年》丛书气象分卷河北章编写完成。

9月1日　沧州黄骅市和海兴县，唐山乐亭、唐海、滦南和丰南沿海遭受50年来最严重特大风暴潮袭击。

同　月　游景炎、尹祥林、马瑞隽被中国气象局批准为享受政府特殊津贴专家。

10月9日　河北省气象局713雷达资料业务楼竣工并交付使用。

10月19日　河北省气象局开始由旧办公楼往新大楼搬迁，省局成立搬迁指挥部，机关党委联合局团委组织了青年搬迁突击队，前后奋战9天基本完成了搬迁任务。

10月24—29日　由河北省气象局承办的第十一届全国云雾降水和人工影响天气科学讨论会在承德市举行。全国各省、自治区、直辖市气象局和有关大专院校的专家、教授、科学工作者共170多人参加了会议。国家气象局副局长马鹤年、河北省人民政府副秘书长赵景才到会并讲话。

11月4日　河北省气象局向驻石51025部队赠送写有"大力支援、无私奉献"匾额，以感谢近几年来军地双方军民共建部队官兵给予的支持。

11月24—25日　河北省气象学会第六次代表会议在石家庄召开，会议选举产生新一届学会领导机构，表彰了学会工作先进集体、先进个人以及从事气象工作30年人员。

11月23日　国家气象局"短平快"研究项目《河北省夏播种植气候区划》通过技术鉴定。

12月1日　国家气象局"短平快"研究项目《梨园冠层凝露持续时间测算方法研究》通过技术鉴定。

同　年　全省地、市气象台普遍建立短期预报业务系统。

同　年　截至1992年年末，全省气象部门离退休人数358人，其中离休175人、退休183人。

1993年

1月1日　石家庄电视台旅游景点天气预报正式开播。

同　日　丰宁国家基准气候站正式挂牌并投入业务运行。

3月3日　河北省气象局成立河北省华云科技开发服务中心，下设声像技术开发部和气球技术开发部。

同　日　河北省气象局和河北省广播电视厅联合印发《关于增加县级市电视天气预报的函》，分批增加部分县级市电视《天气预报》栏目。

3月8日　石家庄公安局和河北省气象局专业气象服务中心联合发文加强充氢气气球管理工作。

3月9日　国家气象局党组发文通知河北省气象局党组，汤仲鑫任河北省气象局局长、党组书记，免去其河北省气象局副局长、党组成员职务；张广智任河北省气象局副局长、党组成员，免去朱品同志的河北省气象局局长、党组书记职务。

3月11日　滦县气象局正式开始组建全县气象服务网。

3月19—20日　中国气象局副局长李黄来河北宣布河北省气象局新一届领导班子。

3月24日　河北省气象局研究决定将原御道口气象站更名为：河北省围场县塞罕坝气象站，区站号不变。

3月27日　河北省气象局设立老干部管理办公室，为机关附属机构、处级单位。气象服务处和综合经营管理处合并为河北省气象局服务经营管理处，行使原气象服务处和综合经营管理处职能。

同　月　河北省飞机人工增雨作业指挥中心建设初具规模。

4月1—8日　中国气象科技成果展示交流会在北京举行，河北省气象局组织部分气象科技成果参加了展示交流。唐山市气象局利恩公司生产的"多功能气象要素显示器"大受欢迎，达成意向合同132万元。并且，利恩公司与中国气象科学研究院签订合同，无偿为中国南极中山考察站提供一台"多功能气象要素显示器"。

4月14—15日　由亚美尼亚、白俄罗斯等欧亚17个国家的气象局长和世界气象组织代表组成的气象考察团一行，在国家气象局副局长颜宏陪同下到河北省气象局考察。中共河北省委副书记、省长叶连松会见并宴请了考察团全体成员。

4月21日　河北省气象局撤销科技教育处，成立科技规划处，人事处更名为人事教育处，思想政治工作处与河北省气象局机关党委办公室合署办公，实行"两个机构，一套人马"，河北省气象学会秘书处挂靠河北省气象局机关党委办公室。

4月23日　河北省气象局、河北省气象学会举办"63·8"暴雨30周年回顾座谈会，15名参加过"63·8"会战的老同志参加了座谈。

4月25日　河北省气象局气象科学研究所李红梅应邀到加拿大阿尔伯塔省烈桥试验站进行为期九个月的工作（1993年4月25日—1994年1月25日）。

同　月　微波遥感设备在人工增雨外场作业中成功使用。

5月21日　国家气象局第五期司局长研讨班学员来河北省气象局考察。

5月31日—6月4日　由姜范真、金瑾淑、陈基浩组成的朝鲜气候代表团来河北省气象局进行学术交流。

6月3—6日　全省气象工作会议在石家庄召开，会上提出了搞好"三个网络""五个中心"的建设工作。（三个网络：省地县综合信息微机远程终端；气象部门至各级政府及有关部门的微机服务终端；省局和地市局办公管理信息微机终端。五个中心：天气预报中心和省地台长中短期天气预报业务系统；气候中心和全省气象资料处理和气候分析系统；农业气象中心和全省农业气象情报预报系统；人工增雨作业指挥中心；气象设备维修中心）。

6月7日 中国气象局发文通知河北省气象局，朱品同志离职休养。

6月8—11日 由北京区域气象中心、河北省气象局、河北省气象学会联合举办的华北成灾暴雨及减灾对策研讨会在河北省气象局举行，会上对"63·8"暴雨30周年进行回顾，共征集论文59篇，交流25篇。

6月10日 中共河北省委组织部副部长董峰到河北省气象局看望省管优秀专家游景炎同志。

同 月 华北地区第二届高职评审委员会第二次会议在承德市举行。

7月1日 经国务院批准，省委省政府决定从7月1日起撤销石家庄、张家口、承德、沧州、邢台、邯郸六个地区，实行地、市合并。7月28日，上述6地区气象局更名为相应的市气象局。

7月22—25日 河北省气象局局长汤仲鑫参加中国气象局局长邹竞蒙、副局长温克刚在天津主持召开的2省1市（山东、河北、天津）气象局长座谈会。座谈会的主题是：研究事业结构调整问题。

7月31日 河北省气象局在机关大院建成标准篮球场地，并安装了设备。

8月24日 河北省人民政府印发《关于公开发布天气预报有关问题的通知》，进一步明确公开发布天气预报归口管理问题。

9月24日 唐山市人民政府举行利恩公司向中国南极中山考察站赠送多功能气象要素显示器交接仪式。

同 日 河北省气象局召开天气预报归口管理记者座谈会。

同 日 中国气象局批复河北省气象局，同意鱼儿山、塞罕坝2个站津贴标准由4类调整为3类。康保、尚义等6个站津贴标准由5类调整为4类。宣化、丰润2个站津贴标准由6类调整为5类。同意涞源、阜平等6个站享受6类艰苦气象台站津贴。调整和新建艰苦气象台站津贴标准均从1993年9月起执行。

9月28日 河北省气象局组织举办全省气象系统男子篮球赛。

10月1日 河北电视台正式增播午间全省天气预报。

10月18日 中国气象局批复河北省气象局，同意徐水、满城等25个单位和科技人员在现行工资基础上，向上浮动1级工资。同意浆水、临西等6个气象局（站）原浮动1级工资转为固定工资，并在此基础上再浮动1级。

10月21日 河北省气象台至北京气象中心的标准话路开通。

10月28日 中国气象局批复河北省气象局，同意乐亭基准气候站的观测场由现址向西北方向迁移750米。

同 月 河北省气象局6、7号宿舍楼竣工。

11月5日 河北省人民政府副省长顾二熊、副秘书长赵景才到河北省气象局视察。

11月6日 河北省气象局在石家庄召开落实国发〔1992〕25号、冀政〔1978〕号文件经验交流会。

11月15日 河北省气象局正式开通河北省气象台至河北省人民政府副省长顾二熊办公室气象服务微机终端。

12月14—17日 河北省气象局召开气象为农业服务经验交流会。

12月21日 以朝鲜国家环境保护委员会副委员长张基奉（副部长级）为团长的朝鲜国家气象代

表团一行 3 人到河北省气象局参观访问，河北省人民政府副省长王幼辉会见朝鲜客人。

同　年　本年度人员总数 2390 人，其中机关 81 人，事业单位 2309 人。离退休人员数 489 人，其中离休 166 人，退休 323 人。

1994 年

1 月 3 日　《河北气象信息》1994 年发布第一期，新年贺词内容总结了 1993 年主要工作。

1 月 21—23 日　全国气象部门第二次气象影视协作组工作会议在河北省气象局召开。

2 月 4 日　河北省政协副主席张润身到河北省气象局看望气象职工，并考察气象业务现代化建设。

3 月 2 日　河北省气象局至秦皇岛市气象局载波专线办公业务终端开始运行。

3 月 23—26 日　全省气象局长会议在石家庄召开，23 日，河北省人民政府副省长顾二熊出席会议看望与会代表并讲话。

4 月 5—8 日　中国气象局在河北省气象局召开 1994 年直属院校毕业生分配和气象部门劳动工资计划协调会，中国气象局副局长温克刚到会并讲话。

4 月 7—10 日　中国气象局副局长温克刚到河北省气象局考察工作。河北省人民政府副省长顾二熊、河北省政协副主席张润身分别会见了温克刚。

4 月 11 日　河北省人民政府省长叶连松、副省长顾二熊对 4 月 8—11 日气象部门开展的人工增雨作业并取得显著效果专门致电祝贺。

同　月　邯郸市邱县气象局在县政府的大力支持下，创立了冀鲁豫信息服务中心，中心设在县气象局，网络直接与国家经济信息网、河北省经济信息中心联通。在进行专业气象服务的同时，还向本县各行各业提供经济信息服务。

5 月 10 日　河北省人民政府副省长顾二熊召开省长办公会，研究全省人工防雹问题。

5 月 18 日　石家庄人民保险气象台正式挂牌。这是由石家庄市气象台、石家庄市保险公司联合组建的。人民保险气象台主要发布气象信息和防灾警报，从防赔结合上广泛开展服务。

5 月 23 日　朝鲜长期预报专家金门玉、陈基浩到河北省气象局参观学习。

5 月 27—29 日　中国气象局在河北省气象局召开部分省市气象局参加的运行机制研讨会，中国气象局副局长马鹤年出席会议并视察河北省气象局。期间，河北省政协副主席张润身会见了马鹤年一行。

同　月　河北省气象局两次发布《河北省农业气象通告》，分析旱情，预报未来天气趋势，并提出生产建议。成功地预报 4 月 9—11 日、19—20 日、5 月 2—3 日三次降雨过程，河北省人民政府省长叶连松、副省长顾二熊批示表扬。

同　月　河北省气象局 8 号宿舍楼动工。

6 月 1 日　河北省气象局举办为少年儿童献爱心活动，邀请干部职工带子女共同欢庆六一儿童节的到来。

6 月 2 日　河北省人大常委会副主任周欣到河北省气象局视察气象业务现代化建设。

6 月 14 日　河北省人民政府副省长顾二熊主持召开河北省人工影响天气领导小组会议，决定在河北省中南部主要棉麦产区上游建立太行山东麓人工防雹网，由河北省人民政府拨款 90 万元用于人工防雹。

  同　日　河北省计划经济委员会、河北省财政厅、河北省气象局联合发出通知，要求各市计委、财政局、气象局认真落实《国务院关于进一步加强气象工作的通知》（国发〔1992〕25号）和《河北省人民政府关于贯彻落实国发〔1992〕25号文件的通知》，加快建立、完善和巩固气象部门双重计划财务体制。

  6月17日　河北省太行山东麓防雹工作会议在河北省气象局召开，河北省人民政府副秘书长赵景才、河北省军区副参谋长郎景书以及石家庄、保定、邢台、邯郸4市政府的秘书长（或农业经济委员会主任）、军分区参谋长、气象局长、人影办主任参加会议。

  6月30日、7月6日　河北省人民政府秘书长陈春逢、河北省计委主任龚焕文、邯郸市市长唐若昕、张家口市市长杨德庆、保定行署专员刘兆亮、承德市市长柳宝全、保定市市长周德满、沧州市市长李瑞昌、邢台市市长王进忠、石家庄市市长沈志峰8个地市市长、专员和省直30多个厅局领导分两批参观河北省气象局业务现代化建设。

  7月1日　河北省气象局妇委会举办"建功在岗位"妇女工作成果展览。

  7月7日、9日、10日　河北省气象局三次向河北省人民政府领导汇报重大暴雨预报情况，河北省人民政府副省长顾二熊紧急部署，中共河北省委主要领导高度重视，由于预报准确、服务及时，有关部门防范措施得力，最大限度减少了人员伤亡和财产损失。其中承德的鹰手营子煤矿7月12日接到通知后，立即转移1000多名井下矿工，未出现人员伤亡。

  7月24日　国务委员陈俊生带领国务院六个部委的领导，视察了遭受7月12—13日暴雨袭击受灾严重的河北省兴隆、宽城等县，要求气象部门预报要及时准确，做好再次迎战洪水的准备。

  8月1日　河北电视台电视《天气预报》节目开始由气象主持人主持播出。

  8月25日　中国气象局局长邹竞蒙在唐山市气象局写给他的一封信《感谢邹竞蒙局长对唐山局干部职工的关怀》上做了批示。

  8月28日—9月1日　全国气象技术政策研讨交流会在河北省昌黎县召开。

  8月29日　中国气象局副局长颜宏视察秦皇岛市气象局和昌黎县气象局。

  8月31日　河北省气象台到各市气象局的通信线路完成由报路向话路切换。

  9月2日　河北省气象局采取多种形式宣传贯彻《中华人民共和国气象条例》颁布实施。

  9月8日　河北省气象局举行宣传贯彻《中华人民共和国气象条例》记者座谈会，河北省气象局局长汤仲鑫接受河北电视台采访。

  9月13—17日　河北省气象局召开全省气象局长工作研讨会。

  10月18日　河北省气象局政务管理信息网络投入试运行。

  10月20日　河北省气象局机关组织职能处室工作人员进行计算机操作竞赛活动。

  11月1—4日　全国气象部门纪检监察工作座谈会在河北省气象局召开。

  11月7—10日　全国气象部门办公室主任暨中国气象报记者站站长会议在河北省气象局召开，中国气象局副局长温克刚到会并讲话。河北省人大常委会副主任周欣、河北省人民政府副秘书长赵景才到会看望了与会代表。

  11月15日　河北省气象计量站（即河北省气象局气象计量检定站）被国家技术监督局授予全国实施法定计量单位先进集体称号。

12月17日 中国气象局副局长颜宏到廊坊市气象局视察工作。

12月20—21日 河北省人工影响天气工作经验交流会在河北省气象局召开，河北省人民政府副省长顾二熊、副秘书长赵景才到会讲话。

12月26日 河北省气象局召开纪念河北省气象局建局40周年座谈会。

12月27日 河北省气象局举办全省气象部门职工文艺节目汇演，来自各地、市气象局、学校和省局机关、直属单位的17支代表队参加了演出，节目全部是气象职工自编、自导、自演，旨在讴歌全省气象部门改革开放所取得的成果。

同　年 河北省气象台被河北省人民政府评为1994年度抗洪救灾先进集体，被中国气象局评为汛期气象服务先进集体。

同　年 全省气象部门全部实现微机制作报表，气象资料工作步入全国先进行列。

同　年 河北省气象局将直属的河北通力技术开发服务中心划归河北省气候资料室管理；华云科技开发服务中心声像室划归河北省气象台管理；气球服务队划归河北省气象科学研究所管理；河北省气象局招待所划归行政管理处管理。河北省气象局成立局直属单位服务经营管理办公室，挂靠服务处。

同　年 本年度人员总数2370人，其中机关83人；事业单位2287人。计算机配备统计405台，其中工作站1台，微型机208台，PC-1500袖珍计算机196台。

1995年

1月3—6日 河北省人民政府副省长顾二熊进京与中国气象局达成大型项目建设共识，共同投资"9210"工程（气象卫星综合应用业务系统）河北分系统的建设。

1月11日 河北省气象局成立"9210"办公室，负责全省"9210"工程的组织、实施、协调工作。

1月20日 中国气象局下发《关于气象卫星综合应用业务系统河北分系统可行性研究报告的批复》。批复称：可行性研究报告符合我局气象卫星综合应用业务系统（简称"9210"工程）的总体设计方案，符合河北省的实际情况。总投资1500万元，其中中央与地方按1∶1的比例共同投资安排建设，从1995—1997年分3年落实到位。

1月24日 河北省人大常委会副主任周欣到河北省气象局看望并慰问气象工作者。

2月11日 中共河北省气象局党组印发《关于加强县（市）气象局建设的决定》，提出从1995年开始到2000年力争用6年时间，使全省50%的县（市）气象局达到强局标准，30%的县（市）气象局基本达到强局标准。

2月17—20日 全省气象工作会议在石家庄召开，会议重点提出推进县（市）强局工程、"9210"工程两大工程，落实六项任务。中共河北省委副书记李炳良、河北省人民政府副秘书长赵景才出席会议并讲话。

3月28日 邢台市气象局在河北省气象部门首家成立气球庆典协作中心。

4月3—5日 由中国气象局召开的北方气象事业"九五"计划研讨会在河北省气象局召开。18个省、市气象局和部分气象院校的代表参加了会议。

4月11日　中共河北省委副书记李炳良、河北省人民政府副省长顾二熊致电河北省气象局,对9—10日飞机人工增雨作业取得较好效果表示祝贺。

4月17日　省、市气象指导产品处理显示系统试验成功。

4月18日　河北省人民政府副省长顾二熊在石家庄空军某机场主持召开全省人工影响天气工作现场办公会。

5月12日　中国气象局印发《关于气象部门实行5天工作制有关问题的通知》。

6月5日　河北省电视天气预报广告协作中心成立。

6月20日　河北省气象学校通过河北省教委中专教育评估复查。

6月21日　中共河北省委常委、常务副省长陈立友到河北省气象局检查汛期服务准备工作。

同　月　河北省气象局自行开发的政务信息管理"公文处理通信软件",在全国气象部门处于领先水平。

7月13日　石家庄无极县遭受特大暴雨袭击,9小时降雨366毫米,并伴有6~7级短时大风,河北省气象局副局长张广智到无极县气象局进行慰问。

7月20日　中共河北省委常委、常务副省长陈立友参加全国气象部门防汛抗旱气象服务电话会议。要求河北省气象部门继续努力,不能松懈,不断提高预报准确率,及时为各级领导提供决策服务。

8月2日　河北省气象局举办纪念抗日战争胜利50周年座谈会。

8月6日　中共河北省委主要领导人视察河北省气象局。

8月16日　当日凌晨,大名县气象局金志勇的住房因长期阴雨突然坍塌,造成一家四口一重伤一轻伤的灾难,河北省气象局得知情况后,派副局长张广智亲赴大名县调查灾情、慰问职工。

8月20日　省、地(市)气象部门为地方政府领导安装的气象微机终端全部开通,全省11个市(地区)的市长(专员)及省长办公室的气象微机终端总数达到21部。提前实现中国气象局提出的"九五"末省级一半以上市(地)气象部门开通同级党政领导部门服务终端的目标。

8月23日　河北省气象局举办纪念抗日战争胜利50周年歌曲演唱会。

8月24日　中国气象局印发《关于河北省气象局出售公有住房的批复》。同意河北省气象局向本部门职工出售1~4号住宅区的住房,总计283套,17796平方米。

8月31日　河北省气象局原副局长冯生臣出席中国气象局在北京举办的人民气象事业创建50周年纪念活动,并受到国务院总理李鹏,国务委员宋健、陈俊生的接见。

9月28日　中国气象局印发《关于将沧州国家基本站任务移交给泊头站的批复》,同意河北省气象局将沧州国家基本气象站任务从1996年1月1日起移交给泊头气象站。沧州气象站所承担的基本站工作任务至1995年12月31日20时终止,改为一般气象站。

同　月　河北省气象学校与保定职工大学联合办学,首期150名学生入学。

同　月　全省气象部门8个市(地)开通DDN(数字数据网)代替专话路,11个市(地)数据传输速率达到9600 bps。

10月4日　河北省气象局被河北省科委授予科技成果鉴定组织鉴定权。

10月11—13日　全省气象部门第五届地面测报技术比赛在涿州举行。承德、保定一队、保定二队和衡水分获团体前三名;李玉娥(保定)、李国辉(承德)、冉玉芳(保定)获个人前三名。

10月19日　中国气象局党组决定:游有源任河北省气象局副局长、党组成员。

10月23—26日 河北省气象局在石家庄召开全省气象局长研讨会。通报各市1995年目标任务完成情况和"9210"工程、县（市）强局建设工程的实施情况，讨论防灾减灾、科技产业和培养跨世纪人才工程方案，组织参观正定、涿州、三河、抚宁4个县（市）局的强局建设进展情况。

同　月 河北气象学校李银茹被原国家教委授予"全国优秀教师"称号。

同　月 河北省气象局农业气象科技楼动工建设。

11月3日 中国气象局老干部办公室副主任游有源挂职河北省气象局党组成员、副局长，正式到任，时间一年。

11月16—18日 中国气象局行业管理研讨会在唐山南堡盐场召开。

11月21日 河北省人民政府省长叶连松听取气象工作汇报，对县财政匹配部分资金改善县气象局生活工作环境作出指示。

11月24—29日 中国气象局局长邹竞蒙等一行6人到河北进行了为期六天的调研考察。中共河北省委、省政府主要领导人分别会见了邹竞蒙。河北省人民政府副秘书长赵景才陪同邹竞蒙局长一行先后到河北省气象局，保定、廊坊、唐山、秦皇岛市等气象局及部分县气象局调研考察。

11月30日 河北省人民政府第48次常务会审议通过《河北省实施<中华人民共和国气象条例>办法》，并以政府令形式在全省颁布实施。

12月1—2日 韩国气象代表团一行6人到河北省气象局参观访问。

12月8日 河北省气象部门县（市）强局建设先进事迹报告团在省局做首场报告，之后到衡水、邯郸、邢台、张家口和承德气象局做了报告。中国气象局《气象工作情况》刊登了我省加强县（市）强局建设实施方案，指出：基层稳则全局稳，基层强则全局强，基层兴旺则全局兴旺。有稳定与发展的基层，必有全局的稳定与发展。河北省气象局的措施是上下结合、加强管理、依靠整体力量，加强基层台站建设的有益探索。

12月18日 中国气象局印发《关于同意成立晋冀蒙气象科技扶贫协作区的批复》，同意成立晋冀蒙气象科技扶贫协作区。

12月26日 河北省气象局局长汤仲鑫在省直机关迎世妇会总结表彰会上被评为"支持妇女工作的党政干部"，河北省气象局妇委会被评为"先进妇委会"。

12月28日 中国气象局印发《关于青龙县气象局观测场迁移位置的复函》。同意河北省气象局在青龙站站址西侧征地1.8亩，观测场由现址向西移11米，北移3米的建设方案。

12月31日 沧州国家基本气象站迁入泊头，23时正式担负国家基本气象站工作任务。

同　月 中共河北省气象局党组提出实施"五大工程"（县市强局建设工程、"9210"卫星通信河北分系统工程、河北省防灾减灾工程、科技产业工程、跨世纪人才工程）的计划和设想，并将其作为"九五"期间的重点工作任务。

同　年 全省气象部门各项改革进展明显，新型事业结构框架基本形成。基本业务系统初步实现精干高效，业务质量稳步提高。从事科技服务和综合经营的人数占职工总数的32%，实体承包明显增多、联合经营明显增多、投资力度明显增大。

同　年 涿州市气象局局长王德蓉被河北省妇女联合会授予"河北省三八红旗手"称号。

同　年 河北省气象局被中共河北省委、河北省人民政府评为"实绩突出单位"。

同　年 计算机配备统计478台，其中工作站1台，微型机285台、PC-1500袖珍计算机192台。

1996年

1月17日 中共中央总书记、国家主席、中央军委主席江泽民接见参加全国气象科学技术大会代表并合影留念。河北省气象局局长汤仲鑫、副局长吴波、科技教育处处长杨秀真赴北京出席会议。

1月29日 河北省物价局、河北省财政厅联合印发《关于制定〈河北省气象部门专业服务收费管理办法〉的批复》，明确河北省气象部门专业服务收费项目及标准。此项工作是1996年全省气象工作的一件大事，为全省气象部门开展专业有偿服务和"二三块"的发展创造了有利条件。

同　月 在河北省省直工委举办以"干部·道德·人生"为主题的电视宣传专题活动中，河北气象职工以汛期抗灾抢险为主线的小品《局长，您辛苦了》在河北电视台录播。

2月2日 撤销河北省气象局直属单位服务经营管理办公室，其职责由河北省气象局服务经营管理处承担。

同　日 恢复中共河北省气象局党组纪检组，与监察室、审计室合署办公。

2月3日 中国气象局邹竞蒙局长在北京会见唐山市委书记梁志忠、市气象局安保政局长等一行5人。

2月6日 河北省气象局印发《1996—1998年河北省气象部门工作创一流、生活奔小康三年奋斗目标》。

2月8日 河北省人民政府常务副省长陈立友听取河北省气象局局长汤仲鑫、副局长吴波、张广智、游有源关于全国气象科学技术大会、全国气象局长会议以及落实两会精神的汇报。

2月18日 河北省人民政府省长叶连松听取河北省气象局局长汤仲鑫、副局长吴波关于气象工作情况的汇报。

同　月 河北省气象部门首批三级县（市）强局通过验收，分别是：正定、涿州、临城、涉县、三河和抚宁。

3月10日 涿州市气象局王德蓉、三河市气象局宋侠代表河北省气象部门1100多名妇女工作者赴北京参加首届全国气象部门妇女代表大会。

3月11—14日 全省气象工作会议在石家庄召开，会议审议通过了《河北省气象事业"九五"发展计划建议》和《河北省气象局关于加速科学技术进步的实施意见》，部署了1996年全省气象工作重点任务，并提出了"九五"河北气象工作思路：适应两个转变，围绕两大战略，落实五大任务，实施五大工程，增强五个意识，加大五个力度。河北省人民政府省长叶连松、中共河北省委副书记李炳良向大会发了贺信，中国气象局副局长温克刚出席会议并讲话，题词"自我加压求发展，负重奋进敢争先"。河北省人民政府副省长陈立友出席会议并讲话（建局以来第三次有市、县气象局参加的会议）。

3月20日 河北省气象学会自1986年以来连续10年被河北省科协评为先进学会，宋歆方同志连续10年被评为先进个人。

4月8日 河北省气象台大屏投影设备投入使用，天气预报会商实现可视化。

4月9日 中国气象局批复天津市气象局、河北省气象局，原则同意两局关于在西渤海湾地区进行盐业气象行业管理工作试点的方案。

4月12日 安保政任河北省气象局副局长、党组成员；郭春德任河北省气象局党组纪检组组长、党组成员。

4月13日 中共河北省委副书记、省长叶连松，常务副省长陈立友代表中共河北省委、河北省人民政府向参加人工增雨作业的军地有关单位发出贺电，祝贺自3月29日以来特别是4月12日凌晨至傍晚人工增雨取得的成绩。

5月15日 河北省气象局印发《河北省气象部门机构改革实施方案》，年底前完成市气象局、直属事业单位人员定岗定位。

5月22日 为促进县（市）强局建设工作，河北省气象局领导以公开信形式给怀来、丰宁、乐亭、黄骅、饶阳、高碑店（市）县气象局，鼓励他们不等不靠、自我加压，变"让我建强局"为"我要建强局"，为早日实现"工作创一流、生活奔小康"的目标而努力！

5月30日 河北省气象局成立"河北省气象科技产业开发中心"。

同　月 邢台市气象局恢复设立邢台县气象局。

同　月 河北省气象台天气预报语音合成及播发系统投入使用。

同　月 河北省气象局公布《河北省气象部门职业道德规范》，内容如下。

一、机关工作人员

学习理论、执行政策、甘当公仆、廉洁勤政。

二、监察审计人员

坚持原则、实事求是、依法执纪、保守秘密。

三、业务技术人员

恪尽职守、敬岗爱业、准确及时、优质服务。

四、科研人员

勇于探索、严谨求实、团结协作、继承创新。

五、财会人员

忠于职守、依法理财、廉洁奉公、注重效益。

六、教育工作人员

教书育人、为人师表、严谨治学、诲人不倦。

七、后勤服务人员

服务及时、热情周到、保障工作、勤俭节约。

同　月 河北省气象科学研究所通过环评证书考核，被河北省环保局认定为合格环评单位。

6月3日 原南京气象学院院长朱乾根教授一行3人到河北省气象局调研。

6月5日 河北省气象局、河北省扶贫开发领导小组办公室联合发文，要求将各级气象扶贫工作纳入当地政府扶贫开发计划。

6月17日 河北省气象局组织召开"向陈金水同志学习座谈会"，会上邀请曾经长期在西藏工作的老局长朱品同志作报告。

6月26日 由河北省气象科技产业开发中心研制的第一台天气预报答询机（样机）成功生产，6月30日，在唐山玉田县气象局投入使用。

7月1日 《河北省人工防雹与农业减灾的研究》被确定为河北省1996年12项科技攻关计划项目之一，总投资50万元，这是我省气象部门首次承担河北省重中之重的科研项目。

7月26日　河北省气象局印发《河北省气象局关于培养跨世纪人才工程的实施意见》。

7月28—31日　中国气象局局长邹竞蒙参加唐山抗震20周年纪念大会，并到唐山市气象局及滦南县、遵化市气象局检查指导工作。期间，中共河北省委副书记李炳良、河北省人民政府常务副省长陈立友分别会见邹竞蒙。河北省人民政府省长叶连松致信中国气象局局长邹竞蒙表示感谢，希望北方人工影响天气基地在河北建设。

同　月　气象工作纳入《河北省"九五"可持续发展规划》。

同　月　河北省气候中心完成30年气候总结系列工作，整编出版了《河北气候资料》《京津冀气候图集》和《河北气候》。

同　月　河北省气象局设立青年气象科学基金。

8月3—9日　河北省邯郸、邢台、石家庄、保定等中南部地区连降大暴雨和特大暴雨，多地受灾严重，河北省气象局向有关市局发出8条指令，各级气象部门为抗洪抢险救灾提供了及时准确的预报服务。

8月6日　中国气象局副局长温克刚给汤仲鑫局长打电话，询问河北省气象局气象服务和受灾情况，并代表中国气象局党组向河北省气象局全体干部职工表示慰问。

8月7—9日　陈金水先进事迹报告团来河北作报告，中共河北省委常委、宣传部部长韩立成会见了报告团全体成员，报告会在河北会堂隆重举行，河北电视台全程进行了录播。

8月8日　河北省气象学校气象高等教育函授辅导站通过原国家教委评估。

8月10—11日　台湾气象学者陈泰然教授等8人到承德市考察。

8月25日　中国气象局局长邹竞蒙、副局长温克刚到衡水市气象局检查指导工作。

9月2日　河北省气象台被中共河北省委、河北省人民政府评为"抗洪抢险先进集体"。

9月5日　河北省气象局《公文处理与通信系统》通过技术鉴定。

9月8日　河北省人大常委会主任吕传赞，副主任李永进、刘宗耀、宁全福、周欣、张建新，秘书长解玉琦带领人大常委会63名委员来河北省气象局视察工作，高度赞扬河北气象部门为防洪抗灾和农业生产作出的巨大贡献，希望气象工作创"四个一流"。

同　日　魏滨任河北省气象局助理巡视员。

9月10日　中共河北省委省政府主要领导人联名致信中国气象局，对在抗洪、救灾斗争中气象部门给予的大力支持和帮助，表示衷心的感谢。

9月16—19日　河北省气象局召开全省气象部门产业会议，提出具体目标：坚定信心、解放思想，开创产业发展新未来。

9月17—26日　河北省气象局举办全省处级后备干部培训班。

9月19日　河北省人大常委会组织参加全省人大秘书长会议的代表一行40余人到河北省气象局参观指导。

10月7—9日　河北省气象局举办全省首届农业气象观测技术比赛。

10月8日　邢台市气象局局长梁建义经中共河北省委公开选拔出任河北省水利厅副厅长。

10月26日—11月20日　河北省气象局副局长吴波参加中国气象考察团到美国考察气象工作。

11月9日　河北省气象局正式开通与中国气象局卫星总站卫星通信。

11月15日　全省气象部门文艺汇演在河北省气象局举行。

11月18—23日　河北省气象学校首次举办防雷工程技术培训班。

同　　月　　河北省气象台、怀来县气象局被中国气象局授予"全国气象部门双文明建设先进集体"称号。段英（人影办）、赵恩来（抚宁）、王德蓉（涿州）被中国气象局授予"全国气象部门双文明建设先进个人"称号。

12月3—7日　河北省气象局召开全省气象局长研讨会，研讨实施气象可持续发展战略的任务、制约因素和对策。

同　　月　　邯郸市邱县气象局张卫国被中国气象局、人事部授予"全国气象系统先进工作者"称号。

同　　月　　河北省气象台银图广告公司自筹资金60万元，购买了SGIINDIGO-Ⅱ工作站和非线性编辑系统。本年度，银图广告用于业务投入的自筹资金已达百万。

同　　年　　河北省气象局被中共河北省委、河北省人民政府评为"实绩突出单位"。

【本年度重大气象服务专题】

1996年特大暴雨预报服务情况

1996年8月3—10日，河北省太行山区的邯郸、邢台、石家庄、保定地区连降大暴雨和特大暴雨，发生了自1963年以来最严重的洪涝灾害，气象部门内部也遭受了比较严重的损失。整个过程，雨量超过100毫米的达113个县（市），其中100～200毫米的有56个县（市），200～300毫米的有34个县（市），300～400毫米的有17个县（市），超过400毫米的有6个县（市），石家庄市的井陉、平山、元氏县超过了500毫米，暴雨中心邢台县野沟门水库达600毫米。此次暴雨强度大、时间集中，造成山洪暴发，河水猛涨，全省10座大型水库溢洪，100多座中小型水库库满泄洪；滹沱河水位一度与南堤堤顶持平，滏阳河14条主要支流全部漫溢；30多年没用的宁晋泊、大陆泽、献县泛区与东淀四个滞洪区一片汪洋。这次多年罕见的洪水，使我省中南部大小河流数千处决口，造成全省多处交通、通信、电力中断，村镇、农田被淹，城市一度积水，厂矿、学校进水，山体滑坡、房屋倒塌、群众被水围困等问题，死亡497人，造成直接经济损失达359亿元。

8月3日05时，河北省气象台提前15个小时发布了暴雨天气警报，并立即将预报结果通过传真送到在北戴河的河北省委、省政府领导和有关部门手中。3日17时和4日连续预报保定、石家庄、邢台、邯郸有大到暴雨，局部大暴雨，为水库泄洪调度提供了准确及时科学的依据，为滞洪区人民安全转移赢得了时间。8月8—10日，全省又出现了大范围降水，省气象台准确地预报了落区和降水量。

针对两次降雨过程，河北省气象局局长汤仲鑫坐镇省台调度指挥，4日15时，在会商室召开紧急防汛会议，安排部署各项紧急工作。所有党组成员昼夜轮流值班，省气象台、产业中心、业务科及办公室全程值班值守，协助局领导做好全省气象保障的指挥调度工作。4—5日两天，省气象局先后向各市气象局发出了6个指令，要求全省气象系统全力以赴，千方百计地为抗洪救灾做好气象服务。保定、石家庄、邢台、邯郸4市局所属台站每隔1小时上报一次雨量，做好"防大汛、抗大洪、抗大灾"的气象服务。8—9日又发出了7号令和8号令，紧急部署了全省台站每3小时（石家庄为1小时）上报一次雨情，并要求各站每日05时上报过去21小时雨量，以满足省防汛指挥部防汛调度的需要。

为了更好地为省市政府领导提供抗洪救灾决策依据，8月9日21时，河北省气象局协调山西省气象局获取14时至20时水库上游有关台站的降雨量，并第一时间发至省委书记办公室、各抗洪前线指挥部和保定市政府；省气象台领导及气象专家多次到省防汛指挥部向省长叶连松、副省长陈立友及其他领导讲解卫星云图中云团、云带的演变，并结合天气系统发展、预报暴雨中心的移动和生消，使我省抗洪抢险最高决策领导层对天气变化有了最直观的认识。此外，省气象台将雨情、预报及时传送到省防汛指挥部、滹沱河南、北大堤和大清河、漳卫河等前线指挥部。8月3—11日间，省气象台组织不同形式的天气会商和专题讨论近百次，向各指挥部及领导文传各类天气预报、警报、雨情、灾情和电话服务350份次，其中抗洪抢险关键地段天气预报200多份次。充分利用高收视率的电视、电台《天气预报》节目，向群众介绍降水情况和未来天气预报，关键性暴雨预报请河北经济电台滚动播出，河北电视台新闻节目插播等等。为了指导各市气象台为当地政府服务，先后向石家庄、衡水、保定等市气象台发布区域性指导预报150份次以上，提供本省及上游省份雨情服务60多份次。产业中心全力保障网络畅通，保障了各种资料、通知、指令的上传下达，为圆满完成全省气象服务工作做出了积极贡献。

5日凌晨02时，省气象局领导冒雨赶到防汛指挥部向叶连松省长汇报雨情和预报。07时黄壁庄水库入库流量达到了50年一遇的12000多立方米/秒，为了确保省会石家庄市头顶库的安全，必须再次加大泄洪量。但泄洪已使滹沱河沿岸多处发生险情，南北大堤随时都有决口的危险，北堤若出问题，直接影响华北油田和京津的安全。在省领导面临这一难以调和的矛盾的关键时刻，吴波、安保政副局长再次到指挥部向省长进行汇报，明确预报：未来暴雨中心将从石家庄向北移至张家口、保定之间和我省东北部，太行山南段降水开始减弱，岗南、黄壁庄水库及其上游降雨量在50毫米以下。根据未来天气形势，省防汛指挥部决定调整黄壁庄水库的泄洪量，为下游减少了经济损失，为疏散群众赢得了时间。

整个过程中，河北省气象台积极主动提供雨情、天气预报，省委、省政府领导充分利用气象信息，科学决策，准确调度，使得河北经过30多年未遇到特大暴雨袭击之后，水库大坝保住了，主要大堤没有出现问题，灾情减小到了最低程度。

1997年

1月3日 河北省人民政府常务副省长陈立友听取河北省气象局局长汤仲鑫关于气象工作情况的汇报。

1月25日 河北省气象局汤仲鑫局长在北京出席全国气象局长会议，期间和与会代表一起受到乔石委员长接见并合影留念。

1月28日 中国气象局局长温克刚等一行到我省平山县气象局进行春节慰问。

2月3日 中国气象局发文批复内蒙古、山西、河北省（区）气象局，同意晋冀蒙老区第一期气象科技扶贫协作总体方案。

2月11日 中国气象局局长温克刚到河北省气象台看望春节值班人员。

2月25—28日 全省气象局长会议在石家庄召开，26日，河北省人民政府副省长陈立友出席会议并讲话。

同 月 河北省气象科技产业开发中心研制生产出新一代"121"答询机。

3月6—9日 《中华人民共和国气象法》（草案）研讨会在涿州举行，中国气象局名誉局长邹竞蒙、副局长马鹤年、颜宏等领导出席。

3月19日　河北省气象科技产业开发中心使用"河北省气象信息网络中心"名称，但不改变机构性质、职责范围和机构规格。

3月23日　河北、北京、山西等省市气象专家在石家庄召开"96·8"特大暴雨分析研究总体实施方案论证会。

4月8日　河北省气象局"华风电脑门市部"正式营业。

4月14日　中国气象局批复河北省气象局，同意建立秦皇岛市海洋气象台。秦皇岛市海洋气象台在秦皇岛市气象台的基础上扩建，实行"一个机构，两块牌子"。

5月3日　河北省气象灾害警报系统正式建成。

5月7日　涿州市气象局被中国气象局确定为全国气象部门20个文明服务示范单位之一。

5月8日　河北省气象局、河北省粮食局联合发文，要求进一步做好粮食储运气象服务工作。

5月13日　《河北省气象事业发展"九五"计划》上报中国气象局。

5月16日　中国气象局发文批复河北省气象局，同意建立北戴河气象服务基地。

5月21日　全省10个市气象局全部完成VSAT（气象卫星通信系统）小站安装工作。

5月23日　河北省扶贫开发领导小组办公室、河北省气象局联合发文，要求做好气象科技扶贫工作。

同　月　河北省气象科技产业开发中心研制成功"160"火车信息电话答询系统。

6月10日　经河北省人民政府同意，河北省机构编制委员会办公室印发《关于河北省各级气象部门成立防雷中心机构的通知》〔1997〕61号。通知就省、市、县（市）各级防雷中心的机构名称、机构等级、机构性质编制、主要任务职能等做了明确规定。

6月12日　乐亭气象站变更为国家基准气候站并挂牌。

6月20—30日　河北省人工影响天气办公室主任段英出席世界气象组织在墨西哥城举办的"天气、空气质量和气候预报的云特性测量国际研讨会"。

同　月　河北省气象台是全国首家使用MICAPS（气象信息综合分析处理系统）系统的台站。

7月9日　饶阳气象站变更为国家基准气候站并挂牌。

7月11—13日　中国气象局副局长马鹤年到承德市气象局和隆化、围场县气象局及御道口气象站考察。

7月15日　气象服务电脑终端落地河北省人民政府副省长陈立友办公室。

7月22日　河北省气象局成立河北省防雷中心，与河北省气象装备中心一个机构、两块牌子。

7月29日　俄罗斯人工影响天气专家伊万诺夫、基姆一行2人来河北省气象局进行人工影响天气学术考察与交流。

同　月　全省131个县气象局全部开通微机终端，提前半年完成了计划。

8月3日　中国气象局局长温克刚视察秦皇岛市气象局、抚宁县气象局和正在建设中的北戴河气象服务基地。

8月13日　中国气象局局长温克刚一行到全国气象部门"文明服务示范单位"涿州市气象局考察指导工作。

8月20日　受9711号台风影响，渤海海面东部沿海地区发生新中国成立以来最严重风暴潮，河北省气象台提前5天发出了台风动态，提前48小时发布台风将产生暴雨、大风的重要天气预报，提前

24小时发布了首次风暴潮预报。河北省人民政府副省长陈立友在河北省气象局报送的报告上批示：预报工作很有成效，在减灾方面发挥了重要作用。省长叶连松批示：对9711号台风省气象局预报及时，认真负责，望继续努力，搞好预报预测，为防震减灾做出贡献。

9月1日　中国气象局副局长颜宏到秦皇岛市气象局检查指导工作。

9月3日　丰宁气象站变更为国家基准气候站并挂牌。

9月8日　河北省气象防震减灾工程（第一期）人工影响天气系统建设可行性研究报告正式通过专家论证。

9月18日　河北省气象局举办拔尖人才座谈会，邀请李泽椿院士、游来光研究员作报告。

9月20日　秦皇岛市海洋气象台成立并挂牌，中国气象局副局长颜宏和秦皇岛市委、市政府、市人大、市政协、军分区领导出席挂牌仪式。

9月21日　张北气象站变更为国家基准气候站并挂牌。

9月24日　河北省气象局成立独立的河北省防雷中心。

同　月　在全国气象科普工作会议上，河北省气象学会获得全国气象科普先进集体称号，衡水市气象局李俊玲获得全国气象科普工作先进工作者称号。

10月3—21日　河北省气象局副局长张广智、河北省气象科学研究所所长马庆保随河北省农林科学院考察团到加拿大考察访问。

10月6—7日　全省气象系统县（市）强局经验交流会在唐山举行，从1995年实施县（市）强局建设工程以来共有35个县（市）气象局进入三级以上强局行列。

10月8—11日　第三届全国暴雨、强对流科学讨论会在秦皇岛北戴河举行。

10月13—16日　由中国气象局副局长马鹤年任主任委员，11个部委和单位专家组成的全国人工影响天气科技咨询评议委员会，对河北人影工作进行考察评估。评估意见：河北人影工作起步高、起点高，达到了全国人影系统领先行列。期间，中共河北省委副书记李炳良、河北省政协副主席张润身等会见评委会全体成员。

11月3—14日　以河北省气象局局长汤仲鑫为团长的中国气象考察团赴韩国考察气象工作。

11月6日　河北省人民政府省长叶连松签署政府令《河北省气象服务管理办法》发布实施。

11月19日　邢台气象站变更为国家基准气候站并挂牌。

12月10日　韩国气象通信专家丁甲泰、朴勋来河北省气象局访问。

12月20日　沧州海洋气象台挂牌，中国气象局副局长颜宏出席挂牌仪式。

同　日　全国第六个完成"9210"工程市级计算机系统安装任务（29日程控交换机开通）。

同　年　河北省气象局连续三年被中共河北省委、河北省人民政府评为"实绩突出单位"。

1998年

1月6日　全省气象档案工作会议在石家庄召开。

1月10日　河北省气象局副局长安保政赴张北、尚义地震灾区，指挥当地气象部门开展抗震救灾和气象服务工作，全省气象部门积极投入到抗震救灾工作中。

1月11日　河北省气象台开始执行24小时值班制度。

1月14日　河北省气象台提前5天准确预报了地震灾区强降温天气（最低气温降到-28～-26℃），为领导科学决策，指挥抗震救灾发挥重要作用，安保政副局长向河北省人民政府副省长杨迁详细汇报了抗震救灾气象服务工作，受到杨迁的高度赞扬。

1月23日　河北省人民政府副省长郭庚茂听取中共河北省气象局党组关于气象工作的汇报。

同　日　河北省水利厅、河北省气象局联合举办迎新春干部职工联谊会。

1月25—26日　中国气象局副局长刘英金到张北、怀来县地震灾区慰问气象职工。

同　月　河北省气象局局长汤仲鑫当选河北省政协第八届委员会常委。

2月12日　成立河北省气象局人才交流中心（副处级单位），挂靠人事劳动处。

2月24—26日　全省气象局长会议在石家庄召开，河北省人民政府副省长郭庚茂出席会议并讲话。

2月26日　河北省人民政府办公厅转发河北省计划经济委员会、河北省财政厅、河北省气象局《关于加快发展全省气象事业意见的通知》。

同　月　衡水市局周友信、邢台市局陈小雷、承德市局董学友、沧州市局崔凤鸾、张家口市局徐平、省气象台张守保、廊坊市局展芳、网络中心赵瑞金、保定市局徐志清、河北银图广告有限公司成海民10位同志被河北省气象局评为全省气象部门"十佳青年"。

同　月　秦皇岛市气象部门率先建成文明气象系统。

3月1日　浆水气象站取消地面气象测报工作任务。

3月30日　经河北省法制办公室审查批准，河北省气象局26人取得"气象服务执法证"和"执法监督证"。

同　日　完成极轨气象卫星接收系统改造，实现正常运转。

同　月　气象工作在防灾减灾、国民经济建设和社会发展中发挥了越来越重要的作用，气象部门地位显著提高，参政议政人员越来越多，据统计全省有34人（次）参加地方各级人大、政协。

4月1日　紫荆关气象站取消地面气象测报工作任务。

4月3日　河北省人民政府副省长郭庚茂到科技宾馆慰问看望飞机人工增雨作业人员。

5月1日　河北省气象局713雷达并入全国天气雷达观测网。

同　日　塞罕坝气象站移交机械林场管理。

5月4—20日　河北省气象局局长汤仲鑫随河北省人民政府考察团赴荷兰、比利时、法国考察访问。

5月5日　河北省气象局、河北省技术监督局联合印发《关于对各级防雷检测机构开展计量认证工作的通知》。

5月8日　河北省北戴河气象科技培训中心成立，属河北省气象局直属企业单位，承担全省气象部门业务技术培训任务。

5月18—20日　全国北方13省（市）冬小麦遥感综合测产会商会在石家庄召开。

5月28日　中共河北省委、河北省人民政府通报省直单位领导班子实绩考核结果，河北省气象局被评为"实绩突出单位"。河北省气象局连续4年被评为"实绩突出单位"。

同　日　全国文明服务示范单位，涿州市气象局挂牌。

同　日　河北省气象局成立"河北银图足球队"。

6月1日 河北省气象局成立河北省气象影视中心,与河北银图广告有限公司一个单位、两块牌子。

同 日 气候灾害实时监测预警系统投入业务运行。

6月10日 河北省气象台初步建成气象服务网络(NT网)。

6月12日 河北省气象局为河北省人民政府副省长郭庚茂办公室安装气象服务终端。

同 日 加拿大专家 Sean MCGinns George Clayton 博士来我局进行学术交流。

6月17日 河北省人民政府副省长郭庚茂率领省直有关单位领导到河北省气象局检查防汛准备工作。

6月18日 河北燕赵信息港正式建成河北省气象局网站。

7月2日 "农业气象情报预报服务系统"二期工程建设正式启动。

7月3日 中日合作项目"河北省太行山区农业综合开发调查"正式启动。

7月8日 河北省气象局为中共河北省委副书记赵金铎办公室气象服务终端升级。

7月10日 全国第一个"9210"工程县级单收站在河北省气象局气象信息网络中心安装成功并投入业务使用。

同 日 河北省人民政府批准《河北省气象部门错案和执法过错责任追究暂行办法》,由河北省气象局印发执行。

7月28日 全国首家气象服务用户"9210"单收站在承德潘家口水利枢纽管理局建成开通。

同 月 承德市局在全省开通首家"221"专业气象信息电话答询台,以满足历史文化名城旅游业发展需求。

8月10日 中共河北省委副书记赵金铎到河北省气象局视察工作,对当前汛期气象服务工作提出要求。

8月21日 河北省气象局举办全省第一届"银图杯"电视气象节目观摩评比活动,全省11个市、14个县气象部门选送29个节目参加评比,廊坊市气象局、怀来县气象局分获市局和县局组综合类一等奖。

8月29日 "河北省北戴河气象科技培训中心"正式挂牌。

同 月 河北省气象局在全国气象部门率先建成 Internet 网站,可实现业务、服务、政务网上操作,日访问量达到300多次。

9月3日 河北省气象局印发《河北省气象局培养跨世纪人才工程1998—2000年实施方案》。

9月14—16日 河北省气象局举办拔尖人才座谈会,会议邀请著名气象专家吴国雄院士、吴馥堂研究员做了报告。

10月9日 河北省人民政府颁布《河北省气象探测环境保护办法》。

10月12日 河北省气象局举办"抗洪抢险英模事迹报告会",邀请参加九江堵口决战的抗洪抢险英模,驻石某高炮旅侦察科长张恩敏、战士于永辉作事迹报告。河北电视台《晚间报道》节目做了报道。

10月30日 河北省气象学校举办建校40周年,恢复建校20周年校庆系列活动,河北省气象培训中心同时挂牌。

11月9日 河北省气象局成立"河北华云气象预报警报寻呼台",为河北省气象局直属单位。

11月23日　河北省气象局全国首家"医疗气象预报自动答询系统"正式开通。

11月29日　河北省气象局在《燕赵晚报》正式发布医疗气象预报。

12月6日　中国气象局副局长李黄到河北省气象局视察。

12月7—10日　为总结改革开放20周年成功经验，深入研究事业结构战略性调整的对策，推动全省气象事业快速、健康发展，河北省气象局召开了纪念十一届三中全会召开20周年座谈会、全省气象局长工作研讨会、思想政治工作会议及全省气象部门文艺汇演。

12月16日　河北省人民政府副省长郭庚茂听取河北省气象局局长汤仲鑫，副局长吴波、安保政关于气象工作的汇报。

12月18日　河北省气象档案馆晋升为国家二级档案管理单位。

12月23日　河北省气象局通过河北有线电视台正式发布医疗气象预报和城市环境气象要素预报。通过电视媒体发布医疗气象预报在全国气象部门属第一家。

同　年　河北省气候中心开始编制发布《河北省气候灾害监测公报》，监测的气象灾害种类主要包括干旱、暴雨、高温、低温、大风、沙尘、大雾、雷暴、寒潮、连阴雨等。

1999年

1月18日　河北省人民政府复函中国气象局，同意按1：1的匹配比例在石家庄建设新一代S波段多普勒天气雷达系统，安排配套资金500万元，于1999年和2000年两年内到位。

1月29日　加拿大驻华使馆参赞马瑞林女士来河北省气象局考察中加合作旱地农业项目。

2月3—4日　全省气象局长会议在石家庄召开。汤仲鑫同志作了题为"求实创新、开拓进取、再创新成绩、迎接新世纪"的工作报告。

2月7—9日　中国气象局局长温克刚到唐山市气象局及乐亭、滦南县气象局春节慰问。

3月4日　河北省气象局举办"巾帼创业先进事迹报告会"，涿州市气象局王德蓉、怀来县气象局任淑兰、丰润县气象局李俊英在会上作了报告，河北电视台、《中国气象报》分别在3月5日、3月8日作了报道。

3月8—9日　河北省气象局领导汤仲鑫、吴波、张广智、安保政带领有关人员到封龙山、元氏、新乐、正定机场就新一代天气雷达站选址进行实地考察和论证。

3月16日　河北省计划经济委员会、河北省财政厅、河北省气象局联合发文《关于建设县（市）级气象信息广播接收系统的通知》。

同　月　唐山市气象局研制成功具有天气预报和当前天气实况两种自动播放功能的"121"自动答询系统，目前该系统在国内尚属首创。

4月6—8日　晋、冀、蒙协作区气象科技扶贫联席会在承德市召开。

4月7日　河北省财政厅、河北省气象局联合印发《关于建立全省雨情、灾情快速传递系统的通知》

4月14日　中国气象局副局长刘英金到河北省气象局宣布河北省气象局新一届领导班子调整，中国气象局党组决定：安保政任河北省气象局党组副书记、主持工作；刘金才任河北省气象局副局长（列张广智之后）、党组成员；免去汤仲鑫河北省气象局局长、党组书记职务。期间，河北省人民政府副省长郭庚茂会见刘英金一行。

同月 由河北省气候中心开发的"气表-1封面、封底V"文件系统，得到中国气象局减灾司认可并向全国气象部门推广应用。

同月 河北省气象局专业气象台正式对外发布"全省城市火险等级预报"，内容有11个设区市短期和中期（一周）城市火险等级预报，采取电话自动答询、警报广播和信函服务方式。

同月 河北省气象台获河北省人民政府颁发的"河北省先进企事业单位"称号。

5月5日 张北713雷达正式投入业务试运行。

5月10日 河北省气象局被中共河北省委、河北省人民政府授予1998年度两个文明建设先进单位。（冀字〔1999〕32号）

同月 完成全省地级气象局PcVSAT（单收站监控系统）站安装任务。

同月 河北省气象局和河北省公安厅联合下发《河北省计算机信息网络雷电防护工作暂行规定》。

6月13—14日 蒙古国家水文环境监测气象信息计算机中心副主任DavasurenTungalag一行到河北省气象局参观考察。

6月17日 保定市气象局建成文明气象系统。

7月1日 河北省气象台党支部被中共河北省委授予"先进基层党组织"称号。

7月31日—8月3日 全国人影作业技术规范研讨会在秦皇岛召开。

8月7日 19时，河北省人民政府省长钮茂生、中共河北省委副书记赵金铎到河北省气象台视察汛期气象业务工作情况。

8月15日 河北省气象局全部开通省局网络中心至全省县级气象局的分组交换网，并投入业务使用。

8月27日 世界气象组织官员M·哈桑带领非洲15国气象考察团来河北省气象局考察。

8月31日—11月5日 河北省气象局党组和全体领导干部深入开展了"讲学习、讲政治、讲正气"为主题内容的党性党风教育活动。

9月1日 中国气象局发文通知，中国气象局局徽和中国气象徽标于1999年10月1日开始正式启用。

9月12日 涿州市气象局被中共河北省委、河北省人民政府授予"创建文明行业工作先进窗口单位"。

同月 邢台市气象局建成文明气象系统。

10月 河北华云科技开发服务中心研发出五大系列85个品种电子避雷器，其中，6种产品获国家级质检认证。

11月1日 河北省气象局副局长、党组成员刘金才同志因车祸经抢救无效于凌晨3时15分不幸逝世，终年56岁。

11月18—19日 河北省气象局、河北省气象学会在石家庄举办第六届全省地面测报技术比赛。

11月30日 河北省气象学会召开建会40周年暨学习贯彻《中华人民共和国气象法》座谈会。

12月9日 河北省气象局、衡水市精神文明建设委员会联合授予衡水市气象局"文明气象系统"荣誉称号。

12月22日 河北省人大常委会农经委、河北省人民政府法制局、河北省气象局联合召开学习贯彻《中华人民共和国气象法》座谈会，河北省人大常委会副主任白录堂出席会议并讲话。

12月27日 原河北省气象局局长、党委书记张彪同志因病在石家庄逝世，享年81岁。张彪同志1938年2月参加革命工作，1983年离休。

同　年 河北省气象局连续4年被中共河北省委、河北省人民政府评为"实绩突出单位"（冀字〔1999〕31号）。

2000年

1月1日 全省气象部门顺利跨入新世纪，信息系统、计算机网络工作正常。

1月24日 河北省气象局成立河北省气象局雷电灾害防御管理办公室。

1月31日—2月1日 中国气象局副局长颜宏到承德市气象局，隆化、围场县气象局慰问气象职工。

同　月 河北省气象局被中国气象局评为1999年度目标考核"优秀达标单位"；河北省气象台、秦皇岛市气象局被中国气象局评为1999年度重大气象服务先进集体。

2月1日 河北省人民政府副省长郭庚茂、副秘书长孙凯来河北省气象局春节慰问，看望气象干部职工。

2月2日 中国气象局党组纪检组长孙先健到沧州市气象局春节慰问。

2月22—23日 全省气象局长会议在石家庄召开。安保政同志作了题为《积极开拓、努力进取、创造新业绩、迎接新世纪》的工作报告。

3月8日 河北省人民政府副省长郭庚茂在省直农口部门工作汇报会上听取河北省气象局副局长吴波关于气象工作情况的汇报。

4月27日 中国气象局下发任职通知，经研究，并征得中共河北省委同意，决定：安保政任河北省气象局局长、党组书记；臧建升任河北省气象局副局长、党组成员。

4月30日 中国气象局副局长刘英金到河北省气象局宣布领导班子调整。期间，河北省人民政府副省长郭庚茂会见刘英金。

5月29日 河北省人民政府副省长郭庚茂听取河北省气象局局长安保政、副局长臧建升关于汛期气候预测的意见。

5月30日 俄罗斯气象通信专家来河北省气象局参观考察。

5月31日 河北省气象局、河北省财政厅、河北省水利厅联合召开火箭人工增雨工程论证会。

6月6日 河北省质量技术监督局、河北省气象局联合印发《关于加强全省气象计量器具监督管理工作的通知》。

6月8日 "河北省气象局会计核算中心"成立，挂靠河北省气象局计财处，承担局机关、直属单位和经营实体（公司）的会计核算、财务管理任务。

6月27日 河北省人民政府组织召开全省火箭人工增雨工作会议。

7月3日 河北省气象台预报将出现较强降水过程，中共河北省委书记王旭东、河北省人民政府省长钮茂生、副省长郭庚茂高度重视，分别做出批示，要求有关单位密切注意，落实各项防汛措施，全力应对，确保人民生命安全和铁路干线安全。

同　月　河北省气象局对大宗设备、物品实行政府采购或集体采购。

8月17—18日　河北省气象局在机关和直属事业单位开展职工思想状况问卷调查，内容涉及改革开放、党的建设、机构改革、思想政治等方面内容。

9月19日　河北省气象局、邢台市气象局、秦皇岛市气象局、涿州市气象局被中共河北省委、河北省人民政府命名为1998—1999年度省级文明单位。

同　日　唐山市气象局档案工作顺利通过国家档案局评审验收，晋升为科技事业单位档案管理国家一级单位。

10月1—2日　国家发展计划委员会、中国气象局联合考察组到沧州市考察人工影响天气工作和南水北调工程。

10月8日　河北省防雷中心获得中国气象局颁发的乙级《防雷工程专业设计》《防雷工程专业施工》资质证书。

10月24日　河北省气象台，石家庄、唐山、秦皇岛、邢台市气象台，怀来县气象局、涿州市气象局被省文明办确定为1999年度窗口行业服务质量一级（三星级）单位。

11月28日　河北省气象部门被中国气象局和河北省精神文明建设委员会联合授予"文明系统"称号。

12月21日　中国气象局文明办、河北省文明办在石家庄联合召开河北省气象部门文明系统命名大会及挂牌仪式。

12月24日　河北省气象局召开MICAPS（气象信息综合分析处理系统）二次开发交流演示会。

2001年

1月10—12日　气象部门西北、东北、华北及中南地区部分省、市财务工作研讨会在我省举办。

1月15日　集群众之智慧、汇群众之力量、谋事业之发展，河北省气象局召开"献计献策"情况汇报会。

1月16—17日　中国气象局副局长郑国光到石家庄赵县、栾城县气象局进行春节慰问。

1月19日　河北省人民政府副秘书长刘印楼代表副省长郭庚茂到河北省气象局慰问气象职工。

同　月　中国气象局"九五"重点科研攻关项目"96·8"特大暴雨分析研究课题通过技术鉴定。

同　月　河北省气象台、秦皇岛市气象局被中国气象局评为全国气象部门双文明建设先进集体。涿州市气象局王德蓉被授予全国气象系统先进工作者。丰润县气象局李俊英、围场县气象局董学友、邢台市气象局焦英峰、邯郸市气象局蔺虎山被评为全国气象部门双文明建设先进个人。

2月1日　河北省气象局局长安保政、副局长臧建升向中共河北省委副书记赵金铎汇报国务院副总理温家宝考察中国气象局时的讲话精神、全国气象局长会议精神和2001年全省气象工作重点。

2月14—15日　全省气象局长会议在石家庄召开，中共河北省委副书记赵金铎、河北省人民政府常务副省长郭庚茂向会议发来贺信。

3月12日　河北省气象局首次组织公开招录公务员面试工作，12人取得面试资格。

3月21日　河北省气象局成立财务核算中心并开始业务运行。

3月24—25日　中国气象局举办的《城市环境气象业务服务试验示范》项目第二次技术成果交流

暨阶段验收会在承德召开，湖北、江西、河北、北京4省（市）气象局的领导和专家、中国气象局及项目成员单位参加了会议。

4月2日、4月29日 河北省气象局先后召开全体处级干部会议，宣布处级干部岗位调整（轮岗）结果和任免决定。

4月23日 中国气象局党组纪检组组长孙先健到河北检查指导工作。

4月29日 河北省气象局决定撤销河北省气象局科技服务与装备处，装备管理任务划归河北省气象局业务发展处。成立政策法规处，承担全省气象部门政策法规和科技产业管理工作。

5月25日 河北省气象局极轨气象卫星接收处理设备完成改造，成功接收FY-1C、NOAA-12、14卫星信号，基本实现全自动无人值守。

5月28—30日 河北省气象局举办单收站系统技术骨干培训班。

同　月 河北省人大常委会副主任郝庭华、河北省人民政府法制办主任张庆和在河北省气象局局长安保政、副局长吴波陪同下赴南方和西北省份进行立法调研。

6月5日 各级气象部门开始开展城市环境预报服务，其中石家庄、秦皇岛市城市空气质量预报在中央电视台正式播出。

6月20日 河北省人民政府办公厅印发《关于在公众活动场所严格限制灌充施放氢气球的通知》。

6月26—27日 全省气象局长工作会议在石家庄召开。

6月29日 河北省气象局机关党委被中共河北省委授予"先进基层党组织"称号。

7月6日 河北省气象台成立"决策气象服务中心"。

7月18日 河北省气象局首次开通移动通信"121"气象信息服务台。

7月26日 中国气象局党组纪检组组长孙先健到涿州市气象局考察。

同　月 河北省气象局成立"石家庄气球技术服务管理办公室"，下设市场稽查科、气球技术服务科。

同　月 河北省气象局印发《河北省气象部门事业单位新进人员实行聘用制管理暂行办法》。

8月10日 河北省气象局、河北省公安厅消防局联合印发《关于加强对氢气球灌充施放管理的通知》。

8月20日 河北省气象局召开培训中心内装修工程开标会议，由此河北省气象局所有工程全部实现公开招标。

9月27—28日 河北省气象局召开全省气象部门机构改革、事业单位全员聘用制暨培养选拔优秀年轻干部工作会议，动员、部署全省改革和选青等工作。

同　月 河北省气象局完成"河北省第三次气候区划试点区（保定）和试点县（易县）的区划任务"。

10月8日 全国气象部门文明服务示范单位秦皇岛市气象局举行挂牌仪式。

10月13日 中国气象局副局长郑国光到河北调研"三会"精神贯彻落实情况。

10月14日 河北省"九五"重大科技攻关项目"人工防雹与农业减灾的研究"通过专家鉴定。

10月26日 河北省政府第48次常务会议审议通过了《河北省气象条例》，提交河北省人大常委会审议。

同　日 河北省气象局召开机关处级职位竞争上岗动员大会，19个处级职位、11个市气象局副局长职位全部"清零"，实行竞争上岗。

同　月　河北省气象科学研究所建成"河北农业资源信息系统"。

12月20日　河北省政协人口资源环境委员会组织部分委员到河北省气象局视察。

12月31日　河北省气象局机关机构改革基本完成，处级干部经过竞争上岗、群众推荐、党组研究等程序确定，全部到位并重新任命，机关工作按新机构运行。

同　月　河北省气象局重点工程"河北省可视化天气会商系统"，进入实施阶段。

同　年　撤销科技教育处，相关职能分别划归人事教育处、业务科技处。

同　年　全省气象部门职工总数2249人，其中干部2055人，工人194人。学历构成（不包括工人）：研究生24人，本科306人，大专667人，中专749人，中专以下503人。职称构成：高级职称128人，中级职称826人，初级职称1013人。

2002年

1月30日—2月2日　中国气象局副局长李黄到河北省气象局慰问干部职工并进行工作调研。河北省人民政府常务副省长郭庚茂会见李黄。

2月18日　河北省人民政府省长钮茂生主持召开省长办公会，专题研究2002年防汛抗旱工作。会上，河北省气象局局长安保政就2001年气候概况，2002年春夏气候预测及其依据、对策进行了详尽汇报。

2月21—22日　全省气象局长会议在石家庄召开。安保政局长做了题为《与时俱进、深化改革、积极推进全省气象事业持续快速发展》的报告。中共河北省委常委、常务副省长郭庚茂致信会议，向全省广大气象干部职工表示崇高敬意和亲切慰问！

2月26日　河北省人民政府副省长宋恩华到河北省气象局慰问看望气象职工。

同　月　河北省人民政府致函中国气象局，建议表彰河北省气象部门。

同　月　全省气象部门146个单位，全部建成为文明单位，其中市级以上文明单位57个，占39%，成为河北省第一个文明系统。

3月5日　河北省省直五好文明家庭建设现场会在河北省气象局举行。省直80多个厅局的代表出席会议，河北省气象局妇委会及4个先进家庭的代表在会上发言。

3月26日　河北省防雷中心与石家庄市防雷中心合并，实行一个机构、两块牌子，列入河北省气象局直属事业单位序列。

同　月　河北省气象局干部队伍年轻化初见成效。一批高学历、高职称的优秀年轻干部走上领导岗位。机关处级干部平均年龄44岁，40岁左右正处级干部从无到有，35岁左右副处级干部占处级总数的54.5%；直属单位处级干部平均年龄43.1岁，其中研究生和在读研究生达到28%，全日制本科及以上学历达到52%。

4月9日　张北县气象局CE318型太阳光度计正式开始试验性观测，10日，第一份观测资料传至国家卫星气象中心，张北县气象局成为全国最先开展沙尘暴观测并传出第一份观测数据的气象观测站。

4月10日　中国气象局党组成员、人事司司长萧永生到河北省气象局宣布领导班子补充调整，刘燕辉任河北省气象局党组成员、副局长；河北省气象台台长胡欣任党组成员；吴波任巡视员。

4月23日 河北省政协副主席赵金铎到河北省气象局就公务员道德建设、精神文明建设进行考察调研。

5月14—17日 中国气象局党组成员、中纪委驻局纪检组组长孙先健到秦皇岛、唐山市气象局，北戴河观测站，抚宁、乐亭、丰润县气象局检查指导工作。

5月18日 原河北省气象局副局长、离休干部张文秀同志因病去世，享年80岁，张文秀同志1939年参加革命工作，1983年9月离休。

5月31日 河北省宣传贯彻《人工影响天气管理条例》新闻发布会在河北会堂举行。

同 月 河北气象影视中心与河北电视台科技教育频道联合推出《气象百科》栏目。

6月4日 中共河北省委书记王旭东在河北省气象台"麦收期天气趋势预报"专题报告上批示："省气象台能搞好及时预测预报，为工农业生产服务，为防灾减灾、预防突发性灾害服务做了大量的工作，应予肯定。今年汛期将临，望更上一层楼，做好预测预报和气象趋势研究工作。"

6月12—13日 全省气象局长工作汇报会议在石家庄召开。

6月19日 河北省气象局成立防雷工程专业设计、施工资质评审委员会。

6月25日 中共河北省气象局直属机关第五次代表大会在省局召开，大会选举出中共河北省气象局直属机关第五届委员会委员。

6月27日 河北省人民政府副省长、河北省防汛抗旱指挥部指挥长宋恩华到河北省气象局检查指导防汛气象服务工作。

7月1日 河北省气象局气象网站接入速率由256 kb/s提升到2 Mb/s，网站访问量超过20万人次。

7月15日 河北省气象学会秘书处挂靠河北省气象局业务科技处。

7月27—29日 中国气象局副局长郑国光在北戴河参加"中国气象事业发展战略研讨会"期间到秦皇岛市气象局、抚宁县局检查指导工作。

7月30日 河北省第九届人大常委会第二十八次会议表决通过《河北省实施〈中华人民共和国气象法〉办法》，并发布公告。

8月7日 中国气象局副局长刘英金率中国气象局11个内设机构、直属单位领导，考察乐亭和丰润县气象局。

8月23日 河北省气象台胡欣同志被中国气象局聘为第五届全国台风及海洋气象专家工作组成员。

8月27—28日 河北省气象局召开全省自动气象站建设工作会议。

同 月 作为河北省自动气象站建设试点的饶阳自动气象站开工建设，该试点以"高站位、高质量"为宗旨，将为全省的自动站建设提供示范和经验。

9月1日 《河北省实施〈中华人民共和国气象法〉办法》自即日起实施。

9月2日 河北省人大常委会农经委和河北省气象局联合召开宣传贯彻《河北省实施〈中华人民共和国气象法〉办法》新闻发布会。

9月12日 河北省气象局与国家气象中心的全国天气预报电视会商及电视会议系统调试成功。

9月19日 河北省气象局召开河北省气象学会第八届理事会第一次会议，选举安保政为新一届气象学会理事长、刘燕辉为副理事长；秘书长王春彦、副秘书长李建国（主持日常工作）。

9月29日 河北省气象局、河北省财政厅、河北省水利厅联合印发《关于认真做好秋季火箭、高炮和飞机人工增雨工作的通知》。

10月16日 中国气象局党组成员、中纪委驻局纪检组组长孙先健到遵化、滦县气象局检查指导工作。

10月21日 河北省气象台尤凤春同志被中国气象局聘为第一届全国沙尘暴专家委员会委员。

同 月 河北省气象局荣获2000—2001年度省级文明单位称号。

同 月 张家口市气象局副局长刘爱民在中国气象局公开选拔职能司（室）副职和大连、青岛、宁波3个计划单列市气象局副局长选拔中，被中国气象局确定为宁波市气象局副局长、党组成员。

11月6日 河北省气象局举行石家庄新一代天气雷达建设土建工程开工仪式。

11月15日 河北省气象局下发《关于在全省气象部门深入开展创建优美环境活动的意见》。要求到2005年，全省各级台站都要达到"绿化、硬化、净化、美化"要求，建成具有气象部门特点、环境怡人、景色秀美的花园式单位。

11月22日 河北省气象局网上公众气象资料共享系统开通。

11月25日 日本农业技术气象资源研究室室长鲛岛良次一行5人到河北省气象科学研究所进行学术交流与访问。

12月2日 原河北省气象局党组书记、局长冯生臣同志因病去世，享年71岁，冯生臣同志1947年6月参加革命工作，1991年11月离休。

12月12日 河北省气象局召开电视电话会议，动员部署全省气象部门创建优美环境工作。

12月21日 河北省气象局完成28个自动气象站建设，成为全国大气监测自动化项目中成功上传自动站资料的第一省份。

12月26日 河北省人民政府副省长宋恩华到河北省气象局检查指导工作。

12月28日 中国气象局副局长李黄到河北省气象局检查指导工作，称赞河北省气象局天气会商系统为全国省级气象部门第一，走在了全国气象部门的前列。河北省、市天气预报会商系统集视频、音频、数据传输为一体，为各类气象资料、指导预报、服务产品等提供了可靠、高速的传输网络。

同 年 全面完成事业单位全员聘用制工作，多个市局完成管理机构工作人员向国家公务员的过渡和事业单位的全员聘用。

同 年 全省气象部门职工总数2212人，其中干部2024人，工人188人。学历构成（不包括工人）：研究生28人，本科341人，大专688人，中专688人。职称构成：高级职称127人，中级职称787人，初级职称1000人。

2003年

1月17日 全国气象部门人工影响天气工作会议在河北省气象局召开。

1月21—22日 中国气象局局长秦大河一行到廊坊、三河、霸州、涿州、平山等市、县气象局和河北省气象局慰问干部职工并进行工作调研。河北省人民政府省长季允石会见秦大河局长，并就加快地方气象事业发展交换意见。

同　月　河北省气象台被中央精神文明建设指导委员会授予"全国精神文明建设工作先进单位"荣誉称号。

同　月　张守保被河北省委、河北省政府授予"河北优秀青年"称号，并荣记二等功。

同　月　滦平县气象站李国辉完成第18次赴南极长城站越冬科学考察任务返回，这是李国辉本人第一次赴南极工作（2001年12月—2003年1月）。

2月18—19日　全省气象局长会议在石家庄召开，安保政局长在会上做了《深入学习贯彻党的十六大精神、积极推进我省气象事业持续快速发展》的报告。河北省人民政府副省长宋恩华19日出席会议并讲话。

3月5日　河北省气象局印发《河北省气象部门开展创建优美环境活动工作方案（试行）》。据统计活动开展以来全省气象部门共种植乔木1.2万株，绿化面积8万平方米，近80个县气象局完成了旱厕改造，环境面貌有了大的改观。

3月17—19日　中国气象局在保定召开自动气象站建设现场会，中国气象局李黄副局长到会讲话。

同　月　河北省飞机增雨外场综合试验全面展开。

4月2日　河北省人民政府省长季允石在《人工增雨快讯》"我省今春飞机人工增雨作业首战告捷"上批示："人定可以胜天，谨致祝贺，深表感谢！"

5月1日　河北省气象科学研究所与阜平县气象局在阜平县西部深山区龙泉关镇黑崖沟村进行错季草莓栽植试验正式启动。

5月26日　河北省气象局制定下发《河北省气象局实施人才战略的意见》和《关于建立县（市）气象局局务会制度的通知》。

5月28日　河北省气象局召开全省气象部门手机气象短信服务电视电话会议。

同　月　河北省气象局下发《关于加强市级气象部门现代化建设的通知》，6月6日召开全省市级气象部门现代化建设电视电话会议，将市级气象现代化建设列入重要议程。

同　月　根据气象系统机构改革方案，撤销河北省气象局业务科技处，组建预测科技处和监测网络处。

同　月　河北省气象部门11个市气象局的财务核算中心全部成立，全省"县局财务市局代理制"正式统一运行。

6月6日　河北省气象局政务信息网正式开通，标志着信息时代网上资源共享、网上办公时代的到来。

6月18日　原河北省气象局副局长、离休干部梁景惠同志因病去世，享年79岁，梁景惠同志1939年10月参加革命工作，1983年12月离休。

6月23日　由河北省永清、丰润、北京怀柔3个测站以及北京市气象局中心站组成的SAFIR3000总闪电定位和雷暴预警系统北京地区小网正式建成并转入业务试验阶段。自此，河北省此项工作的主要任务由建设转向保障仪器的正常运行和资料正常传输。

同　月　河北省宇翔防雷有限公司注册成立。

7月14日　中共河北省委书记白克明、河北省人民政府省长季允石、中共河北省委副书记冯文海、中共河北省委秘书长王学军、河北省人民政府副省长宋恩华等省领导，听取河北省气象局局长安保政关于河北主汛期气候预测的汇报。白克明要求河北省气象部门要充分发挥作用，利用现代化手段，严密监视天气变化趋势，及时准确地做好天气预报。

8月6—7日 河北省气象局召开全省气象局长工作汇报会，要求各市气象局局长全部采用幻灯片形式进行汇报。

8月26—27日 全国气象局长工作研讨会在廊坊市召开，中国气象局局长秦大河，副局长李黄、刘英金、郑国光、许小峰，党组成员、中纪委驻中国气象局纪检组组长孙先健，党组成员肖永生，全国政协人口资源环境委员会副主任、中国气象局原局长温克刚出席会议。河北省人民政府副省长宋恩华会见了秦大河局长，双方就加快河北省气象事业发展、开展人工影响天气工作、新一代天气雷达建设等问题进行了磋商。中国气象局郑国光副局长专程到廊坊市气象局检查指导工作。

9月1日 河北省气象局与河北省农林科学院签署局院合作协议。

同 日 河北省气象局局长安保政到中共中央党校进修为期4个半月的学习。

9月26—27日 全省气象部门第七届地面气象测报技术比赛在石家庄举行。

9月27—29日 全省气象部门电视天气预报节目观摩评比现场会在保定市召开。

9月30日 河北省气象局制定下发《关于加强保护气象探测环境工作的意见》。

10月10—12日 河北省出现了本年最强的一次降水过程，大部地区出现大风。沧州沿海地区遭受50年罕见的大风和风暴潮袭击。河北省气象台提前48小时对这次天气过程做出预报，并向中共河北省委、河北省人民政府主要领导及有关部门发布了《天气预报信息》。

10月27日 河北省气象局举办全省气象部门首届书法、绘画、摄影展。

11月6—8日 中国气象局党组成员、中纪委驻中国气象局纪检组组长孙先健先后到廊坊、霸州、保定、石家庄等市、县气象局和河北省气象局进行工作调研。

11月11日 撤销行政管理处和后勤服务中心，重新成立河北省气象局后勤服务中心。

11月12日 河北省气象局与河北农业大学签署局校合作协议。

同 月 "火箭人工增雨的作业条件与关键技术研究"方案，经河北省科技厅批准立项，被列为河北省2003年重大科技攻关项目。

12月12日 越南自然资源环境部农业气象研究中心副主任NZO SY ZIAI等一行3人到河北省气象局进行学术访问。

12月21日 石家庄新一代天气雷达系统建设通过中国气象局组织的专家组验收，标志着石家庄新一代天气雷达正式交付使用。中国气象局副局长郑国光出席验收会。

12月30日 河北省气象局和河北省环保局联合召开空气质量预报新闻发布会，宣布从2004年1月1日起正式公开对社会发布全省11个设区市空气质量预报。

12月31日 新版《地面气象观测规范》正式施行。同时，河北省第一批建设的28个自动气象站开始并轨运行。

同 月 高阳县气象局王雷完成第19次赴南极长城站越冬科学考察任务返回（2002年12月—2003年12月）。

同 年 完成了20个山区县农业气候区划工作。

同 年 全省气象部门职工总数2189人，其中干部2011人，工人178人。学历构成（不包括工人）：研究生34人，本科447人，大专664人，中专683人。职称构成：高级职称107人，中级职称714人，初级职称929人。

同 年 全省气象部门离退休人员统计：离休干部 116 人，退休人员 946 人，合计 1062 人。

同 年 "非典"肆虐，河北气象部门积极应对。4 月 28 日，全局干部职工积极响应省委省政府倡议，开展向抗击"非典"第一线白衣战士献爱心捐款活动，373 名干部职工捐款 56470 元。4 月 29 日，河北省气象局召开全省气象部门电视电话会议，对做好"五一"期间和今后一段时间的"非典"防治工作进行了安排部署，制定了相应的预案和应急方案，组建了基础业务、天气预报业务、电视天气预报节目制作、网络技术、物资装备等后备队伍，确保紧急情况下"拉得出、打得赢"，保证各项业务不中断。5 月 12 日，在中国气象局召开的"非典防治和汛期气象服务两手抓、两不误"电视电话会议上，河北省气象局安保政局长作了典型发言。5 月 20 日，河北省气象局召开非典防治工作领导小组会议，要求思想不放松、工作不松劲，把各项防范措施一一抓实，做到"五严""五早""一提前"。5 月 22 日，河北省气象局利用省—市电视会商系统和县气象局单收站系统，组织召开省、市、县气象局非典防治和汛期气象服务"两手抓、两不误"电视电话会议。

2004 年

1 月 1 日 上午 10 时，石家庄新一代天气雷达正式开始业务试运行。

同 日 根据新版地面气象观测规范，28 个自动气象站全部成功发报。

同 日 河北省气象台开发的"MICAPS 二版下省级预报业务流程"和 MICAPS V2.0 版在全国省市气象台投入业务试运行。

同 日 张北沙尘暴监测站建设全部完成并正式开始业务运行。

1 月 12 日 河北省气象局召开《河北气候公报》改版座谈会。

1 月 13—15 日 中国气象局副局长刘英金先后到河北省气象局，石家庄、沧州及藁城、泊头、任丘等市、县气象局进行慰问。13 日，河北省人民政府副省长宋恩华会见了刘英金副局长。

2 月 10—11 日 全省气象局长会议在石家庄召开，安保政局长在会上作了题为《坚持求真务实、推进全省气象事业快速健康发展》的工作报告。

3 月 5 日 河北省气象局首次召开《河北气候公报》新闻发布会。

3 月 22 日 河北省气象局与河北省通信公司共同召开河北省气象信息服务热线"96221"开通新闻发布会，该热线是一个包含多种气象信息的专业气象信息服务平台。

4 月 2 日 承德市新一代天气雷达列入承德市政府重点项目。

4 月 7—8 日 华北、东北和鲁豫等 10 省（区、市）气象局纪检组长座谈会在石家庄召开。

4 月 9 日 "在 MICAPS2.0 支持下的省级天气预报业务流程推广应用研究"项目通过验收。该项研究成果在全国省市气象台推广应用。

4 月 12 日 河北省气象部门首期气象基础知识培训班开班，第二期在 2005 年 4 月 11 日（吸纳北京、山西学员）开班。

4 月 16 日 河北省气象局与河北省扶贫办公室在石家庄河北会堂联合举办"河北省农业气候区划新闻发布会"。

4 月 21 日 河北省气象局与石家庄经济学院签署局校合作协议。

4 月 27 日 河北省气象局撤销石家庄气球技术服务管理办公室，石家庄市区施放气球的行政管理和业务指导职能全部移交石家庄市气象局。

4月28日 "张北新一代天气雷达"工程奠基。

同　月 沧州市防灾减灾中心大楼落成。

5月9日 根据《施放气球管理办法》和《河北省施放气球管理实施办法》的有关规定，河北省气象局首次组织全省施放气球作业人员进行资格考试，146人报名参加考试。

5月27日 经中国气象局党组研究，决定：胡欣同志任中国气象局人事教育司助理巡视员兼人才工作处处长。

6月2日 河北省气象局举办与驻冀新闻单位座谈会。

6月11日 中国气象局副局长许小峰到河北省气象局检查指导工作，河北省人民政府副省长宋恩华会见了许小峰副局长。

6月18日 河北省气象局在新乐召开石家庄新一代天气雷达站竣工验收会。

6月26日 河北省气象局与中国农业大学资源与环境学院共同签署合作协议。

6月30日 河北省气象局与河北师范大学共同签署合作协议。

7月14—15日 河北省气象局在石家庄召开全省气象局长工作汇报会。

7月18日 中共河北省委书记白克明在省防汛抗旱办听取河北省气象局局长安保政关于汛期气象工作的汇报，要求气象部门进一步加强天气监测和天气预警，发挥气象科技的作用，在防汛抗灾中做出更大贡献。

7月19日 河北省气象局与河北省安全生产监督管理局联合下发《关于切实加强防雷安全工作的通知》。

7月30日 河北省政协副主席刘健生带领12位常委和委员到河北省气象局视察。

8月3日 河北省气象局、河北省安全生产监督管理局、中国民航河北安全监督管理办公室、河北机场管理集团有限公司联合下发通知，要求加强对气球和风筝等升空物体的管理，以确保航空飞行安全。

9月1日 河北省气象局副局长刘燕辉到中共中央党校进行为期四个半月的学习。

9月24日 河北省气象局计算机上网速率由2M提升到10M。

10月13日 在第五届"华风杯"全国电视气象节目观摩评比中，河北省气象局荣获团体一等奖。

10月21日 根据中国气象局《关于对我国行业气象台站开展调查统计的通知》和中国气象局政策法规司《关于协助做好行业气象台站统计的函》文件要求，河北省气象局对全省行业气象台站进行了调查统计，结果（见下表）上报中国气象局政策法规司。

河北省全省行业气象台站统计表

序号	气象台（站）名称	上级主管机构名称	设立时间
1	南堡盐场气象台	河北省南堡盐场	1958.2
2	长芦大清河盐场气象台	河北长芦大清河盐化集团有限公司	1954.4
3	河北长芦沧州盐业集团公司气象中心	河北长芦沧州盐业集团公司	1992
4	沧化集团中捷盐场气象室	沧化集团中捷盐场	1990
5	黄骅港务局水文气象站	黄骅港务局	1982
6	潘家口水库气象站	河北引滦管理局潘家口水库	1988.12

续表

序号	气象台（站）名称	上级主管机构名称	设立时间
7	秦皇岛海洋环境监测站	国家海洋局北海分局	
8	河北省平原水资源试验研究站	衡水市水文水资源勘测局	1983
9	冉庄水文水资源实验站	保定市水文水资源勘测局	1986
10	涞水县气象站	涞水县林业局	1974.1
11	鹿泉市气象站	鹿泉市农业局	1988
12	塞罕坝气象站	河北省塞罕坝机械林场	1959
13	御道口气象站	承德市畜牧局	2001
14	民航石家庄机场气象台	中国民航石家庄空中交通管理站	1995.2
15	民航秦皇岛机场气象台	河北机场管理集团有限公司秦皇岛机场	
16	民航邯郸机场气象台	中国东方通用航空公司邯郸机场公司	

10月28日 河北省气象局举办全省气象部门"气象在我心中"演讲比赛。

10月28—29日 全省气象部门精神文明建设工作经验交流会在石家庄召开。

11月3—4日 河北省气象局、河北省政协人口资源环境委员会和河北省可持续发展研究会在石家庄联合举办"河北省生态环境与可持续发展研讨会"。

11月15日 河北省人民政府常务副省长郭庚茂召集气象、电力等有关方面专家，赴黄骅市对风力发电的可行性进行现场论证，要求气象部门尽快完成渤海湾一带风能资源的评估工作。

11月18—19日 河北气象学校通过河北省教育厅组织的省级重点中等职业学校复评。

12月16日 河北省人大常委会农经委、河北省气象局在石家庄河北会堂联合召开《中华人民共和国气象法》颁布实施五周年座谈会。

同 年 经过一年多的建设和技术开发，全省第一部EOS/MODIS（卫星数据接收处理业务）系统在气象部门落成，为加强全省气候、农业、林业、草原、湿地等生态环境现状和变化的监测和开展生态环境科学评估提供了技术支撑。

同 年 国内最先进的机载云降水粒子测量系统（PMS）在河北省建设应用。

同 年 河北省气象部门加密自动气象站建设全面启动。

2005年

1月1日 河北省142个气象台站顺利完成了新旧地面测报业务软件的切换。

同 月 河北省气象局业务处刘军完成第20次赴南极长城站越冬科学考察任务返回（2003年12月—2005年1月）。

2月2日—6月14日 河北省气象局全面开展"保持共产党员先进性教育活动"。活动共分为：学习动员、分析评议和整改提高三个阶段。

2月17日 河北省人民政府副省长宋恩华专门听取河北省气象局局长安保政关于气象工作的汇报。

2月18日　河北省人民政府办公厅下发《关于进一步加强气象工作的通知》，对依法发展地方气象事业、保护气象探测环境、搞好防雷安全、依法强化对气象信息发布及其船舶的管理作出明确规定。

2月20—21日　全省气象局长会议在石家庄召开。

3月7日　河北省人民政府副省长宋恩华要求把气象预测预报纳入森林草原防火基础设施建设。

3月29日　张守保、关福来任河北省气象局副局长、中共河北省气象局党组成员。

同　月　全省县级气象局2M-VPN宽带线路开通使用。

4月1日　河北省气象局印发《关于增加森林火险气象等级预报内容的通知》。

4月5日　河北省气象局参加河北省人民政府副省长宋恩华召开的森林防火紧急调度会。

同　日　河北省气象局通报2003—2004年创建优美环境达标单位，97个单位达标，其中优秀达标单位35个。

4月23日　全省气象部门加密自动气象站建设工作会议在石家庄召开。

同　月　河北省气象局申报的《河北省近50年气候变化及其影响研究》和《新一代EOS/MODIS生态环境监测应用系统研究》列入2005年河北省科学技术研究与发展计划。

同　月　南宫、唐山和张北3站被中国气象局列为全国自动土壤水分监测站。

5月1日　全省气象部门Lotus notes邮件系统正式延伸至县气象局。

5月10日　18时，河北省安全生产监督管理局、河北省气象局联合发出1号预防气象灾害安全预警。

5月20日　河北省气象局印发《河北省天气预报电视会商工作暂行规定》。

5月20日—6月10日　河北省气象局副局长臧建升随团参加中国气象局组织的赴美国自然灾害救援预案管理培训。

5月24日　美国PMI公司总裁布鲁斯先生到河北省气象局考察该公司产品PMS系统业务运行情况。

6月13日　河北省机构编制委员会同意河北省气象学校更名为"河北省信息工程学校"。（7月8日，中国气象局批复同意更名为"河北省信息工程学校"（河北省气象培训中心）；7月13日，河北省气象局批复，同意更名）。

6月20日　河北省开通气象灾害收集免费电话，号码为8008038121。

6月21日　河北省重点实验室评标会议在石家庄举行，河北省气象局生态环境监测重点实验室被评为重点建设单位。

6月22日　河北省气象局印发《河北省气象灾害预警信号发布试行办法》。24日印发《河北省气象灾害预警信号发布细则（试行）》。

6月24日　河北省气象局印发《天气预报等级用语业务规定（试行）》。

6月29日　河北省气象局印发《河北省气象短信工作管理办法（试行）》。

6月30日　河北省人民政府副省长宋恩华带领省防汛抗旱指挥部成员检查气象部门汛期气象服务工作，实地查看石家庄新一代天气雷达运行情况和河北省气象台预报服务工作。

同　月　河北省气象局作为河北省人民政府水资源综合规划领导小组成员单位，承担了"气候变化对河北水资源情势影响综合分析研究"专题工作。

7月2日　由河北气象影视中心制作的《兴农气象站》栏目在河北电视台农民频道正式播出。

7月13日 中共河北省委书记白克明、河北省人民政府省长季允石在省防汛抗旱指挥部听取关于汛期气候预测情况的汇报，要求要特别关注局地暴雨洪涝灾害发生。

7月19—20日 河北省气象局在石家庄召开全省气象局长工作汇报会。

8月1日 河北省气象局和河北省安全生产监督管理局联合下发《关于做好事故预警和应急救援气象服务保障工作的通知》。

8月7日 17时，河北省气象台实施预警信号发布以来首次发布台风黄色预警信号。

8月8—13日 中纪委驻中国气象局纪检组组长孙先健先后到河北省气象局及廊坊、唐山、承德市气象局检查工作，8日，河北省人民政府副省长宋恩华会见孙先健一行。

8月17日 张北、南宫两个酸雨观测站建设工作开始启动。

8月20日 张北新一代天气雷达楼竣工验收。

同　月 截至本月15日，全省已建成加密自动气象站685个。

9月13日 河北省气象局选手张楚炎在参加中国气象局举办的"全国气象人精神"演讲比赛中荣获二等奖。

同　日 挪威卑尔根大学尼尔斯教授到衡水市气象局进行学术访问。

9月21日 河北省气象学校正式更名为河北省信息工程学校，更名揭牌仪式在保定举行。

同　日 河北省人民政府办公厅组织召开"中国河北"门户网站互动功能数据上网工作会，河北省气象局11项行政许可项目将在"中国河北"门户网站公布。

10月8日 河北省气象局公布河北省气象部门优秀科技人才名单。分"优秀科技拔尖人才"和"优秀科技骨干"两项。

10月10日 世界气象组织农业气象委员会前主席、荷兰农业气象专家Dr. C. J. Stigter、中国农业大学教授郑大玮等一行到河北省气象局访问并做学术报告。

10月13日 河北省气象部门29个单位被中国气象局授予"气象部门局务公开先进单位"。

10月15—16日 河北省气象部门在全国气象行业运动会（北京）上取得团体第九名的佳绩，获得4枚金牌及"最佳风尚奖"。

10月24日 原河北省气象局副局长、离休干部马鸣山同志因病去世，享年84岁。马鸣山同志1938年参加革命工作，1954年首任河北省气象局代理副局长，1983年9月离休。

10月25日 河北省气象局印发《河北省气象局重大突发事件处置预案》。

同　日 河北省气象局印发《河北省气象局开展全面建设"一流台站"活动的实施办法》。

10月26日 河北省气象局机关荣获"全国精神文明创建工作先进单位"称号。

同　月 由河北省气象科学研究所研究完成的《太行山区农业气候资源开发应用研究》获河北省科技进步二等奖。

11月21—23日 中纪委驻中国气象局纪检组组长孙先健到河北省气象局就业务技术体制改革等工作进行检查。

11月28日 河北省气象局与河北省建设厅联合下发《关于加强气象探测环境和设施保护的通知》。

同　月 全省11个市气象局离休干部医药费全部纳入地方医保统筹。

同　月 由河北省气候中心参与开发的"省级气候业务系统"经专家组审核通过，并于12月在全国气候业务部门推广应用。

12月1日　按照中国气象局要求，河北省气象局主送中国气象局各内设机构、各直属单位的非涉密公文一律通过无纸化加密传输系统实行单轨运行。

12月21日　中国气象局副局长郑国光、河北省委组织部副部长张义珍、衡水市人民政府市长冀纯堂到衡水市气象局视察。

12月23日　河北省气象局与河北省农业厅联合下发《关于进一步加强合作切实做好农业气象服务工作的通知》。

12月30日　中国气象局副局长王守荣、中纪委驻中国气象局纪检组组长孙先健在京听取河北省气象业务技术体制改革进展情况汇报。

同　月　河北省气象台完成《中国气象灾害大典·河北卷》的编写并交付印刷。

同　月　河北省气象台被人事部、中国气象局授予"全国气象工作先进集体"荣誉称号。

同　年　据中国气象局编制的2005年《气象科技论文统计数据汇编》显示：2005年，河北省气象局在核心期刊发表论文35篇，在43个司局级单位中名列第11；在非核心期刊中发表论文28篇，在43个司局级单位中名列第24；学术会议论文99篇，其中3篇为国际学术会议论文，在43个司局级单位中名列第一。

2006年

1月12日　承德新一代天气雷达站纳入城市公园规划。

1月15日　衡水市人民政府副市长邹立基在衡水市气象局局长牛忠保陪同下，到中国气象局进行项目调研，与中国气象局副局长郑国光等领导进行座谈。

1月21—23日　中国气象局党组成员、中纪委驻中国气象局纪检组组长孙先健到河北省气象局检查指导工作，到部分直属单位和市县气象局慰问。

1月23日　"京冀跨区域合作，携手开展两库增雨暨人工增雨设备交接仪式"在张家口市气象局举行。

2月9日　河北省人民政府副省长宋恩华专门听取河北省气象局局长安保政、副局长臧建升关于河北气象工作的汇报，对2006年气象工作做出指示。

2月14—16日　全省气象局长会议在石家庄召开，安保政局长在会上作了题为《把握机遇、加强创新、积极推进全省气象事业和谐发展》的工作报告。

2月16日　原河北省气象科学研究所所长（享受厅局级待遇）离休干部崔杰同志因病去世，享年81岁，崔杰同志1940年参加革命工作，1983年12月离休。

3月19日　河北省气象局召开"科技资源数据库建设"（河北省科技厅重点项目）专题项目"河北省气候资源数据库的整合和数据库建设"课题开题报告会。

3月22日　河北省气象局第八届团员代表大会召开，选举张晶同志任河北省气象局第八届团委书记。

3月26日　河北省气象局召开河北省风能资源评价验收会。

3月27—29日　中国气象局副局长郑国光先后到秦皇岛、唐山市气象局检查指导工作，并到曹妃甸港参观考察。

同　月　滦平县气象站李国辉完成第21次赴南极中山站越冬科学考察任务返回，这是李国辉本人第二次赴南极工作（2004年10月—2006年3月）。

4月18日　河北省气象局发文成立河北省气象影视中心。

同　日　河北省气象局发文成立河北省气象局应急管理办公室。

4月22日　河北省气象局在石家庄召开全省业务技术体制改革会议，中国气象局副局长张文建出席会议并作了题为《气象综合观测系统改革与发展》的专题报告。

4月30日　河北省质量技术监督局同意河北省气象局牵头成立气象专业标准化技术委员会并承担秘书处工作。

5月9日　张家口市委、市政府致信河北省气象局，感谢5月8日在全市实施飞机人工增雨作业，解除全市旱情。

5月12日　全国气象部门部分省市气象局纪检组长座谈会在秦皇岛市举行，中国气象局党组成员、中纪委驻中国气象局纪检组组长孙先健出席会议。

同　月　段英同志荣获"全国气象科技先进工作者"称号。

6月1日　张北新一代天气雷达正式投入业务运行。

6月8日　河北省气象局、河北省发改委、河北省财政厅、河北省科技厅联合发文《关于进一步加强人工影响天气工作的通知》。

同　日　原河北省气象局副局长、离休干部李志萱同志因病去世，享年83岁。李志萱同志1938年参加工作，1983年9月离休。

6月27日　河北省气象局隆重召开庆祝中国共产党建党85周年表彰大会。

6月30日　河北省政府召开第六十七次常务会议，河北省气象局汇报关于贯彻落实全国气象科技大会精神的情况。省长季允石、常务副省长郭庚茂、副省长宋恩华对气象工作在防灾减灾和经济社会可持续发展等方面发挥的作用予以充分肯定，并对气象工作寄予厚望。

7月28日　在纪念唐山地震30周年之际，中共中央总书记、国家主席、中央军委主席胡锦涛同志到唐山市截瘫疗养院病室看望了部分截瘫休养人员，杨捷民（唐山市气象局退休职工、"7·28"地震后邹竞蒙救助伤员之一）受到总书记亲切慰问。

同　日　中国气象局对唐山风廓线雷达项目可行性研究报告作出批复，同意在唐山建设风廓线雷达系统。

7月30日　中国气象局党组成员、中纪委驻中国气象局纪检组组长孙先健到张家口市气象局检查指导工作。

8月1日　秦皇岛新一代天气雷达建设工程奠基。

8月20日　承德新一代天气雷达建设工程奠基。

同　日　中国气象局副局长张文建在出席承德新一代天气雷达建设工程奠基仪式后到承德市气象局和滦平县气象局检查指导工作。

8月29日　张家口L波段探空雷达站建设工程奠基。

9月5日　河北省人民政府向各市、县政府，省政府各部门下发了《关于进一步加快气象事业发展的实施意见》（简称《意见》）。《意见》结合河北省现状，明确了加快气象事业发展的指导思想和总体目标。

9月11日　全国优秀共产党员、三八红旗手林秀贞受邀到衡水市气象局作报告。

9月12日　河北省气象局、河北省测绘局在石家庄举行卫星定位观测站建设与数据共享合作协议签订仪式。

同　月　秦皇岛市气象局居丽玲、沧州市气象局王月宾同志当选中国共产党第七次全国代表大会代表。

10月16日　美国DMT公司首席执行官Bill Downs一行到河北省气象局工作访问。

10月23日　在第六届"华风杯"全国电视气象节目观摩评比中，河北省气象局荣获团体二等奖。

10月28—29日　河北省气象局举办第八届地面气象测报比赛。唐山、沧州、保定市气象局分获前三名。

11月3日　河北省气象局调整领导班子，中国气象局党组成员、人事教育司司长沈晓农宣布中国气象局党组决定：姚学祥同志任河北省气象局党组副书记、副局长，主持全面工作；安保政同志任河北省气象局巡视员。

11月6日　河北省人民政府副省长宋恩华专门听取河北省气象局党组副书记、副局长姚学祥，副局长臧建升工作汇报。

11月14日　河北省气象局组织开展"模拟太行山区平山境内出现较大森林火灾"气象灾害应急服务演练。

11月23日　河北省气象局制定《河北省气象局2007年"三站四网"业务任务调整方案》。

11月29日　世界气象组织农业气象委员会前主席斯蒂格博士应邀到河北省气象局作了题为《21世纪面向公众的农业气象服务》的学术报告。

同　月　全省气象部门共有17个单位被中共河北省委、河北省人民政府命名为2004—2005年度省级文明单位。分别是：河北省气象台，石家庄、秦皇岛、廊坊、保定、沧州、衡水市气象局，青龙、卢龙、抚宁、三河、涿州、任丘、泊头、南皮、深州、邱县等县、市气象局。全省气象部门市级以上文明单位达到91个。

12月1日　河北省气象局、河北省交通厅联合召开高速公路气象服务研讨会，双方在高速公路气象观测、监测、通信数据传输，预报、预警产品发布等方面达成共识，初步确定在京石高速公路开展布点观测试点工作。

同　日　河北省气象局成立"河北省气象专业标准化技术委员会"。

12月4日　河北省气象局邀请北京大学毛节泰教授做学术报告。

12月6—7日　第一届全国人工影响天气业务建设与技术交流研讨会在河北固安县召开，中国气象局副局长郑国光出席会议并讲话。

12月12日　河北省卫生厅、河北省气象局联合印发《河北省卫生厅、河北省气象局应对气象条件引发公共卫生安全问题的合作机制》。

12月24日　秦皇岛市气象局、涿州市气象局被中国气象局授予"文明台站标兵"称号。

12月26日　我省首个海岛无人气象站——曹妃甸区域气象观测站建成，数据成功上传河北省气象局中心站。

2007 年

1月1日 河北电视台河北卫视频道早间气象《天气早报》有主持人节目顺利开播。

1月8—10日 全省气象局长会议在石家庄举行，姚学祥副局长作了题为《深化改革、促进发展，为建设沿海经济社会发展强省做出更大贡献》的工作报告。中国气象局副局长郑国光出席会议并讲话。7日，河北省政府常务副省长付志方会见郑国光局长一行。

1月13日 河北省气象局代表队在"首届全国气象行业地面气象测报技能竞赛"中荣获团体第二名，并被授予优秀组织奖。沧州市气象局李厚发获"地面气象观测"单项第一名、被授予一等奖，同时获个人全能第六名、被授予三等奖和"全国气象行业技术能手"称号；沧州市气象局杨国庆获个人全能第八名、被授予三等奖和"全国气象行业技术能手"称号；保定市气象局张雷获"地面气象报告编制"第四名、被授予三等奖，同时获个人全能第十六名、被授予优秀奖。

1月16日 河北省气象科技服务中心、河北省防雷中心吴孟恒同志被中国气象局分别授予"全国气象科技服务先进集体""全国气象科技服务先进个人"称号。

1月18日 河北省闪电定位系统在省气象台正式启用。

1月22—23日 中国气象局秦大河局长来我省慰问基层，河北省委副书记、省长郭庚茂，副省长宋恩华会见了秦大河局长一行。23日，秦大河局长一行到沧州黄骅盐场气象台调研。

1月26—28日 河北省气象局与国家气象中心科研合作洽谈会在石家庄举行。

1月29日 河北省气象局邀请奥地利气象局数值天气预报专家、优秀爱国华人科学家、中国气象局数值预报创新基地顾问王勇博士前来进行学术讲座。

同　月 河北省新一代中尺度数值预报系统开始运行。系统运行将对开展精细化天气预报提供有力的科技支撑。

2月14日 河北省气象局与南开大学环境科学研究中心就开展大气成分领域的合作研究进行初步磋商，双方拟定以环渤海地区，特别是河北、天津区域灰霾天气研究为重点，发挥各自的优势，共同开展科技合作。

同　月 石家庄、衡水、迁西、易县、饶阳、深州、内丘、隆尧8个市（县）气象局被河北省建设厅评为"河北省园林式单位"。

3月16日 河北省人民政府、北京军区空军司令部在石家庄联合召开2007年河北省飞机人工增雨及大气探测飞行保障协调会。

3月24日 《近50年河北省气候变化及其影响研究》项目通过河北省科技厅组织的专家鉴定。

4月1日 全省11个市气象局的温度梯度观测站开始业务运行。

4月8日 "火箭人工增雨的作业条件与关键技术研究"通过了河北省科技厅组织的成果鉴定。

4月17日 "12121"答询电话6号信箱——旅游信箱正式开通。

4月24日 古巴共和国人工影响天气专家一行3人到河北省气象局进行学术交流。

4月26日 河北省气象局公布史印山、傅昺珊、赵瑞金、王新龙、赵玉广、刘学锋、安月改、马翠平、魏瑞江、张文宗、李春强、姚树然、杨彬云、吴孟恒、石立新、吴志会、连志鸾、王丽蓉、郭丽霞、郝立生和张海霞21名高层次人才培养人选。

4月26—28日　秦皇岛、承德新一代天气雷达吊装成功。

4月27日　中纪委驻中国气象局纪检组组长孙先健到廊坊市气象局调研。

5月10日　河北省气象局、河北省交通厅公路局联合下发《开展京珠高速公路试点气象监测站建议会议纪要》。11月9日，完成正定、定州、望都、保定4个高速公路自动气象站的现场安装建设，填补了我省高速公路气象观测资料的空白。

同　日　河北省政府应急办公室确定《"十一五"期间河北省突发公共事件应急体系建设规划》中的"河北省突发公共事件综合预警信息发布系统"由河北省气象局牵头实施。

5月24日　河北省气象局进行全省建成区域气象观测站的统计，详见下表。

全省建成区域气象观测站统计（单位：个）

石家庄	184	张家口	184	承　德	165
秦皇岛	74	唐　山	190	廊　坊	74
保　定	164	衡　水	90	沧　州	136
邢　台	131	邯　郸	151	全　省	1543

同　月　河北省防雷中心编写的《防雷知识读本》由气象出版社正式出版发行。

6月29日　秦皇岛、承德新一代天气雷达开始业务试运行。

7月1日　河北全省自动气象站和高空站正式开展加密观测。

7月4—5日　全省气象部门"发展、改革、创新"演讲比赛在秦皇岛举行。

7月11日　全国政协人口资源环境委员会副主任委员温克刚在河北调研南水北调工程期间，到河北省气象局检查指导工作。

7月15日　河北省委书记白克明、省长郭庚茂、副省长宋恩华在全省防汛调度会上听取了河北省气象局关于当前雨情分析和预测意见后，白克明要求气象部门每5天向省委省政府提供一个近期天气分析和展望的气象专报，重大天气实行日报制度；郭庚茂指出，气象部门在防汛工作中发挥着"千里眼"和"耳目"的作用，是防汛抗灾的侦察兵和各级领导科学决策的重要参谋，要通过加强天气监测和科学分析，努力提高预测预报的准确率，为防灾减灾当好前卫；宋恩华要求气象部门充分利用新一代天气雷达和自动站等设施，加强天气监测和预报预警，深入研究河北气候特点，把短期和中长期天气预报提高到一个新水平，切实履行好气象防灾减灾的职能。

7月31日　中纪委驻中国气象局纪检组组长孙先健在秦皇岛市气象局会商室参加河北省汛期天气会商，并向全省气象部门广大干部职工表示亲切慰问。

同　月　"河北省气象灾害预警信息发布平台"正式开始运行。

同　月　"河北省山区地质灾害气象预警系统建设"项目正式投入业务试运行。

8月1日　张北风廓线雷达正式向国家气象信息中心上传观测数据。

8月3日　河北省气象局印发《关于成立河北省气象局气候变化工作领导小组的通知》。

8月7日　新华社河北分社、河北省气象局共同签署气象新闻信息共享与发布合作协议。

8月9日　河北省气象局召开贯彻落实国办发〔2007〕49号文件座谈会，河北省政府应急办公室、发改委、财政厅、水利厅、农业厅、民政厅、教育厅、环保局、安监局、林业局等部门的领导和有关人员出席会议，多部门共商气象灾害防御大计，希望河北省尽快出台贯彻落实国办发〔2007〕49号文的实施办法，明确部门责任，加强部门沟通，建立联席会议制度，切实把气象灾害防御工作落到实处。

8月16日 《河北省气象灾害监测预报预警与应急气象服务工程可行性研究报告》在北京通过专家论证。

8月18—20日 由秦大河院士率领的中国科学院学部咨询评议项目考察团一行11人，到河北白洋淀地区进行实地考察调研，河北省政府宋恩华副省长会见了秦大河院士一行。

8月20日 唐山风廓线雷达正式向国家气象信息中心上传观测数据。

9月20日 越南水文气象代表团一行5人到河北省气象局考察气象计量检定工作。

9月24日 奥地利数值预报专家王勇博士和Christoph Wittman博士来河北省气象局，就"局校合作"重点项目《河北省精细化综合分析预报系统》的合作进行研讨。

9月26日 古巴共和国人工影响天气专家代表团一行四人到河北省气象局进行参观访问。

9月29日 河北省政府第90次常务会议审议通过《河北省防雷减灾管理办法》，明确于2008年1月1日起施行。12月24日，河北省政府法制办、河北省气象局联合召开《河北省防雷减灾管理办法》新闻发布会。

10月7日 原河北省气象局计划财务处处长（享受厅局级政治生活待遇）、离休干部朱玉峰同志因病去世，享年86岁。朱玉峰同志1937年9月参加革命工作，1954年10月任河北省气象台首任台长，1983年9月离休。

10月12日 河北省气象局批复成立曹妃甸工业区气象局。

10月15日 河北省气象局公布2007年31名青年新秀，分别是：李国翠、岳艳霞、于占江、黄山江、居丽玲、陈艳、龚宇、郭立平、卢建立、王淑云、边清河、王莉萍、王建恒、王从梅、杨永胜、宋晓辉、田秀霞、李江波、王福侠、侯瑞钦、景华、郝雪明、闫巨盛、范增禄、赵黎明、付桂芹、王宗敏、曹根华、付国振、李红艳和杨文霞。

10月15日 中国工程院院士、气象学家李泽椿应邀到河北省气象局作题为《努力提高业务人员的气象科研技术开发水平》和《提高预报准确率要人'机'结合，以人为主》的学术报告。

11月3日 中国气象局副局长宇如聪到河北省气象局考察，并到平山县气象局检查工作。

同 日 河北省气象局印发《关于创建河北省气象科技创新团队的通知》。

12月9日 中国气象局党组书记、局长郑国光来河北宣布新一届河北省气象局领导班子，姚学祥任河北省气象局党组书记、局长。河北省政府副省长宋恩华会见了郑国光局长。

12月10日 中国气象局在石家庄召开部分省（市）气象局工作座谈会，座谈会主题：以加强战略性、前瞻性研究，履行公共服务与社会管理职能，推进气象科技服务依法健康可持续发展。河北省人民政府副省长宋恩华，中国气象局党组书记、局长郑国光出席会议并讲话。

12月11日 河北省和天津市气象部门共同签署了2008年跨区域飞机人工增雨作业协议。

12月12日 省—市宽带上网速率由2M提升到8M。

12月21日 "河北省生态环境监测重点实验室"通过专家验收。

12月24日 河北省人民政府法制办公室、河北省气象局联合召开《河北省防雷减灾管理办法》新闻发布会。

12月27日 河北省政府副省长宋恩华主持召开由气象局、水利厅、财政厅、发改委等单位负责人参加的专题会议，研究加快全省区域自动气象站网建设事宜。本年度，全省已建设加密自动气象站1598个，其中4-7要素站12个，1-2要素站1586个。

【本年度重大气象服务专题】

3月3—4日大范围雨雪天气过程预报服务情况

2007年3月3—4日，受较强冷空气、暖湿气流和人工增雨的共同影响，河北省出现了大范围雨雪天气，保定、廊坊及以南地区中到大雨，其中石家庄、衡水、邢台、邯郸、沧州局部大到暴雨；坝上地区降暴雪。3—5日，河北省受冷空气影响气温连续下降，最低气温北部地区下降9～13℃，其中坝上地区下降13～17℃，其他地区下降6～10℃。渤海西部中部海面及东部沿海3日东北风6～8级，4日转偏北风7～8级，阵风9级。由于正值天文大潮，4日4时30分左右，沧州沿海最高潮位达4.69米，没有达到风暴潮标准。全省普遍出现了10毫米以上的降水天气，其中有113个县市降水量在25～50毫米之间，石家庄市区为47毫米，大名县最多为58毫米。这次降水强度是本省有气象记录以来历史同期最大。这次降水过程对增加土壤墒情、缓解旱情、净化空气、抑制沙尘天气、降低森林草原火险等级、小麦返青和果树生长十分有利，全省3600万亩受旱农田的旱情得以缓解。但对交通运输也造成一些不利影响，连续阴雨寡照对棚室蔬菜生长不利。

河北省各级气象部门，按照"一年四季不放松，每一次过程不放过"的要求，加强对重大天气过程的监测预报。河北省气象台于2月26日对这次过程作出了准确预报。之后密切监视天气变化，加强会商，3月2日17时预报："明天白天到夜间，全省阴，保定、廊坊及以南地区有中雨，其中石家庄、衡水、邢台、邯郸、沧州局部有大雨；其他地区有雨夹雪转中到大雪。4日，东部地区阴有雨夹雪或中到大雪，其他地区阴有小雪或雨夹雪转多云。"并发布大风降温警报，同时发布了适宜人工增雨的作业条件预报。实况表明：河北省气象台对这次雨雪过程开始、结束时间、降水范围、量级、降水性质、降温的范围、幅度、大风的范围、风向风力等均预报准确。3日17时，发布了"寒潮蓝色预警信号和道路结冰黄色预警信号"。3日21时，向省政府领导报送了"河北沿海风暴潮预报信息"：受强冷空气、入海气旋和天文大潮的共同影响，4日凌晨5时左右，沧州沿海最高潮位可达5米左右，请注意防风、防潮；秦皇岛、唐山沿海出现风暴潮的可能性不大。

积极做好决策气象服务和公众服务。3月2日、3日，省气象局及时向省委、省政府和有关部门报送了"重要气象专报""天气预报信息"和"风暴潮预报信息"。同时省气象局利用天气轨道业务技术体制改革的最新成果和技术方法，发挥公共气象服务体系的优势，将"天气预报信息""雨雪情公报""寒潮蓝色预警信号""道路结冰黄色预警信号"和预报服务等信息及时发送到省政府决策气象服务终端、全国气象业务服务信息网、河北气象网站，河北电台、电视台和报社等新闻单位，并通过手机气象短信、"12121"（气象信息电话自动答讯系统）等形式及时向公众传播。各市气象局对这次过程预报准确服务及时，秦皇岛、唐山、沧州等沿海市气象局技术人员昼夜坚守工作岗位，准确预报了潮位变化。

积极开展了人工影响天气作业。根据省气象台的人影作业条件预报，积极组织实施人工增雨作业。3月2日，河北省人工影响天气办公室向全省各级气象部门发出《关于做好3月2—4日火箭高炮人工增雨作业的紧急通知》，各级气象部门严密监视天气变化，抓住有利的天气条件，积极开展了火箭高炮人工增雨（雪）作业。除廊坊因空域没批准未进行作业外，其他10个市气象局共作业126点次，累计发射火箭弹591枚，取得了较明显增雨效果。邯郸市副市长彭学增亲临永年县作业现场指导工作。石家庄市政府为人工增雨获得成功专门发了表扬信。

2008 年

1月3日　河北省气象局、河北省广电局联合下发《关于进一步做好广播电视气象灾害预警信息发布工作的通知》。

1月4日　河北省气象局副局长张守保到中国气象局挂职一年。

1月7日　河北省人民政府省长郭庚茂主持召开省政府第93次常务会议，审议通过《河北省应对气候变化实施方案》。

1月20—24日　中国气象局党组成员、中纪委驻中国气象局纪检组组长孙先健到河北省气象局及石家庄、张家口、平山、涿州、张北、怀来等市、县气象局看望慰问干部职工。20日，河北省人民政府副省长宋恩华会见了孙先健一行。

1月24日　《河北省风能资源详查与评价》项目通过专家论证。

1月28—29日　全省气象局长会议在石家庄召开，河北省气象局局长姚学祥在会上作了题为《解放思想、深化改革，推进全省气象事业又好又快发展》的工作报告。

2月27日　河北省气象学会被河北省科学技术协会评为2007年度先进省级学会，李建国同志被评为先进个人，这是气象学会连续20年、李建国同志连续10年获此殊荣。

同　　月　孙玉军家庭被全国妇联授予第六届全国五好文明家庭光荣称号。

同　　月　魏瑞江同志被河北省妇联授予河北省三八红旗手荣誉称号。

3月4日　国家科技支撑计划项目"华北灌溉农田减蒸降耗增效节水集成与示范"启动会在石家庄召开，河北省气候中心承担该项目中的"灌溉农田气候条件利用模式研究"专题任务。

3月11日　河北省人民政府主要领导人带领省发改委、财政厅领导视察河北省气象局。

3月23日　美国马里兰大学教授、南京信息工程大学外聘专家李占清到河北省气象局工作访问。

3月31日　河北省气象局印发《河北省气象局2008年反恐怖袭击和突发事件处置预案》。

4月9日　京津冀晋跨区域飞机人工增雨作业研讨会在石家庄召开。

4月18日　中国气象局党组书记、局长郑国光一行到唐山市气象局检查指导工作，河北省委常委、唐山市委书记赵勇、市长陈国鹰会见了郑国光一行。

4月22日　河北省气象局在河北师范大学举办了副处级领导岗位竞争选拔考试，共有86人通过资格审查参加了此次考试。

4月23日　河北省委书记张云川在河北省气象局呈送的《人工增雨快讯》后批示："姚学祥同志：水对河北太重要了，望抓住有利的气象条件多增雨。"

4月28日　河北省气象局重新组建河北省气象局财务核算中心，属河北省气象局直属事业单位，接受河北省气象局计划财务处的业务指导和归口管理。

5月14—23日　河北省风能资源详查和评价工作项目协调管理办公室组织专家对测风塔站址进行实地踏勘和论证，最终落实了35座测风塔站址的具体位置。

5月18日　河北省气象局组织的县（市）气象局长综合素质培训班全部结束，学习班历时一个半月分三期举行，共有132位县（市）气象局长参加了培训。

5月23日　河北省委副书记、河北省人民政府代省长胡春华在河北省气象局报送的《2008年河北省冬小麦干热风预报与生产建议》专题材料上批示:"气象为农业服务,工作积极主动,很好。"

5月28日 河北省气象局及干部职工为四川地震灾区捐款共计680370元。其中全局干部职工67370元,交纳特殊党费210600元,特殊工会费340元,特殊团费2060元;河北省气象局对口支援四川省气象局400000元。

5月31日 中国气象局新技术推广项目验收会在石家庄召开。河北省气象局"省级中短期天气预报质量系统推广应用"及"风向风速自记纸图形数字化处理"2个新技术推广项目通过了专家组评审验收。

6月5日 河北省人民政府代省长胡春华在河北省气象局呈送的《专题气象服务报告》材料上批示:各地要密切关注天气情况,切实做好麦收工作。

6月13日 河北省气象局召开处级领导干部任前集中谈话会议,通过竞争上岗和近期交流任职的23名副处级领导干部参加了会议。

6月19日 河北省气象局调整气象技术委员会成员和机构设置,河北省气象技术委员会由王宗敏、石立新、安文献、刘学锋、陈小雷、李春强、李建明、李云川、吴孟恒、吴志会、范引琪、林艳、杨彬云、杨海龙、张晶、张文宗、张迎新、段英、郝立生、赵玉广、郭树军、顾光芹、魏俊国、魏瑞江24名成员组成,姚学祥任主任,张守保、关福来任副主任,委员会办公室挂靠科技减灾处,负责日常工作。

6月24日 中国气象局副局长王守荣带领财政部农业司领导到三河市、大厂县气象局进行工作调研。

7月4日 河北省东部和东北部地区出现一次强降雨天气过程,河北省委副书记、代省长胡春华给河北省气象局局长姚学祥打电话,要求全省气象部门要加强监测预警和预报服务工作,及时报告气象灾情。

7月9日 由河北省气象科技服务中心研发的"灾害预警系统"正式获得国家知识产权局实用新型专利权。

7月14日 河北省气象学会第九届理事会第一次会议在石家庄召开。会议选举产生常务理事会、理事长、副理事长、秘书长,确定了各专业(工作)委员会、办事机构及人员组成。

同 日 河北省气象局组织召开中奥气象专家技术合作座谈会,奥地利国家气象局预报中心主任Veronika Zwatz-Meisc博士、王勇博士和Christian Zwatz参加了会议。

7月25日 河北省气象学会秘书处(含河北气象期刊编辑部)挂靠河北省气象科学研究所。

9月9日 中国气象局局长郑国光、副局长矫梅燕在参加农业气象业务发展研讨会期间专程到涿州市气象局考察。

9月18日 河北省气象局召开中共河北省气象局直属机关第六次党员大会。会议选举产生中共河北省气象局直属机关第六届委员会,郭春德当选中共河北省气象局直属机关第六届委员会书记,李立宪当选专职副书记。

9月26日 廊坊市气象局、石家庄市气象局、遵化市气象局被中国气象局授予"文明台站标兵"称号。

10月9日 河北省气象局召开"深入学习实践科学发展观"活动动员大会,全面部署深入学习实践科学发展观活动。7日,中共河北省气象局党组向中共河北省委深入学习实践科学发展观活动领导小组报送了《关于深入学习实践科学发展观活动实施方案的报告》。

10月10日 河北省卫星定位综合服务系统建设启动仪式在赵县气象局举行，标志着河北省GPS基准站建设项目正式进入实施阶段。

10月16日 河北省灾害防御协会第五届理事会在石家庄召开，河北省气象局关福来副局长当选协会副会长，河北省气象台陈小雷台长当选协会副秘书长。

同　月 河北省气象局启动推行公务卡改革前期工作，首批机关79人办理用卡申请。

11月1日 全国气象新闻摄影协会河北分会成立大会在保定举行。

11月8日 河北省气象局召开太阳能资源评估项目中期工作进展汇报会。

11月12日 河北省气象台被中国气象局、中国气象学会评为"全国气象科普教育基地"。

11月25日 河北省气象培训中心举办建校五十周年暨培训中心挂牌十周年纪念活动。

12月8日 廊坊市气象局、秦皇岛市气象局、迁安市气象局、泊头市气象局被中国气象局命名为"全国气象部门局务公开示范点"。衡水市气象局被命名为"全国气象部门廉政文化示范点"。

12月19日 河北省风能资源专业观测网中心站建设完成。

12月31日 中国气象频道——河北记者站，正式在河北气象影视制作中心挂牌成立。

同　月 《河北省气象灾害监测预报预警与应急气象服务工程》列入河北省发展改革委员会加强农村基础设施建设的重点项目之中。

【本年度重大气象服务专题】

北京奥运气象服务保障工作

针对北京奥运会气象服务工作，河北省境内火炬传递、奥运足球分赛场赛事以及开闭幕式人影作业气象保障服务工作取得全面胜利。

奥运火炬在河北省境内传递气象保障服务获得成功

2008年7月24日，河北省气象局按照省火组委的要求如期承担奥运火炬气象服务保障任务，提前5天开始每天8时和17时2次制作气象服务专报，根据天气变化情况随时制作发布气象灾害预警信号，火炬传递前一天与当天，开始提供精细化预报。25日开始，省气象台加强了同市台的会商，除了每天下午的电视、电话会商外，还增加了上午或早晨的会商，针对火炬传递期间降水情况进行重点分析，保证省、市气象服务内容的一致。

石家庄市气象局根据当地组委会的需求，7月21—24日每天上午向火组委传送一周滚动天气预报，为火炬传递的组织实施提供天气信息。7月29日，石家庄市气象局派出气象应急服务车进驻西柏坡及市区火炬传递现场，预报服务人员密切监视天气变化，及时把观测数据发往气象台，努力做好火炬传递的现场气象保障服务工作。

秦皇岛市气象局7月25日开始进行火炬传递气象服务，按照活动进程向市火组委提供的服务材料不断加密，精细化程度越来越高。预报时间间隔从逐12小时、逐3小时一直到火炬传递当天各主要传递点逐小时的天气预报。发布频次也从每天两次改为火炬传递日每小时一次，全力做好精细、准确、及时的气象预报服务、现场专项服务及应急气象服务。

7月27日,唐山市气象局为保证短时临近预报精确,调动了南堡盐场、大清河盐场等行业雷达作为沿海气象监测的前哨,选取体育中心到曹妃甸沿线附近区域自动站进行着重天气监测,安排专人在火炬传递现场观测现场实况,及时传到气象台,并与曹妃甸气象局建立专门数据通道,指导曹妃甸气象局气象服务等。

奥运火炬在河北省境内传递结束后,省火组委、石家庄、秦皇岛、唐山市火组委、市领导纷纷打电话到气象局,对及时、主动的气象服务工作表示感谢。

秦皇岛市奥运足球赛事气象保障以"零失误"画上圆满句号

秦皇岛市是唯一的一个地级奥运协办城市。省气象局为加强秦皇岛市足球分赛场的气象保障服务能力,从全省选拔了4名优秀业务骨干,组成了以正高级工程师带队的服务团队,从2007年开始到秦皇岛援助当地的奥运气象服务工作。

2008年8月6日—16日,秦皇岛市气象局每日向赛场提供四次定时天气预报(6:00、11:00、17:00、23:00),足球赛事期间每日两次提供15—22时逐小时预报,同时提供比赛期间(15—22时)逐小时实况。市气象局优质高效的气象保障服务,为实现举办一届"有特色,高水平"的奥运会的目标做出了应有的贡献。在奥足赛举办的11天里,秦皇岛市气象局共发布赛场天气预报44次,发布预警1次,发送赛场实况80次,发布服务材料155份,通过企信通发布预报120人次,通过电视、广播、报纸、电子显示屏等发布气象信息484份。接听电话答询320余次,"12121"拨打量133059次,"秦皇岛气象信息网"和"秦皇岛奥运气象信息网"点击率也较以往明显增加。虽然工作量很大,服务要求很高,但秦皇岛局未出现一次错情,未接到任何投诉,实现"零失误"。

提高监测水平,加强网络安全,确保监测资料、数据传输的精确、畅通

河北省的气象监测探测数据是北京奥运气象服务的重要来源与保障,也是做好预报服务工作的基础与根本。7月1日,河北省奥运气象保障服务加密监测探测业务全面启动,全省3个探空站、4个新一代多普勒天气雷达站、3个GPS水汽观测站、88个自动观测站、1600多个区域观测站投入加密观测。为确保加密气象资料正常传输,及时排除故障或隐患,各单位按照要求认真检查了网络系统,做好了关键设备的备份,制定了详细的应急预案,对重点区域实行24小时监控。

为确保气象数据传输安全、及时、高效,省气象局采取逻辑隔离、网站清理排查、业务设备备份以及等级保护定级等各项措施,严格落实网络信息安全责任制。按照"谁主管谁负责、谁运行谁负责、谁使用谁负责"的原则,将各单位网络安全工作落实到人,并明确要求各单位一把手要亲自过问,分管领导要直接抓,同时进一步完善应急预案、落实值班和信息发布审核等制度,确保监测资料、数据传输的精确、畅通。

精心谋划,周密部署,开、闭幕式人工影响天气作业效果显著

河北省承担着奥运期间人工影响天气(以下简称人影)服务工作,责任重大。省气象局党组和奥运人影领导小组多次召开会议,认真研究奥运人影工作。省气象局调集沧州、衡水、石家庄、邢台、邯郸市的52部火箭架、直接作业人员达208人,集中全省力量全力保障奥运。8月8日16时09分—22时34分,按照北京2008年奥运会残奥会运行指挥部交通与环境保障组人工影响天气工作组指挥中心下达的作业指令,张家口04号作业区、保定市07号作业区的13个作业点先后实施人工消(减)雨作业,共发射火箭弹65枚。8月24日17时36分—20时16分,在12个作业点先后发射火箭弹63枚。人影作业将降水云系阻挡在了北京鸟巢之外,保证了奥运会开、闭幕式的顺利进行,标志着北京奥运会开（闭）幕式河北省人工消（减）雨工作取得了彻底胜利。

奥运气象服务时间节点

2005年8月 秦皇岛市气象局为做好2008年奥运会足球分赛场的气象服务保障工作，引进了中国气象科学研究院数值预报研究中心的Grapes系统和高性能计算机，实现模式本地化并投入业务运行。

2006年3月23日 河北省气象局成立奥运气象服务小组。

7月1日 河北省气象局正式启动北京奥运会气象加密探测业务项目，包括地面、高空、GPS水汽、闪电定位和雷达。

2007年6月25日 河北省气象局印发《河北省气象局奥运气象服务2007年演练方案和气象服务数据组织方案》。

2008年3月25—26日 河北省气象局在廊坊召开奥运会开（闭）幕式人工消（减）雨作业实施方案落实和技术培训会议。

4月2日 河北省气象局组织召开北京2008年奥运火炬传递河北境内气象服务保障工作会议。8日，又进行了火炬传递接力气象服务模拟演练。

4月25—26日 北京奥运气象服务团队在北京市气象局局长、奥运气象服务中心主任谢璞，北京市气象局副总工程师、中国气象局奥运气象服务领导小组办公室副主任王玉彬带领下到河北省气象局，就加强区域间合作交流，进一步提高奥运气象服务能力等进行座谈。

4月25—27日 中国气象局监测网络司领导先后到河北省气象局、保定、石家庄、沧州市气象局就汛期和奥运气象保障准备工作进行检查。

4月26日 中国气象局在涿州召开"河北外场专题项目暨环北京地区降水云系综合观测任务启动会"。

6月30日 河北省委副书记、代省长胡春华在近期河北省气象局气象服务汇报材料上批示：希望气象部门在做好为农业服务的同时，把工作重心转向汛期和奥运气象保障上来，全力做好奥运和汛期气象服务保障。

7月1日 河北省气象部门高空台站加密探测业务正式运行，奥运保障气象服务全面启动。

7月2—3日 河北省气象局在保定召开奥运会开（闭）幕式人工消（减）雨作业安全保卫会议。

7月17—18日 国家安全部奥运保障办公室副主任段大啟到雄县、易县、涿州市进行人影安全检查。

7月30日 河北省委副书记车俊在河北省气象局《关于奥运气象服务准备情况的报告》上批示：北京奥运会秦皇岛分赛区将于近日开赛，希望省气象局在现有工作基础上，加强服务。河北省人民政府副省长批示：气象局所提建议，办公厅逐项落实。

8月6日 中国气象局副局长许小峰在北京气象局通过电视电话会议系统听取了河北省人工消（减）雨准备情况。

8月7日 河北省气象局召开短时临近预报工作研讨会。

8月8日 河北省气象局在张家口、保定的13个作业点，实施人工消（减）雨作业，保证了北京奥运会开幕式的顺利进行。

8月21日 河北省人民政府主管农业副省长在河北省气象局报送的《关于北京奥运会开幕式河北省人工消（减）雨作业情况的报告》上作出批示："感谢气象系统的同志们为奥运会做出了重要贡献。"

8月26日　河北省气象局向河北省政府办公厅报送《关于北京奥运会闭幕式河北省人工消（减）雨作业情况的报告》。

9月1日　河北省气象局向河北省人民政府报送《河北省气象局关于奥运气象服务工作的报告》。

同　日　河北省气象局向中国气象局报送《关于报送北京奥运会开（闭）幕式河北省人工消（减）雨作业情况的报告》。

同　日　中共河北省气象局党组向中共河北省委报送《河北省气象局关于奥运气象服务工作的报告》。

9月3日　河北省委副书记车俊在河北省气象局呈送的《关于奥运气象服务工作的报告》上批示：省气象局对奥运气象服务工作高度重视，精心组织，服务有效。向同志们表示感谢和敬意，希望继续努力，做好残奥运服务工作。

9月5日　河北省气象局召开残奥会期间安保及气象保障服务工作安排会。

9月17日　按照北京奥运会残奥会运行指挥部交通与环境保障组人工影响天气组的指令，在张家口01号作业区实施人工消（减）雨作业，保证残奥会闭幕式的顺利进行。

10月16日　2008北京奥运会开闭幕式人工消（减）雨河北保障组总结会在保定召开。

10月29日　中国气象局对在奥运会及残奥会气象服务中做出突出成绩的先进集体和先进个人进行表彰。秦皇岛、张家口市气象局荣获先进集体；卢宪梅、郭鸿鸣、闫小春、张景云、张迎新荣获先进个人。

12月5日　河北省气象局被河北省网络与信息安全协调小组授予"北京奥运会和残奥会期间河北省网络与信息安全保障工作先进集体"。

2009年

1月16—17日　全省气象局长会议在保定召开。局长姚学祥代表河北省气象局党组作了题为《加快气象现代化体系建设，全面提升公共气象服务能力》的工作报告。

2月11日　河北省气象局下发《2009年河北省风能资源专业观测网建设实施方案》。

2月18日　中共河北省气象局党组向中共河北省委深入学习实践科学发展观活动小组办公室递交关于《河北省气象局深入学习实践科学发展观活动的总结报告》。根据河北省委统一部署，河北省气象局深入学习实践科学发展观活动于2008年10月9日正式启动，经历了学习调研、分析检查、整改落实三个阶段的努力工作，到2009年2月底，按照省委要求顺利完成了学习实践活动任务。

同　日　张迎新被中共河北省委组织部、河北省科学技术厅、河北省人事厅和河北省科学技术协会联合授予"河北省优秀科技工作者"称号。

同　日　河北省气象局召开全局"干部作风建设年"活动动员大会。

3月9日　河北省气象局举办纪念河北省气象局妇委会成立20周年座谈会。

3月18日　在第二届全国气象行业地面气象测报技能竞赛中河北省气象局代表队获团体第二名。在单项竞赛中，沧州局杨国庆获"地面气象观测"单项第三名、计算机综合处理第二名；沧州局崔万里获"地面气象报告编制"第四名。按个人总分排名，沧州局杨国庆获个人全能第二名、沧州局崔万里获第十三名、邢台局程晓辉获十五名。

3月26日　河北省气象局在河北省人民政府门户网站"中国河北"设立的气象栏目正式上线，并发布信息。

3月31日　河北省气象局完成全部风能资源专业观测网，建设35座测风塔基础施工工作。

同　月　河北省气象局积极落实河北省委、省政府办公厅联合转发的河北省残联等12部门《关于开展"慈善燕赵、万人复明"活动的方案》的精神，以职工募捐、单位调剂的方式筹集4.2万元专款，定向支援衡水市故城县房庄乡、饶阳店镇42名白内障患者成功实施手术，患者术后全部重获光明。

4月29日　曹妃甸海洋气象预警中心业务系统工程通过专家论证，进入实施阶段。7月30日，中国气象局批准曹妃甸海洋气象预警中心业务系统工程项目立项。

同　月　张迎新同志荣获"河北省先进工作者"光荣称号。

6月4日　全省地面自动气象站建设工作全部完成，标志着全省142个台站气象观测全部实现自动化。

6月5日　河北省气象短信管理委员会成立。

6月12日　河北省农业气象综合服务示范县建设启动仪式在满城县举行。

同　月　郭迎春同志被河北省归国华侨联合会、河北省人力资源和社会保障厅授予"河北省侨联工作先进工作者"称号，并记省级二等功。

7月1日　河北省已建设的7个国家级无人自动气象站，7月1日开展每小时一次上传资料的业务运行。

7月2—4日　全省气象部门GPS技术培训班在石家庄举办。

7月6日　中国气象局风能资源参证站资料信息化工作研讨会在石家庄举行。广东、广西、海南、四川、贵州、重庆、黑龙江、吉林、辽宁、河北等10省市气象局有关技术人员参加了会议。

7月8—9日　河北省气象局在保定召开全省气象部门基层台站史编纂工作会议。

7月21日　中国气象局副局长沈晓农一行乘火车抵达石家庄，检查指导河北省气象局工作。

7月23日　全国雷电监测网建设工作研讨会在承德围场召开。

8月4日　曹妃甸海洋气象浮标站投放地点获海事部门批准，将于8月20日前后进行浮标投放和建设。

同　日　9时15分，石家庄市长安区南石家庄村一村民自建二层临街房屋遭强雷电袭击，造成房屋坍塌，将20名避雨人员全部埋在废墟中，虽经有关部门全力抢救，仍造成17人死亡、3人受伤的重大人员伤亡事故。次日，河北省人民政府办公厅及时下发了《关于做好雷电等灾害性天气防范工作的通知》。

8月5日　河北省气象局邀请美国国家海洋和大气局资深科学家杨松博士来我局作题为"降水遥感和应用"的学术报告。

8月12日　中国气象局培训中心在河北安新举行了基层台站远程学习示范点建设启动仪式。

8月15日　环渤海及其邻近海域海洋气象灾害监测预警系统项目，一期工程自动观测站从8月15日00时（世界时）起正式开始上传各类观测数据。我省共5个一期工程观测站，分别是：秦皇岛翡翠岛、曹妃甸京唐首钢、乐亭翔云岛林场、黄骅埝海一号、黄骅张巨河。

8月27—29日　首都国庆60周年，我省承德、张家口、廊坊、保定和沧州人影火箭作业分队提前演练、待命、预演。

8月31日 河北省人民政府胡春华省长致电河北省气象局,代表河北省人民政府对全省气象部门汛期气象服务工作给予充分肯定和感谢,胡春华特别强调,今年春季抗旱气象服务、麦收和主汛期气象服务信息准确,服务主动及时,取得了很好的社会经济效益,希望下一步举全力做好国庆气象保障工作,与地方政府和有关部门密切配合,及时沟通协调,共同做好气象灾害防御工作。

9月4日 根据中国气象局土壤水分监测站网布局要求,河北省将建设132个土壤水分监测站。按照2009年计划,全省将在年内完成50个建设任务,建设站点主要分布在冬小麦主产区。

9月7日 河北省气象局出资1.146亿元购置中国化学工程第十二化建公司35亩土地以及地上建筑物,用于解决河北省气象局办公用房紧张和职工住房难的问题。

9月8日 河北省气象局气象应急车合同签订仪式在石家庄举行。

9月12日 河北省气象部门建设的第一个海洋气象浮标观测站于当日14时投放成功,可以实现气压、温度、相对湿度、风向、风速,以及海水温度、盐度、海流、波浪等气象和海洋要素的观测,每10分钟进行一次观测数据上传。

10月5日 华北区域气象中心向河北省气象局发来感谢信,对河北省气象局全体干部职工为在新中国成立60周年庆祝活动四次综合演练和国庆庆典气象服务中付出的艰辛努力致以最诚挚的谢意。

10月9—13日 为庆祝新中国成立60周年以"与祖国同行,创事业辉煌"为主题的第二届全国气象行业文艺汇演在河北省廊坊市香河县隆重举行。中国气象局党组书记、局长郑国光,河北省委常委、省纪委书记臧胜业,中国气象局党组副书记、副局长许小峰,中国气象局党组成员、副局长沈晓农出席开幕式。

此次文艺汇演由中国气象局主办,河北省气象局承办。来自全国31个省(自治区、直辖市)气象局、中国气象局各直属单位、南京信息工程大学、成都信息工程学院、新疆生产建设兵团气象局等共46个代表团、600多名演职人员参加了汇演。

10月27日 《河北日报》11版精神文明建设专版,以《让文明创建融入日常服务》为题摘发了河北省气象台精神文明建设创建经验。

11月11日 河北省气象局组织申报的"防雷技术服务适应政策变化有关问题研究""气象探测环境保护面临的困局及其应对措施"两个研究项目被列入2010年度中国气象局气象软科学研究计划。

11月18日 河北省气象局召开河北省气象事业"十二五"发展规划编制工作会议。

同　月 河北省气象部门离休干部朱振栋、于其超,退休干部颜木荣、张淑文被中国气象局授予"全国气象部门离退休干部先进个人"称号。

12月9日 华北区域三省二市气象局主要领导来河北就预报服务及气象现代化业务体系建设与河北省气象局领导及技术人员进行广泛交流。

12月10日 河北省气象局、河北省安全生产监督管理局合作签字仪式在省气象局举行。双方决定建立气象灾害防御联动机制,以"资源共享、优势互补、注重实效、稳步推进"为原则,积极开展各项合作,建立长期、稳定、可靠的自然灾害预警信息交换与共享机制。

12月28日 河北省人大常委会和河北省政府联合组织12个省直单位、10个石家庄市直单位负责人和15家河北主要媒体以及中央媒体驻石家庄有关机构记者,在河北会堂举行座谈会,隆重纪念《中华人民共和国气象法》颁布实施十周年。

【本年度重大气象服务专题】

一、"抗大旱、促春管、夺丰收"气象服务工作情况

自 2008 年 10 月底至 2009 年 2 月 7 日，全省大部分地区降水异常偏少，气温偏高，出现了几十年一遇的气象干旱，致使大部地区出现比较严重的旱情。

河北省气象局从 2009 年 1 月份就开始密切监视旱情发展，积极主动地与省领导、农业、水利等部门沟通、协商，科学、适当地部署抗旱工作。自 2 月 7 日起全省气象部门进入抗旱气象服务特别工作状态，更是全力以赴做好"抗大旱、促春管、夺丰收"气象保障工作。

加强组织领导，形成抗旱合力

河北省气象局认真贯彻落实中国气象局、省委省政府关于抗旱工作的一系列重要指示和要求，多次召开抗旱气象服务专题会议安排部署抗旱气象服务工作。姚学祥局长 2 月 2 日提前结束休假，回到省气象局布置抗旱气象服务工作，并先后陪同中国气象局郑国光局长、国务院抗旱督导组、中国气象局预测减灾司等领导奔赴邯郸、邢台、石家庄、沧州、保定等地，现场察看旱情，检查指导当地抗旱气象服务工作。省气象局先后下发了《河北省气象部门进入抗旱气象服务特别工作状态的通知》《关于加强抗旱气象服务工作的通知》《关于做好抗旱人工增雨作业的紧急通知》《关于启动自动站区域站雨量加密观测的紧急通知》《关于进行土壤墒情加密监测的紧急通知》《关于气象干旱加密监测期间雨量传感器故障问题处理的通知》《关于进一步做好气象干旱加密监测的紧急通知》等，并实时监督各项要求的落实情况，以此调动全省气象部门的力量，形成抗旱合力，最大限度地发挥气象服务在"抗大旱、促春管、夺丰收"这场硬仗中的作用。

超常规加密监测，为抗旱气象服务提供第一手资料

河北省气象局根据抗旱气象服务工作需要，打破常规，从 8 日起全省所有自动站、区域站启动雨量加密观测，开展了全省范围的土壤墒情普查和加密观测，增加了测墒的频次与项目，组织人员深入田间地头调查、收集第一手资料，为旱情监测提供了更为详实的科学依据。全省各雷达站全部 24 小时开机，做好人员、技术、设备保障，在预测和发现天气过程时进行连续监测，为预报服务与人工增雨提供支持。

加强预报和评估，及时提供决策气象服务

2 月 5 日，省气象台发布了气象干旱橙色预警信号，并做好干旱趋势滚动预测与订正、第一场大范围有效降水天气过程预报的技术准备、对旱情后期演变的分析和影响评估工作。及时向国务院抗旱督导组、省委省政府主要领导和相关部门发送《天气公报》、最新雨情信息、《气象干旱监测公报》《重要气象专报》等 40 余期，《抗旱特别工作状态情况报告》9 期。

省气候中心每天利用最新资料滚动制作《干旱气候公报》，及时发布权威的气象干旱监测信息。省气象科学研究所降雨前后及时制作了全省干土层厚度分布图、降水渗透深度图、《土壤水分监测公报》，对全省旱区土壤相对湿度进行统计，对旱情程度进行预评估和干旱缓解程度评估。

大力实施人影作业，增雨成效显著

河北省气象局积极与空域管理部门加强联系，建立起畅通的增雨（雪）作业联动沟通机制，抓住有利天气过程，适时组织实施人工增雨（雪）作业。在 7—8 日、12—13 日和 18—19 日三次降水天气

过程中，共发射火箭弹 1282 枚，炮弹 422 发，大大增加了全省有效降水，对增加土壤墒情十分有利，使全省大部旱情得到了明显缓解。

在作业方式上，省气象局打破按地域和县界各自为战的常规模式，开展由市人影办统一指挥，科学调度，实施大范围联合机动增雨作业，采取流动小分队集中作业，充分发挥了人工影响天气的规模效益。

河北省政府副省长对河北全省规模人工增雨作业取得的效果表示满意，特意给姚学祥局长发来短信："请代我向全省气象部门同志们致谢。姚局长，感谢你和同志们对河北抗旱工作的真诚支持，到时我会为你们请功！"省委常委、省纪委书记臧胜业批示："好！特别好！如果条件可以，还要接着干！只要有效就要做到极致！"

13 日，省纪委书记臧胜业在省气象局《专题气象报告》上批示："这次人工增雨作业组织得很好，很有成效。要做好总结，以利再战"。在《重要气象专报》上批示："省气象局对人影工作的安排很好，我省是严重的缺雨（水）省份，所以人工增雨工作极为重要。只要具备条件又在不造成灾害的前提下，不应放掉一次增雨机会。为此，请省气象局对全省的增雨工作再详细地做些安排，不要受经费限制。方案望告。"副省长在省气象局第九期《天气公报》上批示："这次降雨过程，气象系统广大干部职工全天候值守，组织人工增雨作业，取得了明显的成绩。省委省政府向大家表示衷心感谢！农业厅系统最近将以抗旱保春管为中心，组织万名农技人员下乡，现场分类指导。望通过大家努力，争取夏粮再获丰收。"

张云川书记表示："一直对河北气象服务工作非常欣赏。这次天气过程气象服务和增雨工作做得主动积极，效果非常好，省委、省政府很满意。请向全省气象干部职工转达感谢和慰问。"并详细询问了火箭、高炮、飞机增雨作业效果的对比，人影装备生产厂家和价格等细节。当即指示：省政府领导要大力支持气象工作，要多给气象局经费，中央下拨的抗旱资金要向人影工作倾斜，多买火箭弹、多作业。

积极做好公众气象服务，分类指导、科学抗旱

河北省气象局积极与通信运营商沟通，通过短信指导农民朋友科学抗旱保墒。同时，通过报纸、互联网、电台、电视台等媒体开展了密集抗旱气象服务和广泛宣传。省气象科技服务中心为社会公众提供免费气象信息短信 30 万条。

科学宣传抗旱气象服务，广泛做好气象科普

河北省气象局利用各种媒体，全方位、多角度、深层次地广泛宣传抗旱知识，2 月 3—19 日通过新华社、中新社、河北新闻网发布全省抗旱气象服务工作通稿，并被主流媒体、网站转载发布 320 余次；2 月上中旬中央电视台的《新闻联播》《朝闻天下》《焦点访谈》及《河北新闻联播》和各市、县电视台密集播发了河北抗旱气象服务、人工增雨工作等新闻报道。姚学祥局长接受电视专访一次，省气象局召开新闻发布会 5 次，新闻发言人接待采访 93 次，省内主要报纸发表抗旱气象服务稿件 98 篇，中国气象网、中国气象报、新气象网站发表抗旱气象服务稿件 50 余篇。

河北省气象学会组织人员向农民朋友发放了以《天气干旱如何管理冬小麦》为题的指导农民科学抗旱和小麦管理的科普材料。

2009 春季抗旱专题时间节点

2 月 4 日 河北省委书记张云川、副书记臧胜业、河北省政府省长胡春华分别在省气象局专题气象报告上做出重要批示，要求全省各级各部门紧急动员，采取一切有效措施和手段，围绕抗大旱、保春管、防范各类灾害这一主要任务，抓好各项工作的落实，特别要求气象局、水利厅、农业厅加强沟通与合作，做好安排和部署，全力以赴做好抗旱工作。

同　日　河北省气象省局下发了《关于加强我省干旱监测的紧急通知》，要求全省气象台站开展干旱普查和加密监测。

5 日　河北省政府副秘书长曹振国召集气象、农业、水利、财政、发改委等单位，共同研究抗旱保春播工作。按照省委省政府领导同志要求，河北省气象局将进一步加强对天气过程及气象干旱情况的监测预报，抓准一切有利时机积极开展人工增雨作业，全力将旱灾损失降到最低程度。

6 日　河北省政府副省长组织召开抗旱气象服务专题会议，研究部署下一步抗旱工作。副省长听取了省气象局姚学祥局长关于中国气象局组织召开全国抗旱气象服务电视电话会议情况和近期河北旱情分析及服务工作的汇报，对省气象局前一段时间主动及时、有针对性的抗旱气象服务工作给予了充分肯定和高度评价。

7 日　河北省气象局应急办发出通知，全省气象部门自 2 月 7 日起进入抗旱气象服务特别工作状态，通知就加强应急职守、做好抗旱气象服务和加强信息报送等具体工作做了安排。

8 日　为更好地做好我省干旱监测工作，给干旱气象服务提供及时监测资料，省局决定即日起全省所有自动站、区域站启动雨量加密观测。

10 日　中国气象局局长郑国光率预测减灾司、国家气象中心、国家气候中心有关领导和专家组成的工作组，在沧州市委常委纪委书记李寿平、副市长郭建英、省气象局局长姚学祥、副局长关福来等陪同下，实地考察了河北省旱情较重的沧县，现场指导抗旱气象服务。

11 日　河北省气象局利用省市会商系统召开全省抗旱气象服务再动员、再部署电视电话会议。姚学祥局长代表省局党组讲话，传达了中国气象局和省政府领导的指示精神，对下一步的抗旱气象服务工作进行安排。

同　日　河北省气象局下发了《关于做好抗旱人工增雨作业的紧急通知》，根据河北省气象台预报，2 月 12 日—13 日河北省将有一次大范围降水过程。要求全省各级人影部门以及人工增雨作业的指挥人员、保障人员及作业人员即日起要全部进入临战状态，做好 2 月 12 日—13 日人工增雨的一切准备工作。

同　日　中国气象局经财政部同意，紧急下达河北省气象局人工影响天气专项经费 100 万元，用于开展人工影响天气作业的飞机租用、机场空域保障、火箭弹和炮弹购置以及地面作业支出的补助。

12 日　全省增雨作业从上午自西向东逐步开始，截至 12 日 20 时 30 分，11 个市共 90 个县实施了增雨作业，发射增雨火箭 649 枚、37 毫米人影炮弹 392 发，作业影响区普降小到中雨。加密自动站观测结果显示全省 73 个乡镇降水量超过 10 毫米，最大降水量达到了 15 毫米，此次人工增雨工作取得了巨大成功。

河北电视台、新华社河北分社、燕赵都市报、河北青年报等省内各大媒体到河北省气象局进行采访，并赶赴人工增雨现场进行了跟踪报道。

13 日　利用全省干部大会召开的机会，姚学祥局长在会议开始前向省委常委、省政府主管领导汇报了 12 日降水天气过程的预报服务以及大范围人工增雨作业等有关情况。河北省委书记张云川、河北省政府省长胡春华、政协主席刘德旺、省委副书记车俊、唐山市委书记赵勇、省纪委书记臧胜业、省委常委听取了汇报，并对河北抗旱气象服务工作给予高度评价，做出了重要指示。

同　日　中共河北省气象局党组致全省气象部门干部职工的慰问信，慰问信提到：2 月 7 日全省气象部门进入抗旱气象服务特别工作状态以来,你们认真贯彻落实党中央、国务院、省委、省政府和中国气象局关于抗旱气象服务的一系列重要指示精神和工作要求,严格执行工作纪律和业务流程,恪尽职守,努力拼搏,同心同德,科学应对,在旱情监测、分析评估、预报预警、公共服务、人工增雨作业、应急管理和信息宣传工作中,以超常规的工作思路、管理模式和服务手段,开展了声势浩大、科学高效的抗旱气象服务,为"抗大旱、保春管、夺丰收"发挥了重要作用,取得了阶段性的辉煌成果。卓有成效的气象服务工作受到省委省政府、中国气象局和国务院抗旱工作督导组的高度评价和社会各界的广泛赞誉。值此,中共河北省气象局党组谨向同志们致以诚挚慰问和衷心感谢!

气象灾害是我们履行职责的号角,防灾减灾是我们施展技术的舞台,社会各界的关注和肯定是对我们的鼓励和鞭策,更是进一步做好抗旱服务工作的强大动力。党组号召,全省气象部门干部职工一定要深刻认识这场抗旱战斗的长期性、艰巨性、复杂性,保持清醒头脑,不骄不躁,不懈怠,不麻痹,不盲从,继续发扬特别能吃苦、特别能战斗的优良传统,大力弘扬新时代气象人精神,坚定信心,连续作战,不怕疲劳,严密监视,认真分析,准确预报,主动服务,科学评估,安全作业,适度宣传,及时总结,为夺取我省抗旱保春管战役的全面胜利做出更大贡献!

18—19日 河北省气象局利用有利的天气时机组织了大规模的人工增雪作业,全省大部地区出现了小到中雪,部分市县出现了8毫米以上的大雪,进一步缓解了冬麦区的旱情。

中国气象局局长郑国光获悉河北成功实施人工增雪,取得很好效果之后,特向参加作业的所有人员表示慰问和感谢,并指出在这场"抗大旱、保春管、夺丰收"的斗争中,河北省气象部门全力以赴,措施得力,成效显著。希望再接再厉,继续做好各项气象服务工作。副局长矫梅燕、副局长沈晓农询问河北降水服务和人工增雨作业情况后,很高兴,并指示做好增雪作业的同时,一定要做好道路交通气象服务。河北省委常委纪委书记臧胜业也发来短信表示祝贺和慰问。副省长在19日《天气公报》上批示,代表省委省政府对全省人影工作者不畏严寒,在冰天雪地里坚持战斗,并取得人工增雪明显成效,表示深深谢意。

19日 省长胡春华在河北省局《天气公报》上批示,对气象部门的工作给予充分肯定,要求全省气象部门继续努力,落实好各项抗旱气象服务工作,为人民群众生产生活提高更优质的服务;再接再厉,大力开展人工增雨(雪)工作,最大程度增加降水,缓解旱情。

二、麦收气象服务

2009年冬小麦从6月4日开镰收割,截至6月23日,3590万亩冬小麦全部收获完毕。全省各级气象部门经过二十天的辛勤工作,圆满完成了麦收气象保障任务,为我省连续第六年小麦丰收作出了贡献。

面对异常天气形势,加强组织领导,早部署、早准备

2008年冬季以来我省天气气候异常,2009年初我省中南部小麦主产区出现了几十年一遇的严重气象干旱。2月份出现了1998年以来历史同期罕见的四次大范围降水过程,春季大部降水偏多,5月8—10日我省中南部又出现了同期罕见的降水过程,邢台市更是创了有气象记录以来同期日、月降水量新高。针对特殊的气候特点和麦收期间复杂多变的天气,省气象局及时进行安排部署,下发了《关于做好2009年夏季麦收气象服务工作的通知》。在6月1日和8日全省汛期气象服务电视电话会上,对麦收服务进行了再动员、再部署。

加强联动联防，充分发挥协作效益

加强与农业部门协作。5月11日，河北省气象局联合省农业厅召开了麦收气象服务协作启动会，会议明确气象部门负责免费为农机部门提供的农机手发布气象信息，农机部门及时反馈麦收进度信息。

加强与广播电台合作。5月中旬，河北省气象台与省交通电台，在原有气象信息发布良好合作基础上，又建立了气象灾害预警信息发布新机制。通过简化发布流程，实现气象信息随时插播，并以专家连线的方式由预报员直播气象灾害预报预警和服务信息。

加强部门内部协作。全省各市气象台与周边省市气象台签署合作协议，共同加强灾害性天气联防工作，通过公网服务器共享预报服务产品和资料。全省各级气象部门组织业务技术人员，及时深入田间地头，实地调查大风、强降雨、干热风等各种灾害性天气对小麦的影响，了解麦收情况和农民对气象服务的需求，为做好跟进服务掌握了一手资料，使麦收气象服务更有针对性、更具人性化。

优化和完善内部机制。充分发挥气象服务联席会议办公室的作用，加强了工作协调，汛前设立了气象服务首席，实行专人负责麦收气象服务，有力地保证了决策服务和公众服务的及时性和针对性。

密切监视天气变化，强化跟踪预报预警

麦收期间，省市县气象台站加强了值班力量，加密麦收专题天气会商，较好地完成了短时临近预报服务。全省各级气象部门提前准确预报了5月底至6月初干热风、6月7—8日、6月16日、6月18—19日三次强降水天气过程以及6月中下旬的晴热高温天气，及时为各级领导提供决策服务材料、向公众发布预警信息，提醒农民朋友抢时收晒、适时抢墒夏播。省小麦机收指挥信息中心根据省气象台提供的预报及时向麦收区发出通知，从而保证了小麦的及时收晒入库，避免了经济损失。

省气象台在每天制作发布"汛期气象日报"和三次"麦收天气预报"基础上，共向省委、省政府主要领导、省小麦机收指挥信息中心和省农业厅粮油处等单位发送"麦收天气专报"15期，发布强对流天气预警10次、预警信号16次。省气科所根据麦收进度和天气特点向政府和有关部门提供滚动《河北省夏收农用天气预报》11期。

面向麦收一线，全方位、多样化开展气象服务

省气象台先后6次在河北电台直播麦收期间的天气特点及天气趋势预报，在《河北科技报》《河北农民报》介绍麦收期天气趋势预报及灾害性天气的防御知识。

省气象影视中心抽调精干力量组成"麦收特别报道小组"，开展全方位电视气象服务，全程跟踪报道小麦收割进程，及时播发麦收区的天气预报，在农民频道中加发中长期天气趋势预报，建议合理利用天时抢收抢播。省专业气象台每天免费为全省1300多名农机手和3.1万名农村气象信息员提供手机气象短信服务，市县级气象部门向相关负责人共发送预警短信约15万人次。

各市县气象局充分利用农村各种经合组织广泛发布预报预警短信，5月底开始开通了"12121"麦收服务信箱。利用各种网站开辟《麦收气象服务》专题，及时为公众提供最新气象信息、天气预警、灾害性天气防御以及服务建议等。

2009年河北省麦收气象服务圆满完成，各级领导和广大农民朋友纷纷致电当地气象局给予高度评价。6月21日，河北省农业机械化管理局在报送省政府的文件中，衷心感谢省气象局对河北省小麦机收工作的大力支持。廊坊市市长王爱民给廊坊市气象局局长发短信说："你们为廊坊经济发展作出了突出贡献，为廊坊争光"。6月22日，香河县钳屯乡刘庄村支部给县气象局写来了感谢信，信中写道："由于你们预报服务及时，全村300多亩小麦喜获丰收，减少损失近20万元"。

中国气象局副局长沈晓农、矫梅燕在获悉我省圆满完成麦收气象服务工作时，给姚学祥局长发来短信称：祝贺你们圆满完成夏收夏种气象服务任务！望总结经验，完善系统，准备迎接新的挑战。

三、高温天气过程预报服务情况

2009年6月1日—26日，全省平均气温26.2 ℃，较常年偏高2.3 ℃。从6月20日开始，我省各地日最高气温步步攀升，高温天气范围不断扩大，石家庄、保定、沧州三市连续7天日最高气温超过35 ℃。6月23—25日，我省中南部地区连续3天出现日最高气温超过40 ℃的酷热天气。6月25日，120个站超过35 ℃，超过40 ℃的站数增加到47个，18个站突破历史极值，其中邢台市沙河站日最高气温为44.4 ℃，突破我省日最高气温历史极值。针对此次历史罕见的高温灾害性天气，全省各级气象部门早预报、早预警，认真做好高温天气预报服务工作。

河北省气象部门各级领导高度重视这次高温天气的预报服务工作，省气象局领导和有关处室的领导亲临预报服务一线及时部署，认真组织全省天气会商。省气象台对这次高温天气过程提前进行了准确的预报，及时发布决策气象服务信息，全力做好公共气象服务工作。省气象台及时向省委、省政府主要领导、相关部门和社会公众发布高温预警信号，从6月19日17时—27日11时，共发高温预警信号黄色11期、橙色7期、红色6期；提供"天气预报信息"3期、"重要气象专报"1期。在服务材料中明确指出未来高温天气的强度、范围与持续时间，特别指出24日、25日将会出现40 ℃以上高温，并提醒有关部门和人员要做好防暑降温、安全用电、树林防火和中南部地区抗旱等工作。此次高温过程中，省气象科技服务中心为南电网提供高温预警服务10次、专题服务材料3期，并与南电网调度中心一直保持热线联系，有力地保障了电力的安全科学调度。

高温天气过程期间，省气象台和省气象科技服务中心将各种气象服务信息及时上传到全国气象业务服务信息网、中国气象局应急管理平台、中国气象局有关部门、河北气象信息网和多家新闻单位；编写公共气象服务信息通稿8篇在多家媒体上宣传报道，同时通过手机气象灾害预警应急服务系统、"12121"、电视节目等形式及时向公众传播；接待电台、电视台和报社记者采访19次；在省内主要报纸上发表气象服务稿件32篇。出现高温的市气象台共发布高温预警及预警信号67期（次），各市、县气象部门一是将各种预警信息及时传至当地政府和相关部门及电台、电视台、报纸等新闻媒体；二是通过短信平台向乡镇、学校、厂矿等相关负责人及气象灾害联系人发送；三是在"12121"电话答询、电视天气预报栏目、电子显示屏、气象网站中增加高温预警信息提示，并在各个电视频道中以字幕方式滚动播出。

四、2009年石家庄市在建房屋遭雷击倒塌事故气象服务情况

2009年8月4日8—10时石家庄境内发生了强对流天气，出现分布极不均匀的雷阵雨，市区及部分乡镇达暴雨。在此次天气过程中，石家庄市西兆通镇南石家庄村一在建房屋遭雷击突然倒塌，倒塌房屋为临街一排砖混结构二层楼房，主体已完工，但尚未安装门窗，事故造成20人被埋，其中17人死亡，3人受伤。河北省气象局领导高度重视，紧急布置应急处置工作，积极开展现场气象服务。

此次天气过程前，省、市气象部门均通过传真、手机短信、电视、电台、报纸、"12121"等各类

媒体及时向政府部门和公众发布预警信息，提出防范建议。河北省气象台8月4日7时、9时分别发布雷电黄色、暴雨蓝色预警信号。石家庄市气象台8月3日16时发布强对流天气预报信息，8月4日6时发布雷雨天气短时临近预报，7时发布雷电黄色预警信号，8时30分及时发布暴雨蓝色预警信号。石家庄市防汛、排水、环卫、交通等有关部门根据气象部门科学的服务建议立即启动了应急预案，加强城区排水、交通疏导，使暴雨对市区的影响降到了最低。石家庄市政府及有关单位对气象部门在本次过程中所做的准确预报、及时服务表示感谢。

8月4日11时45分，河北省防雷中心接到安监部门关于房屋倒塌事件信息后，迅速启动雷电灾害应急预案，成立雷灾事故调查组，20分钟内赶到事故现场，和建筑、质检、安监等部门一起开展情况调查、剩磁检测等现场取证工作。8月4日14时40分，河北省气象局局长姚学祥立即要求有关人员前往现场察看有关情况，及时组织气象服务工作，同时做好信息上报。河北省气象局15时20分向中国气象局上报了重大突发事件报告。8月4日20时，河北省气象局局长姚学祥就事故发生情况与省政府进行了沟通，向中国气象局领导进行了电话汇报，并召集副局长臧建升、副局长张守保和石家庄市气象局、省气象局应急办、减灾处、法规处、气象台、防雷中心主管领导及技术人员召开了紧急会议，听取了事故情况和现场检测分析结果的报告。会议决定分别成立由河北省气象局局长姚学祥任组长的"8·4石家庄房屋倒塌事故处理气象工作领导小组"和由石家庄市气象局局长张秉祥任组长的"8·4石家庄房屋倒塌事故处理气象工作小组"，并向中国气象局请求派专家协助开展调查分析工作。8月5日9时45分，工作组有关人员陪同马启明、董万胜两位专家共同赶赴现场察看情况，并在河北省气象台认真分析了现场剩磁检测、闪电定位监测资料。8月5日14时45分，中国气象局专家组向河北省气象局领导小组说明了雷击事故初步调查情况，河北省气象局局长姚学祥、副局长臧建升亲自参与了调查分析报告的文字把关，经过领导小组、工作小组的共同讨论，形成了《8月4日石家庄雷电情况初查结果》。16时，在石家庄市政府组织的事故调查分析会上，气象部门给出"该建筑物及其附近曾遭受过雷击"的客观结论。8月5日17时，副局长臧建升将国家、省、市三级气象部门所做工作向河北省人民政府进行汇报。国务院应急办、国家安监局、省政府副省长宋恩华对气象部门严谨的工作态度、科学的分析思路、客观的分析结果表示满意。

8月5日，河北省人民政府办公厅根据气象部门建议下发了《河北省人民政府办公厅关于做好雷电等灾害性天气防范工作的通知》（冀政办传〔2009〕104号），要求各级各部门汲取8月4日石家庄雷击房屋倒塌事件的教训，加强对雷电等灾害性天气的防范应对工作。

事故发生后，社会反响强烈，中央电视台数次播报，各大网站均第一时间在首页建立专题，各类媒体广泛报道。期间，河北省气象局共接受记者采访22次，在各类报纸上发表气象灾害防御宣传文章12篇。为做好舆论引导和舆情分析工作，河北省气象局应急办安排专人关注网站报道、网民跟帖，以应对负面舆论的扩散，及时采取措施营造良好舆论环境。

8月10日，石家庄市政府主要领导人专程访问省气象局，对气象部门在8月4日事故的应急处置中，尊重科学、服务及时的工作表示感谢。

五、暴雪天气过程气象服务及应急处置情况

2009年11月8日—12日，我省大部分地区先后出现雨雪天气，中南部地区普降暴雪，47个县市

的降雪量及最大积雪深度均突破当地有气象记录以来的历史极值，石家庄市区累计积雪深度最大为55厘米。在这次持续低温阴雨雪天气过程中，全省各级气象部门认真做好加密观测、预报预警服务工作，提醒各级政府及有关部门、广大公众做好应对雨雪、降温天气的各项工作。

准确预报、提前预警，为应急处置工作提供科学依据

省气象局依托现代气象业务体系建设成果，以科技为支撑，准确预报了本次暴雪天气过程的出现时间、发展过程和结束时间。省气象台于11月6日、9日连续发布重要气象专报，提醒有关部门要注意采取相应措施积极应对这次低温、阴雨雪天气。11月8日—12日，省气象台7次发布暴雪黄色、橙色和红色预警信号，8次发布道路结冰黄色、红色预警信号，为成功开展抗击暴雪天气工作提供了决策依据。

积极建言、科学应对，为应急处置工作出谋划策

11月10日14时30分，启动省气象局气象灾害应急预案，有关市、县气象局、省气象局应急指挥部成员单位进入Ⅲ级应急响应状态。11月11日07时升级为Ⅱ级应急响应，并提请省政府启动河北省重大气象灾害应急预案。经常务副省长付志方批准，11月11日11时，省气象灾害应急指挥部发布Ⅲ级预警，要求石家庄、衡水、邢台、邯郸市人民政府及省直相关部门立即进入应急响应状态。

广泛发布，加强服务，为应急处置工作提供有力保障

通过手机、广播、电视、网络、报纸等形式向各级政府和广大人民群众及时发布各类气象预警信息。召开新闻发布会，通报天气情况和未来发展趋势，针对农业、交通和公众生产生活提出应对措施及服务建议，省内各大媒体进行了报道。向石家庄、邢台、邯郸的手机用户免费群发暴雪预警短信2000万条。在省、市电视台全部插播各类预警信息。充分发挥全省气象信息员队伍作用，各村气象信息员将接收到的气象灾害预警信息和农业指导建议及时发布给本地农民，积极协助组织广大群众开展生产自救。

部门合作、上下联动应对暴雪天气

按照河北省气象灾害应急预案的要求，各地各部门积极合作、上下联动，共同应对暴雪天气。电台、电视台、网站、报纸、移动运营商不讲条件，及时传播各类气象预警预报信息和建议；各级气象部门与电力、交通、公安、铁路、农业、供暖等部门和重点单位紧密沟通，积极开展有针对性的气象信息服务；省农业气象中心业务人员冒雪深入农村，进行实地调查与服务指导；各市气象局通过短信指导气象信息员将农业气象服务信息和防灾建议送到千家万户。省气象局及时启动气象服务联席会议机制，加强部门内的上下联动，在指导市气象局做好预报服务的同时，还直接为石家庄、邢台市主要领导提供服务、建议，形成了资源统一调配和协同作战的局面。

2009雨雪专题时间节点

11月8日 下午开始，我省大部分地区先后出现雨雪天气，省气象台于10日11时发布了暴雪黄色预警信号和道路结冰黄色预警信号，11日—12日中南部地区暴雪天气仍将持续。鉴于上述情况，河北省气象局应急指挥部决定自2009年11月10日14时30分起，启动河北省气象局气象灾害应急预案，有关单位立即进入Ⅲ级应急响应状态。

11日 上午，省委常委、省纪委书记臧胜业冒雪亲临省气象局检查指导抗冰雪气象服务工作，听取省气象局的工作汇报，对做好当前抗冰雪工作做出重要指示，并通过天气电视会商系统与中国气象局副局长沈晓农就抗冰雪气象预报服务交换了意见。

臧胜业书记要求气象部门要密切跟踪天气系统变化，加强会商和业务指导，提高预报预警水平和气象服务的精细化、针对性，增加服务内容和预警信息发布的覆盖面、频次，进一步改善服务质量。

河北省中南部遭历史罕见暴雪袭击，截至 11 日 06 时，石家庄、邢台、邯郸三个市大部分县（市）和衡水北部降水量已达 10 毫米以上（暴雪），其中石家庄市区降水量达 74.4 毫米，积雪深度 48 厘米，多个测站为有气象记录以来最大值。省气象台预计，11 日白天到夜间，上述地区降雪天气持续，降雪量将达 15 毫米以上。省气象台于 11 日 05 时发布了暴雪和道路结冰红色预警信号。河北省气象局 11 日 07 时紧急启动气象灾害应急预案Ⅱ级应急响应，并根据《河北省重大气象灾害应急预案》，请示省政府并经常务副省长付志方同意，启动Ⅲ级预警，各相关单位迅速进入应急响应状态，按照职责做好应急处置工作。

同　日　下午，省委副书记、石家庄市委书记车俊到石家庄市气象局检查指导暴雪气象服务工作，通过电视会议系统连线省气象局局长姚学祥，高度赞扬全省气象部门对这次历史罕见的暴雪较早作出预报准确、服务主动积极、应急启动及时，并向全省气象工作者表示感谢。

同　日　副省长宋恩华在省气象局报送的《关于暴雪天气气象服务及应急处置情况汇报》上做出重要批示，"省气象局应对暴雪天气工作积极主动，措施有效，应予肯定。"

12 日　副省长、省重大气象灾害应急指挥部指挥长亲临省气象局，现场指挥抗击雪灾工作，听取了省气象局关于 8 日以来全省各地降雪情况、未来天气发展趋势和预报预警、应对暴雪灾害服务等方面的汇报，要求各有关部门和单位全力以赴做好雪灾应急处置工作。

同　日　省政府组织召开了应对雪灾紧急部署工作会议，会上，河北省政府省长胡春华充分肯定了近期抗击雪灾气象服务工作。针对此次天气过程，河北省气象局高度重视，充分准备，加强监测、会商，加强预警预报服务力度，积极采取有效措施，加强部门联动和协调，切实把各项服务工作做到位，服务信息预报准、精度高、时效长，建议针对性强，预警信息覆盖面广，重大灾害性预警启动及时，组织得力。各地各部门根据气象部门的服务建议准备充分，措施得当，应急效果显著。气象部门真正起到了领导决策的参谋助手作用。

13 日　副省长宋恩华组织由省政府应急办和公安、交通、气象、高速公路管理等部门主要负责人参加的专题会议，研究解决保障省内国省干道和高速公路畅通工作。宋恩华副省长强调气象部门要在保畅通工作中发挥更大作用。他指出，在此次暴雪天气过程中，气象部门发挥了不可替代的作用。由于预警早、预报准、时效长、建议实、信息覆盖面广，为各有关部门积极采取措施赢得了时间，为稳定广大人民群众生产生活秩序提供了保障，河北受暴雪影响的地区生产生活基本正常，气象部门功不可没。

14 日　河北省气象局局长姚学祥、气象新闻发言人郭迎春作客河北电视台高端访谈节目——《阳光访谈》，就近期河北省出现的罕见持续暴雪天气进行科学解读，对未来一段天气进行预测展望。

2010 年

1 月 2 日　河北省气象局部署寒潮Ⅳ级应急响应。称重式固态降水传感器在应急响应工作中发挥积极作用。

1 月 4 日　全省 142 个台站启动夜间降雪加密观测工作。

1 月 10—11 日　中国气象局副局长矫梅燕到河北省慰问指导工作。

1月12—13日 全省气象局长会议在邯郸市召开。

1月12日 中国气象局通报了气象部门2009年综合考评结果，河北省气象局荣获"特别优秀单位"奖励。

1月27日 河北省人民政府主管副省长在河北省农村工作会议报告中特别强调，2010年河北省要进一步加强防灾减灾体系建设，立足提高防范重大自然灾害能力，开展一批气象基础设施建设项目，建立完善农业气象服务体系和气象灾害防御体系，充分发挥气象服务"三农"的重要作用。

同　月 河北省气象局向"5·12"汶川地震受灾的平武、宝兴两个县气象局发出对口支援灾后恢复建设资金90万元。

2月2日 中共河北省委副书记车俊在河北省气象局报送的《关于全国气象部门2009年综合考评结果有关情况的报告》上批示，向省气象局在过去一年工作中取得的优秀成绩表示祝贺，向全省气象职工做出的辛勤工作表示敬意，希望2010年河北气象事业取得更大发展。

2月25日 河北省气象局召开"强化社会管理职能年"电视电话会议，对开展活动进行动员和安排部署。

3月29日 河北省气象局召开"党风廉政宣传教育月"活动动员会。

3月31日 河北省气象局、河北省政府法制办联合召开宣传贯彻《气象灾害防御条例》座谈会。

4月13日 河北省气象局与河北省海事局共同签署海事搜救应急处置工作协议。

5月4日 河北省气象局召开"创先争优活动"动员大会。根据中共河北省委统一安排，活动分为广泛发动、安排部署，全面争创、扎实推进，对标定位、晋档升级和系统总结、完善机制四个阶段，为期三年，到2012年党的十八大召开前结束。

5月10日 河北省人大常委会副主任黄荣带领人大农工委、财经委组成的河北省人大常委会农业和农村工作委员会气象事业发展情况专题视察组，一行11人在河北省气象局进行视察、调研。

5月21日 中共河北省委副书记、省长陈全国听取河北省气象局局长姚学祥工作汇报和近期小麦生长情况分析后说："听了你们的汇报，我对今年小麦生产充满信心。河北气象部门班子有力，工作扎实，服务到位，对河北经济社会发展和农业生产起到积极的保障作用，代表省委、省政府表示感谢！气象部门就像侦察兵，经济社会发展离不开气象工作，特别是农业生产和防灾减灾。各级领导只有掌握了气象信息，才能科学指导生产。省政府的工作要依靠气象部门提供的决策支持，希望气象部门今后要进一步发挥优势，为政府当好侦察兵、做好参谋。"

同　月 中国气象局党组任命河北省气象局办公室（应急管理办公室）主任张晶同志为西藏自治区气象局党组成员、副局长。

6月26日 中国气象局局长郑国光、副局长许小峰一行到平山视察指导工作。

6月29日 河北省气象局召开下派基层干部座谈会，欢送我省气象部门第一批"百名优秀年轻干部"下基层任职锻炼的五名年轻干部。五名干部分别是：李崴、陈秀峰、何军、郝雪明、邓育鹏。

同　月 吴孟恒家庭被中华全国妇女联合会、全国五好文明家庭创建活动协调小组授予第七届全国五好文明家庭。

7月1日 中共河北省气象局党组向新中国成立前入党的老党员发出慰问信，信中提到：值此中国共产党建党89周年之际，中共河北省气象局党组谨向您致以节日的祝贺和亲切的慰问。党委办公室代表省局党组分别到9位新中国成立前入党的老同志家中，向他们转达了局党组的关怀和问候，并送上慰问信和慰问金。

7月21日 为提高农村雷电灾害防御能力，提高公众防雷意识和自救能力，推动农村防雷减灾工作的深入开展，河北省气象局选择了5个自然村作为农村防雷减灾示范工程建设项目上报中国气象局，近日获批并给予资金支持。

7月23日 《河北省高速公路智能化气象保障服务系统建设可行性报告》得到中国气象局批复并给予资金支持。

7月28日 新华社河北分社、河北日报、长城网派记者深入满城对新农村现代气象服务工作进行实地采访。2009年以来，河北省气象局将保定市满城县确定为新农村现代气象服务示范县，为欠发达地区基层气象台站构筑新农村"两个体系"充当"试验田"，取得阶段性成效，受到河北省内主流媒体的高度关注。

8月8日 河北省人民政府办公厅发出《关于继续做好近期降雨应对工作的紧急通知》。

8月12日 河北省人民政府办公厅发出《关于做好较强降雨防范工作的紧急通知》。

8月16日 全省气象部门气象文化建设经验交流会和"弘扬气象工作者优良传统与作风"演讲比赛在承德围场县举办。

8月18日 为做好欧亚大陆新通道——桥头堡黄骅综合大港开航仪式，河北省气象局派出气象应急指挥车为活动提供现场服务，此次服务是应急指挥车第一次长距离实战。

同 日 共青团河北省气象局第九届团员代表大会召开，5名同志当选为新一届团委委员，选举刘中谦任书记、曲晓黎任副书记兼组织委员、李宗涛任文体委员、王凤杰任生活委员、董晓波任宣传委员。

8月30日 沧州新一代天气雷达顺利吊装成功。该雷达楼是迄今为止河北省5部雷达楼之中建筑高度最高的一座，高达100米。

9月7—12日 河北省人大常委会农经委主任李广恩等一行4人就《河北省气象灾害防御条例（草案）》先后到张家口市及尚义、怀安、涿鹿、怀来县进行立法调研。

9月19—20日 全省气象局长工作研讨会在石家庄举行。

10月12—14日 华北区域气象中心纪检监察审计工作研讨会在唐山市举行。

10月15日 河北省委常委、纪委书记臧胜业一行8人专程到上海世博园参观了世界气象馆，中国气象局副局长王守荣陪同参观。

10月17—20日 华北、东北气象文化建设工作研讨会在我省涿州市气象局举行。来自北京、天津、河北、山西、内蒙古、辽宁、吉林、黑龙江、大连9个省（自治区、直辖市）和计划单列市的文明办主任参加会议。对河北省气象部门开展的"一站一景一特色"气象文化建设给予充分肯定。

10月21—25日 首届河北省气象行业职业技能竞赛天气预报工种比赛在保定举办，由河北省气象局、河北省人力资源和社会保障厅、河北省总工会联合举办。沧州市气象局、河北省气象台一队、唐山市气象局分别获得团体前三名。河北省气象台杨晓亮夺得个人全能第一名，石家庄市气象局李国翠、唐山市气象局张婉莹分别获得个人全能第二名、第三名。

10月26—27日 首届河北省气象行业职业技能竞赛地面气象测报工种比赛在保定举办，共有13个参赛队39名选手参赛。本次比赛设计算机综合处理、地面天气报告编发、气象观测理论和现场观测云、能见度、天气现象等科目。比赛结果，沧州市气象局夺得团体第一名，邢台市气象局和石家庄市气象局分获第二名、第三名。沧州市气象局杨国庆获得个人全能第一名，邢台市气象局程晓辉一人夺得地面天气报告编发和气象观测理论两个单项第一名，石家庄市气象局王书冰获得计算机综合处理单项第一名。

同　月　河北省安全生产委员会印发《河北省安全生产监督管理工作及分工规定》，进一步明确了气象部门的职责。

11月3—5日　中国气象局副局长许小峰到河北省气象局调研指导工作，河北省政府主管农业副省长会见许小峰副局长一行。

11月15日　河北省人民政府省长陈全国在石家庄会见中国气象局局长郑国光。主管农业副省长、中国气象局副局长沈晓农等陪同会见。双方表示将充分发挥河北地域优势，进一步加快河北气象事业发展，提高应对气候变化和气象防灾减灾能力，为河北打造"首都经济圈"提供优质气象服务保障。之后，中国气象局与河北省人民政府在石家庄签署了部省合作协议，共同推进气象为河北经济社会发展服务。中国气象局局长郑国光和河北省人民政府省长陈全国分别代表双方签字。

11月18日　全省气象科技服务新产品新技术演示会在石家庄举行，来自全省13家单位的21件气象科技服务项目和产品参加了演示交流。

11月22—23日　首届河北省气象行业职业技能竞赛（天气预报业务）在保定结束，本次竞赛的内容共分4个单项：历史个例天气预报、实时天气预报、理论知识、业务规范与MICAPS V3.0操作、现场问答。沧州市气象局获团体第一名，河北省气象台一队和唐山市气象局分获第二名、第三名。省气象台一队的杨晓亮获得个人全能第一名，石家庄市气象局李国翠获得历史个例第一名，沧州市气象局熊险平获得理论知识、业务规范与MICAPS V3.0操作第一名，邢台市气象局曾健刚获得实时天气预报科目第一名，河北省气象台一队景华获得现场问答考试第一名。

11月24日　河北省旅游局、河北省气象局为联合提升河北旅游气象服务能力签字仪式在河北省旅游局举行。

同　月　为贯彻落实2010年中央一号文件关于健全农村气象灾害防御和农业气象服务体系的精神，提高乡村气象服务能力，2011年中央财政将安排乡村气象服务专项资金用于支持气象为农服务工作。中国气象局在全国选取120个县开展乡村气象服务专项建设，河北省10个县被确定为乡村气象服务专项实施单位。

12月2日　河北省人民政府办公厅出台了《河北省人民政府办公厅关于推进气象为农业服务体系建设的意见》，明确提出"用3至5年的时间，建立适应农业生产区域性布局、满足农村气象灾害防御需要的气象观测网络系统，建成功能完善的农村气象预警信息发布网络，构建有效联动的农村应急减灾组织体系，健全预防为主的农村气象灾害防御机制，提升面向农业生产全过程、多时效、定量化的农业气象服务水平，增强面向农村全覆盖、高效率、精细化的气象灾害防御能力"的工作目标。

12月8—9日　我省选派4名选手参加在天津举办的第二届华北区域气象行业技能竞赛暨第一届华北区域地面气象测报技能竞赛，选手程晓辉（邢台）和曹江（沧州）分获地面气象观测和地面气象报告编制二个单项第一名、第三名；许丽景（沧州）和曹江（沧州）分获计算机综合处理第一名、第三名；程晓辉（邢台）、曹江（沧州）和许丽景（沧州）分获个人全能第一、二、三名；河北代表队获得团体第一的好成绩。

12月14日　河北省人民政府省长陈全国主持召开的河北省政府第76次常务会议，讨论通过我省第三部气象政府规章《河北省人工影响天气管理规定》，并于2011年2月1日以省长签署省政府令的形式在全省公布施行。

12月15日 中国气象局党组副书记、副局长许小峰到安新县气象局出席了中国气象局远程学习示范点授牌仪式。

12月27日 河北省气象局组织召开全省首次农业气象电视会商。

同　月 河北省气象局组织了"一站一景一特色"全省气象文化建设先进单位的评选工作，并对先进单位进行了通报表彰，受表彰单位如下。

一、示范单位：平山县、滦平县、卢龙县、迁安市、霸州市、涿州市气象局。

二、先进单位：正定县、赵县、隆化县、围场县、怀安县、蔚县、抚宁县、丰南县、唐海县、大厂县、大城县、高阳县、满城县、雄县、泊头市、任丘市、枣强县、饶阳县、武邑县、平乡县、南和县、清河县、涉县、武安市、肥乡县气象局。

对阜平县、唐县气象局给予通报表扬。

2011年

1月23—24日 全省气象局长会议在廊坊香河召开。姚学祥局长作了《转变发展方式、推动科学发展、提高河北强省建设气象保障能力》的工作报告。

1月25日 河北省气象局与中国人民财产保险股份有限公司河北分公司签署合作协议。

1月27日 河北省气象局召开紧急会议，安排部署抗旱气象服务工作。

2月9日 春节长假后的第一个工作日，河北省人民政府副省长沈小平专门听取河北省气象局局长姚学祥关于当前旱情分析预测和气象工作汇报，强调要加强旱情监测预报，为抗旱工作提供科学决策依据。

2月18日 河北省人民政府副省长沈小平视察河北省气象局。

2月26—27日 在第五届全国气象行业职业技能竞赛（气象观测业务）竞赛中，河北省气象局代表队取得了团体总分第二的优异成绩。曹江获得个人全能第三名、计算机综合处理第二名、气象基础理论第五名的个人最好成绩，程晓辉获得个人全能第十一名。

同　月 衡水市气象局、承德市气象局和泊头市气象局被中国气象局授予"全国气象部门文明台站标兵"称号。

3月2—3日 河北省气象局召开2011年乡村气象服务专项启动会。

3月8日 中央纪委驻中国气象局纪检组组长、局党组成员刘实到河北省气象局检查指导工作。期间，河北省委常委、省纪委书记臧胜业会见了刘实一行。

3月9日 中国气象局局长郑国光在京会见了前来工作拜访的河北省人民政府副省长沈小平一行。双方就共同推进河北气象事业发展、加强河北气象防灾减灾能力建设等问题交换了意见。

同　日 中央纪委驻中国气象局纪检组组长、局党组成员刘实，为全省党风廉政建设会议代表和省局机关全体、驻石各直属单位科级以上干部，作了精彩的创建学习型组织专题讲座。

3月16日 河北省气象局局长姚学祥做客长城网直播间，接受《强省论坛》访谈，就"世界气象日"的来历，今年"人与气候"主题，河北气候特点、气象灾害类型及影响、气候变化情况、"十二五"期间河北经济社会发展对气象服务的新需求，以及河北省气候资源优势及开发利用潜力等网友关注的气象话题与大家进行互动交流。

3月18—19日 河北省气象部门县局工作转型现场会在涿州召开。河北省气象部门县局工作转型的实质是转变发展方式，立足"政府主导、部门联动、社会参与"，统筹集约省、市、县三级气象部门人力、技术资源，调整分工，规范流程，携手共进，目的是提高基层气象部门社会管理和公共服务能力，促进全省气象事业科学发展。

3月22日 河北省气象局深入开展"观测质量年"活动研讨会在石家庄召开。

3月25日 河北省委副书记付志方一行到河北省气象局视察指导工作。

同　日 河北省气象事业发展"十二五"规划顺利通过专家论证。

同　日 石家庄市人民政府与河北省气象局签署战略合作协议，旨在进一步提高石家庄市气象为民生、为生产、为决策的保障服务水平，提升气象防灾减灾能力，共同推进气象为河北省会经济社会发展服务。

3月31日 共青团河北省委、河北省气象局发文联合开展"河北气象青年五四奖章""河北气象青年集体五四奖章"评选活动。

同　月 中国气象局按照《2010年全国公共气象服务考评办法》，对各省（自治区、直辖市）气象局2010年公共气象服务进行了考评，河北省气象局取得了考评总分第二名的好成绩。

同　月 为更好地落实《国家科技创新体系建设意见》，推进河北省气象局的科技创新体系建设，经河北省气象局党组研究决定，对2008—2009年度在气象科技创新工作中做出突出贡献的单位和人员予以通报表彰和奖励，奖励总金额高达23.35万元，奖励力度前所未有，科研项目数目和论文质量较2006—2007年度均有较大的提高。

同　月 在2011年"世界气象日"到来之际，河北省气象局与长城网联合举办"河北省首届气象知识网络大奖赛"活动。

4月12日 秦皇岛市抚宁县发生森林大火，受到党中央、国务院和中央军委的高度关注，经过军、警、民联合作战，大火于19日上午被全部扑灭。河北省气象部门在中国气象局、兄弟省（市）气象部门的大力支持下，出色地完成了扑火气象保障服务工作。

4月19日 河北省人民政府省长陈全国致电中国气象局局长郑国光，感谢气象部门为抚宁扑火提供优质气象保障服务。

陈全国省长向郑国光局长介绍了这次抚宁森林火灾的主要情况后，他说：这次河北省气象局表现非常突出，姚学祥局长带领一支精干的队伍，气象部门干部职工不分昼夜，辛勤工作，提供了优异的气象保障服务，立下了汗马功劳。特别是在17日实施了人工增雨作业，火场及附近区域普降小雨。作业后温度降低、湿度增加，创造了很好的扑火作业条件，气象服务发挥的作用不可替代。

陈全国代表省委、省政府向中国气象局为姚学祥局长的气象团队请功。并赞扬郑国光局长带出了一支好队伍，培养了一批好干部，营造了一个好环境，展示了一种好作风，值得大家好好学习。

陈全国强调，通过这次森林火灾气象保障服务，进一步深刻认识到气象非常非常重要，并表示将无论是资金上、政策上将对气象事业加大支持力度，继续加强沟通配合，落实好省部合作协议，推进河北气象事业更大发展。

4月20日 姚学祥局长在北京向中国气象局于新文副局长汇报了"4·12"森林火灾扑救气象保障服务工作，于新文副局长对河北省气象局此次气象保障服务工作给予充分肯定。

于新文副局长肯定河北省气象部门此次抚宁森林火灾气象服务保障工作的同时，希望全省各级气象部门进一步强化服务意识、大局意识和责任意识，加强组织领导，积极贯彻落实中央领导的指示精神和中国气象局工作要求，强化监测、预报和信息报送，靠前指挥，加强部门内外联动和上下协调，全面做好森林草原火险气象服务和强对流天气的预警服务。

4月22日 河北省政协十届四次会议水利系统提案督办座谈会举行。省政协委员、省气象局局长姚学祥就加大人工增雨工作力度，充分发挥人工增雨在防灾减灾和农业抗旱、增加水资源等方面的重要作用提出意见建议。

在听取工作汇报和建议后，河北省政协副主席崔江水对气象工作予以高度评价。他说气象工作关乎国计民生，关系国民经济和社会发展。近年来气象工作在防灾减灾、应对气候变化和增加水资源、可持续发展等诸多方面和领域发挥了重要不可替代的作用，气象工作越来越受到各级党委政府的重视和社会各界的关注。在"4·12"抚宁森林大火扑救中，气象部门第一时间将火点监测信息报告省森林防火指挥部，将火场气象要素和天气变化信息报告扑火前线指挥部，为火灾扑救发挥了"顺风耳"和"千里眼"的作用。特别是在扑救林火的关键时刻，抓住有利天气时机组织实施大规模人工增雨作业，为扑灭林火发挥了不可替代的重要作用，受到高度赞誉和广泛好评。这一成功的范例，也说明气象工作服务的领域越来越宽、发挥的作用越来越显著。气象工作在国家安全、经济建设、生态建设等诸多领域和方面大有作为。

4月25日 河北省气象局召开"4·12"森林火灾扑救气象服务总结研讨会，局长姚学祥、副局长张守保出席，省气象局有关单位负责人和气象服务人员参加了会议。

4月26—27日 华北区域气象中心2011年局长联席会议在沧州举行，中国气象局副局长于新文出席会议并讲话。会后，于新文到沧州、保定调研指导工作

同　月 王淑巧家庭被全国妇联授予全国"低碳生活，创新明星"荣誉称号。

同　月 河北省气象局财务核算中心荣获河北省"巾帼文明岗"光荣称号。

同　月 张润民、李锦生同志家庭荣获河北省"美在我家"家庭展示大赛明星家庭。

同　月 郭迎春同志荣获"河北省省直五一劳动奖章"光荣称号。

同　月 郭迎春、魏瑞江同志被河北省人民政府授予"2010年河北省粮食生产工作先进个人"光荣称号。

5月10日 河北省气象局与共青团河北省委联合召开首届"河北气象青年/集体五四奖章"表彰大会。中共河北省委副书记付志方专门发来了贺信，代表河北省委寄语河北气象青年、关注气象事业发展。本活动由河北省气象局倡议发起，与共青团河北省委共同评选、联合表彰，在全省气象部门尚属首次。活动每两年评选一次，每次评选"河北气象青年五四奖章"30名，"河北气象青年集体五四奖章"5～10名。目的在于鼓励和引导广大青年投身基层，确保基层优秀人才有干劲、有前途，为青年人的使用和培养创造条件，努力增强气象事业发展后劲。

5月17日 河北省人民政府召开气象灾害防御部门联席会议，强化合作，共同做好灾害防御工作。

5月20日 河北省气象局领导班子补充调整，彭军同志任中共河北省气象局党组成员、河北省气象局副局长，试用期一年。

同　月 魏瑞江同志当选"燕赵百名优秀女性"。

6月16日 中国气象局副局长矫梅燕到廊坊市气象局调研指导气象为农服务两个体系建设和县局

综合改革工作。

同　月　河北省委、河北省人民政府作出决定，对秦皇岛"4·12"森林火灾扑救先进集体和先进个人进行表彰。河北省人工影响天气办公室、秦皇岛市气象局受到通报表彰；秦皇岛市气象局业务科技科科长詹立刚作为秦皇岛市民兵专业应急营气象保障排排长，被评为秦皇岛"4·12"森林火灾扑救先进个人。

同　月　河北省直工委书记曹素华一行来河北省气象局调研指导工作。

7月7—8日　河北省气象局举办全省农业气象技术培训班。

8月6日　受河北省科技成果转化服务中心委托，河北省气象局组织召开了由河北省气象台承担的"致灾暴雨多普勒天气雷达预警系统"科技成果鉴定会。中国工程院院士李泽椿任鉴定委员会主任，通过质询和评审，专家一致认为该项目完成了任务书规定的研究内容，达到了预期指标，鉴定材料详实，数据可靠，其研究成果达到了省级致灾暴雨预报预警系统的国内领先水平，部分技术达到国际领先水平。

8月9日　河北省气象局与河北省民政厅签署防灾减灾工作合作协议。

9月19日　河北省委书记张庆黎、代省长张庆伟在省应急办检查指导工作时通过可视会议系统与河北省气象局姚学祥局长连线，向气象系统干部职工表示亲切慰问，并对气象工作寄予厚望。

张庆黎指出，气象工作与经济社会发展和人民群众生产生活密切相关，经济社会越是发展，气象工作发挥的作用越是显著。他说，气象工作很辛苦，监测天气变化、预测阴晴冷暖，时刻守护人民群众的福祉安康；气象工作很重要，政府决策、百姓生活须臾不离，成为防灾抗灾的"消息树"和"发令枪"，在防汛抗旱、森林火灾扑救、服务农业发展，在气候变化研究和气候资源开发利用等方面，气象工作都发挥了非常重要的不可替代的作用。

张庆黎请省气象局局长姚学祥转达对全省气象工作者的亲切问候和衷心感谢。并希望气象部门加强气象监测预测和公共气象服务能力建设，加强灾害防御和应急处置能力建设，加强气候资源开发利用和应对气候变化能力建设，在防灾减灾和应对气候变化中发挥更加积极的作用。

姚学祥局长首先转达了中国气象局局长郑国光对河北省委省政府的谢意，感谢河北省委省政府给予气象工作的无比关心和支持，并代表郑国光局长邀请张庆黎书记、张庆伟代省长适当时候访问中国气象局。张庆黎书记、张庆伟代省长愉快地接受了邀请。

同　月　河北省气象短信管理委员会对2010年度"优秀气象短信创作奖"和"气象短信优质服务奖"进行了公开评比，这是河北省气象短信管理委员会举办的首次针对气象短信值班员的年度评优活动。

哈正国（沧州）获年度优秀气象短信创作一等奖；平玉佳（保定）、洪淑娥（承德）获年度优秀气象短信创作二等奖；赵娜（保定）、赵晖（邯郸）、孙秋兰（承德）获年度优秀气象短信创作三等奖；哈正国（沧州）、赵娜（保定）、孙秋兰（承德）、曲晓黎（省专业台）、杨允凌（邢台）、刘星燕（张家口）等六人荣获"年度气象短信优质服务奖"。

10月13—14日　全省气象部门党建工作交流会暨基层气象文化建设推进会在唐山遵化市召开。

10月14—15日　中国气象局副局长矫梅燕先后到平山和阜平县气象局调研指导工作。

10月27—28日　河北省气象局在第八届全国气象影视服务业务竞赛中获团体一等奖。同时获得：气象频道省级插播类节目第一名；省级天气预报类节目第二名；省级气象为农服务类节目第二名；地市级天气预报类节目第三名等单项奖。

11月16—18日　河北省气象局在第二届华北区域气象行业重要天气预报技能竞赛中获得骄人成

绩，包揽了个人全能前四名，并取得团体第一的优异成绩。花家嘉取得个人全能第一，熊险平、杨晓亮、李宗涛分别位居第二名、第三名、第四名。

11月30日 根据中国气象局《关于同意成立河北省气象信息中心的批复》（中气函〔2011〕450号），河北省气象局成立了河北省气象信息中心。该中心为河北省气象局正处级直属事业单位，主要负责全省气象资料管理与网络技术保障。

同　月 河北省气象局被评为河北省官方微博服务社会先进单位。2011年3月，河北省气象局官方微博依托"新浪""腾讯"两家微博平台开通，并通过官方认证，开辟了河北省互联网时代气象信息传播的途径，加快了气象信息的传播速度，提高了公众气象防灾减灾意识和能力。截至2011年11月，河北省气象局官方微博粉丝／听众数超过70万，发布信息2370多条，平均每天更新6～7次，平均每月公众直接转发量达5000次左右，评论量逾200次。

12月6日 中共河北省委、河北省人民政府办公厅下发《关于开展政府绩效管理试点工作的意见》的通知，确定了2个市、4个县（区）为政府绩效管理试点，3个厅局为政府部门机关工作绩效管理试点，4个厅局为相关专项工作绩效管理试点，河北省气象局作为唯一的中直单位被确定为气象防灾减灾专项工作绩效管理试点，标志着河北省气象工作纳入政府绩效管理的开始，为气象事业更好地履行社会管理职能提供了政策依据，加快了气象工作政府化进程。

12月20日 "河北省科普教育基地"揭牌仪式在河北省涿州市气象局隆重举行。涿州市气象科普教育基地分为室内和室外两大区域，办公和教学面积达100多平方米，拥有国家标准地面气象观测、自动气象观测、大气电场监测、天气预报制作等各类大型高端设备，气象科普活动宣传栏9个及10000余册气象科普图书。

同　月 河北省发改委和河北省气象局联合下发了《关于印发〈河北省气象灾害防御规划（2011—2020年）〉的通知》，标志着河北省省级气象灾害防御规划正式出台。该规划根据气象灾害防御工作的总体要求，结合河北实际，明确了气象灾害防御工作的指导思想、基本原则和目标，确定了气象灾害防御战略布局重点和主要任务、重点工程及保障措施等，将成为指导今后一段时期河北气象防灾减灾工作的纲领性文件。它的出台，将促使气象灾害防御从过去分散的、被动应急的状况，转变为政府的日常管理工作序列，促使气象灾害防御更好地融入经济发展大局，统筹防御各类气象灾害，逐步建立完善的气象防灾减灾体系，不断提升气象防灾减灾综合能力和应对气候变化能力，为建设经济强省、和谐河北提供有力保障。

同　年 2011年度全省气象部门在地面、高空、农气观测工作中，共通过"全国质量优秀测报员"考核220人次。其中，地面气象测报通过200人次，高空气象测报通过16人次，农业气象测报通过4人次。经验收，2011年度通过人次比2010年度增加38人次。

【本年度重大气象服务专题】

"4·12"抚宁森林火灾应急气象保障服务情况

2011年4月12日，河北省秦皇岛市抚宁县发生了森林火灾，火灾发生后，河北省气象局副局长张守保第一时间赶赴现场。随后，局长姚学祥陪同河北省省长陈全国前往现场，始终紧跟指挥部需求，24小时开展贴身服务，19日上午大火被全部扑灭。全省气象部门在此次应急气象保障服务中，积极争取中国气象局、兄弟省（市）气象部门的大力支持，在省气象局的统一组织下，出色地完成了扑火气象保障服务工作。

反应敏捷，"天、地、空"一体化监测系统充分发挥"消息树"作用

火灾发生后，气象部门利用卫星遥感监测火情，利用固定、移动气象监测设备开展火灾现场及周边天气实况监测，利用人工增雨作业飞机侦察火点、烟点，跟进扑火救援工作，提供全方位应急信息保障服务。

4月12日13时42分，省气象局通过卫星监测到热源点并及时向省防火办进行报告。火灾确定后，在国家卫星气象中心的技术支持下连续开展卫星遥感监测，为扑火现场指挥部提供卫星监测火点信息55次、卫星火情图像产品30余幅，提供火场情况三维动画一部，为指挥部署扑火力量提供决策依据。

期间，省气象局和唐山、承德市气象局共调集4部气象应急指挥（监测）车，在火场周围4个方向形成现场观测网络，每10分钟提供一次现场气象监测数据。在扑火指挥部安装了电子显示屏，实时显示火场天气实况和预报服务信息。多次组织转场，为扑火现场提供监测信息。

需求引领，精细化天气预报为火灾扑救提供决策依据

在火场，气象监测人员坚守岗位，及时获取第一手观测资料；在后方，预报服务人员坚持昼夜值班，全力做好预报、卫星遥感监测、人影指挥。中央、省、市气象台加密会商，开展针对扑火现场的精细化、跟踪滚动预报服务。制作火场附近的气温、风向、风速、相对湿度等要素的逐时预报，对14日的北风转向和风力加大，17日降水和18日大风等天气均做出了精准的预报。扑火前线气象保障组每半小时通过电子邮件和传真向扑火前线指挥部和四个火场区域指挥长报送一次《抚宁森林防火专题气象服务报告》，通过手机短信向防火指挥部成员发布火灾现场天气实况和预报，为科学指挥扑火提供依据。火灾扑救期间，省、市气象部门共发送各类材料166期、电子邮件和传真332次，向扑火前线指挥部领导发送服务短信近万人次。

把握时机，大规模人工增雨作业助力火灾扑救行动

省气象局紧急协调和调配3架增雨飞机、36部移动增雨火箭车、1000枚火箭弹、107名人影作业人员，制定了详细的人工增雨方案，开展跨区域联合人工增雨作业。在17日的两轮地面人工增雨作业中共发射火箭弹149枚，出动飞机2架次，飞行作业2小时，火场及周边地区普降小雨，有效降低了火场温度，大大增加了湿度，对扑火取得决定性胜利起到了重要作用。

4月20—21日，按照省政府要求，又调集5架飞机，再次开展大规模人工增雨作业。此次作业有效降低森林火险气象等级，进一步巩固了火灾扑救成果，切实缓解了全省大部地区的旱情。

科技支撑，客观评估气候背景及火场气象条件

火灾发生后，省气象局及时组织开展抚宁县及周边地区气候条件背景分析，明确指出前期降水异常偏少、气温偏高、蒸发量异常偏大导致该区域森林火险气象等级持续偏高。

省气象局利用卫星遥感监测，提出了地形和植被类型、气象条件恶劣是导致扑救行动艰难的重要原因。火灾现场山高坡陡，以杂草和灌木为主，乔木稀疏；4月12日—18日，冷空气活动频繁，风速大，风向多变。恶劣条件导致火灾蔓延快、火情复杂、扑救难。客观的评价对于分析、总结扑火工作，指导火灾扑救提供了科学依据。

此次抚宁"4·12"森林火灾扑救的气象保障服务得到了省委省政府领导的高度评价。充分展示了气象部门"高科技、高效率、业务精、作风硬"的形象。

2012 年

1月11日 在第六届全国气象行业职业技能竞赛暨第三届全国气象行业天气预报职业技能竞赛上，我省参赛队员经过努力拼搏，夺取团体全能第五的好成绩，取得了历史性突破。杨晓亮取得个人全能第13名（三等奖）、熊险平第15名（优秀奖）、花家嘉第17名（优秀奖）；花家嘉取得现场问答单项三等奖。

同 月 河北省气象局在全国气象部门2011年创新工作评比和综合考评中取得第一名，被中国气象局综合考评为特别优秀单位。

2月8—9日 全省气象局长会议在石家庄藁城市召开（建局以来第四次有市、县气象局领导参加的会议）。

2月10日 按照中共河北省委要求，河北省气象局成立基层建设年驻村工作组，奔赴邢台南宫市后霍照村开展为期一年的帮扶活动。

2月16日 河北省气象局党组书记、局长姚学祥，党组成员、纪检组长臧建升向中共河北省委常委、纪委书记臧胜业汇报工作。

2月17日 河北省气象局、河北省政府金融办、中国人寿保险公司河北分公司、中华联合保险公司河北分公司联合召开政策性农业保险工作推进会。

同 月 中国气象局公布2011年全国公共气象服务考评结果，我省2011年度公共气象服务考评荣获全国第一名，其中2011年"两个体系"建设考评、2011年气象服务发布能力考评等项目均获全国第一名。

同 月 河北省气象与生态环境重点实验室被河北省科技厅再次评估为优秀实验室。

3月5日 河北省纪委副书记、省监察厅厅长、省政府绩效管理试点工作领导小组办公室主任马玉婵带领省纪委、监察厅、省委党校、省社科院、河北经贸大学专家教授一行到河北省气象局调研气象防灾减灾政府进行管理工作。

3月13日 河北省气象局与长城网联合主办"河北省第二届气象知识网络大奖赛"活动。

同 日 河北省气象局局长姚学祥、副局长张守保前往中国气象局向副局长于新文汇报气象防灾减灾绩效管理工作。

3月15日 冀东飞机增雨基地正式启用并成功实施首次作业。冀东飞机增雨基地的建成，对增加滦河、潘家口水库等大型河流、湖泊、水库蓄水，补充地下水资源，保障首都圈城市用水安全和河北粮食生产安全，降低森林火险等级将产生积极而深远的影响。

3月27日 河北省气象局向驻冀主流媒体新闻记者颁发聘书，聘请其为"气象信息宣传员"，以此加强气象新闻在地方媒体的宣传力度，深化与地方媒体的交流合作机制。

3月29日 河北省委副书记、省长张庆伟在副省长沈小平的陪同下，到河北省气象局调研指导工作，要求气象部门围绕"经济强省、和谐河北"的战略目标，切实落实省部合作协议，落实"十二五"规划，加强部门间合作，加强科普宣传，提高人工影响天气能力。

3月31日 全省气象部门142个台站顺利完成地面观测业务人机切换和夜间值守工作。

同 日 河北省工业和信息化厅组织专家组，对《河北省突发公共事件预警信息综合发布系统建设方案》进行了评审，一致同意通过评审并建议项目尽早组织实施。

同　月　河北省妇女联合会和河北省人力资源和社会保障厅联合下发了《关于表彰2011年度河北省"三八"红旗手（集体）的决定》，杨莹同志荣获河北省"三八"红旗手荣誉称号。

同　月　为提高我省森林气象防灾减灾能力，河北省气象局近日建立了连接气象与林业间的数据专线，实现双方信息资源共享，在森林消防、病虫害防治、气象灾害防御等方面加强合作。

4月1日　河北省气象局召开党风廉政宣传教育月活动动员会。

同　日　河北气象业务工作又添新项目，北斗测试校验场落户顺平县气象局。

4月19日　河北省首家、全国第三家新型数字化火箭防雹增雨作业示范基地揭牌仪式在衡水深州穆村乡举行。该基地是河北省气象局重点项目，由省、市两级气象部门联合深州县、乡各级政府共同投资建设，项目包括在深州市穆村乡、唐奉镇建设的两个标准化数字防雹增雨火箭固定作业点和作业指挥系统，以及相关配套设施，项目总投资约160万元。所配备的数字化火箭防雹增雨作业发射系统是目前国内最先进的地面防雹增雨装备，该系统具有可远程控制、计算精确、影响面广的特点，与传统高炮、火箭作业手段相比，具有更科学、更有效、更安全的特征。该基地的正式投入使用，将进一步提升当地气象灾害防御的效果，为衡水市特色农业增产增收、发挥更大经济效益提供更有力的科学保障。

4月21—23日　由中国气象局办公室组织的以人民日报社、新华社、经济日报社、农民日报和中国气象报社等新闻单位记者组成的记者团，深入河北武安、深州、满城、涿州等基层气象部门，切身感受气象部门履行政府职能和气象服务地方经济发展所发挥的重要作用。

4月26日　河北省老科技工作者协会气象分会在河北省气象局正式成立并挂牌。

4月28日　河北省气象局局长姚学祥、副局长彭军前往中国气象局向副局长于新文及有关职能司室就省级人工影响天气基地项目推进、购买人工增雨飞机、省气象灾害防御中心机构争取和省部联席会议筹备等工作情况进行了汇报。

同　月　保定市气象局李海锋完成第27次赴南极中山站度夏越冬科学考察任务返回（2010年11月—2012年4月）。

同　月　河北省人民政府办公厅下发通知，正式发布《河北省突发事件预警信息发布管理办法》。

5月6日　中国气象局党组书记、局长郑国光与副局长矫梅燕在河北霸州听取了河北省廊坊市气象局的工作汇报，与省、市、县三级气象工作人员开展座谈。郑国光强调，要结合地方实际与部门实际，大力推动基层气象机构综合改革工作。

5月11日　河北省人民政府办公厅印发《2012年省气象防灾减灾绩效管理试点工作方案》，气象防灾减灾绩效管理正式纳入全省各地市政府、各级部门日常工作。

6月8日　中国气象局办公室将河北省气象局《关于省气象防灾减灾绩效管理工作情况的报告》，编制成内部情况通报，发各省（自治区、直辖市）气象局参阅。中国气象局副局长许小峰批示：要求办公室、减灾司、人事司、法规司、发展研究中心阅研，并特别关注这项工作的进展落实情况。中国气象局副局长于新文批示：请河北省局抓好试点方案的落实，不断总结经验，确保取得实效，在全国起到示范带动作用。

6月12日　河北省气象局与中航直升机有限责任公司购销合同签约仪式在石家庄举行，河北省气象局向中航直升机有限责任公司购买运-12人工增雨飞机2架。此次购买人工增雨飞机是河北省气象局贯彻落实第三次全国人工影响天气会议精神的重要举措，为争取华北人影工程落户河北奠定基础。

6月18日 中国人民大学毛寿龙教授来河北省气象局调研气象防灾减灾绩效管理工作。

6月25日 河北省突发公共事件综合预警信息发布系统建设项目可行性研究报告评估论证通过专家评审。

7月12日 河北省气象局在保定举办了气象行政执法车辆配发仪式，印有"中国气象"徽标和"行政执法"字样的12辆长城越野车整装待发。

同　月 河北省气象台总工程师、首席预报员张迎新同志的先进事迹入选中共河北省委创先争优活动领导小组办公室主编的《创先争优　群星璀璨》一书。

8月1日 河北省政协主席、党组书记付志方，河北省人民政府副省长沈小平到河北省气象局检查天气预测预报和防汛工作。

8月28日 中共河北省委书记、河北省人大常委会主任张庆黎，中共河北省委副书记、河北省人民政府省长张庆伟，中共河北省委副书记赵勇亲切会见了来河北出席省部合作会议的中国气象局局长郑国光一行。

同　日 河北省机构编制委员会办公室正式批复同意成立河北省气象灾害防御中心（冀机编办〔2012〕179号）。

8月29日 中国气象局与河北省政府在石家庄召开省部联席会议，就共同推进气象为河北省经济社会发展服务进行深入交流。中国气象局党组书记、局长郑国光，河北省委副书记、省长张庆伟出席会议并讲话。河北省副省长沈小平主持会议，中国气象局副局长于新文，河北省省长助理、省政府秘书长尹亚力出席会议。会后，郑国光、张庆伟共同为河北省气象灾害防御指挥部、河北省气象灾害防御中心揭牌。

同　月 由河北省气候中心史湘军博士申报的《设计气候模式中的冰晶核化参数化方案》项目获得国家自然基金委批准，列入2012年度国家自然基金委青年科学基金项目，这是首个由河北省气象部门牵头承担的国家青年科学基金专项课题。

9月8日 以"科技创新与经济结构调整"为主题的第十四届中国科协年会在河北石家庄拉开帷幕，8日下午，第14分会场极端事件与公共气象服务发展论坛开幕，与此同时，气象科普专家报告会在河北省气象局举办。

9月19—20日 河北省气象局举办第二届河北省气象行业职业技能竞赛。

9月26—27日 全省气象灾害防御指挥部办公室主任会议和全省气象局长工作研讨会在石家庄平山召开，此次会议是省、市、县气象灾害防御指挥部成立以来，河北气象灾害防御指挥部办公室首次大规模召开的气象灾害防御指挥部办公室主任会议（研讨会是建局以来第五次有市、县气象局领导参加的会议）。

9月28日 中国气象科学研究院与河北省气象局签署合作协议。

10月12日 河北省气象局根据《首席气象服务专家管理办法（试行）》规定，组织专家评委对4名符合申报条件的人员进行了首席气象服务专家评审答辩会。

10月12—13日 全省气象部门精神文明建设和气象文化建设工作交流研讨会在邯郸市召开。

10月18—19日 河北省县级气象机构综合改革现场会在唐山丰南召开，会议主题为"实施亮点示范县建设工程，深入推进县级气象机构综合改革"。

同　月　河北省防雷检测中心被中共河北省委创先争优活动领导小组评为"文明服务创先争优群众满意窗口",边芳同志荣获"为民服务创先争优行业服务标兵"称号。

　　11月7日　河北省气象局召开干部职工大会,宣布领导班子调整决定,宋善允任中共河北省气象局党组书记、河北省气象局局长;免去姚学祥中共河北省气象局党组书记、河北省气象局局长职务。

　　11月13—16日　第二届华北区域地面气象测报技能竞赛在内蒙古呼和浩特举行,河北省代表队获团体总分第一名。参赛队员杨晓丽、张争、张莉、王书冰分别获个人全能第一名、第二名、第五名、第七名。杨晓丽获地面气象观测理论单项第一名;杨晓丽、张争、张莉分获计算机综合处理单项第一名、第二名、第三名;杨晓丽、张争分获自动气象站技术保障第一名、第二名。

　　同　月　河北省气象部门三个项目获省科技进步三等奖,分别是:河北省气象台和石家庄市气象台"河北省致灾暴雨预警方法研究"、石家庄市气象局"物候数据信息化及对气候变化的响应"、河北省气象局"气候变化对河北省粮食安全的影响"。

　　12月1日　河北省气象局首聘郭迎春、付桂琴、安月改三位同志为河北省气象局首席气象服务专家,聘期起算时间为2012年12月1日。首席气象服务专家聘任工作在河北省气象系统尚属首次,是落实气象人才战略的又一重大举措。

　　12月11日　河北省气象局购置应急指挥车通过验收。

　　12月14日　河北省气象局召开了"河北省太阳能资源观测网建设规划"专家咨询会。

　　12月26日　在河北省经济工作会议上,河北省人民政府省长张庆伟提出,各市长、县长要与市、县气象局局长建立直通式联系渠道,依靠科学,确保在防灾减灾工作中出实招、干实事、见实效。

　　同　月　中国气象局通报2012年度全国气象部门内部审计工作考核评比结果,河北省气象局连续第4年被评为全国气象部门内部审计工作优秀单位。

　　同　年　全省新建成六要素自动气象站19个、四要素自动气象站172个、自动雨量站518个、海岛/岸基自动气象站3个、自动土壤水分观测站23个、气溶胶质量浓度观测站($PM_{1.0}$,$PM_{2.5}$,$PM_{10.0}$)1个、GPS/MET站6个、能见度观测站9个、称重式降水观测站15个、移动气象站6个、移动车载雷达站1个。

【本年度重大气象服务专题】

一、抗御"7·21"暴雨洪水及9号"苏拉"、10号"达维"双台风气象服务情况

　　2012年7月21日—8月3日,河北省连续出现六次大范围强降雨天气过程,部分地区降水量突破历史极值。

　　面对复杂的天气形势,广大气象工作者严密监视、认真分析、准确预报、主动服务、及时预警、科学建议。特别是在抗御"7·21"暴雨洪水及9号"苏拉"、10号"达维"双台风工作中,坚持连续作战14天,不怕疲劳,投入人员达3800余人次,全力以赴做好汛期气象服务和气象灾害防御工作。

　　物资装备准备充分

　　所有气象监测设备全天候启用。石家庄、张北、秦皇岛、承德、沧州5部新一代天气雷达,张北、

唐山2部风廓线雷达，张家口、乐亭、邢台3部L波段探空雷达，省气象局、衡水2套极轨气象卫星地面接收站，全省142个国家级自动气象站、10个国家级无人自动气象站、1个海上气象浮标观测站、1823个区域气象观测站、11个闪电定位站、50个地基GPS/MET探测站，对暴雨和台风的实时监测发挥了重要作用。

设备备件供应充足。增加了观测仪器设备备件、备用发电机等应急设备，并做到设备出现故障后及时维修、排除故障，确保了实时情况的连续观测和资料上传，全省各类台站新增备件价值300多万元。

投入大量应急装备和物资。出动应急车辆500余次，使用60余套UPS后备电源和外拍摄像机照相机等设备，进行各类仪器的维护维修、开展灾情调查、灾区慰问、天气预报节目制作。先后投入约150万元用于购置应急物资，包括排水泵、雨衣、雨鞋、雨伞、铁锹、镐头、应急食品、沙袋等。

圆满完成预报服务工作

准确及时发布气象预报。密切监视天气变化，加密天气会商，滚动制作中期、短期、短时临近天气预报预警，对7月21日以来六次重要强降雨过程做出了准确的预报，为社会公众、各级政府和各行各业做好气象灾害防御提供了依据。滚动制作发布各种时效天气预报159期、各种暴雨预警和预警信号20次、各种强对流天气预警信号18次、台风预警信号3次。为全省手机用户全网发布暴雨预警和防御措施信息累计14300万人次。

提供有针对性的决策服务材料。为省领导、防汛指挥部和有关部门积极开展决策气象服务，提供有关灾害防御建议，为省领导及有关部门指挥防灾减灾和启动应急响应提供科学决策依据。共制作提供各种决策气象服务材料127期，其中对省委省政府主要领导的重要气象专报18期。

加强部门合作形成防灾减灾合力。7月26日与省应急办联合召开暴雨灾害防御多部门联席会，加强各部门灾害联防和应急联动。同国土部门联合制作发布地质灾害预报25次，7月21日夜间、8月3日夜间为防汛指挥部提供加密雨情和短临预报20次，为电力、公路、铁路等行业发布暴雨专题报告17期，与高速公路管理局协商，联合在高速公路沿线的50余块电子情报板发布暴雨气象信息，与农业、民政、旅游等部门联合下文做好当前防灾减灾工作。

积极做好气象预警信息发布和气象灾害防御科普知识宣传。利用广播、电视、长城网滚动插播暴雨预警信息和科普知识。省气象局先后向广电部门发送有关信息30次，在省电台7个频道、省电视台8个频道高密度滚动播出暴雨预警信息，提醒群众注意防范，同时也在长城网首页不间断更新发布。先后制作"暴雨预警信号科普专题"3期，在省电视台、省电台、长城网等媒体进行暴雨预警信号的科普知识及避险自救措施宣传。还编写《暴雨预警信号科普》《暴雨防范常识》《雨量解释》《泥石流防范措施》《雨天行车司机的安全注意事项》等专题科普材料。利用气象局官方微博发布气象信息、收集灾情。发布预警信息64条，科普及天气实况136条，引起数十万网友关注，转发评论量11000余次，增加粉丝6000余人，获取网友上传灾情图片37张。通过网站扩大气象科普宣传，制作了《关注河北主汛期》专题网页，在新浪河北站、长城网、河北新闻网、燕赵都市网、河北天气网、河北省气象局外网等网站进行专题链接；更新预警信息24条，科普类文章14篇；完成《关注双台风"苏拉""达维"》专题网页，在中国天气网河北站、局外网上线；在河北天气网发布气象信息、天气形势分析3篇，发布《关注主汛期》专题文章3篇，发布《河北省启动暴雨灾害防御Ⅱ级响应》新闻1篇。在省内各种报纸发布气象信息稿件83篇次、组织召开新闻发布会4次、接受各类媒体采访69人次。充分发挥中国气象频道本地插播的作用。在中国气象频道中插播暴雨预警滚动字幕,并在屏幕的右上角叠加暴雨预警符号,累计发布预警672条;成立追风特别报道小组,8月3日下午,报道小组奔赴沧州渤海新区,对风暴潮进行现场报道并于当日被中国气象频道(河北应急)采用并播出;与各地市加强联系沟通,做好强降雨及受灾地区的气象新闻报道工作;为中国气象频道传送气象新闻6条,其中电话直播连线1次。

协助省政府完成《河北省暴雨灾害防御办法》的编制。在张庆伟省长的提议下,在沈小平副省长的指导下,省气象局、省政府法制办、应急办等部门共同编制完成了《河北省暴雨灾害防御办法》,于8月1日施行。按照《河北省暴雨灾害防御办法》的规定,为应对台风"达维"的影响,8月3日,沈小平副省长签署命令,省政府启动暴雨灾害防御Ⅱ级响应,市政府和省政府相关部门积极响应,做好应急处置工作,将台风和暴雨灾害对我省造成的影响降到最小程度。

大力做好对市、县气象局的业务技术指导。每天举行全省天气视频会商,重要过程进行加密会商。加强了对受灾较重的保定、唐山、秦皇岛等地的技术指导,派出专家3人次。

加强各类设备运行状况的监控和维护。省气象局24小时监控自动站、区域站等各类观测设备的运行状态,对可疑站点及时通知单位进行检查、维护。据不完全统计,全省在几次暴雨过程中,有30多个区域气象观测站因雷击造成资料不能正常观测、上传,有12个气象台站自动站因观测场积水等原因造成地温和有关设备出现故障,各级气象保障部门在第一时间赶到现场,及时维护、维修故障设备,确保了雨情资料和其他气象资料的可用性。

二、《河北省暴雨灾害防御办法》出台时间节点

2012年7月29日　河北省省长张庆伟致电姚学祥表示,要以政府规章的形式出台《河北省暴雨灾害防御办法》(以下简称《办法》),让制度做保证,依法强化气象预警信息"发令枪"作用,全面加强灾前管理,充分发挥各部门联合防备的作用。

7月30日　上午,沈小平副省长召集河北省气象局、河北省水利厅、河北省人民政府应急办、河北省人民政府法制办有关负责同志召开部门协调会,安排部署《办法》制订工作,要求河北省气象局牵头组织制订《办法》。

随即,河北省气象局成立了以姚学祥为组长,张守保为副组长,相关人员一起参加的《办法》起草小组。河北省人民政府应急办、河北省人民政府法制办派出多位专家,指导《办法》的编制工作。

《办法》起草小组分别联系28个行业、部门的负责人,了解其在暴雨灾害防御可能采取的应对举措,同时把《办法》的起草标准告知对方,对方根据标准提供相关信息和建议。随后,河北省气象局、河北省人民政府应急办、河北省人民政府法制办的专家一同进行凝练、汇编。经过昼夜的奋战,整个团队完成了《办法》(草案)的初稿。

7月31日　河北省人民政府副省长沈小平再次召集河北省气象局、河北省交通厅、河北省卫生厅等28个部门,针对《办法》(草案)集中进行讨论,并着重强调了《办法》制定的原则。

8月3日　河北省气象局向中国气象局报送了《关于河北省人民政府出台<河北省暴雨灾害防御办法>情况的报告》。

中国气象局副局长于新文8月6日批示:这是河北省在推进构建全社会气象灾害防御机制过程中

的又一重要举措,特别是出台对单一灾种(暴雨)的防御办法具有很好的示范意义,建议转发各地学习借鉴。

中国气象局局长郑国光8月6日批示:同意新文同志意见。按今天下午会议要求,要做好气象灾害预警信号发布和科普宣传工作。请局办部署。

8月6日　CMA(中国气象局)网站中心连夜赶制《全国首个分灾种地方性灾害天气防御政府规章出台》大型专题,并于8月7日一早在CMA网站头条发布,取得了良好的宣传效果。

8月7日　中国气象局办公室下发《内部情况通报第23期》,全文刊登《河北省暴雨灾害防御办法》,供各省(自治区、直辖市)气象局参阅。

8月8—14日　中国人民大学教授毛寿龙一行莅临河北省气象局就气象灾害防御工作及《河北省暴雨灾害防御办法》贯彻实施情况进行调研。

8月9日　8月9日出版的《河北法制报》五版头条刊登该报记者周欣艳采访河北省法制办主任秦博勇的署名文章《为我省防范暴雨灾害提供法治保障》,就读者关注的《河北省暴雨灾害防御办法》相关话题做了详细报道。

8月13日　国务院法制办网站刊文《以人为本,强化责任》,高度评价《河北省暴雨灾害防御办法》。

8月14日　河北省气象局向省政府就《河北省暴雨灾害防御办法》的落实情况进行了报告,省委副书记、省长张庆伟,副省长沈小平作出了重要批示。

张庆伟省长批示:加强宣传和细化工作,不断累积新经验。

沈小平副省长批示:《防御办法》的制定非常重要且及时,出台后得到了社会大众的广泛关注和认可,在实施中要根据情况的变化充实、完善,设区市政府、省政府有关部门亦应尽快制定实施细则。

8月20日　《河北日报》头版头条深度报道气象灾害防御机制,高度评价《河北省暴雨灾害防御办法》。

同　日　河北省气象局开展落实《河北省暴雨灾害防御办法》讲座。

2013年

1月8日　第七届全国气象行业职业技能竞赛暨第四届全国气象行业气象观测技能竞赛在成都信息工程学院举行。河北省代表队获得团体总分第二名的优异成绩,杨晓丽获个人全能第一名,张争获个人全能第六名。

1月14日　河北省气象局《实施政府绩效管理,落实气象灾害防御社会管理职能》项目被中国气象局评为创新工作项目第一名。

1月22—23日　全省气象局长会议在石家庄召开,河北省气象局党组书记、局长宋善允作了题为《紧紧围绕"经济强省、和谐河北"目标,全力推进河北气象事业现代化建设》的工作报告。

1月28—29日　第二届河北省气象行业职业技能竞赛(天气预报业务)在保定河北分院举行,河北省气象台、石家庄市气象局、唐山市气象局分别获得团体前三名。李宗涛、孙云、张南分别获得个人全能前三名。

1月31日　中国气象局党组书记、局长郑国光到保定市阜平县气象局调研,看望慰问基层气象台站职工，并代表中国气象局党组向他们送去新春祝福。

同　月　中国气象局印发《关于表彰全国气象部门文明台站标兵的决定》（气发〔2012〕109号），我省清河县气象局、武安市气象局、蔚县气象局获得2011—2012年度全国气象部门文明台站标兵荣誉称号，秦皇岛、涿州、廊坊、石家庄、遵化、衡水、承德、泊头等8个市气象局顺利通过了复查，继续保持全国气象部门文明台站标兵称号。至此，我省获得全国气象部门文明台站标兵数量达到11个，在全国气象部门位居先进行列。

2月25日　市级首家气象灾害防御中心——承德市气象灾害防御中心得到承德市机构编制委员会的批复。

同意成立承德市气象灾害防御中心，并明确了机构名称和规格、主要职责、人员编制和领导职数等。

同　月　《关于县级气象机构综合改革调研情况的报告》（作者：姚学祥、张守保、王欣璞、孙东磊、贾俊妹）、《河北省气象灾害防御指挥部建设调研报告》（作者：闫巨盛、郭树军）分别获得2012年全国气象部门优秀调研报告二等奖、优秀奖。

3月8日　河北省气象局"学习大讲堂"举办第一期讲座。国防大学战略学博士、石家庄陆军指挥学院战役战术系教授、博士生导师王建华以《海洋权益——当前军事斗争形势》为题目，为200多名干部职工做了一场精彩生动的时事报告。

4月23日　河北省气象局召开构建新型事业结构全面推进气象现代化建设电视电话会议，会议对如何构建新型气象事业结构，做了明确的安排部署。要以"县级气象机构综合改革""气象防灾减灾绩效管理"和"市厅合作"为抓手，构建新型气象事业结构。

4月25日　河北省物价局、河北省气象局根据《河北省人民政府办公厅关于恢复房地产开发项目防雷技术服务费的审查意见》，联合印发了《关于恢复房地产开发项目防雷技术服务费的通知》（冀价经费〔2013〕13号），文件要求自2013年5月1日起恢复房地产开发项目防雷技术服务收费，收费标准执行河北省物价局冀价经费字〔2002〕第39号文规定。

4月26日　郭迎春同志被河北省总工会授予"河北省五一奖章"光荣称号。5月3日，省直工会召开省直五一奖状、五一奖章颁奖仪式。郭迎春同志（河北省五一奖章获得者）、赵玉广同志（省直五一奖章获得者）出席颁奖大会。

5月10日　经省领导批示同意，河北省气象局纳入省委省政府农村工作领导小组成员单位，局长宋善允为省委省政府农村工作领导小组成员。

5月17日　保定国家基本气象站顺利完成新型自动气象站示范建设。2013年上半年，河北省气象局依托山洪建设项目的资金支持，在保定等13个国家级地面气象观测站先期开展新型自动气象站建设，完成自动气象站的升级换代，并于6月1日开展正式业务运行。

5月30日　河北省第十二届人民代表大会常务委员会第二次会议表决通过了《河北省气象灾害防御条例》。

同　月　河北省妇女"巾帼建功"活动领导小组、河北省妇女联合会下达了《关于表彰2011—2012年度河北省城乡妇女岗位建功先进集体（个人）的决定》，全省气象部门有7个单位、7名个人受到表彰。同时有1个单位、1名个人受到全国妇女"巾帼建功"活动领导小组、全国妇女联合会的表彰。

6月3—4日　中国气象局副局长宇如聪赴河北省保定、石家庄、沧州、廊坊等地开展调研，并针对当前正在开展的县级气象机构综合改革和汛期气象服务等工作提出具体要求。

6月4日 河北省人民政府办公厅正式印发了《2013年省气象防灾减灾绩效管理试点工作方案》。要求继续深入开展气象防灾减灾绩效管理工作，强化"政府主导、部门联动、社会参与"的气象灾害防御工作机制。落实气象灾害防御政府管理职责，有效提升气象灾害防御的能力和水平，增强全社会气象灾害防御意识，减少气象灾害造成的人员伤亡和经济损失，为加快建设经济强省、和谐河北提供保障。

6月27日 河北省气象局与张家口市人民政府在张家口签署了市厅合作协议，共同推进气象为张家口市经济社会发展服务。

6月30日 河北省人民政府新闻办公室召开新闻发布会，公布《河北省气象灾害防御条例》自7月1日起正式实施。

7月10日 河北省人民政府省长张庆伟冒雨视察河北省气象局。期间，与中国气象局局长郑国光进行视频连线，双方就河北气象防灾减灾及深化省部合作等事宜进行商讨。河北省人民政府副省长沈小平、中国气象局副局长矫梅燕参加视频连线。

7月16—17日 中央纪委驻中国气象局纪检组组长刘实一行到河北省唐山、廊坊市气象局检查指导工作。

7月18日 河北省气象局与邢台市人民政府签署《共同推进气象为邢台经济社会发展服务合作协议》。

同　日 中国气象局综合观测司在北京召开河北省4部新一代天气雷达系统业务验收会。验收委员会一致同意河北省石家庄、张家口（张北）、承德、秦皇岛4部新一代天气雷达系统通过业务验收。

7月22日 河北省气象局互联网接入带宽从50 M升级到80 M。

同　日 河北省气象局与石家庄市人民政府召开市厅合作联席会议，就共同推进气象为石家庄经济社会发展服务进行深入交流，按照河北省气象局与石家庄市人民政府签署的《共同推进气象为石家庄经济社会发展服务合作协议》的要求，共同研究制定推进方案。

7月23日 河北省气象局与衡水市人民政府签署《共同推进气象为衡水经济社会发展服务合作协议》。

7月29日 河北省气象局与河北省行政学院签署《关于共同推进河北气象防灾减灾的合作协议》。

同　月 河北省气象局荣获《中办通讯》工作先进单位。

8月3日 河北省气象资料基础数据库系统建设项目技术方案通过专家论证。

8月13日 河北省气象局与邯郸市人民政府签署了《共同推进气象为邯郸经济社会发展服务合作协议》。

8月20日 河北省气象局召开省级创新团队建设启动会。暴雨、强对流、农业气象灾害监测预警创新团队带头人分别就团队主攻方向、总体目标、具体建设任务、运行机制、团队人员构成及人才培养等方面进行了汇报。

8月22日 河北省气象局与保定市人民政府签署《共同推进气象为保定市经济社会发展服务合作协议》。

同　月 河北省文明办、河北省气象局联合印发了《关于在全省气象部门开展"文明台站标兵"创建活动的通知》，以有效的形式和载体，扎实推进全省气象部门精神文明建设工作。

9月24—25日　中国气象局副局长宇如聪到河北张家口市、张北县、蔚县、怀来县气象局调研指导工作。

同　月　河北省气象部门两项科技成果获省科学技术进步奖，其中河北省气象台完成的"河北省灾害性天气精细化临近分析预警系统"获科技进步二等奖、河北省气候中心完成的"河北省重大气候事件发生规律及预测技术研究"获科技进步三等奖。

10月18日　河北省气象局召开河北省环境气象中心成立专题会议，明确河北省环境气象中心挂靠河北省气象服务中心，与河北省气象服务中心合并运行。

10月24—25日　河北省气象局荣获第九届全国气象影视服务业务竞赛团体二等奖、"专业气象服务类"综合二等奖和"省级气象为农服务类"综合三等奖。

10月28日　河北省气象局与承德市人民政府在承德签署《共同推进气象为承德市经济社会发展服务合作协议》。

10月29—31日　在第三届华北区域气象行业重要天气预报技能竞赛中，河北省气象局获得团体第一名，孙云取得个人全能第一名，张南获第三名，侯书勋获第四名，于雷获第七名，张南、孙云分别获得理论知识科目的第一名和第二名，孙云与北京的赵玮并列荣获历史个例天气预报科目第一名，侯书勋、孙云分别获得现场问答的第一名和第二名。

同　月　张家口、廊坊和保定市气象灾害防御中心机构编制获所在市机构编制委员会批复。

截至目前，地方编制部门已经批准成立石家庄、承德、张家口、唐山、廊坊、保定和邯郸7个市级气象灾害防御中心，井陉矿区、鹿泉、平山、尚义、丰宁、围场、宽城、滦平、南皮、孟村、渤海新区和武安12个县级气象灾害防御中心。

11月5日　河北省总工会批复成立河北省气象工会工作委员会。

11月6日　中国气象局机关工会主席岳春山为杨晓丽颁发"全国五一劳动奖章"，杨晓丽是河北省邢台市国家基本气象站地面观测员，在2013年第七届全国气象行业职业技能竞赛中荣获个人全能第一名。

11月28日—12月2日　河北省首届气象行业防雷检测岗位职业技能竞赛在石家庄举行。沧州市气象局代表队荣获团体第一名，廊坊、张家口市气象局代表队分别获得团体第二名和第三名。杨敏获得个人全能第一名，陈玉元、张卫玲、潘玉婷、刘东东、高宇俊等分别荣获个人全能二至六名。

12月2日　郭迎春同志被中国侨联、国务院侨办联合授予"全国归侨侨眷先进个人"荣誉称号。

12月10日　北京区域气象为军队航空服务业务改革座谈会在廊坊举行。

12月3日　河北省气象局举办农业气象观测业务知识竞赛活动，全省30个农业气象观测站的31名选手参加了比赛。廊坊、石家庄和沧州市气象局分获团体总分一、二、三等奖，赵晓飞（霸州）荣获一等奖，朱惠钦（高邑）和刘思廷（藁城）分获二等奖，李艳荣（内丘）、史琳（黄骅）、姚太强（怀来）和刘安（涿州）分获三等奖。

12月20日　河北省气象局与河北省农业厅签署合作协议。

12月30日　由阜平县气象局编辑的《阜平县气象志》正式出版发行。

同　月　青龙满族自治县气象局刘志刚完成第29次赴南极长城站越冬科学考察任务返回（2012年11月—2013年12月）。

2014 年

1月16—17日　全省气象局长会议在石家庄召开。

1月17日　河北省气象局代表队在第八届全国气象行业职业技能竞赛暨第四届全国气象行业天气预报职业技能竞赛中获得团体第二的优异成绩，孙云（石家庄）获得个人全能第一名，李宗涛（省气象台）、侯书勋（唐山）分别获得个人全能第九名、第十四名的好成绩。

同　月　地方编制部门已经批准成立石家庄、承德、张家口、唐山、廊坊、保定、邢台和邯郸8个市级气象灾害防御中心，井陉矿区、鹿泉、平山、尚义、丰宁、围场、宽城、滦平、平泉、兴隆、隆化、承德县、顺平、定州、南皮、孟村、武安、广平、魏县、内丘和武邑共21个县级气象灾害防御中心。承德实现市县气象灾害防御中心全覆盖。

2月18日　河北省气象局召开全省气象部门第一批党的群众路线教育实践活动总结大会。

2月28日　河北省气象局先期购买的2架Y12 Ⅳ型人工增雨飞机，第1架B-3766已改装完毕，顺利飞回石家庄栾城通用机场。

同　月　河北省气象服务中心张欣被省直团工委授予2013年度省直"青年岗位能手标兵"荣誉称号。

同　月　河北省气象技术装备中心技术保障科和河北省气象信息中心系统保障科被省直团工委授予2013年度省直"青年文明号"。

同　月　河北省气象台陈小雷同志被省直工委评为2013年度省直机关"学习型党组织建设先进个人"。

3月1日　《人民日报》10版头条刊发报道我省气象防灾减灾工作的长篇通讯《河北：气象防灾减灾前移》。

3月6日　河北省气象台景华同志被河北省妇女联合会授予河北省"三八"红旗手荣誉称号。

3月11日　河北省气象局局长宋善允、副局长彭军向河北省人民政府副省长沈小平汇报工作。

3月12日　杨莹同志在省直机关"中国梦·赶考行"百姓故事汇演比赛中荣获一等奖。

3月22日　河北省首个在景区建设的气象科普馆——武安市气象科普馆向公众开放。

3月23日　长城网30余名爱好摄影的网友们走进河北省气象局，作为第54个世界气象日特色活动之一，用镜头去捕捉气象、感知气象、诠释气象。拍摄的专题从3月27日起陆续上线。

同　月　根据《河北省科学技术厅关于下达2014年河北省省级科技计划》，河北省气象局申报的《渤海海冰发生规律及预测技术研究》《河北省暴雪预报技术研究》和《冀中南农业水资源高效开发利用关键技术与应用研究》等3个项目获河北省科技厅科技支撑计划项目立项资助。

4月2日　河北省气象局与河北省农林科学院签署科技合作协议。

4月23日　河北省机构编制委员会正式批复同意设立河北省环境气象中心，该中心同时成为全国气象部门首家由省人民政府批准成立的环境气象正处级事业单位。河北省环境气象中心核定事业编制10名，经费形式为财政性资金基本保证。

4月28日　河北省气象影视中心影视制作科被河北省政府授予"河北省先进集体"称号。

同　月　郭迎春同志荣获"全国五一劳动奖章"光荣称号。

5月16日　河北省气象局召开直属机关工会第七次代表大会。

同　日　河北省实时历史地面气象资料一体化业务实现业务试运行。

5月27日　郭迎春同志被河北省侨联、河北省侨办联合授予"河北省归侨侨眷先进个人"称号，并再次当选为河北省侨联第九届委员会委员、常委。

同　月　杨晓亮同志被共青团中央、人社部评为"全国青年岗位能手"。

6月4日　中国气象局党组书记、局长郑国光来到河北省气象局看望干部职工，检查指导汛期气象服务工作，并调研河北省推进气象现代化和全面深化气象改革情况。河北省人民政府省长张庆伟、副省长沈小平会见了郑国光，并就大气污染防治、重大灾害预报预警、防灾减灾等工作交换了意见。

6月5日　"燕赵大讲堂"第十一讲在河北省会石家庄举行，中国气象局局长郑国光以《积极应对全球气候变化大力推进生态文明建设》为题作了一次精彩讲座。

6月13日　中国气象局党组决定：张守保同志任中共新疆维吾尔自治区气象局党组书记、局长。

6月19日　中国气象局党组决定：张晶同志任河北省气象局党组成员、副局长。

7月7日　崔伟、李宗涛分获河北省总工会颁发的"河北省五一劳动奖章"。

7月8日　中国气象局"公路交通预报试点工作推进会"在石家庄召开。

8月13日　河北省人民政府副省长沈小平听取河北省气象局局长宋善允工作汇报。

8月15日　MARGA在线气体及气溶胶成分监测系统在石家庄安装完成并开始运行，监测设备由瑞士万通（中国）公司提供并在石家庄进行为期1个月的在线监测试验，用于大气污染物的成分分析。

9月1日　中国气象局气象宣传与科普中心与河北省气象局在沧州签署加强气象宣传科普工作合作意向书。

9月5日　河北省气象局与南京信息工程大学合作签约仪式在南京举行。

9月11日　河北省气象局组织召开河北省海洋气象灾害监测预警系统地波雷达建设项目可行性研究报告专家论证会。

9月24日　搜狐新闻客户端河北气象局政务厅正式上线。政务厅包括"气象局简介""工作动态""天气预报""预警信息""生活气象""气象科普"等板块。搜狐新闻客户端是继省气象局官方微博、微信后的又一直面公众的新媒体互动平台。至此，河北省气象局实现了"两微一端"的信息发布自媒体融合运用，进一步拓宽了气象信息发布渠道，为提高气象防灾减灾信息传播覆盖面做出积极有益尝试。

9月26—27日　第三届河北省气象行业职业技能竞赛暨第一届河北省县级综合气象业务技能竞赛在保定中国气象局气象干部培训学院河北分院举行。

9月29日　中国气象局组织召开了"2014年国庆节假日全国天气预报大会商"，河北省气象局特别邀请了省政府应急办、省公安厅、省农业厅、省环保厅、省交通运输厅、省旅游局、省海洋局、石家庄铁路办事处等多个部门的有关领导参加了会商。

同　月　由河北省气候中心刘咪咪博士申报的《年代际气候预测中的动态偏差订正方法研究》项目获得国家自然基金委批准，列入2015年度国家自然基金委青年科学基金项目，这是2012年以来河北省气象部门第二次牵头承担国家青年科学基金专项课题。

同　月　河北省防雷检测中心被共青团河北省委评为省级"青年文明号"。

10月21日　河北省气象局召开全省气象部门党的群众路线教育实践活动总结大会视频会议。

10月22日 河北省气象局召开亚太经合组织峰会和冬奥会申办气象服务保障工作调度会。

11月18—20日 第六届华北区域气象行业职业技能竞赛暨第一届华北区域县级综合气象业务技能竞赛在中国气象局气象干部培训学院河北分院举行，来自北京、天津、河北、山西、内蒙古的5支代表队共29名队员参加了竞赛，经过2天的激烈角逐，我省代表队获团体总分第一名。我省6名参赛队员史琳、李秀英、孟丽红、罗晶、赵娜、孙晓杰包揽个人全能前六名，并包揽综合气象基础理论、自动气象站技术保障2个单项的前三名，史琳获得计算机综合处理第一名。

11月21日 河北省文明委公布了2012至2013年度省级文明单位名单，并在《河北日报》予以公告，全省气象部门有38个单位榜上有名。分别是：石家庄市气象局、石家庄市飞宇气象科技服务中心平山县服务部、平山县气象局、承德市气象局、张家口市气象局、蔚县气象局、秦皇岛市气象局、抚宁县气象站、卢龙县气象站、青龙满族自治县气象站、昌黎县气象站、唐山市气象局、唐山市丰润区气象台、廊坊市气象局、三河市气象局、永清县气象局、保定市气象局、涿州市气象局、易县气象局、沧州市气象局、任丘市气象局、泊头市气象局、南皮县气象局、吴桥县气象局、献县气象局、东光县气象局、肃宁县气象局、衡水市气象局、武邑县气象局、枣强县气象局、饶阳县气象局、邢台市气象台、清河县气象局、内丘县气象局、宁晋县气象局、巨鹿县气象局、河北省气象台、河北省气象服务中心。

从数据分析来看，2008—2009年全省气象部门省级文明单位数是20个，2010—2011年为30个，2012—2013年达到38个，在省文明办要求每次更换20%文明单位及各单位竞争激烈的背景下，全省气象部门省级文明单位数量连续取得突破，创出了历史新高。

12月12日 在中共河北省委省直工委举办的以"中国梦·燕赵情"为主题的专题片大赛活动中，河北省气象局选送的专题片获大赛一等奖。

12月18—20日 河北省第一届特种气象观测（农业气象）技能竞赛在正定举行。石家庄、廊坊、唐山代表队分别荣获团体一、二、三等奖。

12月23日 李红艳、李祥在中共河北省委省直工委举办的公文写作技能大赛中分获调研报告类、报告类二等奖。

2015年

1月19—20日 第一届河北省气象装备保障技能竞赛在正定举行。衡水、石家庄、沧州代表队分别荣获团体一、二、三等奖。

1月29—30日 全省气象局长会议暨党风廉政建设工作会议在石家庄召开，河北省气象局党组书记、局长宋善允作了题为《改革创新、转型升级，奋力推进气象事业发展提质增效》的工作报告。

同　月 河北省防雷检测中心被河北省青年文明号活动组委会评为第九届河北省"青年文明号标杆优秀奖"。

同　月 人民日报发布《2014政务微博报告》，其中"河北天气"荣获2014年度全国十大气象微博，这也是本官方微博连续第三年获此殊荣。

2月6日 河北省人大常委会副主任王刚一行到河北省气象局就加快河北省气候资源开发利用和保护立法步伐进行调研。

2月8—9日 中国气象局党组成员、副局长于新文深入河北省基层气象台站，看望慰问干部职工和离退休干部，向他们送去中国气象局党组的问候和祝福。

同　月 首届全国气象宣传作品观摩交流活动获奖作品目录揭晓，《2014年河北春运气象服务专题——马上回家》获得网站类作品三等奖。

同　月 河北省气象局局直工会获中华全国总工会"2014年度基层工会组织建设创新成果优秀奖"。

3月1日 中国文明网发布《关于表彰第四届全国文明城市（区）、文明村镇、文明单位的决定》，承德、石家庄、廊坊市气象局入选全国文明单位。河北省气象台（机关）通过复查继续保留全国文明单位称号。至此，全省气象部门获得全国文明单位数量为4个，达到历史最高水平。

3月3日 河北省气象局党组书记、局长宋善允，党组成员、纪检组长臧建升向中共河北省委常委、省纪委书记陈超英汇报工作。

3月27日 河北省气象局开展机关标准化培训。2015年，河北省气象局将把机关标准化工作作为省局重点工作内容之一，以此进一步明晰机关处室各岗位的职责和流程，建立和实施与实际工作相匹配的质量管理体系，形成管理科学、行为规范、运转协调、公正透明、廉洁高效的机关管理机制。

同　月 "高速公路智能化气象保障服务系统建设"项目被河北省总工会、河北省科学技术厅、河北省人力资源和社会保障厅、河北省工业和信息化厅联合评为"河北省职工优秀技术创新成果优秀奖"。

同　月 蔚县气象局被全国妇女"巾帼建功"活动领导小组、中华全国妇女联合会命名为2013—2014年度"全国巾帼文明岗"。

同　月 满城县气象局被河北省妇女"巾帼建功"活动领导小组、河北省妇女"双学双比"活动领导小组命名为2013—2014年度"河北省巾帼文明岗"。

4月2日 河北省人民政府副省长沈小平听取河北省气象局党组书记、局长宋善允工作汇报。

4月21日 河北省人民政府省长张庆伟考察中航通飞华北飞机工业有限公司，登上用于人工增雨作业的运12飞机，实际体验并了解空中人工增雨作业的相关情况。

4月28日 河北省气象台首席预报员、高级工程师张迎新被中共中央、国务院授予"全国先进工作者"荣誉称号。

5月12—13日 中国气象局副局长矫梅燕到中国气象局气象干部培训学院河北分院、廊坊市气象局调研气象工作。

5月14日 郭迎春家庭被中华全国妇女联合会评为2015年全国"最美家庭"。

5月20日 中国气象局党组副书记、副局长许小峰应邀为河北省气象灾害防御培训班学员授课。

5月26日 河北省气象局召开省级创新团队工作汇报交流及拟组建创新团队研讨会。

同　月 张北县气象局、顺平县气象局、邯郸市气象局人事处荣获河北省"工人先锋号"荣誉称号。

同　月 杨晓亮荣获第十八届"河北青年五四奖章"提名奖。

同　月 中国气象局公布2015年度气象部门青年英才名单，河北省气候中心陈霞入选。

6月2—5日 河北省气象局举办第三届河北省气象行业职业技能竞赛（天气预报业务）。河北省气象台的两支代表队分别获得了团体第一名和第二名，沧州代表队获得团体第三名。个人全能前三名获得者分别是张南、曹晓冲和张立霞。

6月18—19日 中国农林水利工会副主席孙涛一行在中国气象局工会领导陪同下，到河北省气象局、保定市气象局和雄县气象局调研指导省、市、县三级气象部门工会工作。

6月25日 河北省人大常委会党组副书记、省总工会主席王增力一行到河北省气象局调研指导工会工作。

6月29日 经中共中国气象局党组研究，决定：王欣璞同志任中共山西省气象局党组成员、纪检组长。

7月27日 河北省气象灾害防御指挥部办公室组织省政府应急办、民政厅、水利厅等16家成员单位针对主汛期可能出现的暴雨天气，商讨灾害应对措施。

7月29日 河北省人民政府省长张庆伟在省防汛抗旱指挥部与河北省气象台视频连线，听取全省入汛以来降水情况、气象服务情况和未来听取趋势预报分析之后，对下一阶段防汛抗旱工作提出具体要求。

8月5日 河北省气象局为进一步提高预报人员责任心和使命感，努力建设一支高素质的预报队伍，特邀中国工程院院士李泽椿与预报服务技术人员座谈。

8月6日 河北省气象局完成的《健康气象及其预报技术研究》项目顺利通过河北省科技厅鉴定。

8月18日 中国气象局党组对河北省气象局领导班子补充调整，决定：臧建升同志任河北省气象局巡视员，免去其中共河北省气象局党组成员、纪检组组长职务。申敏同志任中共河北省气象局党组成员、纪检组组长。

9月 郭迎春同志作为河北省省直工会唯一的劳模代表，应邀参加了纪念中国人民抗日战争暨世界反法西斯战争胜利70周年阅兵观礼大会。

同　月 河北省气象部门共有15位老同志获得中共中央、国务院、中央军委颁发的中国人民抗日战争胜利70周年纪念章。他们是：徐景福、杨慰洋、边文华、王福振、董树馨、李金池、崔树欣、廉介之、吉海明、杨生荣、刘瑞民、刘志启、王友鹏、安增芬、荀双振。

10月25日 郭迎春家庭被中共中央宣传部、中华全国妇女联合会授予"全国孝老爱亲最美家庭"荣誉称号。

同　日 石家庄栾城飞机人工增雨和科学试验基地基础设施建设正式开工。

10月26日 中共河北省气象局直属机关第七次党员大会在省局召开。根据《中国共产党章程》和《中国共产党党和国家机关基层组织工作条例》及党内有关规定，大会选举产生了河北省气象局第七届机关党委、机关纪委。

同　月 河北省气象局直属机关工会被中国农林水利工会全国委员会授予全国气象行业"模范职工之家"荣誉称号。石家庄市气象局石志增同志被授予全国气象行业"优秀工会积极分子"荣誉称号。

11月2日 中国气象局与河北省人民政府在北京举行省部合作联席会议，总结"十二五"期间省部合作共建工作取得的成绩，研究推进"十三五"时期合作共建重点内容。中国气象局局长郑国光、河北省人民政府省长张庆伟出席会议并讲话。

11月4日 全省气象为农服务工作会议在石家庄召开。

11月6日 在第四届华北区域气象行业天气预报技能竞赛中，我省继续夺得了团体第一的桂冠。曹晓冲、张南分别夺得个人全能第一名、第二名。

11月11日　河北省气象与生态环境重点实验室第一届理事会第一次会议在石家庄召开。

同　日　由河北省气象局牵头召开的《京津冀交通气象中心建设方案》编写研讨会在石家庄举办。

11月20日　河北省气象局举办第一届信息网络保障技能竞赛，各设区市气象局、省气象信息中心、河北分院共25名选手参加了比赛。石家庄、邢台、河北分院代表队分别荣获团体一、二、三等奖。

同　月　涿州市气象局编外职工刘安被河北省总工会、省委组织部、省委宣传部等8家单位联合授予第五届"河北省能工巧匠"荣誉称号。

12月1—2日　河北省气象局举办第一届高空雷达业务技能竞赛，全省气象部门8支代表队共计27名选手参加了比赛。牟凤军、傅超、薛学武分别荣获新一代天气雷达个人全能一、二、三等奖；刘立辉、程晓辉、贾秋兰分别荣获高空个人全能一、二、三等奖。

12月11日　河北省文明办、河北省气象局联合授予平山、隆化、张北、丰润区、文安、易县、肃宁、枣强、巨鹿、磁县10个单位2015年度全省气象部门文明台站标兵称号。

12月16日　京津冀交通一体化安全气象保畅服务工程（一期）项目启动会在石家庄召开。

12月31日　2015年12月31日20时15分，随着我省新启用的87个国家级地面气象观测站新型自动站的数据上传河北省气象信息中心，标志着河北省新型自动站业务切换工作全部顺利完成。截至目前，河北省在用新型自动站台站为136个，基本实现了观测要素的全自动化（云、天气现象除外），全省122个台站实现双套自动站热备份。

同　月　河北省风云三号气象卫星省级地面接收站在献县建设完成并开始试运行。

2016年

1月13日　河北省气象事业发展"十三五"规划通过专家论证。

1月27—28日　全省气象局长会议暨党风廉政建设工作会议在石家庄召开。河北省气象局党组书记、局长宋善允作了题为《把握协同、转型、又好又快主基调，开创"十三五"气象事业发展良好开局》的工作报告。

同　月　河北省气象局机关工会委员会被中华全国总工会授予全国模范职工之家荣誉称号。

同　月　郭迎春同志被河北省总工会、中共河北市委宣传部、河北省文明办、河北省国资委联合授予第三届"河北省职工道德模范"称号。

2月6日　《人民日报》生态周刊真实记录张北县气象观测员除夕在岗工作场景。

2月26日　经中国气象局党组研究，决定：关福来同志任中共天津市气象局党组副书记、副局长。

3月1日　河北省气象局召开省市县集约化综合气象业务平台项目建设启动会。

3月8日　河北省气象局召开作风整顿动员大会，进一步贯彻落实河北省委、省政府要求，对活动的开展进行动员部署。

3月29日　河北省十二届人大常委会第二十次会议对《河北省气候资源保护利用条例》进行第一次审议。

3月31日　省市县集约化综合气象业务平台建设初步完成预报系统框架设计。

同　日　秦皇岛市青龙满族自治县祖山镇及周边发生森林火灾，河北省气象局行动迅速、部署周密，市、县气象部门应急处置及时，现场气象服务保障有力，人工增雨作业效果明显，为取得扑火最终胜利发挥了重要作用。

4月5日　河北省政协副秘书长、常委，民盟河北省委驻会副主委鲁平一行到河北省气象局调研指导工作。

4月11日　印有"河北气象"标志的空中国王350 HW增雨飞机顺利降落河北省正定机场。这是河北省政府投资购买的第三架人工增雨飞机，飞机的顺利到位将有力地推动国家级飞机人工增雨基地和科学实验基地的建设。

4月25日　河北省总工会授予河北省气象灾害防御中心"河北省五一劳动奖状"、唐山市气象台"工人先锋号"荣誉称号。

同　月　河北省气象局荣获2016年春运工作先进单位。

5月　沧州市气象局被中共中央宣传部、中华人民共和国司法部评为2011—2015年全国法制宣传教育先进单位。

同　月　河北省气象服务中心谢盼同志被共青团省直团工委授予"2015年度省直青年岗位能手"称号。

6月14日　2016—2017年大气污染防治气象保障工程实施方案通过专家论证。

6月16—17日　河北省气象局举办第一届全省气象部门公文与新闻写作业务技能竞赛，全省67名选手参加比赛，衡水、邢台、唐山市气象局分别荣获团体一、二、三等奖。

6月22日　河北省气象局为河北省人民政府开展定制服务，将便携式六要素自动站安装到政府大院，并将该站的实况资料和省内的预报预警信息实时在大厅大屏幕上显示，为省领导第一时间掌握各类气象要素的实况和预报预警信息提供有力保证，6月22日上午，安装顺利完成并从12时20分开始正式上传观测数据。

6月23—24日　河北省气象局召开防雷减灾体制改革工作会议，充分研究讨论《河北省防雷减灾管理体制改革实施方案》配套措施及改革的重点难点问题。

7月18日　河北省人大常委会组织召开《气象灾害防御条例》《河北省气象灾害防御条例》执法调研座谈会。

7月18—21日　河北省出现了自"63·8"特大暴雨以来最强暴雨天气过程，总体强度与影响范围均超过了"96·8""7·21"两次特大暴雨，过程累积降雨量仅次于"63·8"，影响范围超过"63·8"。

7月24日　河北省气象局紧急召开全省汛期气象服务视频会议，传达贯彻中国气象局局长郑国光重要讲话精神，对近期气象服务工作再动员、再部署。

7月29日　河北省十二届人大常委会第二十二次会议召开，通过了《河北省气候资源保护和开发利用条例》，并将于2016年10月1日起施行。

同　月　中共河北省委省直工委授予河北省气象服务中心党支部"先进基层党组织"、河北省气象台杨晓亮"优秀共产党员"、河北省气象灾害防御中心陈小雷"优秀党务工作者"称号。

8月23—24日　河北省气象局举办第四届河北省气象行业职业技能竞赛（地面气象测报业务），来自全省的33名选手参加比赛。

同　月　河北省气象局书画摄影协会被河北省总工会、河北省职工文化体育协会授予"河北省职工文化优秀示范团队";张润民、郭丽丽被选树为"河北省职工文化优秀骨干"。

9月7日　河北省气象与生态环境重点实验室理事会召开第二次全体会议,对2016年度开放研究基金申报指南进行集中审议。

9月8日　河北省气象与生态环境重点实验室和河北省气象学会在石家庄共同举办2016年河北省气象与生态环境论坛,来自北京、河北的专家、学者和科技工作者约150人出席此次论坛。

同　日　河北省气象局与邢台市人民政府在邢台市召开共同推进邢台气象现代化建设市厅合作联席会议。

9月13日　河北省气象局与承德市人民政府在承德市召开共同推进承德气象现代化建设市厅合作联席会议。

同　月　为落实《国务院关于优化建设工程防雷许可的决定》,加快推动我省防雷减灾体制改革工作,根据省政府领导重要指示,省气象局、省住建厅、省编委办、省发改委、省工信厅、省环保厅、省交通厅、省水利厅、省通信管理局、省法制办10部门联合下发《关于优化建设工程防雷许可的通知》。

10月12—14日　在第二届华北区域县级综合气象业务技能竞赛中,我省代表队获团体总分第一名。郭义涛、罗晶、荀唯伟分获个人全能前三名,蔡飞、郭义涛、荀唯伟分获综合气象业务基础理论前三名;罗晶、郭义涛分获强对流天气监测预警与服务前两名;罗晶获得自动气象站技术保障第一名。

10月18日　河北省气象局与保定市人民政府在保定市召开共同推进保定气象现代化建设市厅合作联席会议。

同　日　河北省气象局与张家口市人民政府在张家口市召开共同推进冬奥会张家口气象服务保障能力建设市厅合作联席会议。

10月21日　河北省气象局与秦皇岛市人民政府在秦皇岛市召开市厅合作联席会议。共同推进秦皇岛"十三五"气象事业发展,加快气象现代化建设,促进秦皇岛经济社会发展。

同　月　河北省气象局和河北省海事局在秦皇岛市签署深化合作协议。

同　月　中共河北省委办公厅、河北省人民政府办公厅作出关于表彰"7·19"抗洪抢险救灾工作先进集体和先进个人的决定,对"7·19"抗洪抢险救灾工作中事迹突出的159个单位和343名个人予以表彰。河北省气象部门的河北省气象台,石家庄、保定、秦皇岛市气象局,邢台市气象台5个单位,杨莹、娄朋举、李宗涛、董保华、智利辉、邢睿、王从梅、张炳炉、张功文、王梅、刘舰、李佳旭12人受到表彰。

同　月　河北省气象台张南同志被河北省妇女联合会授予河北省"三八"红旗手荣誉称号。

11月3—4日　河北省气象局在石家庄组织召开京津冀交通气象服务研讨会。

11月11日　由河北省气象与生态环境重点实验室和省气象学会主办的"'7·19'特大暴雨研究学术交流会"在邯郸市召开。来自国家气象中心、中国气象科学研究院、中国科学院大气物理研究所和北京、天津、河北、山西、河南、山东气象部门的专家和科技工作者80余人出席了会议。

11月16日　河北省气象局首次组织召开"订单式"科研项目评审会,对申报2016年度的11个"订单式"科研项目进行了评审。

同　日　河北省气象局与廊坊市人民政府在廊坊市召开共同推进廊坊气象现代化建设市厅合作联

席会议。

11月21日 中国共产党河北省第九次代表大会在石家庄举行，河北省气象台首席预报员张迎新同志当选党的代表并出席会议。

11月30日 在第十一届全国气象行业职业技能竞赛中，河北省气象局代表队一举夺得团体冠军，取得了历史性重大突破。其中县级综合业务基础理论和观测数据综合处理获得两项单项团体总分第一名，孟丽红、郭义涛分获个人全能一、二等奖，罗晶获得个人全能优秀奖，孟丽红分获综合业务基础理论第一名和强对流天气监测预警与服务第五名，郭义涛分获观测数据综合处理第一名和县级综合业务基础理论第二名；罗晶获得观测数据综合处理第三名。

12月1日 河北省气象局与邯郸市人民政府召开市厅合作联席会议，全面总结"十二五"期间市厅合作项目落实情况，研究推进"十三五"时期合作共建重点项目。

12月12日 第一届全国文明家庭表彰大会在京举行，郭迎春家庭荣获全国文明家庭光荣称号，中共中央总书记、国家主席、中央军委主席习近平亲切接见了荣获全国文明家庭的代表。

12月15—16日 在首届"京津冀职工职业技能大赛"天气预报员决赛上，我省选手张立霞、金晓青、曹晓冲包揽了竞赛前三名。

同　月 石家庄市气象局李国翠入选2016年度河北省"三三三人才工程"二层次人选。截至目前，全省气象部门共有1人入选河北省"三三三人才工程"二层次人选、20人入选河北省"三三三人才工程"三层次人选。

【本年度重大气象服务专题】

有效应对"7·19"特大暴雨预报服务情况

2016年7月18—21日，河北省出现了自"63·8"特大暴雨以来最强暴雨天气过程，总体强度与影响范围均超过了"96·8""7·21"两次特大暴雨，过程累积降雨量仅次于"63·8"，影响范围超过"63·8"。省气象局按照中国气象局、省委省政府部署，认真落实中央、中国气象局、省领导指示精神，18日启动Ⅳ级应急响应，19日逐步升级为Ⅲ级、Ⅱ级应急响应，全省气象部门上下联动、左右协同，主要领导亲临一线、靠前指挥，业务人员日夜坚守、滚动服务，以高度的责任感和使命感全力以赴做好监测、预报、预警和气象服务工作，为我省抗击此次特大暴雨洪涝灾害提供了有力支撑。

此次特大暴雨雨强、风疾、量大、面广

一是累积雨量大。过程平均降水量为156.2毫米，高于"96·8"的122.4毫米和"7·21"的60.2毫米，仅次于"63·8"的321.4毫米。降水大值区主要集中在太行山区，有517个站出现特大暴雨，占全省特大暴雨站数的79%，平均累积雨量达217.4毫米，其中井陉县达392.5毫米，峰峰矿区达379.7毫米，沙河市达304.4毫米。共有5个观测站累积雨量超700毫米，磁县陶泉乡最大达783.7毫米。二是降雨强度高。武安、井陉、邢台市区、石家庄市区等19个县（市）日最大降水量突破历史同期极值，安新、徐水、霸州、容城、涿州、献县、清河等7个县（市）日最大降水量突破历史极值。小时雨强超过60毫米的共有163站，超过100毫米的有22站，其中曲阳店上水库水文站最大达191.5毫米，赞皇嶂石岩气象站达139.7毫米。三是强降雨范围大。全省共有2594个站点出现大暴雨，655个站点出现特大暴雨，100毫米以上降雨影响范围达11.5万平方公里，覆盖了全省61%的面积，范围超过"63·8"。其中仅20日就有119个县降雨量达到暴雨量级，为有气象记录以来单日暴雨范围之最。四是疾风骤雨交加。与此次特大暴雨灾害同时伴生的还有7～8级强风，邯郸等地最大风力达9级，大量树木被强风吹倒，农作物倒伏，狂风引发的雨水倒灌导致大量房屋进水。我省海区出现了9～10级大风，秦皇岛海区出现风暴潮，沧州海区逼近警戒潮位。

监测预报预警准确及时，决策服务支撑有力

一是天气监测细密数据可靠。全省5000余个气象站、水文站等地面观测站，京津冀区域的7部新一代天气雷达以及风云、葵花等国内外各类气象卫星全时空、高频次监测天气变化。全省气象部门装备保障队伍24小时值守待命，确保各类探测装备稳定运行，监测数据采集准确及时。为解决因灾导致的设备故障，有的县气象局工作人员冒着生命危险深入水毁地区抢修气象观测设备，磁县陶泉乡自动气象站因通信中断数据无法自动上传，县气象局工作人员到现场坚守，通过人工抄报上传雨量数据，甚至一度与外界失联。石家庄市气象局因内涝导致电力中断后，迅速启动备用工作机制，预报服务人员转移至省气象台使用备份设备继续做好预报预警服务。在各级气象部门的共同努力下，整个暴雨过程期间95%以上的各类自动观测站及时准确上传数据，市、县气象局无一因灾中断气象服务。二是预报预警准确及时。针对此次特大暴雨，省气象台18日10时首先发布了此次暴雨过程预报，16时以重要气象专报的形式报送省委省政府和有关部门。此后，整个过程中每2至3小时发布一次短时临近预报信息，滚动订正预报，强降雨的起止时间、落区、转折时段等预报与实况基本一致。根据天气形势变化，省气象台18日16时发布暴雨蓝色预警，19日8时、16时先后将暴雨预警升级到黄色、橙色，20时升级为最高级别的红色预警；同时联合国土部门发布地质灾害风险预警5期，发布山洪气象风险预警2期。通过"河北地质灾害气象预警"联防群，与国土部门实时滚动联防，发布联防信息217条。期间，省、市、县三级气象部门共发布预警信息882条，其中红色219条，橙色148条，黄色271条，蓝色244条。7月22日在全省安全生产和防汛抗洪工作电视电话会上，张庆伟省长对气象部门提前在时间和空间准确预报此次强降雨过程并及时预警、主动做好气象服务工作给予充分肯定。三是预警信息多渠道发布。省、市、县通过突发事件预警信息发布系统第一时间向重点防御单位责任人与基层气象协理员、信息员发布各类预警信息292万条，承德、衡水等地运营商还进行了预警信息的全网发布。电视、广播等传统媒体以及微博、微信等新媒体也及时向公众播发预警信息，其中河北电视台各个频道每10分钟滚动1次暴雨预警字幕，电台节目直播连线144次，网站直播关注人数突破1300万人次，"河北天气"微博发布天气实况及预报预警信息147条，"河北天气"微信公众号发布的暴雨科普视频节目阅读量近3.55万次。及时高效的预警为各级政府提前安排部署、社会公众及时防御争取了宝贵的时间。四是决策服务支撑有力。全省气象部门建立了重大气象信息报送党政主要领导机制，主要负责人与政府领导保持"点对点"的直通式服务，逐小时向政府领导滚动通报雨情实况和最新预报，有重大变化随时通报。省气象局主要负责人特别针对灾害较重的邯郸、邢台、保定、石家庄、承德、唐山、秦皇岛等市专门向当地政府主要领导电话通报天气形势，提出防御建议。19日夜间和20日，省气象局2次召开视频会议，对全省监测、预报、预警、服务和灾害防御工作进行紧急调度，3次到省防汛抗旱指挥部参加会商，分析研判灾害形势。期间，省气象局滚动制作决策气象服务材料，共报送重要气象专报和气象服务快报26期。

防御工作部署周密，协同联动有序高效

一是各级气象灾害防御指挥部有效发挥"发令枪"作用。省气象灾害防御指挥部办公室根据张庆伟省长、沈小平副省长指示要求，18日下午紧急下发《关于做好7月19—20日区域性暴雨、强对流灾害防御工作的通知》，并根据雨情灾情和天气形势演变情况，于19日与省防汛抗旱指挥部联合下发《关于做好暴雨洪水大风灾害防御的紧急通知》，充分发挥组织协调作用。各市、县气象灾害防御指挥部办公室有效利用气象部门建立的针对气象灾害防御重点单位责任人、气象协理员和气象信息员的预警"叫应"机制，警示相关人员及时查收预警信息，督促做好防范应对和防御措施落实工作。受此次暴雨过程影响严重的10个设区市全部启动暴雨灾害防御响应，其中有2个市启动了Ⅳ级，7个市启动了Ⅲ级，1个市启动了Ⅱ级。全省各级气象灾害防御指挥部共下发通知300余份，召开指挥部成员联席会议180余次。二是各成员单位响应迅速，措施有效。省气象灾害防御指挥部办公室加强与各成员单位及各市的联系与信息互通，各级指挥部成员单位密切合作，联防联动。省水利厅根据暴雨预警及时启动Ⅲ级防汛应急响应，及时调整水库下泄流量，适时启动蓄滞洪区。省农业厅第一时间派出工作组和专家组，加强指导和帮助，将损失降到最低。省交通运输厅迅速启动应急预案，安排部署建设施工、公路运营、道路运输、港口运营、城市客运以及地方铁路全面做好防御防范，并紧急撤离在建公路工程项目人员2539人，确保人员安全。省国土厅与省气象局联合发布地质灾害气象风险预警，及时组织转移受地质灾害威胁群众38643人，避免了重大人员伤亡。省旅发委及时启动旅游系统防汛Ⅲ级应急响应，坚决关闭暴雨橙色及红色预警地区景区景点，未发生游客伤亡和大批游客滞留情况。省广电局迅速组织河北广播电视台各频道滚动播出预警信息游走字幕，最高频率达1分钟左右一次，电台交通频率及时启动应急报道预案，全天开通暴雨应急特别节目。省海事局通过甚高频广播及时播发海上气象预警信息，提醒各类船舶和人员提前回港避风。此外，住建、工信、林业、人防、通管、电力、机场等部门也按照灾害防御相关部署及时采取应急措施，有效部署应对工作。

2017年

1月19—20日 全省气象局长会议在石家庄召开，河北省气象局党组书记、局长宋善允作了题为《凝心聚力、加快改革创新，全面提升气象现代化质量和效益》的工作报告。

1月23日 中国气象局党组书记、局长刘雅鸣一行到张家口崇礼区、怀来县等基层气象台站，代表中国气象局党组看望慰问长期坚守在一线的干部职工，并向大家致以新年祝福。

同　月 郝雪明同志被省委宣传部、省委组织部、省文明办等14家单位联合授予"河北省学雷锋志愿服务优秀志愿者"称号。

同　月 河北省气象局推行"机关标准化＋目标绩效管理"，实现机关效能建设提质增效升级项目，获评中国气象局2016年全国气象部门28项创新项目之一。

同　月 在第二届全国气象宣传作品观摩交流活动中，河北省气象局选送的《天气和尚》获网络类一等奖；《灾后重建夜战正酣》获图片新闻类二等奖；《早点接班，让同事回家团圆》获文字新闻类三等奖。

2月 申敏同志替补当选河北省总工会第十二届委员会委员；胡晓蓉同志当选中国农林水利气象工会第四届委员会委员。

3月8日 中国气象局妇女工作领导小组在北京举办"不忘初心，巾帼建功"县（市）气象局优秀女局长先进事迹报告会。河北省武安市气象局局长王梅同志作为8名报告人之一，在会上作了报告。

3月18日 河北省气象局联合河北省科技馆举办的《"观云识天"大讲堂》在科技馆球形多功能厅开讲。这是河北省气象局第一次联合河北省科技馆开展"3·23"世界气象日主题活动。

3月22日 中国气象局党组书记、局长刘雅鸣来河北省气象局调研。刘雅鸣对河北积极主动融入地方经济社会发展需求，不断提升气象科技支撑水平，提高气象防灾减灾能力给予充分肯定，强调要以冬奥为契机，继续再接再厉，推动河北气象服务、气象科研再上一个新台阶。

同　日 河北省人民政府省长张庆伟会见中国气象局党组书记、局长刘雅鸣一行，双方围绕气象灾害防御工作、气象服务京津冀协同发展、气象保障冬奥等内容进行交流，并就积极落实"十三五"规划各项任务，共同推进河北气象现代化建设达成一致意见。

3月30日 河北省气象局信息化领导小组召开会议，对《智慧气象河北行动方案（2017—2020年）》进行研讨。

同　月 河北省气象局联合中国气象局气象宣传与科普中心共同承担的气象软科学项目《国家级现代化气象科普业务评估指标研究及其省级试点》通过专家组验收。

4月11日 在2016年度河北省文明家庭表彰大会上，张素云家庭被河北省精神文明建设委员会授予"河北省文明家庭"荣誉称号。

4月25—26日 中国气象局副局长宇如聪赴2022年冬奥会雪上项目主赛区河北省张家口市崇礼区，就冬奥会筹办气象服务保障工作进行专题调研。

4月24—27日 河北省气象局、河北省人力资源和社会保障厅、河北省总工会联合举办第四届河北省气象行业天气预报职业技能竞赛。河北省气象台一队、唐山市气象局、邢台市气象局分别获得团体前三名。曹晓冲、闫雪瑾、于雷分别获得个人全能前三名。

5月24—25日 河北省气象局在天津举办第二届河北省气象技术装备保障业务技能竞赛。

5月25日 河北省委、省政府在石家庄召开河北省科学技术奖励大会，表彰为河北省科技事业和现代化建设做出突出贡献的科技工作者，庆祝即将到来的我国首个"全国科技工作者日"。河北省委书记、省人大常委会主任赵克志出席并颁奖。河北省气象局《健康气象及其预报技术研究》项目获科技进步二等奖、河北省人工影响天气办公室孙玉稳承担的《山区果品种植区防雹减灾技术研究与示范》获科技进步三等奖。

同　月 河北省总工会下发《关于表彰2017年河北省五一劳动奖和工人先锋号的决定》，杨莹、张立霞、罗晶荣获2017年河北省五一劳动奖章；武安市气象局荣获"2017年河北省工人先锋号"荣誉称号。

同　月 武安市气象局被中华全国妇女联合会授予"全国巾帼文明岗"荣誉称号。

同　月 保定市气象服务中心和石家庄市气象局人事处被河北省妇女联合会授予"河北省巾帼文明岗"荣誉称号。

同　月 张军家庭被中华全国妇女联合会命名为"2017年度全国最美家庭"，姚树然家庭被河北省妇女联合会评为河北省"最美家庭"。

6月21日 河北省气象局召开冬奥气象服务工作调度会，通报近期冬奥气象服务工作进展情况，研究存在的问题和落实措施，对下一阶段工作进行安排部署。

6月24日 中国气象局副局长宇如聪到河北调研气象工作，并与雄安新区管委会相关负责人座谈。他要求河北气象部门主动作为，就防灾减灾、智慧气象等服务与新区管委会开展对接，为雄安新区建设发展做出气象贡献。

7月3—4日 中国气象局副局长矫梅燕到河北调研指导气象工作。她要求，结合新形势加强思考与谋划，进一步强化防灾减灾工作中的部门主体责任，充分发挥管理职能，促进防灾减灾能力建设提质增效。

7月12日 河北省气象局召开干部职工大会，宣布中国气象局党组关于郭树军、赵黎明、刘舰、彭军四位同志职务任免的通知。经中国气象局党组研究，并征得河北省委同意，决定免去彭军同志河北省气象局党组成员、副局长职务，另有任用。决定郭树军同志任河北省气象局党组成员、河北省气象局副局长，试用期一年；赵黎明同志任河北省气象局党组成员、河北省气象局副局长，试用期一年；刘舰同志任河北省气象局副巡视员。

8月1日 河北省气象局雄安新区建设气象服务保障工作领导小组办公室召开雄安新区工作研讨会。

8月31日 《河北日报》公布了2016年度河北省"省级文明单位"命名表彰和保留荣誉称号单位名单，全省气象部门44个单位榜上有名。其中新命名表彰14个，分别是河北省气象局（机关）、保定市气象台、河间市气象局、黄骅市气象局、青县气象局、孟村回族自治县气象局、海兴县气象局、衡水市冀州区气象局、安平县气象局、邢台市气象局、临城县气象局、邯郸市气象局、武安市气象局、定州市气象局；保留荣誉称号30个，分别是河北省气象台、河北省气象服务中心、石家庄市气象局、平山县气象局、承德市气象局、张家口市气象局、蔚县气象局、秦皇岛市气象局、卢龙县气象站、唐山市气象局、唐山市丰润区气象台、廊坊市气象局、三河市气象局、永清县气象局、涿州市气象局、易县气象局、泊头市气象局、肃宁县气象局、献县气象局、吴桥县气象局、东光县气象局、南皮县气象局、衡水市气象局、枣强县气象局、武邑县气象局、饶阳县气象局、内丘县气象局、巨鹿县气象局、宁晋县气象局、清河县气象局。全省气象部门省级文明单位数量总体上较上届增加6个。

9月22日 由河北省气象与生态环境重点实验室和河北省气象学会共同举办的第二届河北省气象与生态环境论坛在秦皇岛召开，来自全国15个省、自治区和直辖市的100多名专家、学者和科技人员出席了论坛。

9月29日 河北省气象局被第21届中国（廊坊）农产品交易组委会授予优秀组织奖和优秀设计奖。

10月21日 河北省气象局在第十一届全国气象影视服务业务竞赛中荣获团体三等奖，《谈天说地》获得气象服务节目一等奖，《冬奥风云榜》获得天气预报创意节目三等奖，蒋书文获得"全国气象行业技术能手"称号，刘颖获得"2017年公众最喜爱的气象主持人"称号。

同　月 河北省人民政府办公厅印发《河北省气象灾害普查办法》。

11月15日 河北省气象局"爱心妈妈小屋"落成并投入使用。

11月17日 河北省气象局首批首个职工创新工作室"暴雨洪涝风险评估职工创新工作室"揭牌成立。

12月11日 河北省气象局与北京航天宏图信息技术股份有限公司举行座谈会，共商生态气象服务工作。

12月25日 河北省气象灾害防御中心、河北省人工影响天气办公室被河北省省直机关工委、省直文明委评为省直文明单位；河北省气象局机关党委、河北省气象局应急与减灾处获得"文明处室"称号。

同　　月　　辛莉莉荣获河北省总工会授予的"2016年度工会财务工作考核先进个人"荣誉称号。

2018年

1月3日　河北省气象局职工创新工作室"环境气象职工创新工作室"挂牌成立。

1月8日　中国气象局公布了第五批标准化气象为农服务县（市、区）和气象灾害防御乡（镇）。从2013年至今，我省共被中国气象局认定标准化现代农业气象服务县5个、标准化气象灾害防御乡镇48个。

1月19—20日　中国气象局副局长于新文到河北调研指导气象工作。沈小平副省长陪同于新文实地调研国家级飞机人工增雨和科学实验基地。

1月24—26日　在第十二届全国气象行业职业技能竞赛暨第六届全国气象行业天气预报职业技能竞赛中，我省代表队获得团体总分第四名、理论知识和业务规范单项团体第二名。金晓青获得个人全能三等奖；曹晓冲获得个人全能优秀奖；张立霞获得理论知识和业务规范单项三等奖。

同　　月　　承德市滦平县周台子村等9个乡村被河北省气象灾害防御指挥部认定为首批省级气象防灾减灾示范村。

同　　月　　河北省气象科学研究所魏瑞江同志被省总工会、省委宣传部、省文明办、省国资委联合授予"第五届河北省职工道德模范"荣誉称号。

同　　月　　中国气象局发布了2017年重大气象服务先进和气象服务贡献奖表彰的决定，秦皇岛市气象局获得全国重大气象服务先进集体，杨晓亮、胡向峰、许俊东等3人被评为全国重大气象服务先进个人。

2月6—7日　全省气象局长会议暨全面从严治党工作会议在石家庄召开。

2月8日　河北省气象局职工创新工作室"交通气象职工创新工作室"揭牌成立。

2月11日　河北省副省长时清霜到省气象局调研指导并对气象部门干部职工致以新春的问候。

3月1日　河北省气象局召开干部职工大会，宣布省气象局主要负责同志调整决定。中国气象局党组决定：张晶同志任中共河北省气象局党组书记、局长，试用期一年；免去宋善允同志中共河北省气象局党组书记、局长职务，另有任用。

3月15日　"河北行政学院科研教学基地"在河北省气象局挂牌。

3月22日　河北省气象局与河北农业大学签署业务科技合作框架协议。双方合作将为河北省农业产业提供技术、规范、标准，提高农业发展质量，为河北推动乡村振兴建设"添一把柴"，科学助力乡村绿色发展。

3月29日　中国气象局党组书记、局长刘雅鸣到河北省正定县气象局调研指导工作。她指出，县气象局工作很重要，是气象服务的最前线，要增强气象服务敏锐性，及时捕捉需求，主动对接，积极推进工作，发挥好气象服务省、市、县政府的桥梁纽带作用。

同　　月　　河北省环境气象中心环境气象职工创新工作室被河北省总工会命名为"河北省五一巾帼标兵岗"和河北省"工人先锋号"荣誉称号。

同　　月　　电台天气预报连线品牌"小涡气象"正式上线，经过短短的两周，节目覆盖河北、河南、山东、山西、内蒙古、宁夏、贵州、江苏、新疆、西藏、四川、湖北、宁夏、甘肃等14个省（区）20

多个地级市，播出时长增加到原来的 3 倍。

4 月 22 日　邯郸新一代天气雷达通过现场验收测试，6 月 1 日起正式投入业务运行。

4 月 24 日　河北省气象局成立雄安新区气象局筹备处。25 日，筹备处第一批专职工作人员已正式到位开展工作。

4 月 27 日　河北省气象局召开局史馆建设暨河北气象事业 65 年回顾项目建设工作启动会。

同　日　河北省气象局召开正高级专家和省级创新团队业务科研座谈会。

4 月 28 日　河北省庆祝"五一"国际劳动节大会在石家庄举行，获得河北省"工人先锋号"荣誉称号的交通气象职工创新工作室、带头人曲晓黎在大会上作了《智慧服务交通润泽国计民生》典型发言。

同　日　河北省气象灾害防御中心张素云同志荣获省直五一劳动奖章。

5 月 18 日　河北省气象局召开机关处级以上干部、直属单位、企业主要负责人会议，宣布领导班子补充调整决定。中国气象局党组决定：王世恩任中共河北省气象局党组成员、副局长。

5 月 30 日　河北省委、省政府在石家庄召开河北省科学技术奖励暨庆祝"全国科技工作者日"大会，河北省气象局承担的《环境气象与大气污染对心血管、呼吸系统的影响及其预报技术研究》项目获科技进步三等奖。

同　月　河北省气象局承担的气象史料挖掘与研究工程（第四期）顺利通过中国气象局验收，获得与会专家"史料详实、整理规范、工作扎实"的评价。

同　月　中国气象局公布首批百年气象站名录，河北省霸州、承德县、肥乡、平泉、青龙、饶阳、塞罕坝和文安 8 个站被五十年认定。

6 月 12 日　中国气象局党组书记、局长刘雅鸣到河北雄安新区调研，要求将雄安新区打造成为全国智慧气象示范区、气象科技创新引领区、绿色生态气象保障先行区。

6 月 22 日　河北气象影市中心蒋书文获得 2018 年全国科普讲解大赛一等奖，并被科技部授予"十佳科普使者"称号。

6 月 28 日　河北省政府省长许勤到河北省气象局调研检查汛期服务保障工作。他强调，防汛工作事关人民群众生命财产安全，事关社会大局和谐稳定，要树牢"四个意识"，坚决贯彻习近平总书记防灾减灾救灾新理念，认真落实中央和省委、省政府部署安排，坚持生命至上、安全第一，精细监测、精准预报、精确预警、精心服务，从严从实做好各项防汛工作，确保全省安全度汛。

同　月　河北冀云气象技术服务有限责任公司工会获得"全国农林水利气象系统模范职工之家"荣誉称号，交通气象职工创新工作室荣获"全国农林水利气象系统模范职工小家"荣誉称号。

7 月　由河北省气象灾害防御中心陈小雷主编的《中小学气象灾害防御漫画》被评为 2018 年"河北省优秀科普作品"。

同　月　原河北省气象局副局长、退休干部张广智同志被河北省委组织部、省委老干部局、省人力资源和社会保障厅联合授予"全省离退休干部先进个人"荣誉称号。

8 月 3 日　河北省气象局召开干部职工大会，宣布领导班子补充调整，中国气象局党组决定：任命张洪涛同志为河北省气象局党组成员、纪检组长。

同　日　中国气象局党组成员、副局长余勇到河北调研指导气象工作，他指出，要以冬奥会筹办和雄安新区建设工作为契机，紧紧融入京津冀发展大局，谋划河北气象事业更高水平的现代化。

8月29日 河北省气象局与长城新媒体集团签订深化合作协议,双方将各自发挥在气象监测、预报预警权威信息和政府门户网站、河北民生服务第一网络窗口的优势,通过局企合作共同促进我省民生服务、防灾减灾等公共事业发展,为开创新时代经济强省、美丽河北建设的新局面提供坚实的支撑保障。

8月29—30日 第五届河北省气象行业职业技能竞赛在保定中国气象局气象干部培训学院河北分院举行。

同　月 郝雪明家庭被河北省妇联授予"2018年度河北省最美家庭"荣誉称号。

9月18日 河北省人工影响天气办公室在石家庄市栾城区举行新址揭牌仪式,标志着占地70亩,集科研、装备、业务和产业为一体的中国气象局飞机增雨和人工影响天气科学实验石家庄基地正式投入业务使用。

9月21日 杨莹在全国气象部门职工演讲比赛中获二等奖。

11月2日 秦皇岛市气象局院士工作站正式揭牌,院士工作站聘请李泽椿、蒋兴伟、杨志峰三位中国工程院院士入驻,这也是河北省气象部门建立的第一家院士工作站。

11月15日 河北省气象局与南京信息工程大学签署合作协议,签约仪式在南京信息工程大学举行。河北省气象局党组书记、局长张晶与南京信息工程大学校长李北群共同签署了合作协议。

11月19日 中国气象局党组研究,决定:赵黎明同志任黑龙江省气象局党组成员、纪检组长。

11月23日 河北省气象局领导干部调整,王欣璞同志任河北省气象局党组成员、副局长;免去赵黎明同志的河北省气象局党组成员、副局长职务,另有任用。

11月26日 中国气象局召开局长办公会议审议并通过《河北雄安新区智慧气象发展规划(2018—2035年)》。

12月5日 由中国气象局、中国就业培训技术指导中心、中国农林水利气象工会全国委员会联合主办的2018年中国技能大赛——第十三届全国气象行业职业技能竞赛在成都闭幕。河北省气象局代表队经过奋勇拼搏获得团体第一名,包揽装备技术保障、监测预警服务和观测数据处理三个单项团体第一名。其中吴萍萍、王璐、罗晶分获得个人全能第一名、第三名和第五名。王璐、吴萍萍分获装备技术保障第一名、第二名及监测预警服务第一名、第五名,罗晶获得观测数据处理第一名。

同　月 河北省气象灾害防御中心工会委员会荣获"河北省模范职工之家"称号,河北冀云气象技术服务有限责任公司气象影视职工创新工作室工会小组荣获"河北省模范职工小家"称号,邯郸市气象局纪检组组长、市气象局工会主席张光亮同志荣获"河北省优秀工会工作者"称号。

【本年度重大气象服务专题】

应对新中国成立以来最强入冀台风"安比"预报服务情况

2018年7月23夜间到24日下午,台风"安比"自南向北影响我省东部地区,是1949年以来以热带风暴级别进入河北省的首个台风。河北省气象局全力做好监测、预报、预警等气象服务和灾害防御工作,为河北省有效应对台风"安比"提供了有力支撑。

此次台风"安比"主要是强度大,入冀时维持热带风暴级别,近中心最大风力达8级,是1949年以来第一个保持热带风暴强度直接影响河北省的热带气旋,给沧州、廊坊、唐山、秦皇岛、承德、衡水5市及渤海沿海海区带来强风骤雨。其次是雨大风强,23日08时到25日08时48小时内,承德中东部、秦皇岛、唐山、廊坊、沧州中东部有1225个站点累计降水量超过50毫米，其中承德南部、秦皇岛、唐山中北部、廊坊中北部、沧州中北部有416个站点降水量超过100毫米，秦皇岛青龙祖山风景区出现最大324毫米的降水。沿岸海域和沿海地区出现7~8级大风，阵风9~10级，秦皇岛昌黎的十里铺乡葡萄沟监测到的最大风力达25.2米/秒（10级）。此次过程持续时间虽短，但雨大风强，对我省沿海地区造成了较强影响。

2018年维持9天的首次大范围强降雨天气过程刚刚结束，省气象台便做出10号台风"安比"即将登陆，可能对河北造成较重影响的初步预判，全省各级预报员不顾疲劳，发挥连续作战精神，于19日开始加强与国家气象中心、山东省气象台的会商，每日滚动加密研判台风"安比"北上路径及其可能造成的影响。经与实况对比，此次对台风风雨影响强度及范围预报准确，特别是22日预报结论与实况基本吻合。

河北省气象台于7月23日15时发布2012年以来全省首个台风预警信号，并同时发布暴雨黄色预警信号。沧州、唐山、秦皇岛、承德、廊坊、衡水6市根据降雨系统演变及时发布、更新台风预警信号2期，暴雨预警信号9期，指导发布、更新县级台风预警信号13期，暴雨预警信号63期。省气象局加强与省国土资源厅、省水利厅的会商研判，联合发布了地质灾害风险预警和山洪灾害气象预警。通过突发事件预警信息发布系统向应急责任人发送预警短信41余万条，电话叫应3000人次。承德、唐山、秦皇岛等3个市启动台风暴雨预警短信全网发送，共发送短信1811万条次。

河北省气象局主要负责同志第一时间口头向省政府有关领导进行汇报，提示关注后期台风影响，根据天气形势演变，向省委、省政府报送《重要气象专报》4期。过程期间，省、市、县三级气象部门主要负责人通过手机短信、微信等方式，第一时间向当地党委政府领导报告预报预警和降雨实况。中国气象局和省委、省政府均高度重视河北省防台工作，刘雅鸣局长在全国气象部门汛期气象服务工作专题部署电视电话会议上专门就相关工作提出要求，王东峰书记、许勤省长、赵一德副书记、袁桐利常务副省长、时清霜副省长等省领导多次对做好防范应对工作做出重要指示批示。7月20日下午，时清霜副省长在省气象灾害防御指挥部主持会商并召开专题调度会议，部署防台工作，赵一德副书记、时清霜副省长又于7月22日晚、24日上午两次召开防台调动会对防台具体工作进行安排部署。

河北省气象灾害防御指挥部办公室于22日印发《关于做好台风"安比"减弱低压带来的强降雨和大风等应对工作的通知》，并于23日下午会同省政府应急办召集民政、国土、住建、交通、水利、农业、安监、旅游等指挥部主要成员单位联合会商分析台风"安比"可能造成的风雨影响，分析研究防范应对措施。各级政府迅速响应，主要领导亲赴一线指挥调度防台工作，此次防台工作部署充分体现了上下联动、左右协同，做到了预警早发布、队伍早到位、物资早备足、预案早启动，确保了无人员伤亡，将财产损失降到了最低。

2019年

1月7日　中国科学院大气物理研究所曾宁研究员一行8人来我局交流座谈。

1月9日　河北省气象局开启了2019年学习大讲堂第一课，主讲人河北省气象科学研究所正高级专家魏瑞江，题目为《设施农业气象研究现状与展望》。

1月24—25日　中国气象局于新文副局长冒着严寒到河北省张家口市调研指导冬奥气象服务保障

工作和河北省气象局精准扶贫工作，并慰问基层干部职工。

  同 月 河北省人民政府公布2018年度河北省科学技术奖励的决定，其中由河北省气象科学研究所魏瑞江主持研发的《华北日光温室小气候资源高效利用技术研究》和河北省气象服务中心曲晓黎主持研发的《高影响天气风险预报预警技术及其在高速公路气象服务中的应用》两项科研成果荣获河北省科技进步奖三等奖。

  同 月 郝雪明同志被河北省总工会、中共河北省委宣传部、河北省人民政府国有资产监督管理委员会评为"河北省职工道德先进个人"荣誉称号。

  同 月 中国科协办公厅对2018年全国科普日活动优秀组织单位和优秀活动进行表彰通报。河北省气象服务中心、邢台市气象局、易县气象局分别为优秀组织单位，河北冀云气象技术服务有限责任公司主办的开启"精、智"服务活动、廊坊市气象局主办的"智慧气象"下基层活动和河北省气象灾害防御中心主办的"气象公益课堂"等三个活动被评为优秀活动。

  同 月 安平县气象局张金龙完成第34次赴南极中山站越冬科学考察任务返回（2017年11月—2019年1月）。

  2月13—15日 全省气象局长会议在石家庄举行。

  同 月 河北省气象服务中心的交通气象职工创新工作室被中华全国总工会命名为"全国五一巾帼标兵岗"称号，河北省气象科学研究所魏瑞江同志荣获"全国五一巾帼标兵"称号。

  3月1日 中华全国妇女联合会发文表彰，河北省气象科学研究所的农业气象职工创新工作室荣获"全国巾帼文明岗"称号；河北省气候中心的暴雨洪涝风险评估职工创新工作室荣获"全国巾帼建功先进集体"称号；承德围场县气象局吴萍萍同志荣获"全国巾帼建功标兵"称号。

  3月5日 河北省海洋气象工作研讨会在沧州渤海新区召开，会议主要针对《河北省海洋气象业务建设方案（征求意见稿）（2019—2020年）》进行深入的研究和讨论。

  3月8日 河北省气象局在石家庄组织召开冬奥雪务气象保障系统项目建设启动会暨项目建设领导小组第一次会议。会议通报了项目前期有关工作进展，审定了《冬奥雪务气象保障系统项目建设实施方案》，审议了项目管理费管理办法。

  3月18日 中国气象局党组成员、副局长余勇率冬奥气象服务工作领导小组一行到河北省张家口市崇礼区调研冬奥会河北赛区气象服务保障工作。

  3月20日 中国气象局、河北省气象局、雄安新区规划建设局在北京联合召开河北雄安新区智慧气象发展及气象观测体系建设对接会，就河北雄安新区气象观测体系建设工作达成共识，对后续工作进行了安排部署。

  3月31日 河北省首届气象科普讲解大赛在石家庄举行，经过预赛和决赛两轮激烈角逐，冀云公司张硕、衡水市气象局尹鹏飞、唐山市气象局杨慧玲获得一等奖。衡水、邯郸、秦皇岛、唐山市气象局获优秀组织奖。比赛还评选出二等奖3名、三等奖3名、优秀奖6名。

  同 月 河北省气象局妇委会从1993—2018年连续26年（13届）当选省直先进妇委会；郭丽丽被评为省直优秀妇委会干部荣誉称号，同时授予省直"三八"红旗手荣誉称号；局办公室刘伟荣、省环境气象中心赵娜、省气象台裴宇杰荣获2017—2018年度省直"三八"红旗手荣誉称号。

  同 月 河北省环境气象中心环境气象创新工作室和内丘县气象台环境气象创新工作室被河北省总工会、河北省科学技术厅命名为第五批"河北省劳模和工匠人才创新工作室"。

4月19日 在2019年全国气象科普讲解大赛中，河北省气象局选送的尹鹏飞（衡水市气象局）荣获二等奖，李妹隆（保定市气象局）、张硕（冀云公司）获得优秀奖。

4月21日 在2019年河北省科普讲解大赛暨全国科普讲解大赛选拔赛中，河北省气象部门选送的杨慧玲（唐山市气象局）荣获一等奖；马思佳（石家庄市气象局），李梦蝶、谷婧柔（冀云公司）获二等奖；耿高涵、封彦菊（冀云公司）获三等奖。

5月9日 河北省气象部门全国五一劳动奖章颁奖仪式在河北省气象局举行，中国农林水利气象工会副主席袁成刚、中国气象局机关党委副书记庞鸿魁共同为全国五一劳动奖章获得者南皮县气象局职工孟丽红颁奖。

5月31日 由河北省总工会、河北省人力资源和社会保障厅、河北省气象局联合举办的2019年中国技能大赛——河北省职工职业技能大赛暨第五届河北省气象行业职业技能竞赛（天气预报业务）在保定圆满结束。河北省气象台一队、沧州市气象局、廊坊市气象局分别获得团体前三名。闫雪瑾、李芷霞、何璇分别获得个人全能前三名。

同　　月 全国科技周活动组委会办公室和科技部引进国外智力管理司为河北省气象灾害防御中心颁发荣誉证书，表扬他们在2019年全国科技周重大示范活动中积极参与，热情服务，表现优异。

6月18日 河北雄安新区国家气候观象台建设方案暨选址论证会在中国气象局召开，会议邀请中国工程院院士徐祥德、丁一汇以及河北雄安新区管委会、国务院发展研究中心、中国科学院、中国气象科学研究院、北京师范大学和参与雄安新区规划设计的共12名专家参加。会上，与会专家认真听取了河北省气象局对雄安新区国家气候观象台建设方案及选址工作的详细汇报，认真查阅了相关资料，通过质询、讨论，对观象台"一主站、八辅站"的业务架构及建设内容表示积极认可，对先期开展建设的主站及一个辅站的选址工作表示赞同，并对方案的进一步完善提出了一些修改建议，最后专家组一致同意，河北雄安新区国家气候观象台建设方案及选址通过论证。

6月30日 原河北省气象局副局长、退休干部张广智同志被中共河北省委老干部局授予全省"五星级离退休干部党员"荣誉称号。

同　　月 原河北省气象局副局长张广智同志被中国老科学技术工作者协会授予"中国老科学技术工作者协会奖"光荣称号。

同　　月 河北省科技厅公布了2019年度第二批省级科技计划拟支持项目，河北省气象部门共获批立项9项。其中以河北省气象局作为归口单位申报的获批7项，通过率为70%，创历史新高，实现新的突破。

7月16日 河北省气象局正式入驻河北省政务大厅。共有电力、通信以外的防雷装置检测单位资质认定；新建、扩建、改建建设工程避免危害气象台站探测环境审批等4项行政许可事项以及雷电灾害鉴定、气象信息服务单位的备案等5项公共服务及其他事项等九项入住，入驻率100%。

7月19日 冬奥雪务气象保障系统项目中期汇报研讨会暨项目建设领导小组第二次会议在京召开。

8月9日 河北省气象局与燕赵财产保险股份有限公司签署战略合作框架协议。根据协议，双方将从四方面开展合作：一是加强数据共享，共建河北气象保险大数据中心，实时化共享；二是强化技术合作，提升科技创新驱动能力；三是联合防灾减损，有效提升防灾减损效果；四是推进服务融合，提升服务水平，提高服务竞争力。战略合作协议的签署，将对气象和保险在提升防灾减灾救灾能力、保障乡村振兴战略、服务京津冀协同发展等方面发挥重要作用。

8月14日 河北省人民政府省长许勤在河北省气象局重要气象专报《台风"利奇马"对我省影响

已基本结束》上，就应对台风工作做出批示，肯定省气象局工作。许勤在批示中指出，全省此次应对台风"利奇马"有力有序有效，东峰书记做出多次指示批示，桐利、清霜同志研究部署迅速周密，省防指科学指挥调度，省气象局、水利厅、应急厅、卫健委等部门高效协同，各市县主要领导同志一线指挥，电力、电信等单位大力支持，确保了人民生命财产安全，应予充分肯定。请认真总结，完善应对措施，更高质量地做好防灾减灾救灾工作。

9月5日　首届全国"观云识天"人机对抗大赛正式开赛。本次大赛由中国气象局主办，河北省气象局与河北雄安新区管理委员会、中共河北省委网信办、河北省科学技术厅共同承办。大赛聚焦云、能见度、天气现象的智能识别，将推动人工智能技术在气象领域的深入研发和广泛应用。

9月10日　河北省气象局召开农产品气候品质认证座谈会，并为河北省首批"气候好产品"授牌。巨鹿金银花、宁晋鸭梨、赵县雪花梨等三项农产品获得气候好产品品质认证。

9月26日　《河北省志·气象志》通过河北省地方志编纂委员会组织的专家终审。

9月27日　河北省气象局组织2019年全省预报理论考试，各市气象局、省气象台、雄安新区气象局筹备处共110名预报员参加了考试。

同　月　河北省气象部门共有33位同志获得中共中央、国务院、中央军委颁发的"庆祝中华人民共和国成立70周年纪念章"。他们是：边文华、杨生荣、徐景福、王福振、杨彦欣、包书琪、郑英武、李同兴、白文田、于其超、刘志启、杨慰泮、安增芬、荀双振、陈峤、刘瑞民、董树馨、朱品、吉海明、马守庸、王一琴、李亭林、刘惠贞、李正品、李继业、佟兆绵、王化明、孟增芳、董福隆、吉福隆、夏德璐、刘占先、姚树然。

同　月　河北省人力资源和社会保障厅公布了2019年享受河北省政府特殊津贴人员名单，河北省气象科学研究所副所长、正高级工程师魏瑞江成功入选。

10月29日　在中国气象局举办的第一届全国智能预报技术方法交流大赛上，河北代表队取得全国排名第三的好成绩，荣获二等奖。

11月9日　河北省气象局局史馆工程正式开工建设。

11月29日　河北省气象局召开滦州智慧气象试点建设视频调度会。

附 录

附录1

河北省气象局隶属及沿革

一、机构沿革

1952年8月　河北省军区气象科：隶属中国人民解放军华北军区司令部气象处管理。

1953年9月1日　河北省气象科：从军队建制改为政府建制，隶属华北区人民政府气象处管理。

1954年10月18日　河北省气象局：各大区气象处撤销，各省气象科均改为省气象局，属河北省人民委员会建制。

1970年1月　河北省革命委员会水利局水文气象工作站：河北省气象局与河北省水利局水文总站合并，隶属河北省革命委员会领导。

1971年5月4日　河北省气象局：实行军队与地方双重领导，以河北省军区领导为主的管理体制。

1973年7月1日　河北省气象局：脱离军队领导，隶属同级革命委员会领导，归口河北省革命委员会农办分管。

1980年1月1日　河北省气象局：气象部门体制上收，实行气象部门与地方政府双重领导，以气象部门为主的管理体制。

二、用印沿革

1953年7月1日　河北省军区司令部气象科。（铜质方印）

1953年9月1日　华北区人民政府气象处，河北省气象科。（铜质方印）

1954年6月29日　河北省人民政府，河北省气象科。（木质长戳）

1954年12月　河北省人民委员会，河北省气象局。（铜质圆印）

1970年1月　河北省革命委员会，河北省革命委员会水利局水文气象工作站。（胶质圆印）

1971年5月　河北省军区，河北省气象局。（胶质圆印）

1973年7月1日　河北省革命委员会，河北省气象局。（胶质圆印）

1980年1月1日　中央气象局，河北省气象局。（铜质圆印）

三、办公地址沿革

1953年7月1日　河北省军区司令部气象科（天津）

地址：天津市哈尔滨道229号。

1953年9月1日　河北省气象科（保定）

地址：保定市金线胡同（河北省保险公司院内）。

1954年12月　河北省气象局（保定）

地址：保定市金线胡同（1954）、北关（1956）、红星路13号（1957）。

1958年秋　河北省气象局（天津）

地址：天津市气象台路原中央气象局天津海洋气象台。

1966年5月　河北省气象局（保定）

地址：保定市红星路13号。

1968年　河北省气象局（石家庄）

地址：石家庄市体育中大街（租借河北省体育运动委员会部分房屋办公）、体育南大街178号现址（1973）。

附录2

河北省气象局党的组织机构沿革

中共河北省革委气象局机关委员会

1978年3月28日，经中共河北省委直属机关委员会《关于建立中共河北省革委气象局机关委员会的批复》（冀直〔1978〕14号）建立中共河北省革委气象局机关委员会。

书　记：梁景惠　专职副书记：张学文

副书记：孙增贤

委　员：张瑞珍　崔　杰　徐景福

1979年3月19日，杨如心任中共河北省革委会气象局机关党委专职副书记，免去张学文专职副书记职务。

1979年党员人数合计94人，职工总数218人。

1980年9月19日，《中共河北省气象局机关委员会关于启用新章的通知》（冀气机党〔1980〕006号）旧：中国共产党河北省革命委员会气象局机关委员会。新：中国共产党河北省气象局机关委员会。

1980年党员人数合计114人。

1981年4月2日，《中共河北省气象局党组关于转移河北气象学校党的组织关系的报告》（冀气党组〔1981〕1号）1981年4月10日，同意河北气象学校党关系转到保定市委。

1981年党员人数合计89人，职工191人。

1982年9月17日，批准王洪荣任机关党委专职副书记。

1982 年党员人数合计 106 人。

1985 年党员人数合计 128 人。

中共河北省气象局第三届机关党委

1990 年 8 月 10 日，根据第三届中共河北省气象局直属机关委员会第一次会议记录。

书　　记：汤仲鑫　专职副书记：郭世荣

纪检委员：魏　滨

组织委员：刘金才　吴玉田

宣传委员：李啸泊　刁增海

青年委员：冯永法

妇女委员：李淑荃

统战委员：张广智（兼工会）

保卫委员：梁凤森

1990 年 10 月 10 日，李淑荃同志任河北省气象局机关党委专职副书记。

中共河北省气象局第四届机关党委

1994 年 4 月 6 日，根据《关于机关党委委员分工情况的通知》（冀气机党发〔1994〕19 号）文件记录。

书　　记：吴　波　专职副书记：刘聚山

组织委员：魏　滨　吴玉田（兼统战）

宣传委员：梁凤森　李向东

群团委员：李淑荃　胡晓蓉

中共河北省气象局第五届机关党委

2002 年 7 月 1 日《关于河北省气象局直属机关党委选举结果的批复》（冀直干〔2002〕第 23 号）。

书　　记：郭春德　专职副书记：谭显富

纪检委员：李长林

组织委员：张秉祥　王春彦（兼统战）

宣传委员：张显涛　胡　欣

群团委员：胡晓蓉

中共河北省气象局第六届机关党委

2008 年 12 月 8 日《中共河北省气象局直属机关委员会关于第六次党员大会及一次全会选举结果的报告》（冀气机党发〔2008〕第 26 号）。

书　　记：郭春德　副书记：李立宪

组织委员：张秉祥

宣传委员：刘建文

纪检委员：张　晶　王欣璞
统战委员：吴孟恒
青工委员：陈小雷
妇女委员：胡晓蓉

2011年3月18日，机关党委书记变更（关于臧建升同志任免的通知冀直干〔2011〕第16号）臧建升任机关党委书记，免去郭春德机关党委书记职务。

中共河北省气象局第七届机关党委

2015年11月9日《关于中共河北省气象局直属机关第七届委员会和纪律检查分工的通知》（冀气机党发〔2015〕第37号）。

书　　记：申　敏　副书记：刘文奎
纪检委员：李长林
组织委员：于占江
宣传委员：刘怀玉
统战委员：吴孟恒
青工委员：陈小雷
妇女委员：连志銮
文体委员：张中杰

附录3

河北省气象学会历届建会情况

第一届（河北省气象学会成立）

时间：1959年5月11日
地点：天津
理事长：杨志民
副理事长：崔杰　朱玉峰　张汉章
秘书长：崔杰
副秘书长：张汉章
理事会由5名理事组成，未设专业学组，河北省气象学会挂靠在省气象局。
会员人数：43名

第二届

时间：1963年4月8日
地点：保定

理事长：杨志民

副理事长：梁景惠　崔杰　张汉章

秘书长：崔杰

副秘书长：张汉章

设 7 人常务理事

理事会由 19 名理事组成，未设专业学组，河北省气象学会挂靠在河北省气象局。

会员人数：83 名

时间：1978 年 6 月

地点：石家庄

理事长：杨志民

副理事长：梁景惠　崔杰　吕明惠

秘书长：崔杰

副秘书长：吕明惠　蔡存耀

理事会由 21 名理事组成。

会员人数：100 人。

注：1966 年因"文革"学会活动停止。1978 年 6 月恢复。

第三届

时间：1981 年 11 月 12—19 日

地点：遵化县

理事长：梁景惠

副理事长：张汉章　游景炎　蔡存耀

秘书长：蔡存耀

副秘书长：邢树本　朱志俭

常务理事：丁德刚　尹祥林　朱志俭　邢树本　张汉章　胡永辉　梁景惠　游景炎　蔡存耀

理事会由 27 名理事组成。

下设：天气、气候、农业气象和大气探测 4 个专业学组和科普工作委员会。

1982 年初，筹建《河北气象》编辑部。1982 年 6 月《河北气象》正式出刊。《河北气象》编委会由 12 人组成，梁景惠任编委会主任。自 1983 年起，原由河北省气象科研所主办的《河北气象科技》与《河北气象》合并办刊，统称《河北气象》。

会员人数：201 人

第四届

时间：1985 年 1 月 15—17 日

地点：石家庄

理事长：丁德刚

副理事长：游景炎　尹祥林　胡永辉

秘书长：胡永辉（兼）

副秘书长：邢树本　赵亚民　李森林

常务理事：丁德刚　尹祥林　邢树本　李森林　胡永辉　赵亚民　游景炎

下设：天气、气候、大气探测、农业气象、应用气象、新技术开发、科普、咨询等8个专业（工作）委员会。

会议聘请杨志民、梁景惠和张汉章为名誉理事。

因丁德刚调动，1985年11月26日，补选游景炎为理事长。1986年4月21日，组建河北省气象学会秘书处（县处级事业单位），冯生臣兼任秘书长，宋歆方任专职副秘书长（副处级），编制3人；增补冯生臣、宋歆方为常务理事。《河北气象》编辑部挂靠在学会秘书处。

会员人数：384人

第五届

时间：1988年11月25日

地点：石家庄

理事长：游景炎

副理事长：尹祥林　胡永辉

专职秘书长：宋歆方

兼职副秘书长：段英

常务理事：马瑞隽　马安民　尹祥林　王学　刘文振　刘道维　朱志俭　宋歆方　肖嗣荣　汤仲鑫　陈德勋　范永祥　陆中央　杨文桂　杨林春　张亚卿　段英　胡永辉　郑绍统　赵亚民　贾银锁　贾永亮　秦岭　章正英　梁敬　游景炎　鲁春伟　蔡才俊　魏天生

下设：天气与动力气象、气候与长期天气预报、大气探测与气象仪器、大气物理学、农业气象学、气象电子技术6个专业委员会，气象科普和科技咨询2个工作委员会及《河北气象》编审委员会。

会议还通过了《河北省气象学会会费缴纳使用暂行规定》，决定从1989年起，向会员收缴会费。

会员人数：485人

第六届

时间：1992年11月

地点：石家庄

名誉理事长：游景炎

理事长：汤仲鑫

副理事长：吴波　程会场

秘书长：宋歆方

常务理事：马庆保　马瑞隽　尹祥林　刘克俭　汤仲鑫　吴波　张广智　张洪杰　宋歆方　段英　范玉卯　胡永辉　秦岭　梁凤森　程会场　魏志敏

下设：天气、气候、大气物理、农业气象、大气探测与仪器、气象电子网络技术、气象服务、科技产业、水文气象、气象科普、科技咨询等11个专业（工作）委员会。

聘请游景炎为名誉理事长。1993年，学会秘书处作为独立处室直接隶属于局机关；1996年6月24日，李建国任河北省气象学会秘书长（正处级）。免去宋歆方省气象学会秘书长职务。

会员人数：561人

第七届

时间：1996年6月19日

地点：石家庄

理事长：吴波

副理事长：张广智

秘书长：李建国

副理事长：林艳

秘书处顾问：宋歆方

常务理事：马保安　王序善　王春彦　吴波　李建国　刘学峰　张广智　张润民　关彦华　段英　林艳　赵银培　康秀昌　臧建升

下设：天气、气候、大气物理、农业气象、大气监测与仪器、气象服务、气象电子网络、科技产业、水文气象专业委员会、防灾减灾、科普、科技咨询、青年工作等13个工作委员会及学术顾问委员会。

1997年1月15日，河北省气象局成立科普工作协调小组，张广智任组长，协调小组办公室设在学会秘书处。1997年4月3日，张文宗任副秘书长（副处级）。学会对全省会员进行了摸底登记，截至1998年2月底，全省会员共有828人。2000年6月30日，免去张文宗副秘书长职务。《河北气象》编辑部交河北省气象科研所管理、秘书长李建国不再任主编。

会员人数：694人

第八届

时间：2002年9月19日

地点：石家庄

理事长：安保政

副理事长：刘燕辉

秘书长：王春彦

副秘书长：李建国（主持日常工作）

常务理事：王春彦　王路光（省环科院）安保政　刘燕辉　刘国利（省民航局）　吴孟恒　李建国　林艳　赵现平　胡欣　张秉祥　张显涛　张景云　张守保　段英　常汉林（省防汛办）　梁万成（省消防局）　臧建升

下设：天气气候、城市环境与应用气象、大气物理、雷电灾害防御、电子网络与计算机应用、大气监测与仪器装备、气象科技服务等7个专业委员会和科普工作委员会。

2006年3月9日，河北省气象学会召开八届四次（扩大）理事会，增补5名理事、6名常务理事。因刘燕辉、王春彦工作调动，选举张守保为副理事长、赵现平为秘书长。

2006年8月10日，推选河北省气象学会副理事长张守保、秘书长赵现平为科协"七大"代表。同时推选河北省气象学会副理事长张守保同志为河北省科协委员候选人。

会员人数：925人

第九届

时间：2008年7月14日

地点：石家庄

理事长：姚学祥

副理事长：张守保　段英

秘书长：李根娥

常务理事：安文献　常汉林　陈小雷　段英　顾光芹　关福来　关彦华　郭树军　李根娥　李云川　李运宗　林艳　刘国利　刘建文　刘尚辉　王路光　王文章　吴孟恒　姚学祥　于开宁　张炳烛　张晶　张景云　张守保　张文宗　张迎新

确定成立：天气气候、城市环境与应用气象、大气物理、雷电灾害防御、电子网络与计算机应用、大气监测与仪器装备、公共气象服务、科普等8个专业（工作）委员会。

会员人数：2487人

第十届

时间：2014年12月28日

地点：石家庄

理事长：宋善允

副理事长：石立新

秘书长：李根娥

常务理事：卢建立　梁钰　连志鸾　顾光芹　陈小雷　吴孟恒　林朝旭　李联习　于清涛　胡春胜　李科江　冯海波　于开宁

确定成立：天气学、气候变化与气候资源、气象灾害防御、气象通信与信息技术、综合气象观测与装备保障、气象服务与气象影视传媒、气象科普、农业气象与生态气象学、气象教育与培训、人工影响天气与大气物理学、大气环境与城市气象学、雷电等12个专业（工作）委员会。

会员人数：1568人

附录 4

河北省气象局历任局领导及其任职时间

局长	李泰光 局长、党组书记 1955.9—1964.4		张毅 局长、党组书记 1973.9—1978.3	周欣 局长、党组书记 1978.2—1983.7	冯生臣 局长、党组书记 1983.7—1984.5	荣昌 局长、党组书记 1984.11—1993.3	汤仲鑫 局长、党组书记 1993.3—1999.4	安保成 局长、党组书记 2000.4—2006.11	姚学祥 局长、党组书记 2007.11—2012.11	宋善允 局长、党组书记 2012.11—2018.3	张晶 局长、党组书记 2018.3—
代理局长或主持工作	马鸣山 代理副局长 1954.12—1955.8	田广 1963年4月主持工作1979年3月病故后追认局长、党组书记	周凤祥 李成堂（女） 朱建良 河北省气象工作站领导小组成员 1970.1—1971.5				李正钧 副局长、党组副书记主持工作 1984.3—1984.11		安保成 副局长、党组副书记主持工作 1999.4—2000.4	姚学祥 副局长、党组副书记主持工作 2006.11—2007.11		
副局长或纪检组长	李冠庆 副局长 1956.3—1958.11			杨志民（党组副书记） 副局长 1972.7—1983.12		李正钧 副局长 1984.11—1988.6		张广智 副局长 1993.3—2005.3		彭军 副局长 2011.5—2017.7		
	赵冠英 副局长 1956.12—1960.10			张文秀 副局长 1973.1—1985.7	丁慎刚 副局长 1983.7—1985.7		湛有德 副局长（挂职） 1995.10—1996.10	咸建升 副局长、党组纪检组长 2000.4—2011.1、党组纪检组长2011.1—2015.8				
	杨志民 副局长 1958.10—1966.8			梁景支 副局长 1973.1—1983.9	湛景支 副局长 1983.7—1991.11（1986.8—1991.11党组成员）		安保成 副局长 1996.4—1999.4			张晶 副局长 2014.5—2018.3		
	崔英 副局长 1960.4—1964.1			李惠芝（女） 副局长 1973.12—1983.9	冯生臣 副局长 1984.5—1991.11		郭春德 党组纪检组长 1996.4—2011.1			申敬 党组纪检组长 2015.8—2018.7		

续表

职务	姓名及任职时间
副局长或纪检组长	梁景惠 副局长 1964.6—1966.8；马鸣山 副局长 1982.11—1983.9；汤仲鑫 副局长 1989.7—1993.3；刘金才 副局长 1999.4—1999.11；刘燕辉 副局长 2002.4—2005.3；郭树军 副局长 2017.7—；赵黎明 副局长 2017.7—2018.11；王世恩 副局长 2018.5—；张洪涛 党组纪检组长 2018.8—；王欣璞（女）副局长 2018.11—
顾问	张彤 顾问 1978.3—1983.9；梁景惠 顾问 1983.7—1983.12
巡视员	吴波 副局长 1991.11—2002.4；魏波 助理巡视员 1996.10—1998.2；吴波 巡视员 2002.4—2003.4；安保成 巡视员 2006.11—2014.1；郭春楼 巡视员 2011.1—2012.3；戚建升 巡视员 2015.8—2015.10
副巡视员	秦庆 副巡视员 2012.3—2014.7；张秉祥 副巡视员 2017.7—2018.6；刘观 副巡视员 2017.7—2018.8；吴国石 副巡视员 2019.2—
党组成员	高正新 王希贤 参加党组干事 1956.8—；边文华 党组成员 1978.6—？；董清林 党组成员 1984.7—？；胡欣 党组成员 2002.4—2004.5；张守保 副局长 2005.3—2013.6；吴福来 副局长 2005.3—2016.2

附录5

河北省气象部门当选省以上党的会议代表、人大代表、政协委员及其他组织统计

一、党代表

姓名	性别	单位	当选届别	备注
段英	男	河北省人工影响天气办公室	中国共产党河北省第五次代表大会代表	1995
胡欣	男	河北省气象台	中国共产党河北省第六次代表大会代表	2001
居丽玲	女	秦皇岛市气象局	中国共产党河北省第七次代表大会代表	2006
王月宾	女	沧州市气象局	中国共产党河北省第七次代表大会代表	2006
张迎新	女	河北省气象台	中国共产党河北省第九次代表大会代表	2016
黄山江	男	张家口市气象台	中国共产党河北省第九次代表大会代表	2016

二、人大代表

姓名	性别	单位	当选届别	备注
张汉章	男	河北省气象科学研究所	河北省第三届人民代表大会代表	1964
张汉章	男	河北省气象科学研究所	河北省第五届人民代表大会代表	1977
李淑贞	女	河北省气象台	河北省第五届人民代表大会代表	1977
丁德刚	男	河北省气象局	河北省第五届人民代表大会代表	1977
游景炎	男	河北省气象科学研究所	河北省第五届人民代表大会代表	1977
石立新	男	河北省气象科学研究所	河北省第十一届人民代表大会代表	2008
石立新	男	河北省气象科学研究所	河北省第十二届人民代表大会代表、常委	2013
石立新	男	河北省气象科学研究所	河北省第十三届人民代表大会代表、常委	2018

三、政协委员

姓名	性别	单位	当选届别	备注
张汉章	男	河北省气象科学研究所	中国人民政治协商会议河北省第二届委员会委员	1960
张汉章	男	河北省气象科学研究所	中国人民政治协商会议河北省第三届委员会委员	1964
尹祥林	男	河北省气象局资料室	中国人民政治协商会议河北省第五届委员会委员	1983
胡永辉	男	河北省气象局	中国人民政治协商会议河北省第五届委员会委员	1983

续表

姓名	性别	单位	当选届别	备注
张鹏程	男	河北气象学校	中国人民政治协商会议河北省第五届委员会委员	1983
胡永辉	男	河北省气象局	中国人民政治协商会议河北省第六届委员会委员	1988
张鹏程	男	河北气象学校	中国人民政治协商会议河北省第六届委员会委员	1988
袁溪溥	男	河北省气象科学研究所	中国人民政治协商会议河北省第六届委员会委员	1988
袁溪溥	男	河北省气象科学研究所	中国人民政治协商会议河北省第七届委员会委员	1993
李天存	男	承德市气象局	中国人民政治协商会议河北省第七届委员会委员	1993
汤仲鑫	男	河北省气象局	中国人民政治协商会议河北省第八届委员会委员、常委、人资环副主任	1998
安保政	男	河北省气象局	中国人民政治协商会议河北省第九届委员会委员、常委、人资环副主任	2003
姚学祥	男	河北省气象局	中国人民政治协商会议河北省第十届委员会委员	2008
宋善允	男	河北省气象局	中国人民政治协商会议河北省第十一届委员会委员	2013
宋善允	男	河北省气象局	中国人民政治协商会议河北省第十二届委员会委员	2018
姚树然	女	河北省气象科学研究所	中国人民政治协商会议河北省第十二届委员会委员	2018
张晶	男	河北省气象局	增补中国人民政治协商会议河北省第十二届委员会委员	2019

四、其他组织

姓名	性别	单位	当选届别	备注
胡晓蓉	女	河北省气象局	河北省妇女第十次代表大会代表	1998
苏剑勤	男	河北省气候中心	河北省侨联第五届委员会委员	1994
苏剑勤	男	河北省气候中心	河北省侨联第六届委员会委员	1999
郭迎春	男	河北省气象台	河北省侨联第六届委员会委员	1999
胡晓蓉	女	河北省气象局	河北省妇女第十一次代表大会代表	2003
郭迎春	男	河北省气象台	河北省侨联第七届委员会委员、常委	2004
郭迎春	男	河北省气象台	河北省侨联第八届委员会委员、常委	2009
胡晓蓉	女	河北省气象局	河北省妇女第十三次代表大会代表	2013
胡晓蓉	女	河北省气象局	河北省工会第十二次代表大会代表	2013
郭迎春	男	河北省气象台	河北省侨联第九届委员会委员、常委	2014
申敏	男	河北省气象局	河北省总工会第十二届委员会委员	2015
胡晓蓉	女	河北省气象局	中国农林水利气象工会第四届委员会委员	2016
张洪涛	男	河北省气象局	河北省工会第十三次代表大会代表	2018
胡晓蓉	女	河北省气象局	河北省工会第十三次代表大会代表	2018
陈艳	女	唐山市气象局	河北省工会第十三次代表大会代表	2018

附录6

河北省气象局工青妇工作情况

一、工会

（一）河北省气象局直属工会委员会

1.1979年5月14日，《关于建立河北省气象局工会委员会的批复》（冀气机党〔1979〕5号）。

主　　席：杨如心

副主席：温玉兰

组织财务委员：杨永孚　安增芬

宣传委员：赵亚民

文体委员：冯长钧

生活福利委员：王惠云

1979年6月25日，《关于启用印章的通知》（冀气工〔1979〕1号）章：河北省革命委员会气象局工会委员会。

2.1982年2月18日（冀气机党发〔1982〕2号）工会改选。

主　　席：王洪荣

副主席：冯长钧　温玉兰

组织财务委员：安增芬

宣传委员：赵桂英

文体委员：杜东明

生活福利委员：王惠云

3.2001年8月31日选举产生河北省气象局第一届直属机关工会委员会，委员会组成人员7人，杨大苏同志任主席（《河北气象信息》中记录）。

主　　席：杨大苏

其他人员不详

2010年4月9日（冀直工组字〔2010〕11号）补选工会主席

主　　席：胡晓蓉

4.2010年6月3日《关于河北省气象局直属机关工会委员会调整的通知》（无文号）。

主　　席：胡晓蓉

副主席：刁增海　张中杰

委　　员：刘文奎　王宗敏　郝立生　李春强　冯永法　刘玉民　吴志会　娄　芳　赵利品　辛莉莉

5.2014年5月19日工会换届（冀气直工复〔2014〕6号）。

主　　席：胡晓蓉

副主席：张润民　王淑巧

委　　员：王宗敏　郝立生　杨海龙　刘怀玉　赵建明　李根娥　刘玉民　扈　勇　杨国星　吴志会　娄　芳　张　博

（二）河北省气象局工会工作委员会

1. 2013年8月30日河北省总工会印发《关于成立河北省气象工会工作委员会的批复》（冀工复〔2013〕13号），同意成立河北省气象工会工作委员会，在接受河北省气象局党组领导的同时，作为省总工会派出单位，接受省总工会的领导。

2. 2013年10月25日省总工会印发《关于臧建升等同志任职的复函》（组函字〔2013〕18号），同意臧建升同志任河北省气象工会工作委员会主任，胡晓蓉同志任常务副主任，王淑巧、张光亮、赵建明同志任副主任。

3. 2013年11月18日河北省气象工会工作委员会印发《河北省气象工会工作委员会关于成立河北省气象工会工作委员会女职工部的通知》（冀气工〔2013〕2号），成立河北省气象工会工作委员会女职工部。胡晓蓉同志任部长，王淑巧、娄芳、张海燕同志任副部长，成员：朱环娟、安新照、齐义君、孙艺桃、林燕华、录颖、宿梅娟、李平阳、高军丽、张敏、郭丽丽。

4. 2013年11月19日河北省气象工会工作委员会印发《河北省气象工会工作委员会关于成立河北省气象工会工作委员会经费审查办公室的通知》（冀气工〔2013〕3号），成立河北省气象工会工作委员会经费审查办公室。王淑巧同志任主任，成员：苏少卿、郭婧、崔向华。

5. 2015年12月18日河北省总工会印发《关于申敏等同志任免职的复函》（组函字〔2015〕19号）同意申敏同志任河北省气象工会工作委员会主任，臧建升同志不再担任河北省气象工会工作委员会主任职务。

6. 2018年9月17日河北省总工会印发《关于省气象工会干部协管的复函》（组函字〔2018〕14号）同意张洪涛同志任河北省气象工会工作委员会主任，申敏同志不再担任河北省气象工会工作委员会主任职务。

二、中国共产主义青年团河北省气象局总支委员会、团委

第一届中国共产主义青年团河北省气象局总支委员会

1.1979年6月11日，《建立中国共产主义青年团河北省气象局总支部委员会的批复》（冀气机党〔1979〕7号）。

书　　记：杨永孚

副书记：臧建生

组织委员：杨大苏

宣传委员：王铁英

文体委员：张洪汛

2.1979年6月25日，启用印章：中国共产主义青年团河北省气象局总支部委员会。

3.1979年，省气象局团总支（72人），局机关团支部（13人），省气象台团支部（25人），河北气象学校团支部（34人）。

第二届中国共产主义青年团河北省气象局总支委员会

1.1982年7月16日，换届（冀气机党〔1982〕3号）。

书　　记：杨永孚
副 书 记：臧建生
组织委员：蔡惠军
宣传委员：张军花
文体委员：张洪汛

2.1985年，田竹节接任团总支书记，增加张润民为委员。

第三届中国共产主义青年团河北省气象局委员会

1988年4月，共青团河北省气象局团委换届选举。

书　　记：翟新民
副 书 记：张润民
组织委员：张　静
宣传委员：邸　健
文体委员：赵现平

第四届中国共产主义青年团河北省气象局委员会

1990年4月24日，共青团河北省气象局团委换届选举。

书　　记：冯永法
副 书 记：张润民
组织委员：刘文忠
宣传委员：王　颖
文体委员：李玉然

第五届中国共产主义青年团河北省气象局委员会

1993年6月，共青团河北省气象局团委换届选举。

书　　记：胡晓蓉
副 书 记：张　晶
组织委员：郭树军
宣传委员：王　颖
文体委员：梁风俊

第六届中国共产主义青年团河北省气象局委员会

1998年11月18日，共青团河北省气象局团委换届选举（冀直团〔1998〕批字17号）。

书　　　记：胡晓蓉
副 书 记：邓育鹏
组织委员：王海霞
宣传委员：张中杰
文体委员：刘静波

第七届中国共产主义青年团河北省气象局委员会

2002年1月24日，共青团河北省气象局团委换届选举（冀直团〔2002〕批字2号）。

书　　　记：张　晶
副 书 记：邓育鹏
组织委员：王海霞
宣传委员：魏俊国
生活委员：赵黎明
文体文员：李小龙

第八届中国共产主义青年团河北省气象局委员会

2006年3月22日，共青团河北省气象局团委换届选举。

书　　　　记：张　晶
副书记兼组织委员：刘中谦
宣 传 委 员：刘　剑
生 活 委 员：赵建明
文 体 委 员：秦宝国

第九届中国共产主义青年团河北省气象局委员会

2010年8月18日，共青团河北省气象局团委换届选举。

书　　　　记：刘中谦
副书记兼组织委员：曲晓黎
宣 传 委 员：董晓波
生 活 委 员：王凤杰
文 体 文 员：李宗涛

三、河北省气象局直属机关工会女职工委员会

第一届

1990年2月15日,成立河北省气象局妇委会。

主　　任:李淑荃

副主任:韩　新　王琨玲

委　　员:史凤兰　胡晓蓉　陆绥芳　李红梅

1992年4月3日,启用"河北省气象局妇女委员会"印章。

第二届

1995年5月17日,河北省气象局召开妇女代表大会。

主　　　任:胡晓蓉

副　主　任:杨大苏　蔡惠军

组 织 委 员:李生荣

宣 传 委 员:樊惠新

生 活 委 员:杨凤英

文 体 委 员:刘金韬

妇 女 权 益:黄海兰

妇 幼 保 健:习晓平

第三届

2001年12月17日,(冀气机党发〔2001〕10号),妇委会换届。

主　　任:胡晓蓉

副主任:杨大苏

委　　员:刘　敏　杨凤英　习晓平　李建华　王　荔　贾清梅　赵丽品

第四届

2012年《关于河北省气象局直属机关工会女职工委员会调整及各基层工会女职工委员会成立的通知》(冀气直工〔2012〕1号)。

主　　任:胡晓蓉

副主任:王淑巧

委　　员:刘　敏　曹跟华　贾清梅　王　荔　张佳佳　田艳婷　刘　莉　张文静　赵利品　娄　芳

附录7

河北省气象部门享受政府特殊津贴人员统计

国务院						
序号	姓名	性别	政治面目	职称	单位	批准日期
1	游景炎	男	中共党员	研究员	河北省气象台	1992.9
2	马瑞隽	男	中共党员	高级工程师	河北省气象台	1992.9
3	尹祥林	男	中共党员	高级工程师	河北省气象局资料室	1992.9
4	梁敬	男	中共党员	高级工程师	张家口地区气象局	1993.9
5	秦岭	男	中共党员	高级工程师	河北省气象局物资处	1993.9
6	苏剑勤	男	中共党员	高级工程师	河北省气象局资料室	1993.9
7	汤仲鑫	男	中共党员	高级工程师	河北省气象局	1993.9
8	闫宜玲	女	九三学社	高级工程师	河北省气象局科学研究所	1993.9
9	段英	男	中共党员	正高级工程师	河北省人工影响天气办公室	2002.6
10	张迎新	女	中共党员	正高级工程师	河北省气象台	2010.3
河北省政府						
1	游景炎	男	中共党员	正高级工程师	河北省气象台	1992.5
2	段英	男	中共党员	正高级工程师	河北省人工影响天气办公室	2002.6
3	魏瑞江	女	中共党员	正高级工程师	河北省气象科学研究所	2019.9

附录8

河北省气象部门当选首席人员统计

国家级					
序号	姓名	性别	首席名称	单位	批准机构	批准日期
1	尤凤春	女	中国气象局首席预报员	河北省气象台	中国气象局	2007.5
2	张迎新	女	中国气象局首席预报员	河北省气象台	中国气象局	2010.10
3	李江波	男	中国气象局首席预报员	河北省气象台	中国气象局	2010.10
省级					
1	郭迎春	男	河北省气象局首席气象服务专家	河北省气象台	河北省气象局	2012.12

续表

省级						
序号	姓名	性别	政治面目	职称	单位	批准日期
2	付桂琴	女	河北省气象局首席气象服务专家	河北省气象科技服务中心	河北省气象局	2012.12
3	安月改	女	河北省气象局首席气象服务专家	河北省气候中心	河北省气象局	2012.12
4	史印山	男	河北省气象局首席预报员	河北省气候中心	河北省气象局	2013.？

附录9

河北省气象部门正高级工程师统计
（共48名，以姓氏笔画为序）

1987（1名）

游景炎（1934.12—2017.11）天气预报、暴雨（河北省气象台）

1993（1名）

苏剑勤（1941.9— ）气候服务（河北省气候中心）

1994（1名）

闫宜玲（1939.6—2004.6）农业气象（河北省气象科学研究所）

1996（1名）

于 玲（1938.9— ）农业气象（河北省气象科学研究所）

1999（1名）

段 英（1953.11— ）大气物理与大气环境（河北省人工影响天气办公室）

2001（1名）

胡 欣（1959.12— ）天气预报（河北省气象台）

2002（1名）

尤凤春（1958.3— ）天气预报（河北省气象台）

2005（1名）

张迎新（1966.12— ）天气预报（河北省气象台）

2006（1名）

李云川（1952.10— ）天气预报（河北省气象台）

2009（5名）

史印山（1957.12— ）气候预测（河北省气象信息中心）

杨彬云（1964.11— ）卫星遥感及地理信息技术、生态气象、农业气象（河北省气象科学研究所）

连志鸾（1967.8— ）天气预报（石家庄市气象台）

张文宗（1956.02— ）生态环境气象、农业气象（河北省气象科学研究所）

魏瑞江（1966.4— ）农业气象灾害、农业气象统计定量评价及农业气候资源开发利用（河北省气象

科学研究所）

2010（3名）

石立新（1968.1—）大气物理与大气环境（河北省气象科学研究所）

吴孟恒（1961.10—）气象服务与应用气象（雷电防御技术）（河北省防雷中心）

姚树然（1963.6—）农业气象（河北省气象科学研究所）

2011（3名）

关福来（1964.11—）气象服务与气象应用（河北省气象局）

李春强（1964.2—）农业气象灾害（农业干旱）、气候变化及对农业影响、遥感应用（河北省气象科学研究所）

张守保（1964.1—）气象服务与气象应用（河北省气象局）

2012（2名）

李江波（1968.4—）天气预报（河北省气象台）

顾光芹（1963.3—）气候服务（河北省气候中心）

2013（3名）

马翠平（1963.11—）气象服务（河北省气象服务中心）

王丽荣（1973.6—）雷达资料分析应用、气象灾害风险评估（廊坊市气象局）

居丽玲（1968.12—）气象服务与应用气象（衡水市气象局）

2014（1名）

李国翠（1972.11—）天气预报（石家庄市气象台）

2016（1名）

赵玉广（1969.2—）天气预报（河北省环境气象中心）

2017（8名）

王丛梅（1970.5—）天气预报（邢台市气象台）

王宗敏（1970.9—）天气预报（河北省气象台）

王福侠（1971.4—）天气预报（河北省气象台）

孙玉稳（1963.12—）大气物理、人工影响天气及云和气溶胶的相互作用（河北省人工影响天气办公室）

付桂琴（1968.4—）公众、专业气象服务与应用气象工作（河北省气象服务中心）

陈小雷（1965.5—）天气预报和气象灾害防御技术（河北省气象灾害防御中心）

陈　静（1964.3—）大气环境（石家庄市气象局环境气象中心）

赵瑞金（1968.10—）综合气象观测（河北省气象信息中心）

2018（7名）

王　宏（1972.7—）天气预报（承德市气象台）

王淑云（1968.3—）天气预报（沧州市气象台）

张国华（1963.8—）天气预报（河北省气象台）

范俊红（1968.5—）暴雪、暴雨、大风等灾害性天气机理和预报预警方法以及在专业服务方面应用研究（河北省气象服务中心）

周须文（1963.1—）气候预测（河北省气候中心）
赵春雷（1967.11—）卫星遥感及地理信息技术、生态气象、农业气象（河北省气象科学研究所）
柴东红（1961.1—）天气预报（河北省气象台）

2019（6名）

卞　韬（1977.1—）城市气象和气候（石家庄市气象局）
成海民（1966.6—）公众与专业气象服务（河北省气象服务中心）
李建明（1961.1—）综合气象观测（河北省气象技术装备中心）
杨文霞（1970.4—）大气物理与大气环境（河北省人工影响天气办公室）
宋晓辉（1968.3—）气象灾害预报预警（邯郸市气象局）
郭立平（1970.4—）灾害性天气预报技术研究（廊坊市气象局）

附录10.1

河北省气象部门获得省部级以上个人荣誉统计（行政部分）

序号	姓名	性别	民族	单位	荣誉称号	颁奖单位	时间
1	刘占先	男	汉	河北天津海洋气象台	先进工作者	中央气象局	1957.4
				河北省气象科学研究所	先进生产者	中共中央、国务院	1959.11
2	周菊芳	女	汉	甘肃酒泉民航气象台（后调河北保定）	先进工作者	中央气象局	1957.4
3	王凤辉	男	汉	承德气象台	先进工作者	中央气象局	1957.4
					河北省农业劳动模范	河北省政府	1979
4	孙顺衍	女	汉	石家庄气象台	先进工作者	中央气象局	1957.4
5	戴禾年	男	汉	石家庄气象台	先进工作者	中央气象局	1957.4
6	胡永辉	男	汉	石家庄地区气象局	先进工作者	河北省政府	1978
				河北省气象局	劳动模范	河北省政府	1987.4
					先进工作者	河北省侨办、河北省侨联	1988.12
					先进工作者	第11届亚运会组委会	1990.10
7	杨凤英	女	汉	柏乡气象站	1977年气象部门双学运动成绩显著	河北省革命委员会	1978.4
					全国新长征突击手	共青团中央委员会	1979
					青年新长征突击手	共青团河北省委员会	1979
8	颜木荣	男	汉	唐山地区气象局	气象部门学大寨、学大庆先进工作者	中央气象局	1978.10
9	马玉民	女	汉	秦皇岛市气象台	气象部门学大寨、学大庆先进工作者	中央气象局	1978.10
					全国新长征突击手	团中央	1979

续表

序号	姓名	性别	民族	单位	荣誉称号	颁奖单位	时间
10	蒋洪祥	男	汉	易县气象站	气象部门学大寨、学大庆先进工作者	中央气象局	1978.10
11	张广智	男	汉	深县气象站	气象部门学大寨、学大庆先进工作者	中央气象局	1978.10
				深县气象站	河北省农业劳动模范	河北省政府	1979
				河北省气象局	全省离退休干部先进个人	省委组织部、老干部局、人社厅	2018.7
				河北省气象局	中国老科学技术工作者协会奖	中国老科学技术工作者协会	2019.6
12	杨继山	男	汉	晋县气象站	气象部门学大寨、学大庆先进工作者	中央气象局	1978.10
13	沈和利	男	汉	黄骅县气象站	气象部门学大寨、学大庆先进工作者	中央气象局	1978.10
14	单国华	女	汉	涿县气象站	科学先进工作者	河北省政府	1978
					全国新长征突击手	共青团中央委员会	1979.9
15	张伟生	男	汉	香河县气象站	全国新长征突击手	共青团中央委员会	1979.9
16	张立波	男	汉	沧州地区气象局	河北省农业劳动模范	河北省政府	1979
17	陈德勋	男	汉	沧州地区气象局	河北省农业劳动模范	河北省政府	1979
18	王书珩	男	汉	邢台地区气象局	河北省农业劳动模范	河北省政府	1979
19	刘金堂	男	汉	石家庄地区气象局	河北省农业劳动模范	河北省政府	1979
20	田福生	男	汉	河北省气象科学研究所	河北省农业劳动模范	河北省政府	1979
21	苏剑勤	男	汉	河北省气象局资料室	河北省农业劳动模范	河北省政府	1979
					先进工作者	河北省政府	1989
22	李啸泊	男	回	交河县气象站（泊头）	河北省农业劳动模范	河北省政府	1979
23	刘秀芝	女	汉	承德地区气象局	河北省农业劳动模范	河北省政府	1979
24	李蕤	女	汉	邯郸地区气象局	河北省农业劳动模范	河北省政府	1979
					河北省劳动模范	河北省政府	1989.5
25	张力	女	汉	东光县气象站	河北省农业劳动模范	河北省政府	1979
26	卢大陆	男	汉	献县气象站	河北省农业劳动模范	河北省政府	1979
27	李立春	男	汉	肃宁县气象站	河北省农业劳动模范	河北省政府	1979
28	张书元	男	汉	廊坊地区气象局	河北省农业劳动模范	河北省政府	1979
29	张汉章	男	汉	河北省气象科学研究所	河北省劳动模范	河北省委、河北省政府	1982.2
30	余根实	男	汉	张家口地区气象局	河北省劳动模范	河北省委、河北省政府	1982.2
31	吴波	男	汉	邢台地区气象局	河北省劳动模范	河北省委、河北省政府	1982.2

续表

序号	姓名	性别	民族	单位	荣誉称号	颁奖单位	时间
32	钱文斐	女	汉	张家口地区气象局	河北省劳动模范	河北省政府	1985
					全国气象部门双文明建设劳动模范	国家气象局	1989.4
33	张德贵	男	汉	张北县气象站	边陲优秀儿女挂奖状（铜质奖）	团中央及12家青年报刊	1985
34	张玉相	男	汉	沧州地区气象局	先进工作者	国家农业区划委员会	1986
					河北省科技战线树比学先进个人	河北省委、河北省政府	1987
					全国气象部门双文明建设先进个人	国家气象局	1989.4
35	刘增基	男	汉	河北省气象科学研究所	河北省科技战线树比学先进个人	河北省委、河北省政府	1987
36	李惠欣	女	汉	霸县气象站	全国气象部门双文明建设先进个人	国家气象局	1989.4
37	马升三	男	汉	衡水地区气象局	全国气象部门双文明建设先进个人	国家气象局	1989.4
38	王喜珠	男	汉	定州市气象局	全国气象部门双文明建设先进个人	国家气象局	1989.4
39	韩云龙	男	汉	承德地区气象局	全国气象系统双文明建设先进个人	国家气象局	1989.4
40	潘改芬	女	汉	邢台地区气象局	全国气象部门双文明建设先进个人	国家气象局	1989.4
41	王漳河	男	汉	邯郸地区气象局	全国气象部门双文明建设先进个人	国家气象局	1989.4
42	赵士林	男	汉	石家庄地区气象局	全国气象部门双文明建设先进个人	国家气象局	1989.4
43	王惠云	女	回	河北省气象局	全国气象部门双文明建设先进个人	国家气象局	1989.4
44	陈仲平	男	汉	青龙满族自治县气象站	全国气象部门双文明建设先进个人	国家气象局	1989.4
45	王亨	男	汉	邯郸地区气象局	河北省农业劳动模范	河北省政府	1989.5
46	杨家治	男	汉	河北省气象台	河北省优秀知识分子	河北省政府	1989
47	范永祥	男	汉	唐山市气象局	河北省优秀知识分子	河北省政府	1989
48	游景炎	男	汉	河北省气象局	全国优秀归侨知识分子	河北省政府	1989
49	李淑芬	女	汉	河北省气象局	先进工作者	河北省政府	1989
50	蔡政	男	汉	秦皇岛市气象局	第十一届亚运会气象服务先进工作者	第十一届亚运会组委会	1990.11
51	马安民	男	汉	秦皇岛市气象局	第十一届亚运会气象服务先进工作者	第十一届亚运会组委会	1990.11

续表

序号	姓名	性别	民族	单位	荣誉称号	颁奖单位	时间
52	李淑荃	女	汉	河北省气象局	河北省三八红旗手	河北省妇女联合会	1990.12
53	刘金才	男	汉	河北省气象台	全国气象部门防灾减灾气象服务先进个人	国家气象局	1991
54	章正英	男	汉	保定地区气象局	全国气象部门防灾减灾气象服务先进个人	国家气象局	1991
55	张淑文	女	汉	邢台市气象局	优秀共产党员	中共河北省委	1991.7
					全国气象部门离退休干部先进个人	中国气象局	2009.9
56	耿连奎	男	汉	河北气象学校	全国优秀教师	国家教委、人事部	1991.9
57	袁溪溥	男	汉	河北省气象局	修志先进个人	河北省政府办公厅	1991.9
58	于志明	男	汉	唐山市气象局	第二次全国地面气象测技术比赛个人全能第12名	国家气象局	1992.5
59	郭卫东	男	汉	青龙满族自治县气象局	第二次全国地面气象测技术比赛个人全能第11名	国家气象局	1992.5
60	张和国	男	汉	河北省气象局	第二次全国地面气象测技术比赛伯乐奖	国家气象局	1992.5
61	赵恩来	男	汉	抚宁县气象站	全国优秀气象站长	国家气象局	1993.1
					全国气象部门双文明建设先进个人	中国气象局	1996.11
62	郭学文	男	汉	临漳县气象站	全国优秀气象站长	国家气象局	1993.1
63	张 亮	男	汉	青龙满族自治县气象局	全国优秀青年气象工作者	国家气象局	1993.1
64	宋 侠	女	汉	三河市气象局	全国汛期服务先进个人	中国气象局	1994
65	王德蓉	女	汉	涿州市气象局	河北三八红旗手	河北省妇联	1995
					全国气象部门双文明建设先进个人	中国气象局	1996.11
					全国气象系统先进工作者	中国气象局、人事部	2000.12
66	李银茹	女	汉	河北气象学校	全国优秀教师	国家教委、人事部	1995.9
67	顾光芹	女	汉	河北省气象局	1995年全国汛期气象服务先进个人	中国气象局	1996.1
68	段 英	男	汉	河北省人工影响天气办公室	全国气象部门双文明建设先进个人	中国气象局	1996.11
					河北省农业科技先进工作者	省科技厅、人事厅、农业厅、水利厅	2001.6
					全国气象科技先进工作者	中国气象局	2006.5
					全国人工影响天气工作先进个人	人社部、中国气象局	2012.5
69	张卫国	男	汉	邱县气象局	全国气象系统先进工作者	中国气象局、人事部	1996.12

续表

序号	姓名	性别	民族	单位	荣誉称号	颁奖单位	时间
70	臧建升	男	汉	河北省气象台	1996年全国汛期气象服务先进个人	中国气象局	1997.1
71	贾宝安	男	汉	唐山市专业气象台	1997年重大气象服务先进个人	中国气象局	1997
72	李俊玲	女	汉	衡水市气象学会	1997年全国气象科普先进工作者	中国气象局、中国气象学会	1997.9
73	张宝贵	男	汉	秦皇岛市气象台	1998年全国防汛抗洪气象服务先进个人	中国气象局	1998.10
74	朱家龙	男	汉	张家口市气象局	1999年重大气象服务先进个人	中国气象局	1999
75	尤凤春	女	汉	河北省气象台	2000年重大气象服务先进个人	中国气象局	2000
					2001—2002年度中国气象局科研开发奖		2003
76	张润民	男	汉	河北省气象局	国家档案管理先进个人	国家档案局	2000.2
					河北省职工文化优秀骨干	河北省总工会、河北省职工文化体育协会	2016.8
77	刘金玉	女	汉	唐山市气象局	全国气象档案先进个人	中国气象局	2000.9
78	董学友	男	满	围场县气象局	全国气象部门双文明建设先进个人	中国气象局	2000.12
79	李俊英	女	汉	丰润县气象局	全国气象部门双文明建设先进个人	中国气象局	2000.12
80	焦英峰	男	汉	邢台市气象局	全国气象部门双文明建设先进个人	中国气象局	2000.12
81	蔺虎山	男	汉	邯郸市气象局	全国气象部门双文明建设先进个人	中国气象局	2000.12
82	易春明	男	汉	张家口市气象局	2000—2001气象科技扶贫工作奖	中国气象局、中国气象学会	2001
83	安文献	男	汉	河北省气象台	"9210"工程先进个人	中国气象局	2001.1
					优秀共产党员	中共河北省委	2004.7
84	居丽玲	女	汉	秦皇岛市气象台 衡水市气象局	2001年全国重大气象服务先进个人	中国气象局	2001
					2002年全国重大气象服务先进个人		2003.1
					2004年全国重大气象服务先进个人		2005.1
					河北省巾帼建功活动先进工作者	河北省妇联	2013.5

续表

序号	姓名	性别	民族	单位	荣誉称号	颁奖单位	时间
85	胡晓蓉	女	汉	河北省气象局	2001年度全省文明办系统精神文明建设先进个人	河北省文明办	2002.2
					河北省巾帼建功先进工作者	河北省妇女巾帼建功活动领导小组、省妇联	2009.5
					全省优秀党务工作者	中共河北省委	2009.6
86	张守保	男	汉	河北省气象局科技服务中心	河北优秀青年	河北省委、河北省政府	2003
87	张墨方	男	汉	邢台市气象局	河北省抗击非典斗争优秀共产党员	中共河北省委	2003.6
					河北省抗击非典斗争先进个人	中共河北省委、河北省人民政府	2003.6
88	田艳婷	女	汉	河北省防雷中心	河北省百佳文明职工	河北省总工会	2003.12
89	郭丽霞	女	汉	唐山市气象台	2003年全国重大气象服务先进个人	中国气象局	2004.1
					2005年全国重大气象服务先进个人		2006.1
90	徐志清	男	汉	保定市气象局	河北省劳动模范	河北省政府	2004.4
					河北省先进工作者	河北省政府	2005.8
91	李立宪	男	汉	河北省气象局	全国气象法制工作先进个人	中国气象局	2004.9
92	吴孟恒	男	汉	河北省防雷中心	全国气象科技服务先进个人	中国气象局	2007.1
					全国五好文明家庭	全国妇联	2010.6
93	陈静	女	汉	石家庄市气象台	2007年全国重大气象服务先进个人	中国气象局	2007.12
94	唐建忠	男	汉	唐山市气象局	气象部门2008年会计先进工作者	中国气象局	2008
95	白秀娟	女	汉	秦皇岛市气象局	气象部门2008年会计先进工作者	中国气象局	2008
96	孙玉军	男	汉	河北省气象技术装备中心	第六届全国五好文明家庭	全国妇联	2008.1
97	魏瑞江	女	汉	河北省气象科学研究所	河北省三八红旗手	河北省妇联	2008.1
					2010年河北省粮食生产工作先进个人	河北省政府	2011.4
					燕赵百名优秀女性	省委组织部、宣传部、统战部等	2011.10
					第五届河北职工道德模范	省总工会、宣传部、文明办等	2018.1
					河北省五一劳动奖章	河北省总工会	2018.4
					全国五一巾帼标兵	中华全国总工会	2019.2

续表

序号	姓名	性别	民族	单位	荣誉称号	颁奖单位	时间
98	张迎新	女	汉	河北省气象台	北京奥运会、残奥会气象服务先进个人	中国气象局	2008.10
					河北省优秀科技工作者	省委组织部、省科技厅、省人事厅、省科协	2009.2
					河北省先进工作者	河北省政府	2009.4
					河北省巾帼建功明星	河北省妇女巾帼建功活动领导小组、省妇联	2009.5
					全国先进工作者	中共中央、国务院	2015.4
99	卢宪梅	女	汉	秦皇岛市气象台	北京奥运会、残奥会气象服务先进个人	中国气象局	2008.10
100	郭鸿鸣	男	汉	秦皇岛市气象台	北京奥运会、残奥会气象服务先进个人	中国气象局	2008.10
101	闫小春	男	汉	卢龙县气象局	北京奥运会、残奥会气象服务先进个人	中国气象局	2008.10
102	张景云	男	汉	河北省气象技术装备中心	北京奥运会、残奥会气象服务先进个人	中国气象局	2008.10
103	苗志成	男	汉	张家口市气象台	2008年全国重大气象服务先进个人	中国气象局	2008.12
104	于其超	男	汉	廊坊市气象局	全国气象部门离退休干部先进个人	中国气象局	2009.11
105	朱振栋	男	汉	衡水市气象局	全国气象部门离退休干部先进个人	中国气象局	2009.11
106	颜木荣	男	汉	唐山市气象局	全国气象部门离退休干部先进个人	中国气象局	2009.11
107	张淑文	女	汉	邢台市气象局	全国气象部门离退休干部先进个人	中国气象局	2009.11
108	郭迎春	男	汉	河北省气象台	河北省侨联工作先进工作者	省侨联、省人社厅	2009.6
					2010年河北省粮食生产工作先进个人	河北省政府	2011.4
					河北省五一劳动奖章	河北省总工会	2013.4
					全国归侨侨眷先进个人	中国侨联、国务院侨办	2013.12
					全国五一劳动奖章	中华全国总工会	2014.4
					河北省归侨侨眷先进个人	河北省侨联、河北省侨办	2014.5
					2015年全国最美家庭	全国妇联	2015.5
					全国孝老爱亲最美家庭	中宣部、全国妇联	2015.10
					河北省职工道德模范	河北省总工会、中共河北市委宣传部等	2016.1
					全国文明家庭	中央精神文明建设指导委员会	2016.12

续表

序号	姓名	性别	民族	单位	荣誉称号	颁奖单位	时间
109	车秀芳	女	满	遵化市气象局	全国气象系统先进工作者	人社部、中国气象局	2009.12
110	刘海月	男	汉	河北省人工影响天气办公室	新中国成立60周年庆祝活动气象服务先进个人	中国气象局	2009.12
111	温国利	男	汉	邢台市气象局	新中国成立60周年庆祝活动气象服务先进个人	中国气象局	2009.12
112	郑胲泉	男	汉	乐亭县气象局	新中国成立60周年庆祝活动气象服务先进个人	中国气象局	2009.12
113	杨国庆	男	汉	沧州市气象局	全国气象行业技术能手	人社部	2010.3
114	李厚发	男	汉	沧州市气象局	全国气象行业技术能手	人社部	2010.3
115	张婉莹	女	汉	唐山市气象局	河北省技术能手	河北省人力资源和社会保障厅	2010.12
116	王淑巧	女	汉	河北省气象局	全国低碳生活创新明星	全国妇联	2011.4
117	杨晓亮	男	回	河北省气象台	河北省技术能手	河北省人力资源和社会保障厅	2010.12
117	杨晓亮	男	回	河北省气象台	河北省五一劳动奖章	河北省总工会	2013.1
117	杨晓亮	男	回	河北省气象台	全国青年岗位能手	共青团中央、人社部	2014.4
117	杨晓亮	男	回	河北省气象台	2017年重大气象服务先进个人	中国气象局	2018.1
118	詹立刚	男	汉	秦皇岛市气象局	秦皇岛"4·12"森林火灾扑救先进个人	河北省委、河北省政府	2011.6
119	姚树然	女	汉	河北省气象科学研究所	全国粮食生产突出贡献农业科技人员	国务院	2011.12
119	姚树然	女	汉	河北省气象科学研究所	河北省最美家庭	河北省妇联	2017.5
120	张新利	男	汉	阜平县气象局	2011年全国重大气象服务先进个人	中国气象局	2012.1
121	张立明	男	汉	南皮县气象局	全国人工影响天气工作先进个人	人社部、中国气象局	2012.5
122	杨莹	女	回	河北省气象科技服务中心	河北省三八红旗手	河北省妇女联、省人力资源和社会保障厅	2012.3
122	杨莹	女	回	河北省气象科技服务中心	"7·19"抗洪抢险救灾工作先进个人	中共河北省委办公厅、河北省政府办公厅	2016.10
122	杨莹	女	回	河北省气象科技服务中心	河北省五一劳动奖章	河北省总工会	2017.5
122	杨莹	女	回	河北省气象科技服务中心	河北省劳动模范	河北省委、河北省政府	2019.4
123	边芳	女	汉	河北省气象局	为民服务创先争优行业服务标兵	中共河北省委创先争优活动领导小组	2012.10
124	赵春雷	男	汉	河北省气象科学研究所	2012年全国重大气象服务先进个人	中国气象局	2013.1

续表

序号	姓名	性别	民族	单位	荣誉称号	颁奖单位	时间
125	李宗涛	男	汉	河北省气象台	河北省技术能手	河北省人力资源和社会保障厅	2013.3
125	李宗涛	男	汉	河北省气象台	河北省五一劳动奖章	河北省总工会	2014.7
125	李宗涛	男	汉	河北省气象台	"7·19"抗洪抢险救灾工作先进个人	中共河北省委办公厅、河北省政府办公厅	2016.10
126	孙云	女	汉	河北省气象台	河北省技术能手	河北省人力资源和社会保障厅	2013.3
126	孙云	女	汉	河北省气象台	全国五一劳动奖章	中华全国总工会	2014.4
126	孙云	女	汉	河北省气象台	全国技术能手	中华人民共和国人力资源和社会保障部	2014.12
127	张南	男	汉	河北省气象台	河北省技术能手	河北省人力资源和社会保障厅	2013.3
127	张南	男	汉	河北省气象台	河北省三八红旗手	河北省妇女联合会	2016.3
127	张南	男	汉	河北省气象台	河北省技术能手	河北省人力资源和社会保障厅	2017.2
128	刘英凤	女	汉	涿州市气象局	全国巾帼建功标兵	全国妇联	2013.5
129	王莉萍	女	汉	衡水市气象台	河北省巾帼建功标兵	河北省妇联	2013.5
130	李平	女	汉	赤诚县气象局	河北省巾帼建功标兵	河北省妇联	2013.5
131	郭立平	女	汉	廊坊市气象局	河北省巾帼建功标兵	河北省妇联	2013.5
132	曹晓霞	女	汉	唐山市气象局	河北省巾帼建功标兵	河北省妇联	2013.5
133	高月梅	女	汉	涞源县气象局	河北省巾帼建功标兵	河北省妇联	2013.5
133	高月梅	女	汉	涞源县气象局	全国气象工作先进工作者	人社部、中国气象局	2014.1
134	娄芳	女	汉	河北省气象局财务核算中心	河北省巾帼建功标兵	河北省妇联	2013.5
135	杨晓丽	女	汉	邢台市气象局	全国五一劳动奖章	中华全国总工会	2013.4
136	杨雪川	男	汉	涉县气象局	2013年全国重大气象服务先进个人	中国气象局	2013.12
137	景华	女	汉	河北省气象台	河北省三八红旗手	河北省妇联	2014.3
138	崔伟	男	汉	故城县气象局	河北省五一劳动奖章	河北省总工会	2014.7
139	连志鸾	女	汉	河北省气象台	河北省三八红旗手	河北省妇联	2015
140	张友杰	男	汉	秦皇岛市气象局	2014年全国重大气象服务先进个人	中国气象局	2015.1
141	石志增	男	汉	石家庄市气象局	全国气象行业优秀工会积极分子	中国农林水利工会	2015.10
142	刘安	男	汉	涿州市气象局	河北省能工巧匠	河北省总工会、省委组织部等	2015.8

续表

序号	姓名	性别	民族	单位	荣誉称号	颁奖单位	时间
143	孔凡超	男	汉	河北省气象台	2015年全国重大气象服务先进个人	中国气象局	2016.1
144	史琳	女	汉	黄骅市气象局	2015年全国重大气象服务先进个人	中国气象局	2016.1
145	李二杰	男	汉	河北省环境气象中心	中国人民抗日战争暨世界反法西斯战争胜利70周年纪念活动气象保障服务先进个人	中国气象局	2016.1
146	侯书勋	男	汉	唐山市气象台	中国人民抗日战争暨世界反法西斯战争胜利70周年纪念活动气象保障服务先进个人	中国气象局	2016.1
147	黄毅	男	汉	邢台市气象探测中心	中国人民抗日战争暨世界反法西斯战争胜利70周年纪念活动气象保障服务先进个人	中国气象局	2016.1
148	郭丽丽	女	汉	河北省气象灾害防御中心	河北省职工文化优秀骨干	河北省总工会、河北省职工文化体育协会	2016.8
149	娄朋举	男	汉	河北省气象灾害防御中心	"7·19"抗洪抢险救灾工作先进个人	中共河北省委办公厅、河北省政府办公厅	2016.10
150	董保华	男	汉	河北省气象信息中心	"7·19"抗洪抢险救灾工作先进个人	中共河北省委办公厅、河北省政府办公厅	2016.10
151	智利辉	男	汉	石家庄市气象局	"7·19"抗洪抢险救灾工作先进个人	中共河北省委办公厅、河北省政府办公厅	2016.10
152	邢睿	男	汉	赞皇县气象局	"7·19"抗洪抢险救灾工作先进个人	中共河北省委办公厅、河北省政府办公厅	2016.10
153	王从梅	女	汉	邢台市气象局	"7·19"抗洪抢险救灾工作先进个人	中共河北省委办公厅、河北省政府办公厅	2016.10
154	张炳炉	男	汉	临城县气象局	"7·19"抗洪抢险救灾工作先进个人	中共河北省委办公厅、河北省政府办公厅	2016.10
155	张功文	男	汉	邯郸市气象局	"7·19"抗洪抢险救灾工作先进个人	中共河北省委办公厅、河北省政府办公厅	2016.10
156	王梅	女	汉	武安市气象局	"7·19"抗洪抢险救灾工作先进个人	中共河北省委办公厅、河北省政府办公厅	2016.10
157	刘舰	男	汉	秦皇岛市气象局	"7·19"抗洪抢险救灾工作先进个人	中共河北省委办公厅、河北省政府办公厅	2016.10
158	李佳旭	男	汉	昌黎县气象局	"7·19"抗洪抢险救灾工作先进个人	中共河北省委办公厅、河北省政府办公厅	2016.10
159	郝雪明	男	汉	河北省气象台	河北省学雷锋自愿服务优秀志愿者	省委宣传部、组织部、文明办	2016.12
159	郝雪明	男	汉	河北省气象台	2018河北省最美家庭	河北省妇联	2018.8
159	郝雪明	男	汉	河北省气象台	河北省职工道德先进个人	河北省总工会、省委宣传部等	2018.12
160	陈霞	女	汉	河北省气候中心	2016年全国重大气象服务先进个人	中国气象局	2017.1

续表

序号	姓名	性别	民族	单位	荣誉称号	颁奖单位	时间
161	何璇	女	汉	沧州市气象台	2016年全国重大气象服务先进个人	中国气象局	2017.1
162	梁翠丽	女	汉	永年县气象局	2016年全国重大气象服务先进个人	中国气象局	2017.1
163	张立霞	女	汉	石家庄市气象局	河北省技术能手	河北省人力资源和社会保障厅	2017.2
163	张立霞	女	汉	石家庄市气象局	河北省五一劳动奖章	河北省总工会	2017.5
164	曹晓冲	女	汉	河北省气象台	河北省技术能手	河北省人力资源和社会保障厅	2017.2
164	曹晓冲	女	汉	河北省气象台	河北省五一劳动奖章	河北省总工会	2018.4
165	张素云	女	汉	河北省气象灾害防御中心	河北省文明家庭	河北省精神文明建设委员会	2017.4
166	罗晶	女	汉	鹿泉区气象局	河北省五一劳动奖章	河北省总工会	2017.5
167	蒋书文	男	汉	河北气象影视中心	全国气象行业技术能手	中国气象局	2017
167	蒋书文	男	汉	河北气象影视中心	2018年全国重大气象服务先进个人	中国气象局	2018.12
167	蒋书文	男	汉	河北气象影视中心	全国十佳科普使者	科技部	2018
168	金晓青	女	满	河北省气象台	河北省三八红旗手	河北省妇联	2017.3
169	刘颖	女	汉	河北气象影视中心	2017年公众最喜爱的气象主持人	中国气象服务协会	2017.10
170	张军	男	汉	河北省气象台	2017全国最美家庭	全国妇联	2017.5
171	辛莉莉	女	汉	河北省气象局财务核算中心	工会财务工作考核先进个人	河北省总工会	2017.12
172	李志强	男	汉	中国气象局气象干部培训学院河北分院	全国气象先进工作者	人社部、中国气象局	2017.12
173	胡向峰	男	汉	河北省人工影响天气办公室	2017年全国重大气象服务先进个人	中国气象局	2018.1
174	许俊东	男	汉	衡水市气象局	2017年全国重大气象服务先进个人	中国气象局	2018.1
175	范俊红	女	汉	河北省气象服务中心	2018年全国重大气象服务先进个人	中国气象局	2018.12
176	樊武	男	汉	张家口市气象局	2018年全国重大气象服务先进个人	中国气象局	2018.12
177	张光亮	男	汉	邯郸市气象局	河北省优秀工会工作者	河北省总工会	2018.12
178	杨颖	女	汉	唐山市气象局	河北省优秀工会工作者	河北省总工会	2018.12
179	吴萍萍	女	汉	围场县气象局	全国巾帼建功标兵	全国妇联	2019.3
180	孟丽红	女	汉	南皮县气象局	全国五一劳动奖章	中华全国总工会	2019.4

注：180人、254次获得各种荣誉。

附录 10.2

河北省气象部门获得省部级以上个人荣誉统计（业务部分—填图）

序号	姓名	性别	民族	单位	荣誉称号	颁奖单位	时间	次数
1	陈桂英	女	汉	邢台地区气象局	优秀填图员	中央气象局 国家气象局	1980 1981	2
2	黄延庆	男	汉	邢台地区气象局	优秀填图员	中央气象局 国家气象局	1980 1981	2
3	李传江	男	汉	邢台地区气象局	优秀填图员	中央气象局 国家气象局	1980 1981	2
4	马玉珍	女	汉	廊坊地区气象局	优秀填图员	中央气象局 国家气象局	1980 1981	2
5	郭守勋	男	汉	邢台地区气象台	优秀填图员	国家气象局	1983 1984	2

附录 10.3

河北省气象部门获得省部级以上个人荣誉统计（业务部分—预报）

序号	姓名	性别	民族	单位	荣誉称号	颁奖单位	时间	次数
1	尤凤春	女	汉	河北省气象台	1995年度全国优秀值班预报员	中国气象局	1995	3
					1998年度全国优秀值班预报员（短期）		1998	
					2000年度全国优秀值班预报员（短期）		2000	
2	陈瑞敏	女	汉	衡水市气象局	1995年度全国优秀值班预报员	中国气象局	1995	4
					1996年度全国优秀值班预报员（短期）		1996	
					2004年度全国优秀值班预报员		2005.5	
					2008年度全国优秀值班预报员		2009.5	
3	王新龙	男	汉	河北省气象台	1995年度全国优秀值班预报员	中国气象局	1995	2
					2004年度全国优秀值班预报员		2005.5	
4	李宏山	男	汉	保定地区气象局	1995年度全国优秀值班预报员	中国气象局	1995	1

续表

序号	姓名	性别	民族	单位	荣誉称号	颁奖单位	时间	次数
5	王宏	女	汉	河北省气象台	1995年度全国优秀值班预报员	中国气象局	1995	1
6	李根娥	女	汉	河北省气象台	1995年度全国优秀值班预报员	中国气象局	1995	1
7	史印山	男	汉	河北省气象台 河北省气候中心	1995年度全国优秀值班预报员（长期）	中国气象局	1995	6
					2001年度全国优秀值班预报员（长期）		2001	
					2003年度全国优秀值班预报员（短期气候）		2003	
					2004年度全国优秀值班预报员		2005.5	
					2006年度全国优秀值班预报员（短期气候）		2007.4	
					2009年度全国优秀值班预报员（短期气候）		2010.7	
8	李江波	男	满	河北省气象台	1996年度全国优秀值班预报员（短期）	中国气象局	1996	1
9	郑艳萍	女	汉	唐山市气象台	1996年度全国优秀值班预报员（短期）	中国气象局	1996	1
10	安金仓	男	汉	邯郸市气象局	1996年度全国优秀值班预报员（短期）	中国气象局	1996	1
11	康锡言	女	汉	河北省气象科技产业中心	1996年度全国优秀值班预报员（中期）	中国气象局	1996	1
12	于传杰	男	汉	邯郸市气象局	1996年度全国优秀值班预报员（长期）	中国气象局	1996	1
13	池俊成	男	汉	河北省气象台	1996年度全国优秀值班预报员（短期）	中国气象局	1996	1
14	郭丽霞	女	汉	唐山市气象台	1997年度全国优秀值班预报员	中国气象局	1997	2
					2000年度全国优秀值班预报员（短期）		2000	
15	王建英	女	汉	衡水市气象台	1997年度全国优秀值班预报员	中国气象局	1997	1
16	苗志成	男	汉	张家口市气象台	1997年度全国优秀值班预报员	中国气象局	1997	1
17	马凤珍	女	汉	邢台市气象台	1997年度全国优秀值班预报员	中国气象局	1997	1

续表

序号	姓名	性别	民族	单位	荣誉称号	颁奖单位	时间	次数
18	张国华	女	汉	河北省气象台	1997年度全国优秀值班预报员	中国气象局	1997	8
					2000年度全国优秀值班预报员（短期）		2000	
					2001年度全国优秀值班预报员（短期）		2001	
					2003年度全国优秀值班预报员（中、短期）		2003	
					2007年度全国优秀值班预报员（中、短期）		2008.5	
					2009年度全国优秀值班预报员（中、短期）		2010.7	
					2011年度全国优秀值班预报员		2012.5	
					2018年度全国优秀气象预报员		2019.6	
19	王慧娟	女	汉	承德市气象台	1997年度全国优秀值班预报员（中期）	中国气象局	1997	1
20	关雁心	女	汉	邯郸市气象台	1997年度全国优秀值班预报员（长期）	中国气象局	1997	1
21	李学锋	女	汉	承德市气象台	1998年度全国优秀值班预报员（短期）	中国气象局	1998	1
22	王淑云	女	汉	沧州市气象台	1998年度全国优秀值班预报员（短期）	中国气象局	1998	5
					1999年度全国优秀值班预报员（短期）		1999	
					2003年度全国优秀值班预报员（短期）		2003	
					2011年度全国优秀值班预报员		2012.5	
					2012年度全国优秀值班预报员		2013.8	
23	徐建芬	女	汉	衡水市气象台	1998年度全国优秀值班预报员（短期）	中国气象局	1998	1
24	赵玉广	男	汉	河北省气象台	1998年度全国优秀值班预报员（短期）	中国气象局	1998	5
					2002年度全国优秀值班预报员（短期）		2002	
					2005年度全国优秀值班预报员（中短期）		2006.4	
					2006年度全国优秀值班预报员（中短期）		2007.4	
					2007年度全国优秀值班预报员		2008.5	

续表

序号	姓名	性别	民族	单位	荣誉称号	颁奖单位	时间	次数
25	许新路	男	汉	邢台市气象局	1998年度全国优秀值班预报员（短期）	中国气象局	1998	1
26	金玉梅	女	汉	张家口市气象台	1998年度全国优秀值班预报员（中期）	中国气象局	1998	1
27	景华	女	汉	河北省气象台	1999年度全国优秀值班预报员（短期）	中国气象局	1999	2
					2001年度全国优秀值班预报员（短期）		2001	
28	张迎新	女	汉	河北省气象台	1999年度全国优秀值班预报员（短期）	中国气象局	1999	2
					2000年度全国优秀值班预报员（短期）		2000	
29	居丽玲	女	汉	秦皇岛市气象台	1999年度全国优秀值班预报员（短期）	中国气象局	1999	1
30	王丽荣	女	汉	石家庄市气象台	1999年度全国优秀值班预报员（短期）	中国气象局	1999	5
					2000年度全国优秀值班预报员（短期）		2000	
					2008年度全国优秀值班预报员		2009.5	
					2009年度全国优秀值班预报员（短时中短期）		2010.7	
					2011年度全国优秀值班预报员		2012.5	
31	刘玉平	女	汉	邢台市气象台	1999年度全国优秀值班预报员（短期）	中国气象局	1999	1
32	王玉英	女	汉	衡水市气象台	1999年度全国优秀值班预报员（长期）	中国气象局	1999	1
33	王继玲	女	汉	邢台市气象台	2000年度全国优秀值班预报员（长期）	中国气象局	2000	1
34	王丛梅	女	汉	邢台市气象台	2000年度全国优秀值班预报员（短期）	中国气象局	2000	2
					2010年度全国优秀值班预报员		2011.5	
35	张宝贵	男	汉	秦皇岛市气象台	2001年度全国优秀值班预报员（短期）	中国气象局	2001	1
36	刘连池	女	汉	河北省气象台	2001年度全国优秀值班预报员（短期）	中国气象局	2001	1
37	辛霞	女	汉	河北省气象台	2001年度全国优秀值班预报员（中期）	中国气象局	2001	1
38	鲁贵民	男	汉	唐山市气象局	2001年度全国优秀值班预报员（短期）	中国气象局	2001	1

续表

序号	姓名	性别	民族	单位	荣誉称号	颁奖单位	时间	次数
39	王福侠	女	汉	河北省气象台	2002年度全国优秀值班预报员（短期）	中国气象局	2002	6
					2004年度全国优秀值班预报员		2005.5	
					2010年度全国优秀值班预报员		2011.5	
					2011年度全国优秀值班预报员		2012.5	
					2012年度全国优秀值班预报员		2013.8	
					2016年度全国优秀气象预报员		2017.7	
40	傅昺珊	女	汉	石家庄市气象台	2002年度全国优秀值班预报员（短期）	中国气象局	2002	2
					2003年度全国优秀值班预报员（中、短期）		2003	
41	王莉萍	女	汉	衡水市气象台	2001年度全国优秀值班预报员（短期）	中国气象局	2002	3
					2005年度全国优秀值班预报员（短期）		2006.4	
					2006年度全国优秀值班预报员		2007.4	
42	杜海涛	男	汉	廊坊市气象台	2002年度全国优秀值班预报员（短期）	中国气象局	2002	1
43	卢建立	男	汉	保定市气象台	2002年度全国优秀值班预报员（短期）	中国气象局	2002	1
44	张素云	女	汉	廊坊市气象台	2002年度全国优秀值班预报员（短期气候）	中国气象局	2002	1
45	刘晓峰	男	汉	衡水市气象台	2003年度全国优秀值班预报员（短期）	中国气象局	2003	1
46	吴正琪	女	汉	秦皇岛市气象台	2003年度全国优秀值班预报员（短期）	中国气象局	2003	1
47	曹秀芝	女	汉	秦皇岛市气象台	2004年度全国优秀值班预报员	中国气象局	2005.5	3
					2006年度全国优秀值班预报员		2007.4	
					2007年度全国优秀值班预报员		2008.5	
48	柴东红	女	汉	河北省气象台	2004年度全国优秀值班预报员	中国气象局	2005.5	2
					2008年度全国优秀值班预报员		2009.5	
49	连志鸾	女	汉	石家庄市气象台	2004年度全国优秀值班预报员	中国气象局	2005.5	2
					2007年度全国优秀值班预报员		2008.5	
50	王丽萍	女	汉	衡水市气象局	2006年度全国优秀值班预报员	中国气象局	2006	1
51	郝雪明	男	汉	河北省气象台	2005年度全国优秀值班预报员	中国气象局	2006.4	1
52	边清河	男	汉	沧州市气象台	2005年度全国优秀值班预报员（中期）	中国气象局	2006.4	2
					2007年度全国优秀值班预报员（短期、气候）		2008.5	

续表

序号	姓名	性别	民族	单位	荣誉称号	颁奖单位	时间	次数
53	李国翠	女	汉	石家庄市气象台	2005年度全国优秀值班预报员	中国气象局	2006.4	6
					2006年度全国优秀值班预报员（中短期）		2007.4	
					2008年度全国优秀值班预报员		2009.5	
					2011年度全国优秀值班预报员		2012.5	
					2012年度全国优秀值班预报员		2013.8	
					2015年全国重大气象服务先进个人		2016.1	
54	王 猛	男	汉	唐山市气象台	2005年度全国优秀值班预报员	中国气象局	2006.4	1
55	郭卫红	女	汉	石家庄市气象台	2006年度全国优秀值班预报员（中短期）	中国气象局	2007.4	1
56	袁雷武	男	汉	唐山市气象台	2006年度全国优秀值班预报员	中国气象局	2007.4	1
57	张延宾	男	汉	河北省气象台	2007年度全国优秀值班预报员	中国气象局	2008.5	1
58	吴 雁	女	汉	衡水市气象台	2007年度全国优秀值班预报员	中国气象局	2008.5	1
59	范俊红	女	汉	河北省气象台 河北省气象服务中心	2008年度全国优秀值班预报员	中国气象局	2009.5	3
					2009年度全国优秀值班预报员（中、短期）		2010.7	
					2018年全国重大气象服务先进个人		2018.12	
60	秦宝国	男	汉	河北省气象台	2008年度全国优秀值班预报员	中国气象局	2009.5	2
					2011年度全国优秀值班预报员		2012.5	
61	孙丽华	女	汉	秦皇岛市气象台	2008年度全国优秀值班预报员（短期、气候）	中国气象局	2009.5	1
62	花家嘉	男	汉	唐山市气象局	2009年度全国优秀值班预报员	中国气象局	2010.7	1
63	孙明辉	女	汉	廊坊市气象局	2009年度全国优秀值班预报员	中国气象局	2010.7	1
64	王荣英	女	汉	衡水市气象局	2009年度全国优秀值班预报员	中国气象局	2010.7	1
65	刘晓霞	女	汉	河北省气象台	2010年度全国优秀值班预报员	中国气象局	2011.5	1
66	杨晓亮	男	回	河北省气象台	2010年度全国优秀值班预报员	中国气象局	2011.5	2
					2017年度全国优秀气象预报员		2018.7	
67	孙桂凤	女	汉	承德市气象台	2010年度全国优秀值班预报员	中国气象局	2011.5	1
68	田秀霞	女	汉	邯郸市气象台	2010年度全国优秀值班预报员	中国气象局	2011.5	1
69	燕成玉	女	汉	秦皇岛市气象台	2010年度全国优秀值班预报员	中国气象局	2011.5	1
70	侯书勋	男	汉	唐山市气象局	2011年度全国优秀值班预报员	中国气象局	2012.5	1
71	周须文	女	汉	河北省气候中心	2012年度全国优秀值班预报员	中国气象局	2013.8	2
					2017年度全国优秀气象预报员		2018.7	

续表

序号	姓名	性别	民族	单位	荣誉称号	颁奖单位	时间	次数
72	张晓东	男	汉	唐山市气象台	2012年度全国优秀值班预报员	中国气象局	2013.8	1
73	王宏	女	蒙	承德市气象台	2012年度全国优秀值班预报员	中国气象局	2013.8	1
74	李延江	男	汉	秦皇岛市气象台	2012年度全国优秀值班预报员	中国气象局	2013.8	1
75	金晓青	女	满	河北省气象台	2016年度全国优秀气象预报员	中国气象局	2017.7	1
76	车少静	女	汉	河北省气候中心	2016年度全国优秀气象预报员	中国气象局	2017.7	1
77	闫雪瑾	女	汉	河北省气象台	2017年度全国优秀气象预报员	中国气象局	2018.7	2
					2018年度全国优秀气象预报员		2019.6	
78	申莉莉	女	汉	河北省气象台	2018年度全国优秀气象预报员	中国气象局	2019.6	1

附录10.4

河北省气象部门获得省部级以上个人荣誉统计（业务部分—测报）

序号	姓名	性别	民族	单位	荣誉称号	颁奖单位	时间	次数
1	樊淑英	女	汉	怀来县气象站	质量优秀测报员	中央气象局	1980.7	4
					质量优秀测报员	国家气象局	1985.2	
					质量优秀测报员（地面2）		1993	
2	钱文斐	女	汉	怀来县气象站	质量优秀测报员	国家气象局	1985.2	1
3	陈桂英	女	汉	邢台地区气象局	质量优秀测报员	中央气象局	1982.4	1
4	黄延庆	男	汉	邢台地区气象局	质量优秀测报员	中央气象局	1982.4	1
5	李传江	男	汉	邢台地区气象局	质量优秀测报员	中央气象局	1982.4	1
6	马玉珍	女	汉	廊坊地区气象局	质量优秀测报员	中央气象局	1982.4	1
7	刘明玉	男	汉	藁城县气象站	质量优秀测报员	国家气象局	1983.12	1
8	郭守勋	男	汉	邢台地区气象台	质量优秀测报员	国家气象局	1985.6	1

续表

序号	姓名	性别	民族	单位	荣誉称号	颁奖单位	时间	次数
9	梁淑英	女	汉	保定地区气象台	质量优秀测报员（高空）	国家气象局	1985.2	3
					质量优秀测报员		1986	
					质量优秀测报员（高空）		1989	
10	王秀花	女	汉	保定地区气象台	质量优秀测报员（高空）	国家气象局	1985.2	3
					质量优秀测报员		1986	
					质量优秀测报员（高空）		1989	
11	段文生	男	汉	唐县气象站	1988年度全国质量优秀测报员	国家气象局	1988	8
				唐县气象局	1996年度全国质量优秀测报员	中国气象局	1996	
					2004年度全国质量优秀测报员		2004	
					2005年度全国质量优秀测报员		2005	
					2007年度全国质量优秀测报员		2007	
					2008年度全国质量优秀测报员		2008	
					2009年度全国质量优秀测报员		2009	
					2010年度全国质量优秀测报员		2010	
12	周文英	女	汉	固安县气象站	1988年度全国质量优秀测报员	国家气象局	1988	3
				固安县气象局	1997年度全国质量优秀测报员（地面2）	中国气象局	1997	
13	任淑兰	女	汉	怀来县气象站	1988年度全国质量优秀测报员	国家气象局	1988	1
14	李世杰	男	汉	饶阳县气象站	1989年度全国质量优秀测报员	国家气象局	1989	1
15	潘改芬	女	汉	邢台基准气候站	1990年度全国质量优秀测报员	国家气象局	1990	1
16	张秀爽	女	汉	邢台基准气候站	1990年度全国质量优秀测报员	国家气象局	1990	1
17	谢雪君	女	汉	邢台基准气候站	1990年度全国质量优秀测报员	国家气象局	1990	1
18	吴瑞哨	男	汉	新乐县气象局	1990年度全国质量优秀测报员	国家气象局	1990	1
19	李素琴	女	汉	新乐县气象局	1990年度全国质量优秀测报员	国家气象局	1990	1
20	杨振民	男	汉	新乐县气象局	1990年度全国质量优秀测报员	国家气象局	1990	2
				新乐市气象局	1998年度全国质量优秀测报员		1998	
21	孟繁藻	男	汉	唐山市气象局	1990年度全国质量优秀测报员（农气）	国家气象局	1990	1
22	高桂玲	女	汉	唐山市气象局	1990年度全国质量优秀测报员（农气）	国家气象局	1990	1

续表

序号	姓名	性别	民族	单位	荣誉称号	颁奖单位	时间	次数
23	张凤莲	女	汉	怀来县气象站	1990年度全国质量优秀测报员	国家气象局	1990	10
				怀来县气象局	1993年度全国质量优秀测报员	中国气象局	1993	
					1994年度全国质量优秀测报员		1994	
					1995年度全国质量优秀测报员		1995	
					1996年度全国质量优秀测报员		1996	
					1999年度全国质量优秀测报员		1999	
					2002年度全国质量优秀测报员		2002	
					2003年度全国质量优秀测报员		2003	
					2004年度全国质量优秀测报员		2004	
					2005年度全国质量优秀测报员		2005	
24	周友信	男	汉	饶阳县气象局	1991年度全国质量优秀测报员	国家气象局	1991	5
					1995年度全国质量优秀测报员	中国气象局	1995	
					1996年度全国质量优秀测报员（地面2）		1996	
					2000年度全国质量优秀测报员		2000	
25	吴艳河	男	汉	东光县气象局	1991年度全国质量优秀测报员	国家气象局	1991	1
26	张学琴	女	汉	东光县气象局	1991年度全国质量优秀测报员	国家气象局	1991	1
27	张亮河	男	汉	青龙满族自治县气象局	1991年度全国质量优秀测报员	国家气象局	1991	1
28	杜凤梅	女	汉	井陉县气象局	1992年度全国质量优秀测报员	国家气象局	1992	1
29	李金锁	男	汉	井陉县气象局	1992年度全国质量优秀测报员	国家气象局	1992	2
					1997年度全国质量优秀测报员	中国气象局	1997	
30	刘秀江	男	汉	黄骅市气象局	1993年度全国质量优秀测报员（农气）	国家气象局	1993	5
					1994年度全国质量优秀测报员（农气）	中国气象局	1994	
					1995年度全国质量优秀测报员（农气）		1995	
					1997年度全国质量优秀测报员（农气2）		1997	
31	姜长春	男	汉	怀来县气象局	1993年度全国质量优秀测报员（地面2）	国家气象局	1993	6
					1994年度全国质量优秀测报员	中国气象局	1994	
					1995年度全国质量优秀测报员		1995	
					1999年度全国质量优秀测报员		1999	
					2005年度全国质量优秀测报员		2005	

续表

序号	姓名	性别	民族	单位	荣誉称号	颁奖单位	时间	次数
32	郭淑华	女	汉	怀来县气象局	1993年度全国质量优秀测报员	国家气象局	1993	1
33	魏跃明	男	汉	丰宁县气象局	1993年度全国质量优秀测报员	国家气象局	1993	7
				承德市气象站	1996年度全国质量优秀测报员（地面2）	中国气象局	1996	
					1997年度全国质量优秀测报员		1997	
					1998年度全国质量优秀测报员		1998	
					2006年度全国质量优秀测报员		2006	
					2008年度全国质量优秀测报员		2008	
34	尉山林	男	汉	邢台市气象局	1994年度全国质量优秀测报员	中国气象局	1994	4
					1995年度全国质量优秀测报员		1995	
					1996年度全国质量优秀测报员		1996	
					1997年度全国优秀值班测报员		1997	
35	张瑞芬	女	汉	怀来县气象局	1994年度全国质量优秀测报员	中国气象局	1994	8
					1995年度全国质量优秀测报员		1995	
					1997年度全国质量优秀测报员		1997	
					2002年度全国质量优秀测报员		2002	
					2005年度全国质量优秀测报员		2005	
					2006年度全国质量优秀测报员		2006	
					2007年度全国质量优秀测报员		2007	
					2008年度全国质量优秀测报员		2008	
36	蒋洪祥	男	汉	易县气象局	1995年度全国质量优秀测报员	中国气象局	1995	1
37	王缓娣	女	汉	饶阳县气象局	1995年度全国质量优秀测报员（地面2）	中国气象局	1995	13
					1996年度全国质量优秀测报员		1996	
					1997年度全国优秀值班测报员（地面2）		1997	
					1999年度全国质量优秀测报员		1999	
					2001年度全国质量优秀测报员		2001	
					2002年度全国质量优秀测报员		2002	
					2005年度全国质量优秀测报员		2005	
					2006年度全国质量优秀测报员		2006	
					2007年度全国质量优秀测报员		2007	
					2008年度全国质量优秀测报员		2008	
					2009年度全国质量优秀测报员		2009	

续表

序号	姓名	性别	民族	单位	荣誉称号	颁奖单位	时间	次数
38	吴运好	女	汉	饶阳县气象局	1995年度全国质量优秀测报员	中国气象局	1995	8
					1996年度全国质量优秀测报员		1996	
					1997年度全国优秀值班测报员		1997	
					1999年度全国质量优秀测报员		1999	
					2001年度全国质量优秀测报员		2001	
					2005年度全国质量优秀测报员		2005	
					2007年度全国质量优秀测报员（地面2）		2007	
39	王海婷	女	汉	邯郸峰峰矿区气象局	1995年全国质量优秀测报员	中国气象局	1995	4
				平山县气象局	1997年度全国质量优秀测报员		1997	
				石家庄市气象局	2003年度全国质量优秀测报员		2003	
					2008年度全国质量优秀测报员		2008	
40	张来勤	男	汉	乐亭县气象局	1995年度全国质量优秀测报员（高空）	中国气象局	1995	1
41	杨平宁	男	汉	张家口市气象局	1995年度全国质量优秀测报员（高空2）	中国气象局	1995	14
					1996年度全国质量优秀测报员（高空）		1996	
					1997年度全国质量优秀测报员（高空）		1997	
					1999年度全国质量优秀测报员（高空）		1999	
					2000年度全国质量优秀测报员（高空）		2000	
					2004年度全国质量优秀测报员（高空4）		2004	
					2005年度全国质量优秀测报员（高空）		2005	
					2006年度全国质量优秀测报员（探空）		2006	
					2009年度全国质量优秀测报员（高空2）		2009	
42	王海峰	男	汉	邯郸市气象局	1996年度全国质量优秀测报员	中国气象局	1996	1
43	李朝阳	男	汉	邢台基准气候站	1996年度全国质量优秀测报员	中国气象局	1996	1

续表

序号	姓名	性别	民族	单位	荣誉称号	颁奖单位	时间	次数
44	岳金增	男	汉	邢台市气象局	1996年度全国质量优秀测报员	中国气象局	1996	4
					1997年度全国优秀值班测报员		1997	
					1999年度全国质量优秀测报员		1999	
					2002年度全国质量优秀测报员		2002	
45	张艳丽	女	汉	涉县气象局	1996年度全国质量优秀测报员	中国气象局	1996	8
					2002年度全国质量优秀测报员		2002	
					2004年度全国质量优秀测报员		2004	
					2006年度全国质量优秀测报员		2006	
					2008年度全国质量优秀测报员		2008	
					2009年度全国质量优秀测报员		2009	
					2010年度全国质量优秀测报员		2010	
					2011年度全国质量优秀测报员		2011	
46	戎乃英	女	汉	涉县气象局	1996年度全国质量优秀测报员	中国气象局	1996	4
					2002年度全国质量优秀测报员		2002	
					2004年度全国质量优秀测报员		2004	
					2006年度全国质量优秀测报员		2006	
47	刘海珠	女	汉	涉县气象局	1996年度全国质量优秀测报员	中国气象局	1996	5
					2001年度全国质量优秀测报员		2001	
					2002年度全国质量优秀测报员		2002	
					2006年度全国质量优秀测报员		2006	
					2008年度全国质量优秀测报员		2008	
48	李金忠	男	汉	饶阳县气象局	1996年度全国质量优秀测报员	中国气象局	1996	15
					1997年度全国优秀值班测报员（地面2）		1997	
					2000年度全国质量优秀测报员		2000	
					2001年度全国质量优秀测报员		2001	
					2002年度全国质量优秀测报员		2002	
					2004年度全国质量优秀测报员		2004	
					2005年度全国质量优秀测报员		2005	
					2006年度全国质量优秀测报员		2006	
					2007年度全国质量优秀测报员（地面2）		2007	
					2009年度全国质量优秀测报员（地面2）		2009	
					2010年度全国质量优秀测报员		2010	
					2011年度全国质量优秀测报员		2011	

续表

序号	姓名	性别	民族	单位	荣誉称号	颁奖单位	时间	次数
49	王立海	男	汉	丰宁县气象局	1996年度全国质量优秀测报员	中国气象局	1996	7
					1998年度全国质量优秀测报员		1998	
					2001年度全国质量优秀测报员		2001	
					2003年度全国质量优秀测报员		2003	
					2004年度全国质量优秀测报员		2004	
					2005年度全国质量优秀测报员		2005	
					2006年度全国质量优秀测报员		2006	
50	郑克	男	汉	丰宁县气象局	1996年度全国质量优秀测报员	中国气象局	1996	6
					1998年度全国质量优秀测报员		1998	
					2000年度全国质量优秀测报员		2000	
					2001年度全国质量优秀测报员		2001	
					2003年度全国质量优秀测报员（地面2）		2003	
51	孙庆川	男	汉	丰宁县气象局	1996年度全国质量优秀测报员	中国气象局	1996	2
					2003年度全国质量优秀测报员		2003	
52	董学友	男	满	围场县气象局	1996年度全国质量优秀测报员	中国气象局	1996	7
					1997年度全国质量优秀测报员		1997	
					1999年度全国质量优秀测报员		1999	
					2000年度全国质量优秀测报员		2000	
					2002年度全国质量优秀测报员		2002	
					2003年度全国质量优秀测报员		2003	
					2004年度全国质量优秀测报员		2004	
53	邢红卫	女	汉	遵化市气象局	1996年度全国质量优秀测报员	中国气象局	1996	1
54	张艳君	女	汉	遵化市气象局	1996年度全国质量优秀测报员	中国气象局	1996	2
					1999年度全国质量优秀测报员		1999	
55	裴天会	女	汉	玉田县气象局	1996年度全国质量优秀测报员	中国气象局	1996	2
					2009年度全国质量优秀测报员		2009	
56	岳春梅	女	汉	张家口市气象局	1996年度全国质量优秀测报员（高空）	中国气象局	1996	1
57	张金民	男	汉	张家口市气象局	1997年度全国质量优秀测报员（高空）	中国气象局	1997	10
					1999年度全国质量优秀测报员（高空）		1999	
					2004年度全国质量优秀测报员（高空4）		2004	
					2006年度全国质量优秀测报员（探空2）		2006	
					2009年度全国质量优秀测报员（高空2）		2009	

续表

序号	姓名	性别	民族	单位	荣誉称号	颁奖单位	时间	次数
58	韩新祯	男	汉	邢台市气象局	1997年度全国质量优秀测报员（高空）	中国气象局	1997	4
					2002年度全国质量优秀测报员（高空2）		2002	
					2006年度全国质量优秀测报员（探空）		2006	
59	闫恩菊	女	汉	邢台市气象局	1997年度全国质量优秀测报员（高空）	中国气象局	1997	1
60	刘金婷	女	汉	邢台市气象局	1997年度全国质量优秀测报员（高空）	中国气象局	1997	2
					2002年度全国质量优秀测报员（高空）		2002	
61	刘丽丽	女	汉	磁县气象局	1997年度全国质量优秀测报员	中国气象局	1997	7
					1998年度全国质量优秀测报员		1998	
				丰润区气象局	2004年度全国质量优秀测报员（地面2）		2004	
					2007年度全国质量优秀测报员（地面2）		2007	
					2008年度全国质量优秀测报员		2008	
62	刘英凤	女	汉	易县气象局	1997年度全国质量优秀测报员	中国气象局	1997	4
					1999年度全国质量优秀测报员		1999	
					2001年度全国质量优秀测报员		2001	
					2005年度全国质量优秀测报员		2005	
63	田秀芬	女	汉	徐水县气象局	1997年度全国质量优秀测报员	中国气象局	1997	1
64	张学芹	女	汉	东光县气象局	1997年度全国质量优秀测报员	中国气象局	1997	10
					2000年度全国质量优秀测报员		2000	
					2002年度全国质量优秀测报员		2002	
					2003年度全国质量优秀测报员（地面2）		2003	
					2005年度全国质量优秀测报员		2005	
					2007年度全国质量优秀测报员		2007	
					2009年度全国质量优秀测报员		2009	
					2010年度全国质量优秀测报员		2010	
					2011年度全国质量优秀测报员		2011	

续表

序号	姓名	性别	民族	单位	荣誉称号	颁奖单位	时间	次数
65	杨玉敏	女	汉	高碑店市气象局	1997年度全国质量优秀测报员	中国气象局	1997	10
					2000年度全国质量优秀测报员		2000	
					2001年度全国质量优秀测报员（地面2）		2001	
					2004年度全国质量优秀测报员		2004	
					2006年度全国质量优秀测报员		2006	
					2007年度全国质量优秀测报员		2007	
					2008年度全国质量优秀测报员（地面2）		2008	
					2009年度全国质量优秀测报员		2009	
66	孟德云	男	汉	高碑店市气象局	1997年度全国质量优秀测报员	中国气象局	1997	3
					1999年度全国质量优秀测报员		1999	
					2001年度全国质量优秀测报员		2001	
67	郭华	女	汉	高碑店市气象局	1997年度全国质量优秀测报员	中国气象局	1997	8
					2000年度全国质量优秀测报员		2000	
					2004年度全国质量优秀测报员		2004	
					2006年度全国质量优秀测报员		2006	
					2007年度全国质量优秀测报员		2007	
					2008年度全国质量优秀测报员（地面2）		2008	
					2009年度全国质量优秀测报员		2009	
68	王淑兰	女	汉	围场县气象局	1997年度全国质量优秀测报员	中国气象局	1997	9
					2000年度全国质量优秀测报员		2000	
					2002年度全国质量优秀测报员		2002	
					2003年度全国质量优秀测报员		2003	
					2004年度全国质量优秀测报员		2004	
					2005年度全国质量优秀测报员		2005	
					2006年度全国质量优秀测报员		2006	
					2007年度全国质量优秀测报员		2007	
					2008年度全国质量优秀测报员		2008	
69	刘建国	男	汉	固安县气象局	1997年度全国质量优秀测报员	中国气象局	1997	1
70	袁素琴	女	汉	丰南市气象局	1997年度全国质量优秀测报员	中国气象局	1997	1

续表

序号	姓名	性别	民族	单位	荣誉称号	颁奖单位	时间	次数
71	张红军	女	汉	乐亭县气象局	1997年度全国质量优秀测报员	中国气象局	1997	14
					1998年度全国质量优秀测报员（2次）		1998	
					1999年度全国质量优秀测报员		1999	
					2002年度全国质量优秀测报员		2002	
					2004年度全国质量优秀测报员（地面2）		2004	
					2006年度全国质量优秀测报员（地面3）		2006	
					2007年度全国质量优秀测报员（地面2）		2007	
					2008年度全国质量优秀测报员		2008	
					2011年度全国质量优秀测报员（高空）		2011	
72	田 方	女	汉	昌黎县气象局	1997年度全国质量优秀测报员	中国气象局	1997	8
					2001年度全国质量优秀测报员		2001	
					2003年度全国质量优秀测报员		2003	
					2004年度全国质量优秀测报员		2004	
					2007年度全国质量优秀测报员		2007	
					2008年度全国质量优秀测报员		2008	
					2009年度全国质量优秀测报员		2009	
					2010年度全国质量优秀测报员		2010	
73	谢书兰	女	汉	昌黎县气象局	1997年度全国质量优秀测报员	中国气象局	1997	3
					2001年度全国质量优秀测报员		2001	
					2003年度全国质量优秀测报员		2003	
74	吴 艳	女	汉	东光县气象局	1997年度全国质量优秀测报员	中国气象局	1997	13
					1999年度全国质量优秀测报员		1999	
					2000年度全国质量优秀测报员		2000	
					2002年度全国质量优秀测报员		2002	
					2003年度全国质量优秀测报员（地面2）		2003	
					2005年度全国质量优秀测报员		2005	
					2006年度全国质量优秀测报员		2006	
					2007年度全国质量优秀测报员		2007	
					2008年度全国质量优秀测报员		2008	
					2009年度全国质量优秀测报员		2009	
					2010年度全国质量优秀测报员		2010	
					2011年度全国质量优秀测报员		2011	

续表

序号	姓名	性别	民族	单位	荣誉称号	颁奖单位	时间	次数
75	毕志强	男	汉	涿鹿县气象局	1997年度全国质量优秀测报员	中国气象局	1997	2
					2007年度全国质量优秀测报员		2007	
76	杨荣珍	女	汉	新乐市气象局	1997年度全国质量优秀测报员	中国气象局	1997	1
77	吴瑞肖	女	汉	新乐市气象局	1997年度全国质量优秀测报员	中国气象局	1997	1
78	张永华	男	汉	井陉县气象局	1997年度全国质量优秀测报员	中国气象局	1997	1
79	李志国	男	汉	石家庄市气象台	1997年度全国质量优秀测报员	中国气象局	1997	1
80	廖颖慧	女	汉	石家庄市气象台	1997年度全国质量优秀测报员	中国气象局	1997	1
81	王川	男	汉	唐海县气象局	1997年度全国质量优秀测报员（农气）	中国气象局	1997	4
					1998年度全国质量优秀测报员（农气）		1998	
					2001年度全国质量优秀测报员（农气）		2001	
					2004年度全国质量优秀测报员（农气）		2004	
82	程晓晖	女	汉	邢台市气象局	质量优秀测报员	中国气象局	1998	10
					2001年度全国质量优秀测报员		2001	
					2003年度全国质量优秀测报员		2003	
					2004年度全国质量优秀测报员		2004	
					2005年度全国质量优秀测报员		2005	
					2006年度全国质量优秀测报员		2006	
					2007年度全国质量优秀测报员（地面2）		2007	
					2008年度全国质量优秀测报员（地面2）		2008	
83	吴文海	男	汉	栾城县气象局	质量优秀测报员（农气）	中国气象局	1998	1
84	耿世明	男	汉	南宫市气象局	质量优秀测报员（农气）	中国气象局	1998	1
85	牛俊喜	男	汉	滦南县气象局	质量优秀测报员	中国气象局	1998	1
86	孟艳静	女	汉	滦南县气象局	质量优秀测报员	中国气象局	1998	1

续表

序号	姓名	性别	民族	单位	荣誉称号	颁奖单位	时间	次数
87	李东桥	男	汉	深州气象局	质量优秀测报员（农气）	中国气象局	1998	1
88	胡秋卷	男	汉	深州市气象局	1998年度全国质量优秀测报员（农气）	中国气象局	1998	5
					2000年度全国质量优秀测报员（农气）		2000	
					2004年度全国质量优秀测报员（农气）		2004	
					2006年度全国质量优秀测报员（农气）		2006	
					2008年度全国质量优秀测报员（农气）		2008	
89	郭炳香	男	汉	深州市气象局	1998年度全国质量优秀测报员（农气）	中国气象局	1998	5
					2000年度全国质量优秀测报员（农气）		2000	
					2004年度全国质量优秀测报员（农气）		2004	
					2006年度全国质量优秀测报员（农气）		2006	
					2008年度全国质量优秀测报员（农气）		2008	
90	张晓英	女	汉	蔚县气象局	1998年度全国质量优秀测报员	中国气象局	1998	15
					2000年度全国质量优秀测报员		2000	
					2002年度全国质量优秀测报员（地面2）		2002	
					2003年度全国质量优秀测报员		2003	
					2004年度全国质量优秀测报员（地面2）		2004	
					2005年度全国质量优秀测报员		2005	
					2006年度全国质量优秀测报员		2006	
					2007年度全国质量优秀测报员（地面2）		2007	
					2008年度全国质量优秀测报员		2008	
					2009年度全国质量优秀测报员		2009	
					2010年度全国质量优秀测报员		2010	
					2011年度全国质量优秀测报员		2011	

续表

序号	姓名	性别	民族	单位	荣誉称号	颁奖单位	时间	次数
91	王庆林	女	汉	蔚县气象局	1998年度全国质量优秀测报员	中国气象局	1998	12
					2000年度全国质量优秀测报员		2000	
					2002年度全国质量优秀测报员		2002	
					2003年度全国质量优秀测报员		2003	
					2004年度全国质量优秀测报员		2004	
					2005年度全国质量优秀测报员		2005	
					2006年度全国质量优秀测报员		2006	
					2007年度全国质量优秀测报员（地面2）		2007	
					2008年度全国质量优秀测报员		2008	
					2010年度全国质量优秀测报员		2010	
					2011年度全国质量优秀测报员		2011	
92	那福山	男	满	围场县气象局	质量优秀测报员	中国气象局	1998	1
93	李兰英	女	汉	乐亭县气象局	质量优秀测报员	中国气象局	1998	3
				滦南县气象局	2007年度全国质量优秀测报员		2007	
					2010年度全国质量优秀测报员		2010	
94	贾云波	男	汉	乐亭县气象局	质量优秀测报员	中国气象局	1998	1
95	宋美儒	女	汉	唐山市气象局	质量优秀测报员	中国气象局	1998	1
96	封莉	女	汉	怀来县气象局	1998年度全国质量优秀测报员	中国气象局	1998	8
					1999年度全国质量优秀测报员		1999	
					2003年度全国质量优秀测报员		2003	
					2006年度全国质量优秀测报员		2006	
					2008年度全国质量优秀测报员（地面2）		2008	
					2010年度全国质量优秀测报员		2010	
					2011年度全国质量优秀测报员		2011	
97	姚太强	男	汉	怀来县气象局	质量优秀测报员（农气）	中国气象局	1998	1
98	赵润涛	男	汉	霸州市气象局	1998年度全国质量优秀测报员（农气）	中国气象局	1998	2
					2000年度全国质量优秀测报员（农气）		2000	
99	韩玉奎	男	汉	尚义县气象局	质量优秀测报员	中国气象局	1998	1

续表

序号	姓名	性别	民族	单位	荣誉称号	颁奖单位	时间	次数
100	王桂清	女	汉	迁西县气象局	质量优秀测报员	中国气象局	1998	1
101	孙秀环	女	汉	迁西县气象局	质量优秀测报员	中国气象局	1998	4
					2009年度全国质量优秀测报员		2009	
					2010年度全国质量优秀测报员		2010	
					2011年度全国质量优秀测报员		2011	
102	单国华	女	汉	涿州市气象局	1999年度全国质量优秀测报员（农气）	中国气象局	1999	2
					2002年度全国质量优秀测报员（农气）		2002	
103	严华	女	汉	蔚县气象局	1999年度全国质量优秀测报员	中国气象局	1999	7
					2000年度全国质量优秀测报员		2000	
					2002年度全国质量优秀测报员		2002	
					2003年度全国质量优秀测报员		2003	
					2004年度全国质量优秀测报员		2004	
					2005年度全国质量优秀测报员		2005	
					2006年度全国质量优秀测报员		2006	
104	赵莉森	女	汉	怀来县气象局	1999年度全国质量优秀测报员	中国气象局	1999	1
105	赵秀英	女	汉	故城县气象局	1999年度全国质量优秀测报员	中国气象局	1999	1
106	李云山	男	汉	霸州市气象局	1999年度全国质量优秀测报员	中国气象局	1999	8
					2003年度全国质量优秀测报员		2003	
					2004年度全国质量优秀测报员		2004	
					2007年度全国质量优秀测报员（地面2）		2007	
					2008年度全国质量优秀测报员		2008	
					2009年度全国质量优秀测报员（地面2）		2009	
107	王洪琴	女	汉	涉县气象局	1999年度全国质量优秀测报员	中国气象局	1999	6
					2004年度全国质量优秀测报员		2004	
					2006年度全国质量优秀测报员		2006	
					2008年度全国质量优秀测报员		2008	
					2009年度全国质量优秀测报员		2009	
					2010年度全国质量优秀测报员		2010	

续表

序号	姓名	性别	民族	单位	荣誉称号	颁奖单位	时间	次数
108	刘晓灵	女	汉	邢台市气象局	1999年度全国质量优秀测报员	中国气象局	1999	8
					2002年度全国质量优秀测报员		2002	
					2004年度全国质量优秀测报员		2004	
					2005年度全国质量优秀测报员		2005	
					2006年度全国质量优秀测报员		2006	
					2007年度全国质量优秀测报员（地面2）		2007	
					2008年度全国质量优秀测报员		2008	
109	温国利	男	汉	邢台市气象局	1999年度全国质量优秀测报员（高空）	中国气象局	1999	7
					2002年度全国质量优秀测报员（高空2）		2002	
					2006年度全国质量优秀测报员（探空）		2006	
					2007年度全国质量优秀测报员（高空）		2007	
					2009年度全国质量优秀测报员（高空2）		2009	
110	张金双	女	汉	巨鹿县气象局	1999年度全国质量优秀测报员	中国气象局	1999	3
					2001年度全国质量优秀测报员		2001	
					2007年度全国质量优秀测报员		2007	
111	张保战	男	汉	唐海县气象局	1999年度全国质量优秀测报员	中国气象局	1999	2
				玉田县气象局	2009年度全国质量优秀测报员		2009	
112	李爱荣	女	汉	乐亭县气象局	1999年度全国质量优秀测报员	中国气象局	1999	14
					2000年度全国质量优秀测报员		2000	
					2002年度全国质量优秀测报员		2002	
					2004年度全国质量优秀测报员（地面2）		2004	
					2006年度全国质量优秀测报员（地面2）		2006	
					2007年度全国质量优秀测报员（地面3）		2007	
					2008年度全国质量优秀测报员		2008	
					2009年度全国质量优秀测报员		2009	
					2010年度全国质量优秀测报员（地面2）		2010	

续表

序号	姓名	性别	民族	单位	荣誉称号	颁奖单位	时间	次数
113	张洁新	女	汉	乐亭县气象局	1999年度全国质量优秀测报员	中国气象局	1999	15
					2000年度全国质量优秀测报员		2000	
					2004年度全国质量优秀测报员（地面2）		2004	
					2006年度全国质量优秀测报员（地面2）		2006	
					2007年度全国质量优秀测报员（地面2）		2007	
					2008年度全国质量优秀测报员（地面2）		2008	
					2009年度全国质量优秀测报员		2009	
					2010年度全国质量优秀测报员（地面2）		2010	
					2011年度全国质量优秀测报员（地面2）		2011	
114	刘 智	男	汉	乐亭县气象局	1999年度全国质量优秀测报员	中国气象局	1999	10
					2000年度全国质量优秀测报员		2000	
					2002年度全国质量优秀测报员		2002	
					2004年度全国质量优秀测报员		2004	
					2006年度全国质量优秀测报员（地面2）		2006	
					2007年度全国质量优秀测报员（地面2）		2007	
					2008年度全国质量优秀测报员		2008	
					2011年度全国质量优秀测报员（高空）		2011	
115	周英仕	男	汉	乐亭县气象局	1999年度全国质量优秀测报员	中国气象局	1999	2
					2000年度全国质量优秀测报员		2000	
116	付超杰	女	汉	乐亭县气象局	1999年度全国质量优秀测报员（高空）	中国气象局	1999	1
117	郑海全	男	汉	乐亭县气象局	1999年度全国质量优秀测报员（高空）	中国气象局	1999	1
118	车秀芳	女	满	遵化市气象局	1999年度全国质量优秀测报员	中国气象局	1999	1

续表

序号	姓名	性别	民族	单位	荣誉称号	颁奖单位	时间	次数
119	梁淑芬	女	汉	遵化市气象局	1999年度全国质量优秀测报员	中国气象局	1999	6
					2004年度全国质量优秀测报员		2004	
					2005年度全国质量优秀测报员		2005	
					2007年度全国质量优秀测报员		2007	
					2008年度全国质量优秀测报员		2008	
					2009年度全国质量优秀测报员		2009	
120	张月琴	女	汉	遵化市气象局	1999年度全国质量优秀测报员	中国气象局	1999	4
					2004年度全国质量优秀测报员		2004	
					2005年度全国质量优秀测报员（农气）		2005	
					2008年度全国质量优秀测报员（农气）		2008	
121	高桂芹	女	汉	唐山市气象局农试站	1999年度全国质量优秀测报员（农气）	中国气象局	1999	1
122	周宝德	男	汉	涿州市气象局	1999年度全国质量优秀测报员（农气）	中国气象局	1999	1
123	王青旺	男	汉	辛集市气象局	1999年度全国质量优秀测报员	中国气象局	1999	1
124	韩和荣	女	汉	青县气象局	1999年度全国质量优秀测报员	中国气象局	1999	2
					2009年度全国质量优秀测报员		2009	
125	王伟	男	汉	乐亭县气象局	2000年度全国质量优秀测报员	中国气象局	2000	7
					2002年度全国质量优秀测报员		2002	
					2004年度全国质量优秀测报员（地2辐1）		2004	
					2006年度全国质量优秀测报员（地2）		2006	

续表

序号	姓名	性别	民族	单位	荣誉称号	颁奖单位	时间	次数
126	高英杰	女	汉	乐亭县气象局	2000年度全国质量优秀测报员	中国气象局	2000	17
					2002年度全国质量优秀测报员（地面2）		2002	
					2004年度全国质量优秀测报员（地2辐1）		2004	
					2006年度全国质量优秀测报员（地面2）		2006	
					2007年度全国质量优秀测报员（地面3）		2007	
					2008年度全国质量优秀测报员		2008	
					2009年度全国质量优秀测报员		2009	
					2010年度全国质量优秀测报员（地面2）		2010	
					2011年度全国质量优秀测报员（地面2）		2011	
127	李连祥	男	汉	泊头市气象局	2000年度全国质量优秀测报员	中国气象局	2000	7
					2003年度全国质量优秀测报员		2003	
					2005年度全国质量优秀测报员		2005	
					2006年度全国质量优秀测报员		2006	
					2007年度全国质量优秀测报员		2007	
					2008年度全国质量优秀测报员		2008	
					2011年度全国质量优秀测报员		2011	
128	尚芹	女	汉	邢台市气象局	2000年度全国质量优秀测报员	中国气象局	2000	2
					2001年度全国质量优秀测报员		2001	
129	董晓雁	女	汉	邢台市气象局	2000年度全国质量优秀测报员（高空）	中国气象局	2000	6
					2002年度全国质量优秀测报员（高空）		2002	
					2006年度全国质量优秀测报员（探空2）		2006	
					2009年度全国质量优秀测报员（高空）		2009	
					2010年度全国质量优秀测报员（高空）		2010	
130	关俊华	女	汉	南宫市气象局	2000年度全国质量优秀测报员	中国气象局	2000	2
					2004年度全国质量优秀测报员		2004	

续表

序号	姓名	性别	民族	单位	荣誉称号	颁奖单位	时间	次数
131	白永红	女	汉	南宫市气象局	2000年度全国质量优秀测报员	中国气象局	2000	5
					2007年度全国质量优秀测报员（地面2）		2007	
					2008年度全国质量优秀测报员		2008	
					2011年度全国质量优秀测报员		2011	
132	王幸稳	男	汉	安平县气象局	2000年度全国质量优秀测报员	中国气象局	2000	1
133	贾金苹	女	汉	故城县气象局	2000年度全国质量优秀测报员	中国气象局	2000	5
					2002年度全国质量优秀测报员		2002	
					2003年度全国质量优秀测报员		2003	
					2006年度全国质量优秀测报员（地面2）		2004	
134	苏永红	女	汉	围场县气象局	2000年度全国质量优秀测报员	中国气象局	2000	1
135	姚文乔	女	汉	蔚县气象局	2000年度全国质量优秀测报员	中国气象局	2000	2
					2003年度全国质量优秀测报员		2003	
136	王岩林	女	汉	蔚县气象局	2000年度全国质量优秀测报员	中国气象局	2000	11
					2002年度全国质量优秀测报员		2002	
					2003年度全国质量优秀测报员		2003	
					2004年度全国质量优秀测报员		2004	
					2005年度全国质量优秀测报员		2005	
					2006年度全国质量优秀测报员		2006	
					2007年度全国质量优秀测报员		2007	
					2008年度全国质量优秀测报员		2008	
					2009年度全国质量优秀测报员		2009	
					2010年度全国质量优秀测报员		2010	
					2011年度全国质量优秀测报员		2011	
137	魏亚平	女	汉	宣化县气象局	2000年度全国质量优秀测报员	中国气象局	2000	2
					2005年度全国质量优秀测报员		2005	
138	赵 芳	女	汉	宣化县气象局	2000年度全国质量优秀测报员	中国气象局	2000	1
139	张翠英	女	汉	赤城县气象局	2000年度全国质量优秀测报员	中国气象局	2000	1
140	张贵梅	女	汉	赤城县气象局	2000年度全国质量优秀测报员	中国气象局	2000	1
141	智兰英	女	汉	肥乡县气象局	2000年度全国质量优秀测报员（农气）	中国气象局	2000	3
					2004年度全国质量优秀测报员（农气）		2004	
					2009年度全国质量优秀测报员（农气）		2009	

续表

序号	姓名	性别	民族	单位	荣誉称号	颁奖单位	时间	次数
142	白海英	女	汉	定州市气象局	2000年度全国质量优秀测报员（农气）	中国气象局	2000	4
					2002年度全国质量优秀测报员（农气）		2002	
					2004年度全国质量优秀测报员（农气）		2004	
					2007年度全国质量优秀测报员（农气）		2007	
143	胡国华	男	汉	遵化市气象局	2000年度全国质量优秀测报员（农气）	中国气象局	2000	2
					2004年度全国质量优秀测报员		2004	
144	吉凤兰	女	汉	遵化市气象局	2000年度全国质量优秀测报员（农气）	中国气象局	2000	9
					2004年度全国质量优秀测报员（农气2）		2004	
					2005年度全国质量优秀测报员（农气2）		2005	
					2008年度全国质量优秀测报员（农气2）		2008	
					2010年度全国质量优秀测报员（农气2）		2010	
145	张燕飞	女	汉	张家口市气象局	2000年度全国质量优秀测报员（高空）	中国气象局	2000	8
					2004年度全国质量优秀测报员（高空5）		2004	
					2009年度全国质量优秀测报员（高空2）		2009	
146	刘晓英	女	汉	三河市气象局	2001年度全国质量优秀测报员	中国气象局	2001	11
					2004年度全国质量优秀测报员（地面2）		2004	
					2005年度全国质量优秀测报员		2005	
					2007年度全国质量优秀测报员（地面2）		2007	
					2008年度全国质量优秀测报员		2008	
					2009年度全国质量优秀测报员		2009	
					2010年度全国质量优秀测报员		2010	
					2011年度全国质量优秀测报员（地面2）		2011	
147	韩锡娟	女	汉	三河市气象局	2001年度全国质量优秀测报员	中国气象局	2001	1

续表

序号	姓名	性别	民族	单位	荣誉称号	颁奖单位	时间	次数
148	李国辉	男	汉	滦平县气象局	2001年度全国质量优秀测报员	中国气象局	2001	1
149	王国坤	男	汉	泊头市气象局	2001年度全国质量优秀测报员	中国气象局	2001	9
					2003年度全国质量优秀测报员		2003	
					2004年度全国质量优秀测报员		2004	
					2005年度全国质量优秀测报员		2005	
					2006年度全国质量优秀测报员		2006	
					2008年度全国质量优秀测报员		2008	
					2009年度全国质量优秀测报员		2009	
					2010年度全国质量优秀测报员		2010	
					2011年度全国质量优秀测报员		2011	
150	聂振岭	男	汉	邯郸市气象局	2001年度全国质量优秀测报员	中国气象局	2001	4
					2004年度全国质量优秀测报员		2004	
					2007年度全国质量优秀测报员		2007	
					2011年度全国质量优秀测报员		2011	
151	张雷	男	汉	涿州市气象局	2001年度全国质量优秀测报员	中国气象局	2001	7
					2004年度全国质量优秀测报员		2004	
					2006年度全国质量优秀测报员		2006	
					2008年度全国质量优秀测报员		2008	
					2009年度全国质量优秀测报员		2009	
					2010年度全国质量优秀测报员		2010	
					2011年度全国质量优秀测报员		2011	
152	柳俊峰	男	汉	涿州市气象局	2001年度全国质量优秀测报员	中国气象局	2001	7
					2006年度全国质量优秀测报员		2006	
					2008年度全国质量优秀测报员（地面2）		2008	
					2009年度全国质量优秀测报员		2009	
					2010年度全国质量优秀测报员		2010	
					2011年度全国质量优秀测报员		2011	
153	高顺泽	男	汉	易县气象局	2001年度全国质量优秀测报员	中国气象局	2001	1

续表

序号	姓名	性别	民族	单位	荣誉称号	颁奖单位	时间	次数
154	刘建玲	女	汉	遵化市气象局	2001年度全国质量优秀测报员	中国气象局	2001	8
					2004年度全国质量优秀测报员（地面2）		2004	
					2005年度全国质量优秀测报员		2005	
					2007年度全国质量优秀测报员		2007	
					2008年度全国质量优秀测报员		2008	
					2010年度全国质量优秀测报员		2010	
					2011年度全国质量优秀测报员		2011	
155	刘克义	男	汉	青龙满族自治县气象局	2001年度全国质量优秀测报员	中国气象局	2001	1
156	张文财	男	汉	抚宁县气象局	2001年度全国质量优秀测报员	中国气象局	2001	5
					2002年度全国质量优秀测报员		2002	
					2006年度全国质量优秀测报员（地面2）		2006	
					2007年度全国质量优秀测报员		2007	
157	马茂来	男	汉	迁安县气象局	2001年度全国质量优秀测报员	中国气象局	2001	1
158	石建丰	男	汉	迁安县气象局	2001年度全国质量优秀测报员	中国气象局	2001	2
					2005年度全国质量优秀测报员		2005	
159	张桂香	女	汉	丰宁县气象局	2001年度全国质量优秀测报员	中国气象局	2001	3
					2002年度全国质量优秀测报员		2002	
					2003年度全国质量优秀测报员		2003	
160	曹丽华	女	汉	丰宁县气象局	2001年度全国质量优秀测报员	中国气象局	2001	7
					2002年度全国质量优秀测报员		2002	
					2003年度全国质量优秀测报员		2003	
					2004年度全国质量优秀测报员		2004	
				滦平县气象局	2005年度全国质量优秀测报员（地面2）		2005	
					2007年度全国质量优秀测报员		2007	
161	陈丽荣	女	汉	吴桥县气象局	2002年度全国质量优秀测报员	中国气象局	2002	3
					2003年度全国质量优秀测报员		2003	
					2004年度全国质量优秀测报员		2004	

续表

序号	姓名	性别	民族	单位	荣誉称号	颁奖单位	时间	次数
162	崔万里	男	汉	泊头市气象局	2002年度全国质量优秀测报员	中国气象局	2002	5
					2004年度全国质量优秀测报员		2004	
					2005年度全国质量优秀测报员		2005	
					2006年度全国质量优秀测报员		2006	
					2008年度全国质量优秀测报员		2008	
163	崔倩	女	汉	泊头市气象局	2002年度全国质量优秀测报员	中国气象局	2002	4
					2003年度全国质量优秀测报员		2003	
					2005年度全国质量优秀测报员		2005	
					2006年度全国质量优秀测报员		2006	
164	白洪英	女	汉	泊头市气象局	2002年度全国质量优秀测报员	中国气象局	2002	4
					2004年度全国质量优秀测报员		2004	
					2008年度全国质量优秀测报员		2008	
					2011年度全国质量优秀测报员		2011	
165	王倩	女	汉	南皮县气象局	2002年度全国质量优秀测报员	中国气象局	2002	7
					2003年度全国质量优秀测报员		2003	
					2004年度全国质量优秀测报员		2004	
					2005年度全国质量优秀测报员		2005	
					2006年度全国质量优秀测报员		2006	
					2008年度全国质量优秀测报员		2008	
				孟村回族自治县气象局	2011年度全国质量优秀测报员		2011	
166	孙平	男	汉	南皮县气象局	2002年度全国质量优秀测报员	中国气象局	2002	1
167	陈国斌	男	汉	抚宁县气象局	2002年度全国质量优秀测报员	中国气象局	2002	1
168	于艳兰	女	汉	青龙满族自治县气象局	2002年度全国质量优秀测报员	中国气象局	2002	6
					2004年度全国质量优秀测报员		2004	
					2005年度全国质量优秀测报员		2005	
					2008年度全国质量优秀测报员		2008	
					2010年度全国质量优秀测报员		2010	
					2011年度全国质量优秀测报员		2011	
169	李宝珍	男	汉	青龙满族自治县气象局	2002年度全国质量优秀测报员	中国气象局	2002	4
					2003年度全国质量优秀测报员		2003	
					2008年度全国质量优秀测报员		2008	
					2010年度全国质量优秀测报员		2010	

续表

序号	姓名	性别	民族	单位	荣誉称号	颁奖单位	时间	次数
170	王延林	男	汉	涿鹿县气象局	2002年度全国质量优秀测报员	中国气象局	2002	1
171	张江平	男	汉	邢台市气象局	2002年度全国质量优秀测报员	中国气象局	2002	5
					2005年度全国质量优秀测报员		2005	
					2006年度全国质量优秀测报员		2006	
					2007年度全国质量优秀测报员		2007	
					2008年度全国质量优秀测报员		2008	
172	李素芳	女	汉	灵寿县气象局	2002年度全国质量优秀测报员	中国气象局	2002	1
173	王海平	女	汉	大厂县气象局	2002年度全国质量优秀测报员	中国气象局	2002	2
					2005年度全国质量优秀测报员		2005	
174	田秀兰	女	汉	蔚县气象局	2002年度全国质量优秀测报员	中国气象局	2002	9
					2003年度全国质量优秀测报员		2003	
					2004年度全国质量优秀测报员		2004	
					2005年度全国质量优秀测报员		2005	
					2006年度全国质量优秀测报员		2006	
					2007年度全国质量优秀测报员		2007	
					2008年度全国质量优秀测报员		2008	
					2010年度全国质量优秀测报员		2010	
					2011年度全国质量优秀测报员		2011	
175	王新	男	汉	涿州市气象局	2002年度全国质量优秀测报员（农气）	中国气象局	2002	1
176	葛强	男	汉	怀来县气象局	2002年度全国质量优秀测报员（农气）	中国气象局	2002	1
177	刘立辉	男	汉	邢台市气象局	2002年度全国质量优秀测报员（高空）	中国气象局	2002	7
					2006年度全国质量优秀测报员（探空2）		2006	
					2009年度全国质量优秀测报员（高空2）		2009	
					2011年度全国质量优秀测报员（高空2）		2011	
178	李智峰	女	汉	邢台市气象局	2002年度全国质量优秀测报员（高空）	中国气象局	2002	1

续表

序号	姓名	性别	民族	单位	荣誉称号	颁奖单位	时间	次数
179	郭云辉	女	汉	赵县气象局	2003年度全国质量优秀测报员	中国气象局	2003	6
					2004年度全国质量优秀测报员		2004	
					2006年度全国质量优秀测报员		2006	
					2008年度全国质量优秀测报员		2008	
					2009年度全国质量优秀测报员		2009	
					2011年度全国质量优秀测报员		2011	
180	张玉凤	女	汉	石家庄市气象局	2003年度全国质量优秀测报员	中国气象局	2003	3
					2008年度全国质量优秀测报员		2008	
					2009年度全国质量优秀测报员		2009	
181	乞宏修	男	汉	新河县气象局	2003年度全国质量优秀测报员	中国气象局	2003	1
182	杨允凌	女	汉	邢台市气象局	2003年度全国质量优秀测报员	中国气象局	2003	5
					2005年度全国质量优秀测报员		2005	
					2006年度全国质量优秀测报员		2006	
					2007年度全国质量优秀测报员（地面2）		2007	
183	李岱城	女	汉	清河县气象局	2003年度全国质量优秀测报员	中国气象局	2003	2
					2006年度全国质量优秀测报员		2006	
184	李桂芹	女	汉	泊头市气象局	2003年度全国质量优秀测报员	中国气象局	2003	3
					2005年度全国质量优秀测报员		2005	
					2006年度全国质量优秀测报员		2006	
185	于静	女	汉	南皮县气象局	2003年度全国质量优秀测报员	中国气象局	2003	7
					2005年度全国质量优秀测报员		2005	
					2006年度全国质量优秀测报员		2006	
					2007年度全国质量优秀测报员		2007	
					2009年度全国质量优秀测报员		2009	
					2010年度全国质量优秀测报员		2010	
					2011年度全国质量优秀测报员		2011	
186	常舒冬	女	汉	饶阳县气象局	2003年度全国质量优秀测报员	中国气象局	2003	7
					2006年度全国质量优秀测报员		2006	
					2007年度全国质量优秀测报员（地面2）		2007	
					2009年度全国质量优秀测报员（地面2）		2009	
					2010年度全国质量优秀测报员		2010	
187	王虹	女	汉	承德市气象站	2003年度全国质量优秀测报员	中国气象局	2003	1

续表

序号	姓名	性别	民族	单位	荣誉称号	颁奖单位	时间	次数
188	刘淑华	女	汉	承德市气象站	2003年度全国质量优秀测报员	中国气象局	2003	3
					2008年度全国质量优秀测报员		2008	
				承德市气象局	2010年度全国质量优秀测报员		2010	
189	王丽敏	女	汉	丰宁县气象局	2003年度全国质量优秀测报员	中国气象局	2003	9
					2004年度全国质量优秀测报员		2004	
					2005年度全国质量优秀测报员（地面2）		2005	
				承德市气象站	2006年度全国质量优秀测报员		2006	
					2008年度全国质量优秀测报员（地面2）		2008	
				承德市气象局	2010年度全国质量优秀测报员		2010	
					2011年度全国质量优秀测报员		2011	
190	张丽	女	汉	霸州市气象局	2003年度全国质量优秀测报员	中国气象局	2003	7
					2004年度全国质量优秀测报员		2004	
					2007年度全国质量优秀测报员（地面2）		2007	
					2008年度全国质量优秀测报员		2008	
					2009年度全国质量优秀测报员		2009	
					2011年度全国质量优秀测报员		2011	
191	路玉丹	女	汉	霸州市气象局	2003年度全国质量优秀测报员	中国气象局	2003	7
					2004年度全国质量优秀测报员		2004	
					2007年度全国质量优秀测报员（地面2）		2007	
					2008年度全国质量优秀测报员		2008	
					2009年度全国质量优秀测报员		2009	
					2010年度全国质量优秀测报员		2010	
192	王红梅	女	汉	霸州市气象局	2003年度全国质量优秀测报员	中国气象局	2003	7
					2007年度全国质量优秀测报员（地面2）		2007	
					2008年度全国质量优秀测报员		2008	
					2009年度全国质量优秀测报员		2009	
					2010年度全国质量优秀测报员		2010	
					2011年度全国质量优秀测报员		2011	

续表

序号	姓名	性别	民族	单位	荣誉称号	颁奖单位	时间	次数
193	闫利霞	女	汉	霸州市气象局	2003年度全国质量优秀测报员	中国气象局	2003	8
					2004年度全国质量优秀测报员		2004	
					2007年度全国质量优秀测报员（地面2）		2007	
					2008年度全国质量优秀测报员		2008	
					2009年度全国质量优秀测报员（地面2）		2009	
					2011年度全国质量优秀测报员		2011	
194	陈金宝	女	汉	霸州市气象局	2003年度全国质量优秀测报员	中国气象局	2003	1
195	秦云苗	女	汉	霸州市气象局	2003年度全国质量优秀测报员	中国气象局	2003	6
				廊坊市气象局	2006年度全国质量优秀测报员		2006	
					2008年度全国质量优秀测报员		2008	
					2009年度全国质量优秀测报员		2009	
					2010年度全国质量优秀测报员		2010	
					2011年度全国质量优秀测报员		2011	
196	陶美玲	女	汉	张北县气象局	2003年度全国质量优秀测报员	中国气象局	2003	4
					2007年度全国质量优秀测报员		2007	
					2008年度全国质量优秀测报员		2008	
					2009年度全国质量优秀测报员		2009	
197	孙孝丽	女	汉	宣化县气象局	2003年度全国质量优秀测报员	中国气象局	2003	2
					2004年度全国质量优秀测报员		2004	
198	杨龙飞	女	汉	青龙满族自治县气象局	2003年度全国质量优秀测报员	中国气象局	2003	8
					2004年度全国质量优秀测报员		2004	
					2005年度全国质量优秀测报员		2005	
					2006年度全国质量优秀测报员		2006	
					2008年度全国质量优秀测报员		2008	
					2010年度全国质量优秀测报员		2010	
					2011年度全国质量优秀测报员（地面2）		2011	
199	张亮	男	汉	青龙满族自治县气象局	2004年度全国质量优秀测报员	中国气象局	2004	7
					2005年度全国质量优秀测报员		2005	
					2007年度全国质量优秀测报员		2007	
					2008年度全国质量优秀测报员		2008	
					2009年度全国质量优秀测报员		2009	
					2010年度全国质量优秀测报员		2010	
					2011年度全国质量优秀测报员		2011	

续表

序号	姓名	性别	民族	单位	荣誉称号	颁奖单位	时间	次数
200	刘金魁	女	汉	张北县气象局	2004年度全国质量优秀测报员	中国气象局	2004	4
					2007年度全国质量优秀测报员		2007	
					2008年度全国质量优秀测报员		2008	
					2009年度全国质量优秀测报员		2009	
201	孙莉森	女	汉	怀来县气象局	2004年度全国质量优秀测报员（地面2）	中国气象局	2004	3
					2005年度全国质量优秀测报员		2005	
202	陈宝金	女	汉	霸州市气象局	2004年度全国质量优秀测报员	中国气象局	2004	1
203	贾贵陆	男	汉	三河市气象局	2004年度全国质量优秀测报员	中国气象局	2004	2
					2005年度全国质量优秀测报员		2005	
204	姜海生	男	汉	三河市气象局	2004年度全国质量优秀测报员	中国气象局	2004	6
					2005年度全国质量优秀测报员（地面2）		2005	
					2007年度全国质量优秀测报员（地面2）		2007	
					2008年度全国质量优秀测报员		2008	
205	葛娜	女	汉	望都县气象局	2004年度全国质量优秀测报员	中国气象局	2004	5
					2005年度全国质量优秀测报员		2005	
					2007年度全国质量优秀测报员		2007	
					2008年度全国质量优秀测报员		2008	
					2011年度全国质量优秀测报员		2011	
206	霍青	女	汉	保定市气象局	2004年度全国质量优秀测报员	中国气象局	2004	1
207	赵兰芬	女	汉	黄骅市气象局	2004年度全国质量优秀测报员	中国气象局	2004	3
					2008年度全国质量优秀测报员		2008	
					2009年度全国质量优秀测报员		2009	
208	刘志勇	男	汉	黄骅市气象局	2004年度全国质量优秀测报员	中国气象局	2004	3
					2008年度全国质量优秀测报员		2008	
					2009年度全国质量优秀测报员		2009	
209	周志霞	女	汉	黄骅市气象局	2004年度全国质量优秀测报员	中国气象局	2004	3
					2008年度全国质量优秀测报员		2008	
					2009年度全国质量优秀测报员		2009	
210	李艳梅	女	汉	黄骅市气象局	2004年度全国质量优秀测报员	中国气象局	2004	1
211	李厚发	男	汉	沧州市气象局	2004年度全国质量优秀测报员	中国气象局	2004	2
				孟村县气象局	2007年度全国质量优秀测报员		2007	

续表

序号	姓名	性别	民族	单位	荣誉称号	颁奖单位	时间	次数
212	田朝霞	女	汉	孟村回族自治县气象局	2004年度全国质量优秀测报员	中国气象局	2004	9
				吴桥县气象局	2005年度全国质量优秀测报员		2005	
					2006年度全国质量优秀测报员		2006	
					2007年度全国质量优秀测报员		2007	
					2008年度全国质量优秀测报员		2008	
					2009年度全国质量优秀测报员		2009	
					2010年度全国质量优秀测报员（地面2）		2010	
					2011年度全国质量优秀测报员		2011	
213	曹立新	女	汉	吴桥县气象局	2004年度全国质量优秀测报员	中国气象局	2004	7
					2005年度全国质量优秀测报员		2005	
					2007年度全国质量优秀测报员		2007	
					2008年度全国质量优秀测报员		2008	
					2009年度全国质量优秀测报员		2009	
					2010年度全国质量优秀测报员		2010	
					2011年度全国质量优秀测报员		2011	
214	李小东	女	汉	围场县气象局	2004年度全国质量优秀测报员	中国气象局	2004	5
					2005年度全国质量优秀测报员		2005	
					2006年度全国质量优秀测报员		2006	
					2008年度全国质量优秀测报员		2008	
					2010年度全国质量优秀测报员		2010	
215	王晓华	女	汉	围场县气象局	2004年度全国质量优秀测报员	中国气象局	2004	5
					2005年度全国质量优秀测报员		2005	
					2006年度全国质量优秀测报员		2006	
					2008年度全国质量优秀测报员		2008	
					2011年度全国质量优秀测报员		2011	
216	窦燕林	男	汉	围场县气象局	2004年度全国质量优秀测报员	中国气象局	2004	5
					2005年度全国质量优秀测报员		2005	
					2006年度全国质量优秀测报员		2006	
					2008年度全国质量优秀测报员		2008	
					2011年度全国质量优秀测报员		2011	

续表

序号	姓名	性别	民族	单位	荣誉称号	颁奖单位	时间	次数
217	吴艳平	女	汉	丰宁县气象局	2004年度全国质量优秀测报员（地面2）	中国气象局	2004	7
					2005年度全国质量优秀测报员		2005	
					2006年度全国质量优秀测报员		2006	
					2010年度全国质量优秀测报员		2010	
					2011年度全国质量优秀测报员（地面2）		2011	
218	李红敏	女	汉	丰宁县气象局	2004年度全国质量优秀测报员	中国气象局	2004	6
					2005年度全国质量优秀测报员		2005	
				滦平县气象局	2007年度全国质量优秀测报员		2007	
					2008年度全国质量优秀测报员（地面2）		2008	
					2009年度全国质量优秀测报员		2009	
219	王梅	女	汉	邯郸市气象局	2004年度全国质量优秀测报员	中国气象局	2004	2
					2005年度全国质量优秀测报员		2005	
220	崔荣丽	女	汉	栾城县气象局	2004年度全国质量优秀测报员	中国气象局	2004	8
					2006年度全国质量优秀测报员		2006	
					2007年度全国质量优秀测报员		2007	
					2008年度全国质量优秀测报员		2008	
					2009年度全国质量优秀测报员（地面2）		2009	
					2010年度全国质量优秀测报员		2010	
					2011年度全国质量优秀测报员		2011	
221	毕志华	女	汉	井陉县气象局	2004年度全国质量优秀测报员	中国气象局	2004	4
					2009年度全国质量优秀测报员（地面2）		2009	
					2010年度全国质量优秀测报员		2010	
222	刘翠敏	女	汉	赵县气象局	2004年度全国质量优秀测报员	中国气象局	2004	4
					2006年度全国质量优秀测报员		2006	
					2009年度全国质量优秀测报员		2009	
					2011年度全国质量优秀测报员		2011	
223	张丽	女	汉	赞皇县气象局	2004年度全国质量优秀测报员	中国气象局	2004	3
					2008年度全国质量优秀测报员		2008	
					2009年度全国质量优秀测报员		2009	

续表

序号	姓名	性别	民族	单位	荣誉称号	颁奖单位	时间	次数
224	张娜娜	女	汉	乐亭县气象局	2004年度全国质量优秀测报员（地面2）	中国气象局	2004	13
					2006年度全国质量优秀测报员（地面2）		2006	
					2007年度全国质量优秀测报员（地面2）		2007	
					2008年度全国质量优秀测报员（地面2）		2008	
					2009年度全国质量优秀测报员		2009	
					2010年度全国质量优秀测报员（地面2）		2010	
					2011年度全国质量优秀测报员（地面2）		2011	
225	胡建萍	男	汉	遵化市气象局	2004年度全国质量优秀测报员（地面2）	中国气象局	2004	5
					2005年度全国质量优秀测报员		2005	
					2007年度全国质量优秀测报员		2007	
					2008年度全国质量优秀测报员		2008	
226	杨宏伟	男	汉	遵化市气象局	2004年度全国质量优秀测报员	中国气象局	2004	6
					2005年度全国质量优秀测报员		2005	
					2007年度全国质量优秀测报员		2007	
					2008年度全国质量优秀测报员		2008	
					2009年度全国质量优秀测报员		2009	
					2010年度全国质量优秀测报员		2010	
227	张媛媛	女	汉	邢台市气象局	2004年度全国质量优秀测报员	中国气象局	2004	5
					2006年度全国质量优秀测报员		2006	
					2007年度全国质量优秀测报员（高空）		2007	
					2009年度全国质量优秀测报员（高空2）		2009	
228	闫爱凤	女	汉	邢台市气象局	2004年度全国质量优秀测报员	中国气象局	2004	7
					2005年度全国质量优秀测报员		2005	
					2006年度全国质量优秀测报员		2006	
					2007年度全国质量优秀测报员（地面2）		2007	
					2008年度全国质量优秀测报员		2008	
					2011年度全国质量优秀测报员		2011	
229	张金双	女	汉	巨鹿县气象局	2004年度全国质量优秀测报员	中国气象局	2004	1

续表

序号	姓名	性别	民族	单位	荣誉称号	颁奖单位	时间	次数
230	纪华磊	女	汉	巨鹿县气象局	2004年度全国质量优秀测报员	中国气象局	2004	2
					2007年度全国质量优秀测报员		2007	
231	李玉梅	女	汉	巨鹿县气象局	2004年度全国质量优秀测报员	中国气象局	2004	1
232	巩殿祥	男	汉	清河县气象局	2004年度全国质量优秀测报员	中国气象局	2004	1
233	潘国瑞	男	汉	清河县气象局	2004年度全国质量优秀测报员	中国气象局	2004	4
					2008年度全国质量优秀测报员		2008	
					2009年度全国质量优秀测报员		2009	
					2010年度全国质量优秀测报员		2010	
234	韩光	男	汉	昌黎县气象局	2004年度全国质量优秀测报员	中国气象局	2004	4
					2007年度全国质量优秀测报员		2007	
					2010年度全国质量优秀测报员		2010	
					2011年度全国质量优秀测报员		2011	
235	闫小春	男	汉	卢龙县气象局	2004年度全国质量优秀测报员	中国气象局	2004	8
					2005年度全国质量优秀测报员		2005	
					2007年度全国质量优秀测报员（地面2）		2007	
				秦皇岛市气象站	2008年度全国质量优秀测报员		2008	
				卢龙县气象局	2008年度全国质量优秀测报员		2008	
					2010年度全国质量优秀测报员		2010	
					2011年度全国质量优秀测报员		2011	
236	曹晓霞	女	汉	丰润区气象局	2004年度全国质量优秀测报员	中国气象局	2004	2
					2007年度全国质量优秀测报员		2007	
237	陈善芝	女	汉	蔚县气象局	2004年度全国质量优秀测报员（农气）	中国气象局	2004	1
238	赵斌	男	汉	蔚县气象局	2004年度全国质量优秀测报员（农气）	中国气象局	2004	2
					2009年度全国质量优秀测报员（农气）		2009	
239	赵晓飞	男	汉	霸州市气象局	2004年度全国质量优秀测报员（农气2）	中国气象局	2004	3
					2006年度全国质量优秀测报员（农气）		2006	

续表

序号	姓名	性别	民族	单位	荣誉称号	颁奖单位	时间	次数
240	赵艳常	男	汉	乐亭县气象局	2004年度全国质量优秀测报员（高空3）	中国气象局	2004	9
					2006年度全国质量优秀测报员（探空）		2006	
					2007年度全国质量优秀测报员（高空）		2007	
					2009年度全国质量优秀测报员（高空）		2009	
					2010年度全国质量优秀测报员（高空）		2010	
					2011年度全国质量优秀测报员（高空2）		2011	
241	韩维华	男	汉	乐亭县气象局	2004年度全国质量优秀测报员（高空2）	中国气象局	2004	8
					2006年度全国质量优秀测报员（探空）		2006	
					2007年度全国质量优秀测报员（高空）		2007	
					2009年度全国质量优秀测报员（高空2）		2009	
					2011年度全国质量优秀测报员（高空2）		2011	
242	田成才	男	汉	乐亭县气象局	2004年度全国质量优秀测报员（高空）	中国气象局	2004	4
					2006年度全国质量优秀测报员		2006	
					2007年度全国质量优秀测报员（地面2）		2007	
243	赵海江	男	汉	张家口市气象局	2004年度全国质量优秀测报员（高空5）	中国气象局	2004	7
					2005年度全国质量优秀测报员（高空）		2005	
					2006年度全国质量优秀测报员（探空）		2006	
244	薛小平	女	汉	张家口市气象局	2004年度全国质量优秀测报员（高空5）	中国气象局	2004	5
245	郝瑛	男	汉	张家口市气象局	2004年度全国质量优秀测报员	中国气象局	2004	1

续表

序号	姓名	性别	民族	单位	荣誉称号	颁奖单位	时间	次数
246	胡雪	女	汉	张家口市气象局	2004年度全国质量优秀测报员（高空2）	中国气象局	2004	5
					2006年度全国质量优秀测报员（探空2）		2006	
					2009年度全国质量优秀测报员（高空）		2009	
247	贾志奇	男	汉	张家口市气象局	2004年度全国质量优秀测报员（高空3）	中国气象局	2004	7
					2006年度全国质量优秀测报员（探空2）		2006	
					2009年度全国质量优秀测报员（高空2）		2009	
248	田绍懈	男	汉	饶阳县气象局	2005年度全国质量优秀测报员	中国气象局	2005	9
					2006年度全国质量优秀测报员		2006	
					2007年度全国质量优秀测报员（地面2）		2007	
					2009年度全国质量优秀测报员（地面2）		2009	
					2010年度全国质量优秀测报员（地面2）		2010	
					2011年度全国质量优秀测报员		2011	
249	赵春森	男	汉	香河县气象局	2005年度全国质量优秀测报员	中国气象局	2005	5
					2008年度全国质量优秀测报员		2008	
					2009年度全国质量优秀测报员		2009	
					2011年度全国质量优秀测报员（地面2）		2011	
250	李学军	男	汉	香河县气象局	2005年度全国质量优秀测报员	中国气象局	2005	6
					2007年度全国质量优秀测报员		2007	
					2008年度全国质量优秀测报员		2008	
					2009年度全国质量优秀测报员		2009	
					2010年度全国质量优秀测报员		2010	
					2011年度全国质量优秀测报员		2011	

续表

序号	姓名	性别	民族	单位	荣誉称号	颁奖单位	时间	次数
251	杨雅红	女	汉	香河县气象局	2005年度全国质量优秀测报员	中国气象局	2005	6
					2007年度全国质量优秀测报员		2007	
					2008年度全国质量优秀测报员		2008	
					2009年度全国质量优秀测报员		2009	
					2010年度全国质量优秀测报员		2010	
					2011年度全国质量优秀测报员		2011	
252	李洪杰	男	汉	唐县气象局	2005年度全国质量优秀测报员	中国气象局	2005	4
					2007年度全国质量优秀测报员		2007	
					2008年度全国质量优秀测报员		2008	
					2010年度全国质量优秀测报员		2010	
253	李芝	女	汉	易县气象局	2005年度全国质量优秀测报员	中国气象局	2005	3
					2007年度全国质量优秀测报员		2007	
					2008年度全国质量优秀测报员		2008	
254	薛玉敏	女	汉	隆化县气象局	2005年度全国质量优秀测报员	中国气象局	2005	6
					2006年度全国质量优秀测报员		2006	
					2008年度全国质量优秀测报员		2008	
					2009年度全国质量优秀测报员		2009	
					2010年度全国质量优秀测报员		2010	
					2011年度全国质量优秀测报员		2011	
255	彭仙芳	女	汉	隆化县气象局	2005年度全国质量优秀测报员	中国气象局	2005	5
					2007年度全国质量优秀测报员		2007	
					2009年度全国质量优秀测报员		2009	
					2010年度全国质量优秀测报员		2010	
					2011年度全国质量优秀测报员		2011	
256	赵奕安	男	汉	邢台市气象台	2005年度全国质量优秀测报员	中国气象局	2005	3
					2007年度全国质量优秀测报员		2007	
					2008年度全国质量优秀测报员		2008	
257	齐欣	女	汉	卢龙县气象局	2005年度全国质量优秀测报员	中国气象局	2005	6
					2007年度全国质量优秀测报员（地面2）		2007	
					2008年度全国质量优秀测报员		2008	
					2010年度全国质量优秀测报员		2010	
					2011年度全国质量优秀测报员		2011	

续表

序号	姓名	性别	民族	单位	荣誉称号	颁奖单位	时间	次数
258	张智华	女	汉	卢龙县气象局	2005年度全国质量优秀测报员	中国气象局	2005	4
					2007年度全国质量优秀测报员		2007	
					2008年度全国质量优秀测报员		2008	
					2011年度全国质量优秀测报员		2011	
259	周玉宏	女	汉	隆化县气象局	2005年度全国质量优秀测报员	中国气象局	2005	2
					2008年度全国质量优秀测报员		2008	
260	范向英	男	汉	黄骅市气象局	2005年度全国质量优秀测报员	中国气象局	2005	2
					2008年度全国质量优秀测报员		2008	
261	王志刚	男	汉	丰宁县气象局	2005年度全国质量优秀测报员	中国气象局	2005	4
					2006年度全国质量优秀测报员		2006	
					2010年度全国质量优秀测报员		2010	
					2011年度全国质量优秀测报员		2011	
262	刘志刚	男	汉	青龙满族自治县气象局	2005年度全国质量优秀测报员	中国气象局	2005	5
					2006年度全国质量优秀测报员		2006	
					2010年度全国质量优秀测报员		2010	
					2011年度全国质量优秀测报员（地面2）		2011	
263	杜鹏飞	女	汉	宣化县气象局	2005年度全国质量优秀测报员	中国气象局	2005	1
264	祖金生	男	汉	望都县气象局	2005年度全国质量优秀测报员	中国气象局	2005	1
265	吕凤琴	女	汉	雄县气象局	2005年度全国质量优秀测报员	中国气象局	2005	1
266	田亚川	男	汉	雄县气象局	2005年度全国质量优秀测报员	中国气象局	2005	1
267	田秀艳	女	汉	黄骅市气象局	2005年度全国质量优秀测报员	中国气象局	2005	1
268	孙爱良	男	汉	黄骅市气象局	2005年度全国质量优秀测报员	中国气象局	2005	2
					2009年度全国质量优秀测报员		2009	
269	陈爽	女	汉	丰宁县气象局	2005年度全国质量优秀测报员	中国气象局	2005	1
270	吴丽侠	女	汉	青龙满族自治县气象局	2005年度全国质量优秀测报员	中国气象局	2005	4
					2010年度全国质量优秀测报员		2010	
					2011年度全国质量优秀测报员（地面2）		2011	
271	马云飞	男	汉	青龙满族自治县气象局	2005年度全国质量优秀测报员	中国气象局	2005	1
272	范海青	男	汉	秦皇岛市气象局	2005年度全国质量优秀测报员	中国气象局	2005	2
					2011年度全国质量优秀测报员		2011	
273	李卫敏	女	汉	秦皇岛市气象局	2005年度全国质量优秀测报员	中国气象局	2005	2
					2010年度全国质量优秀测报员		2010	

续表

序号	姓名	性别	民族	单位	荣誉称号	颁奖单位	时间	次数
274	王娟娟	女	汉	张家口市气象局	2005年度全国质量优秀测报员（高空）	中国气象局	2005	3
					2010年度全国质量优秀测报员（高空）		2010	
					2011年度全国质量优秀测报员（高空）		2011	
275	王玉玲	女	汉	三河市气象局	2006年度全国质量优秀测报员（农气）	中国气象局	2006	1
276	郑胲泉	男	汉	乐亭县气象局	2006年度全国质量优秀测报员（探空）	中国气象局	2006	6
					2009年度全国质量优秀测报员（高空）		2009	
					2010年度全国质量优秀测报员（高空2）		2010	
					2011年度全国质量优秀测报员（高空2）		2011	
277	郭秀臣	男	汉	乐亭县气象局	2006年度全国质量优秀测报员（探空）	中国气象局	2006	1
278	张飞燕	女	汉	张家口市气象局	2006年度全国质量优秀测报员（探空2）	中国气象局	2006	2
279	钱瑞贞	女	汉	邢台市气象局	2006年度全国质量优秀测报员（探空2）	中国气象局	2006	5
					2007年度全国质量优秀测报员（高空）		2007	
					2009年度全国质量优秀测报员（高空2）		2009	
280	李建忠	男	汉	怀来县气象局	2006年度全国质量优秀测报员	中国气象局	2006	3
					2010年度全国质量优秀测报员		2010	
					2011年度全国质量优秀测报员		2011	
281	李兰香	女	汉	饶阳县气象局	2006年度全国质量优秀测报员	中国气象局	2006	6
					2007年度全国质量优秀测报员（地面2）		2007	
					2009年度全国质量优秀测报员（地面2）		2009	
					2010年度全国质量优秀测报员		2010	
282	庄萌	女	汉	清河县气象局	2006年度全国质量优秀测报员	中国气象局	2006	4
					2008年度全国质量优秀测报员		2008	
					2010年度全国质量优秀测报员		2010	
					2011年度全国质量优秀测报员		2011	

续表

序号	姓名	性别	民族	单位	荣誉称号	颁奖单位	时间	次数
283	刘秀杰	女	汉	盐山县气象局	2006年度全国质量优秀测报员	中国气象局	2006	4
					2009年度全国质量优秀测报员		2009	
					2010年度全国质量优秀测报员		2010	
					2011年度全国质量优秀测报员		2011	
284	徐金荣	女	汉	东光县气象局	2006年度全国质量优秀测报员	中国气象局	2006	4
					2008年度全国质量优秀测报员		2008	
					2010年度全国质量优秀测报员		2010	
					2011年度全国质量优秀测报员		2011	
285	刘晓玲	女	汉	围场县气象局	2006年度全国质量优秀测报员	中国气象局	2006	3
					2007年度全国质量优秀测报员		2007	
					2008年度全国质量优秀测报员		2008	
286	甄井朋	男	汉	围场县气象局	2006年度全国质量优秀测报员	中国气象局	2006	3
					2007年度全国质量优秀测报员		2007	
					2008年度全国质量优秀测报员		2008	
287	周黎明	女	汉	丰宁县气象局	2006年度全国质量优秀测报员	中国气象局	2006	3
					2010年度全国质量优秀测报员		2010	
					2011年度全国质量优秀测报员		2011	
288	刘宏坤	男	汉	丰宁县气象局	2006年度全国质量优秀测报员	中国气象局	2006	3
					2010年度全国质量优秀测报员		2010	
					2011年度全国质量优秀测报员		2011	
289	刘桂花	女	汉	邢台市气象局	2006年度全国质量优秀测报员	中国气象局	2006	4
					2007年度全国质量优秀测报员		2007	
					2008年度全国质量优秀测报员		2008	
					2009年度全国质量优秀测报员		2009	
290	杨学清	男	汉	抚宁县气象局	2006年度全国质量优秀测报员（地面2）	中国气象局	2006	4
					2007年度全国质量优秀测报员（地面2）		2007	
291	王宝新	男	汉	抚宁县气象局	2006年度全国质量优秀测报员	中国气象局	2006	3
					2007年度全国质量优秀测报员（地面2）		2007	
292	高玉振	男	汉	廊坊市气象局	2006年度全国质量优秀测报员	中国气象局	2006	3
					2007年度全国质量优秀测报员（农气）		2007	
					2009年度全国质量优秀测报员		2009	
293	马启河	男	汉	廊坊市气象局	2006年度全国质量优秀测报员	中国气象局	2006	1

续表

序号	姓名	性别	民族	单位	荣誉称号	颁奖单位	时间	次数
294	郭淑静	女	汉	廊坊市气象局	2006年度全国质量优秀测报员	中国气象局	2006	5
					2007年度全国质量优秀测报员（农气）		2007	
					2008年度全国质量优秀测报员		2008	
					2009年度全国质量优秀测报员		2009	
					2011年度全国质量优秀测报员		2011	
295	王凤荣	女	汉	张北县气象局	2007年度全国质量优秀测报员（地面2）	中国气象局	2007	4
					2008年度全国质量优秀测报员		2008	
					2010年度全国质量优秀测报员		2010	
296	霍小燕	女	汉	张北县气象局	2007年度全国质量优秀测报员	中国气象局	2007	4
					2008年度全国质量优秀测报员		2008	
					2009年度全国质量优秀测报员		2009	
					2010年度全国质量优秀测报员		2010	
297	潘瑞芳	女	汉	张北县气象局	2007年度全国质量优秀测报员	中国气象局	2007	4
					2008年度全国质量优秀测报员		2008	
					2009年度全国质量优秀测报员		2009	
					2011年度全国质量优秀测报员		2011	
298	薛君彦	女	汉	张家口市气象台	2007年度全国质量优秀测报员	中国气象局	2007	1
299	袁艳芬	女	汉	衡水市气象台	2007年度全国质量优秀测报员	中国气象局	2007	3
					2009年度全国质量优秀测报员		2009	
					2011年度全国质量优秀测报员		2011	
300	张金凤	女	汉	衡水市气象台	2007年度全国质量优秀测报员	中国气象局	2007	2
					2009年度全国质量优秀测报员		2009	
301	刘杨娟	女	汉	衡水市气象台	2007年度全国质量优秀测报员	中国气象局	2007	3
					2009年度全国质量优秀测报员		2009	
					2011年度全国质量优秀测报员		2011	
302	祁华	女	汉	衡水市气象台	2007年度全国质量优秀测报员	中国气象局	2007	3
					2008年度全国质量优秀测报员		2008	
					2009年度全国质量优秀测报员		2009	
303	王玉伟	男	汉	衡水市气象台	2007年度全国质量优秀测报员	中国气象局	2007	1
304	康文英	女	汉	衡水市气象台	2007年度全国质量优秀测报员	中国气象局	2007	3
					2008年度全国质量优秀测报员		2008	
					2011年度全国质量优秀测报员		2011	

续表

序号	姓名	性别	民族	单位	荣誉称号	颁奖单位	时间	次数
305	李艳红	女	汉	唐海县气象局	2007年度全国质量优秀测报员	中国气象局	2007	2
					2010年度全国质量优秀测报员		2010	
306	董磊明	男	汉	唐海县气象局	2007年度全国质量优秀测报员	中国气象局	2007	1
307	何丽	女	汉	唐海县气象局	2007年度全国质量优秀测报员	中国气象局	2007	2
					2010年度全国质量优秀测报员		2010	
308	贾石蕊	女	汉	迁安市气象局	2007年度全国质量优秀测报员	中国气象局	2007	5
					2008年度全国质量优秀测报员（地面2）		2008	
					2010年度全国质量优秀测报员		2010	
					2011年度全国质量优秀测报员		2011	
309	秦永红	女	汉	迁安市气象局	2007年度全国质量优秀测报员	中国气象局	2007	4
					2008年度全国质量优秀测报员		2008	
					2010年度全国质量优秀测报员		2010	
					2011年度全国质量优秀测报员		2011	
310	郝双利	男	汉	迁安市气象局	2007年度全国质量优秀测报员	中国气象局	2007	4
					2008年度全国质量优秀测报员		2008	
					2010年度全国质量优秀测报员（地面2）		2010	
311	刘振宇	男	汉	丰润区气象局	2007年度全国质量优秀测报员	中国气象局	2007	1
312	杜焕新	女	汉	滦南县气象局	2007年度全国质量优秀测报员	中国气象局	2007	2
					2010年度全国质量优秀测报员		2010	
313	史有瑜	女	汉	滦南县气象局	2007年度全国质量优秀测报员	中国气象局	2007	2
					2010年度全国质量优秀测报员		2010	
314	刘海泳	男	汉	遵化市气象局	2007年度全国质量优秀测报员	中国气象局	2007	1
315	宋玲玲	女	汉	吴桥县气象局	2007年度全国质量优秀测报员	中国气象局	2007	5
					2008年度全国质量优秀测报员		2008	
					2009年度全国质量优秀测报员		2009	
					2010年度全国质量优秀测报员		2010	
					2011年度全国质量优秀测报员		2011	
316	吴福平	女	汉	孟村县气象局	2007年度全国质量优秀测报员	中国气象局	2007	1
317	刘志芳	女	汉	滦平县气象局	2007年度全国质量优秀测报员	中国气象局	2007	1
318	张建成	男	汉	安新县气象局	2007年度全国质量优秀测报员	中国气象局	2007	2
					2010年度全国质量优秀测报员		2010	
319	邸同乐	男	汉	安新县气象局	2007年度全国质量优秀测报员	中国气象局	2007	1
320	黄雪英	女	汉	安新县气象局	2007年度全国质量优秀测报员	中国气象局	2007	1

续表

序号	姓名	性别	民族	单位	荣誉称号	颁奖单位	时间	次数
321	张芳	女	汉	雄县气象局	2007年度全国质量优秀测报员	中国气象局	2007	2
					2009年度全国质量优秀测报员		2009	
322	韩重国	女	汉	雄县气象局	2007年度全国质量优秀测报员	中国气象局	2007	4
					2009年度全国质量优秀测报员		2009	
					2010年度全国质量优秀测报员		2010	
					2011年度全国质量优秀测报员		2011	
323	李海峰	男	汉	易县气象局	2007年度全国质量优秀测报员	中国气象局	2007	3
					2008年度全国质量优秀测报员		2008	
					2009年度全国质量优秀测报员		2009	
324	李豪	女	汉	南宫市气象局	2007年度全国质量优秀测报员	中国气象局	2007	3
					2008年度全国质量优秀测报员		2008	
					2011年度全国质量优秀测报员		2011	
325	班家明	男	汉	南宫市气象局	2007年度全国质量优秀测报员	中国气象局	2007	1
326	朱秀金	女	汉	南宫市气象局	2007年度全国质量优秀测报员	中国气象局	2007	2
					2010年度全国质量优秀测报员（农气）		2010	
327	齐淑彩	女	汉	南宫市气象局	2007年度全国质量优秀测报员	中国气象局	2007	3
					2008年度全国质量优秀测报员		2008	
					2011年度全国质量优秀测报员		2011	
328	吕京华	女	汉	邱县气象局	2007年度全国质量优秀测报员	中国气象局	2007	3
					2010年度全国质量优秀测报员		2010	
					2011年度全国质量优秀测报员		2011	
329	王立山	男	汉	邱县气象局	2007年度全国质量优秀测报员	中国气象局	2007	1
330	李杏	女	汉	邯郸市气象台	2007年度全国质量优秀测报员	中国气象局	2007	2
					2011年度全国质量优秀测报员		2011	
331	高路萍	女	汉	正定县气象局	2007年度全国质量优秀测报员	中国气象局	2007	2
					2008年度全国质量优秀测报员		2008	
332	郭朋月	女	汉	正定县气象局	2007年度全国质量优秀测报员	中国气象局	2007	2
					2008年度全国质量优秀测报员		2008	
333	陈亚敏	女	汉	石家庄市气象台	2007年度全国质量优秀测报员	中国气象局	2007	3
					2009年度全国质量优秀测报员		2009	
					2011年度全国质量优秀测报员		2011	
334	张翠华	女	汉	石家庄市气象台	2007年度全国质量优秀测报员	中国气象局	2007	3
					2009年度全国质量优秀测报员		2009	
					2011年度全国质量优秀测报员		2011	

续表

序号	姓名	性别	民族	单位	荣誉称号	颁奖单位	时间	次数
335	齐晓华	女	汉	石家庄市气象台	2007年度全国质量优秀测报员	中国气象局	2007	3
					2009年度全国质量优秀测报员		2009	
					2011年度全国质量优秀测报员		2011	
336	曹春莉	女	汉	石家庄市气象台	2007年度全国质量优秀测报员	中国气象局	2007	3
					2009年度全国质量优秀测报员		2009	
					2011年度全国质量优秀测报员		2011	
337	王 玲	女	汉	栾城县气象局	2007年度全国质量优秀测报员	中国气象局	2007	4
					2008年度全国质量优秀测报员		2008	
					2009年度全国质量优秀测报员		2009	
					2011年度全国质量优秀测报员		2011	
338	王 茹	女	汉	廊坊市气象台	2007年度全国质量优秀测报员	中国气象局	2007	3
					2009年度全国质量优秀测报员		2009	
					2011年度全国质量优秀测报员		2011	
339	徐 雅	女	汉	鸡泽县气象局	2007年度全国质量优秀测报员	中国气象局	2007	1
340	杨振宇	男	汉	邢台市气象局	2007年度全国质量优秀测报员（高空）	中国气象局	2007	3
					2009年度全国质量优秀测报员（高空）		2009	
					2011年度全国质量优秀测报员（高空）		2011	
341	卢亚荣	女	汉	河间市气象局	2007年度全国质量优秀测报员（农气）	中国气象局	2007	2
					2010年度全国质量优秀测报员（农气）		2010	
342	王丽霞	女	汉	蔚县气象局	2008年度全国质量优秀测报员	中国气象局	2008	2
					2011年度全国质量优秀测报员		2011	
343	郝 岩	女	汉	怀来县气象局	2008年度全国质量优秀测报员	中国气象局	2008	1
344	梁彦华	女	汉	怀来县气象局	2008年度全国质量优秀测报员	中国气象局	2008	3
					2010年度全国质量优秀测报员		2010	
					2011年度全国质量优秀测报员		2011	
345	马锦菊	女	汉	饶阳县气象局	2008年度全国质量优秀测报员	中国气象局	2008	2
					2010年度全国质量优秀测报员		2010	
346	张希宏	男	汉	唐山市气象台	2008年度全国质量优秀测报员	中国气象局	2008	2
					2011年度全国质量优秀测报员		2011	
347	刘润君	男	汉	唐山市气象台	2008年度全国质量优秀测报员	中国气象局	2008	1

续表

序号	姓名	性别	民族	单位	荣誉称号	颁奖单位	时间	次数
348	高志新	男	汉	迁安市气象局	2008年度全国质量优秀测报员	中国气象局	2008	3
					2010年度全国质量优秀测报员		2010	
					2011年度全国质量优秀测报员		2011	
349	高大惟	男	汉	丰南区气象局	2008年度全国质量优秀测报员	中国气象局	2008	1
350	张志龙	男	汉	丰南区气象局	2008年度全国质量优秀测报员	中国气象局	2008	3
					2010年度全国质量优秀测报员		2010	
					2011年度全国质量优秀测报员		2011	
351	卢淑娟	女	汉	滦县气象局	2008年度全国质量优秀测报员	中国气象局	2008	2
					2010年度全国质量优秀测报员		2010	
352	宋建辉	女	汉	滦县气象局	2008年度全国质量优秀测报员	中国气象局	2008	2
					2010年度全国质量优秀测报员		2010	
353	田勇	男	汉	滦县气象局	2008年度全国质量优秀测报员	中国气象局	2008	1
354	刘洁	女	汉	乐亭县气象局	2008年度全国质量优秀测报员	中国气象局	2008	4
					2009年度全国质量优秀测报员		2009	
					2010年度全国质量优秀测报员		2010	
					2011年度全国质量优秀测报员		2011	
355	卢双玲	女	汉	泊头市气象局	2008年度全国质量优秀测报员	中国气象局	2008	2
					2011年度全国质量优秀测报员		2011	
356	刘静	女	汉	南皮县气象局	2008年度全国质量优秀测报员	中国气象局	2008	4
					2009年度全国质量优秀测报员		2009	
					2010年度全国质量优秀测报员		2010	
					2011年度全国质量优秀测报员		2011	
357	钱艳甫	女	汉	任丘市气象局	2008年度全国质量优秀测报员	中国气象局	2008	4
					2009年度全国质量优秀测报员		2009	
					2010年度全国质量优秀测报员		2010	
					2011年度全国质量优秀测报员		2011	
358	刘建英	女	汉	任丘市气象局	2008年度全国质量优秀测报员	中国气象局	2008	4
					2009年度全国质量优秀测报员		2009	
					2010年度全国质量优秀测报员		2010	
					2011年度全国质量优秀测报员		2011	
359	朱卉霞	女	汉	沧州市气象台	2008年度全国质量优秀测报员	中国气象局	2008	1
360	杨锦芳	女	汉	献县气象局	2008年度全国质量优秀测报员	中国气象局	2008	2
					2010年度全国质量优秀测报员		2010	
361	刘得智	男	汉	围场县气象局	2008年度全国质量优秀测报员	中国气象局	2008	2
					2011年度全国质量优秀测报员		2010	

续表

序号	姓名	性别	民族	单位	荣誉称号	颁奖单位	时间	次数
362	杜睿赫	男	汉	滦平县气象局	2008年度全国质量优秀测报员	中国气象局	2008	4
					2009年度全国质量优秀测报员		2009	
					2010年度全国质量优秀测报员		2010	
					2011年度全国质量优秀测报员		2011	
363	朱环娟	女	汉	平泉县气象局	2008年度全国质量优秀测报员	中国气象局	2008	1
364	闫秋玲	女	汉	平泉县气象局	2008年度全国质量优秀测报员	中国气象局	2008	3
					2010年度全国质量优秀测报员		2010	
					2011年度全国质量优秀测报员		2011	
365	樊乐三	男	汉	承德市气象站	2008年度全国质量优秀测报员（地面2）	中国气象局	2008	2
366	王晓云	女	汉	承德市气象站	2008年度全国质量优秀测报员	中国气象局	2008	3
				承德市气象局	2010年度全国质量优秀测报员		2010	
					2011年度全国质量优秀测报员		2011	
367	宋喜军	女	汉	承德市气象站	2008年度全国质量优秀测报员	中国气象局	2008	2
				承德市气象局	2010年度全国质量优秀测报员		2010	
368	孙明谦	男	汉	承德市气象站	2008年度全国质量优秀测报员	中国气象局	2008	3
				承德市气象局	2010年度全国质量优秀测报员		2010	
					2011年度全国质量优秀测报员		2011	
369	刘园园	女	汉	承德市气象站	2008年度全国质量优秀测报员	中国气象局	2008	3
				承德市气象局	2010年度全国质量优秀测报员		2010	
					2011年度全国质量优秀测报员		2011	
370	王殿国	男	汉	承德市气象站	2008年度全国质量优秀测报员（地面2）	中国气象局	2008	2
371	陈立军	男	汉	承德市气象站	2008年度全国质量优秀测报员	中国气象局	2008	2
				承德市气象局	2010年度全国质量优秀测报员		2010	
372	刘跃忠	男	汉	安国市气象局	2008年度全国质量优秀测报员	中国气象局	2008	2
					2009年度全国质量优秀测报员		2009	
373	刘莹	女	汉	涿州市气象局	2008年度全国质量优秀测报员	中国气象局	2008	3
					2009年度全国质量优秀测报员		2009	
					2010年度全国质量优秀测报员		2010	
374	赵晓美	女	汉	易县气象局	2008年度全国质量优秀测报员	中国气象局	2008	2
					2009年度全国质量优秀测报员		2009	
375	张天云	女	汉	秦皇岛市气象站	2008年度全国质量优秀测报员	中国气象局	2008	1
376	张天杰	女	汉	秦皇岛市气象站	2008年度全国质量优秀测报员	中国气象局	2008	1

续表

序号	姓名	性别	民族	单位	荣誉称号	颁奖单位	时间	次数
377	鲁胜山	男	汉	昌黎县气象局	2008年度全国质量优秀测报员	中国气象局	2008	2
					2010年度全国质量优秀测报员		2010	
378	刘敏	女	汉	馆陶县气象局	2008年度全国质量优秀测报员	中国气象局	2008	1
379	李向前	男	汉	鸡泽县气象局	2008年度全国质量优秀测报员	中国气象局	2008	1
380	任俊霞	女	汉	正定县气象局	2008年度全国质量优秀测报员	中国气象局	2008	2
					2011年度全国质量优秀测报员		2011	
381	许宏利	女	汉	石家庄市气象局	2008年度全国质量优秀测报员	中国气象局	2008	2
					2010年度全国质量优秀测报员		2010	
382	李宝珠	女	汉	石家庄市气象局	2008年度全国质量优秀测报员	中国气象局	2008	1
383	杜爱娟	女	汉	栾城县气象局	2008年度全国质量优秀测报员	中国气象局	2008	2
					2011年度全国质量优秀测报员		2011	
384	王晓冉	男	汉	栾城县气象局	2008年度全国质量优秀测报员	中国气象局	2008	2
					2011年度全国质量优秀测报员（农气）		2011	
385	王辉艳	女	汉	藁城市气象局	2008年度全国质量优秀测报员	中国气象局	2008	2
					2010年度全国质量优秀测报员		2010	
386	张素果	女	汉	藁城市气象局	2008年度全国质量优秀测报员	中国气象局	2008	2
					2010年度全国质量优秀测报员		2010	
387	伍秀斌	女	汉	晋州市气象局	2008年度全国质量优秀测报员	中国气象局	2008	2
					2010年度全国质量优秀测报员		2010	
388	郝彦静	女	汉	晋州市气象局	2008年度全国质量优秀测报员	中国气象局	2008	4
					2009年度全国质量优秀测报员		2009	
					2010年度全国质量优秀测报员		2010	
					2011年度全国质量优秀测报员		2011	
389	关阳	男	汉	三河市气象局	2008年度全国质量优秀测报员	中国气象局	2008	3
					2009年度全国质量优秀测报员		2009	
					2010年度全国质量优秀测报员		2010	
390	李红月	男	汉	三河市气象局	2008年度全国质量优秀测报员	中国气象局	2008	3
					2009年度全国质量优秀测报员		2009	
					2010年度全国质量优秀测报员		2010	
391	李凌翔	男	汉	承德县气象局	2008年度全国质量优秀测报员（农气）	中国气象局	2008	1
392	郭金海	男	汉	迁西县气象局	2009年度全国质量优秀测报员	中国气象局	2009	3
					2010年度全国质量优秀测报员		2010	
					2011年度全国质量优秀测报员		2011	

续表

序号	姓名	性别	民族	单位	荣誉称号	颁奖单位	时间	次数
393	白敬茹	女	汉	迁西县气象局	2009年度全国质量优秀测报员	中国气象局	2009	3
					2010年度全国质量优秀测报员		2010	
					2011年度全国质量优秀测报员		2011	
394	路会林	女	汉	迁西县气象局	2009年度全国质量优秀测报员	中国气象局	2009	2
					2011年度全国质量优秀测报员		2011	
395	王福翠	女	汉	丰南区气象局	2009年度全国质量优秀测报员	中国气象局	2009	2
					2010年度全国质量优秀测报员		2010	
396	远红杰	女	汉	遵化市气象局	2009年度全国质量优秀测报员	中国气象局	2009	2
					2010年度全国质量优秀测报员		2010	
397	车征	男	汉	遵化市气象局	2009年度全国质量优秀测报员	中国气象局	2009	2
					2010年度全国质量优秀测报员		2010	
398	高晶	女	汉	乐亭县气象局	2009年度全国质量优秀测报员	中国气象局	2009	3
					2010年度全国质量优秀测报员（地面2）		2010	
399	李雪岗	男	汉	乐亭县气象局	2009年度全国质量优秀测报员	中国气象局	2009	3
					2010年度全国质量优秀测报员（地面2）		2010	
400	张莉	女	汉	盐山县气象局	2009年度全国质量优秀测报员	中国气象局	2009	3
					2010年度全国质量优秀测报员		2010	
					2011年度全国质量优秀测报员		2011	
401	杨国庆	男	汉	盐山县气象局	2009年度全国质量优秀测报员	中国气象局	2009	3
					2010年度全国质量优秀测报员		2010	
					2011年度全国质量优秀测报员		2011	
402	宿梅娟	女	汉	泊头市气象局	2009年度全国质量优秀测报员	中国气象局	2009	2
					2011年度全国质量优秀测报员		2011	
403	冯艳军	女	汉	河间市气象局	2009年度全国质量优秀测报员	中国气象局	2009	3
					2010年度全国质量优秀测报员		2010	
					2011年度全国质量优秀测报员		2011	
404	闫海龙	男	汉	隆化县气象局	2009年度全国质量优秀测报员	中国气象局	2009	4
					2010年度全国质量优秀测报员		2010	
					2011年度全国质量优秀测报员（地面2）		2011	
405	林超	女	汉	滦平县气象局	2009年度全国质量优秀测报员	中国气象局	2009	3
					2010年度全国质量优秀测报员		2010	
					2011年度全国质量优秀测报员		2011	
406	徐京娜	女	汉	保定市气象局	2009年度全国质量优秀测报员	中国气象局	2009	2
					2011年度全国质量优秀测报员		2011	

续表

序号	姓名	性别	民族	单位	荣誉称号	颁奖单位	时间	次数
407	杨翠丽	女	汉	沙河市气象局	2009年度全国质量优秀测报员	中国气象局	2009	2
					2010年度全国质量优秀测报员		2010	
408	李秀英	女	汉	沙河市气象局	2009年度全国质量优秀测报员	中国气象局	2009	2
					2010年度全国质量优秀测报员		2010	
409	李瑞苏	女	汉	沙河市气象局	2009年度全国质量优秀测报员	中国气象局	2009	2
					2010年度全国质量优秀测报员		2010	
410	王颖秀	女	汉	涉县气象局	2009年度全国质量优秀测报员	中国气象局	2009	2
					2010年度全国质量优秀测报员		2010	
411	李会忠	男	汉	井陉县气象局	2009年度全国质量优秀测报员	中国气象局	2009	2
					2010年度全国质量优秀测报员		2010	
412	杜旭丽	女	汉	井陉县气象局	2009年度全国质量优秀测报员	中国气象局	2009	2
					2010年度全国质量优秀测报员		2010	
413	于伟	男	汉	赵县气象局	2009年度全国质量优秀测报员	中国气象局	2009	2
					2011年度全国质量优秀测报员		2011	
414	王建慈	男	汉	晋州市气象局	2009年度全国质量优秀测报员	中国气象局	2009	3
				藁城市气象局	2010年度全国质量优秀测报员		2010	
				晋州市气象局	2011年度全国质量优秀测报员		2011	
415	高霞	女	汉	阜城县气象局	2009年度全国质量优秀测报员（农气）	中国气象局	2009	2
					2011年度全国质量优秀测报员（农气）		2011	
416	韩晨光	男	汉	邢台市气象局	2009年度全国质量优秀测报员（高空）	中国气象局	2009	2
					2011年度全国质量优秀测报员（高空）		2011	
417	吴恒	女	汉	邢台市气象局	2009年度全国质量优秀测报员（高空）	中国气象局	2009	2
					2011年度全国质量优秀测报员（高空）		2011	
418	张磊	男	汉	饶阳县气象局	2009年度全国质量优秀测报员	中国气象局	2009	1
419	刘辉	男	汉	丰南区气象局	2009年度全国质量优秀测报员	中国气象局	2009	1
420	朱永刚	男	汉	玉田县气象局	2009年度全国质量优秀测报员	中国气象局	2009	1
421	刘彦双	女	汉	任丘市气象局	2009年度全国质量优秀测报员	中国气象局	2009	1
422	王娜	女	汉	黄骅市气象局	2009年度全国质量优秀测报员	中国气象局	2009	1
423	史琳	女	汉	黄骅市气象局	2009年度全国质量优秀测报员	中国气象局	2009	1
424	王素丽	女	汉	保定市气象局	2009年度全国质量优秀测报员	中国气象局	2009	1
425	赵占红	女	汉	保定市气象局	2009年度全国质量优秀测报员	中国气象局	2009	1

续表

序号	姓名	性别	民族	单位	荣誉称号	颁奖单位	时间	次数
426	陈震清	男	汉	保定市气象局	2009年度全国质量优秀测报员	中国气象局	2009	1
427	谷建伟	女	汉	顺平县气象局	2009年度全国质量优秀测报员	中国气象局	2009	1
428	王 阔	男	汉	蠡县气象局	2009年度全国质量优秀测报员	中国气象局	2009	1
429	贾瑞花	女	汉	唐县气象局	2009年度全国质量优秀测报员	中国气象局	2009	1
430	李 震	女	汉	安国市气象局	2009年度全国质量优秀测报员	中国气象局	2009	1
431	毛佩柱	男	汉	秦皇岛市气象站	2009年度全国质量优秀测报员	中国气象局	2009	1
432	樊清华	女	汉	秦皇岛市气象站	2009年度全国质量优秀测报员	中国气象局	2009	1
433	梁紫藤	女	汉	涉县气象局	2009年度全国质量优秀测报员	中国气象局	2009	1
434	甄丽泽	女	汉	无极县气象	2009年度全国质量优秀测报员	中国气象局	2009	1
435	秦晓波	男	汉	无极县气象局	2009年度全国质量优秀测报员	中国气象局	2009	1
436	赵志敏	女	汉	承德县气象局	2009年度全国质量优秀测报员（农气）	中国气象局	2009	1
437	刘 泊	男	汉	张家口市气象局	2009年度全国质量优秀测报员（高空2）	中国气象局	2009	2
438	柳 刚	男	汉	怀来县气象局	2010年度全国质量优秀测报员 2011年度全国质量优秀测报员	中国气象局	2010 2011	2
439	郭忠学	男	汉	涿鹿县气象局	2010年度全国质量优秀测报员 2011年度全国质量优秀测报员	中国气象局	2010 2011	2
440	靳巧芝	女	汉	宁晋县气象局	2010年度全国质量优秀测报员	中国气象局	2010	1
441	王春燕	女	汉	平乡县气象局	2010年度全国质量优秀测报员	中国气象局	2010	1
442	荀伟唯	女	汉	清河县气象局	2010年度全国质量优秀测报员	中国气象局	2010	1
443	张敬青	女	汉	新河县气象局	2010年度全国质量优秀测报员 2011年度全国质量优秀测报员	中国气象局	2010 2011	2
444	张立江	男	汉	滦南县气象局	2010年度全国质量优秀测报员	中国气象局	2010	1
445	田 永	男	汉	滦县气象局	2010年度全国质量优秀测报员	中国气象局	2010	1
446	高亚丽	女	汉	遵化市气象局	2010年度全国质量优秀测报员	中国气象局	2010	1
447	韩晓峰	男	汉	唐海县气象局 成安县气象局	2010年度全国质量优秀测报员 2011年度全国质量优秀测报员	中国气象局	2010 2011	2
448	袁海英	女	汉	灵寿县气象局	2010年度全国质量优秀测报员 2011年度全国质量优秀测报员	中国气象局	2010 2011	2
449	张 争	男	汉	灵寿县气象局	2010年度全国质量优秀测报员 2011年度全国质量优秀测报员	中国气象局	2010 2011	2
450	杨素月	女	汉	深泽县气象局	2010年度全国质量优秀测报员 2011年度全国质量优秀测报员	中国气象局	2010 2011	2

续表

序号	姓名	性别	民族	单位	荣誉称号	颁奖单位	时间	次数
451	宋英坤	女	汉	深泽县气象局	2010年度全国质量优秀测报员	中国气象局	2010	2
					2011年度全国质量优秀测报员		2011	
452	王书冰	女	汉	辛集市气象局	2010年度全国质量优秀测报员	中国气象局	2010	1
453	李静	女	汉	辛集市气象局	2010年度全国质量优秀测报员	中国气象局	2010	1
454	赵平	女	汉	景县气象局	2010年度全国质量优秀测报员	中国气象局	2010	2
					2011年度全国质量优秀测报员		2011	
455	郭杰	男	汉	景县气象局	2010年度全国质量优秀测报员	中国气象局	2010	1
456	刘素云	女	汉	枣强县气象局	2010年度全国质量优秀测报员	中国气象局	2010	2
					2011年度全国质量优秀测报员		2011	
457	张丽华	女	汉	成安县气象局	2010年度全国质量优秀测报员	中国气象局	2010	2
				肥乡县气象局	2011年度全国质量优秀测报员		2011	
458	袁增花	女	汉	成安县气象局	2010年度全国质量优秀测报员	中国气象局	2010	1
459	陈笑娟	女	汉	肥乡县气象局	2010年度全国质量优秀测报员	中国气象局	2010	2
					2011年度全国质量优秀测报员		2011	
460	牛一华	女	汉	涉县气象局	2010年度全国质量优秀测报员	中国气象局	2010	1
461	李丹	女	汉	鸡泽县气象局	2010年度全国质量优秀测报员	中国气象局	2010	1
462	吴裴裴	女	汉	丰宁县气象局	2010年度全国质量优秀测报员	中国气象局	2010	2
					2011年度全国质量优秀测报员		2011	
463	蒋玲玲	女	汉	滦平县气象局	2010年度全国质量优秀测报员	中国气象局	2010	1
464	张静静	女	汉	滦平县气象局	2010年度全国质量优秀测报员	中国气象局	2010	2
					2011年度全国质量优秀测报员		2011	
465	陈浩	男	汉	平泉县气象局	2010年度全国质量优秀测报员	中国气象局	2010	2
					2011年度全国质量优秀测报员		2011	
466	房玉书	女	汉	平泉县气象局	2010年度全国质量优秀测报员	中国气象局	2010	2
					2011年度全国质量优秀测报员		2011	
467	杨蕊	女	汉	泊头市气象局	2010年度全国质量优秀测报员	中国气象局	2010	1
468	许丽景	女	汉	沧州市气象局	2010年度全国质量优秀测报员	中国气象局	2010	1
469	王世博	男	汉	海兴县气象局	2010年度全国质量优秀测报员	中国气象局	2010	1
470	安献礼	男	汉	海兴县气象局	2010年度全国质量优秀测报员	中国气象局	2010	1
471	曹江	男	汉	海兴县气象局	2010年度全国质量优秀测报员	中国气象局	2010	1
472	孙越影	女	汉	河间市气象局	2010年度全国质量优秀测报员	中国气象局	2010	2
					2011年度全国质量优秀测报员		2011	
473	褚大明	女	汉	南皮县气象局	2010年度全国质量优秀测报员	中国气象局	2010	1
474	吕国栋	男	汉	献县气象局	2010年度全国质量优秀测报员	中国气象局	2010	1
475	赵曼	女	汉	安新县气象局	2010年度全国质量优秀测报员	中国气象局	2010	1
476	顾黎燕	女	汉	阜平县气象局	2010年度全国质量优秀测报员	中国气象局	2010	1

续表

序号	姓名	性别	民族	单位	荣誉称号	颁奖单位	时间	次数
477	刘宝莲	女	汉	阜平县气象局	2010年度全国质量优秀测报员	中国气象局	2010	1
478	齐 静	女	汉	阜平县气象局	2010年度全国质量优秀测报员	中国气象局	2010	1
479	张艳菊	女	汉	阜平县气象局	2010年度全国质量优秀测报员	中国气象局	2010	1
480	李晓冬	男	汉	望都县气象局	2010年度全国质量优秀测报员	中国气象局	2010	1
481	董红英	女	汉	高阳县气象局	2011年度全国质量优秀测报员	中国气象局	2011	1
482	李亚红	女	汉	高阳县气象局	2011年度全国质量优秀测报员	中国气象局	2011	1
483	魏丽欣	女	汉	保定市气象局	2011年度全国质量优秀测报员	中国气象局	2011	1
484	任春颖	女	汉	保定市气象局	2011年度全国质量优秀测报员	中国气象局	2011	1
485	李 晴	女	汉	雄县气象局	2011年度全国质量优秀测报员	中国气象局	2011	1
486	丁峥臻	男	汉	雄县气象局	2011年度全国质量优秀测报员	中国气象局	2011	1
487	胡丽丽	女	汉	安新县气象局	2011年度全国质量优秀测报员	中国气象局	2011	1
488	李健一	男	汉	南皮县气象局	2011年度全国质量优秀测报员	中国气象局	2011	1
489	崔兴致	男	汉	河间市气象局	2011年度全国质量优秀测报员	中国气象局	2011	1
490	姜国艳	女	汉	围场县气象局	2011年度全国质量优秀测报员	中国气象局	2011	1
491	陈红光	男	汉	峰峰矿区气象局	2011年度全国质量优秀测报员	中国气象局	2011	1
492	金 哲	男	汉	峰峰矿区气象局	2011年度全国质量优秀测报员	中国气象局	2011	1
493	田静斋	女	汉	鸡泽县气象局	2011年度全国质量优秀测报员	中国气象局	2011	1
494	孟 丽	女	汉	鸡泽县气象局	2011年度全国质量优秀测报员	中国气象局	2011	1
495	张 蔚	女	汉	磁县气象局	2011年度全国质量优秀测报员	中国气象局	2011	1
496	张秀萍	女	汉	磁县气象局	2011年度全国质量优秀测报员	中国气象局	2011	1
497	丁秀梅	女	汉	武安市气象局	2011年度全国质量优秀测报员	中国气象局	2011	1
498	宁文凯	男	汉	武安市气象局	2011年度全国质量优秀测报员	中国气象局	2011	1
499	赵丽斌	女	汉	邯郸市气象局	2011年度全国质量优秀测报员	中国气象局	2011	1
500	焦新玲	女	汉	邯郸市气象局	2011年度全国质量优秀测报员	中国气象局	2011	1
501	刘思华	女	汉	邯郸市气象局	2011年度全国质量优秀测报员	中国气象局	2011	1
502	石永军	男	汉	景县气象局	2011年度全国质量优秀测报员	中国气象局	2011	1
503	李延伶	女	汉	武邑县气象局	2011年度全国质量优秀测报员	中国气象局	2011	1
504	董 怡	女	汉	武邑县气象局	2011年度全国质量优秀测报员	中国气象局	2011	1
505	冀春燕	女	汉	饶阳县气象局	2011年度全国质量优秀测报员	中国气象局	2011	1
506	刘新立	男	汉	永清县气象局	2011年度全国质量优秀测报员	中国气象局	2011	1
507	石林芝	女	汉	大城县气象局	2011年度全国质量优秀测报员	中国气象局	2011	1
508	陈家松	男	汉	大城县气象局	2011年度全国质量优秀测报员	中国气象局	2011	1
509	张 娟	女	汉	霸州市气象局	2011年度全国质量优秀测报员	中国气象局	2011	1
510	张永革	男	汉	平山县气象局	2011年度全国质量优秀测报员	中国气象局	2011	1
511	王志敏	女	汉	平山县气象局	2011年度全国质量优秀测报员	中国气象局	2011	1

续表

序号	姓名	性别	民族	单位	荣誉称号	颁奖单位	时间	次数
512	刘芳	女	汉	平山县气象局	2011年度全国质量优秀测报员	中国气象局	2011	1
513	熊光伟	男	汉	丰南县气象局	2011年度全国质量优秀测报员	中国气象局	2011	1
514	邓育伟	男	汉	丰南县气象局	2011年度全国质量优秀测报员	中国气象局	2011	1
515	吴国振	男	汉	唐山市气象局	2011年度全国质量优秀测报员	中国气象局	2011	1
516	徐健鹏	男	汉	唐山市气象局	2011年度全国质量优秀测报员	中国气象局	2011	1
517	马强	男	汉	唐山市气象局	2011年度全国质量优秀测报员	中国气象局	2011	1
518	黄虎全	男	汉	唐山市气象局	2011年度全国质量优秀测报员	中国气象局	2011	1
519	贾秋兰	女	汉	邢台市气象局	2011年度全国质量优秀测报员	中国气象局	2011	1
520	李世广	男	汉	新河县气象局	2011年度全国质量优秀测报员	中国气象局	2011	1
521	郝丽娜	女	汉	新河县气象局	2011年度全国质量优秀测报员	中国气象局	2011	1
522	高俊喜	女	汉	南宫市气象局	2011年度全国质量优秀测报员	中国气象局	2011	1
523	陈文辉	男	汉	南宫市气象局	2011年度全国质量优秀测报员	中国气象局	2011	1
524	张霞	女	汉	南宫市气象局	2011年度全国质量优秀测报员	中国气象局	2011	1
525	杨翠彦	女	汉	张北县气象局	2011年度全国质量优秀测报员	中国气象局	2011	1
526	刘琦	男	汉	张北县气象局	2011年度全国质量优秀测报员	中国气象局	2011	1
527	张青山	男	汉	张北县气象局	2011年度全国质量优秀测报员	中国气象局	2011	1
528	赵苹萍	女	汉	蔚县气象局	2011年度全国质量优秀测报员	中国气象局	2011	1
529	蔺艳斌	男	汉	蔚县气象局	2011年度全国质量优秀测报员	中国气象局	2011	1
530	卢鹏飞	男	汉	蔚县气象局	2011年度全国质量优秀测报员	中国气象局	2011	1
531	韩桂娥	女	汉	沽源县气象局	2011年度全国质量优秀测报员	中国气象局	2011	1
532	霍晓红	女	汉	沽源县气象局	2011年度全国质量优秀测报员	中国气象局	2011	1
533	闫树鹏	男	汉	康保县气象局	2011年度全国质量优秀测报员	中国气象局	2011	1
534	陈秉权	男	汉	康保县气象局	2011年度全国质量优秀测报员	中国气象局	2011	1
535	司宝银	男	汉	康保县气象局	2011年度全国质量优秀测报员	中国气象局	2011	1
536	王海英	女	汉	涿鹿县气象局	2011年度全国质量优秀测报员	中国气象局	2011	1
537	李建荣	女	汉	怀安县气象局	2011年度全国质量优秀测报员	中国气象局	2011	1
538	岳春煜	女	汉	怀安县气象局	2011年度全国质量优秀测报员	中国气象局	2011	1
539	王旭海	男	汉	崇礼县气象局	2011年度全国质量优秀测报员	中国气象局	2011	1
540	常保东	男	汉	乐亭县气象局	2011年度全国质量优秀测报员（高空）	中国气象局	2011	1
541	王银刚	男	汉	张家口市气象局	2011年度全国质量优秀测报员（高空）	中国气象局	2011	1
542	刘馨	男	汉	阜城县气象局	2011年度全国质量优秀测报员（农气）	中国气象局	2011	1
543	韩燕菊	女	汉	肥乡县气象局	2011年度全国质量优秀测报员（农气）	中国气象局	2011	1
	543人						1980—2011 共31年	1630次

附录 10.5

河北省气象部门获得省部级以上个人荣誉统计
（业务部分—通信网络）

序号	姓名	性别	民族	单位	荣誉称号	颁奖单位	时间	次数
1	李秀兰	女	汉	张家口地区气象局	优秀值机员	国家气象局	1990	3
				张家口市气象局	优秀值机员	中国气象局	1993	
				张家口市气象局	1995年全国气象通信优秀值机员	中国气象局	1995	
2	麻玉祥	男	汉	张家口地区气象局	优秀值机员	国家气象局	1991	1
3	李敬华	男	汉	唐山市气象局	优秀值机员	国家气象局	1993	2
					优秀值机员	中国气象局	1994	
4	张明珍	女	汉	张家口市气象局	优秀值机员	国家气象局	1993	3
					优秀值机员	中国气象局	1994	
					1997年全国气象通信优秀值机员		1997	
5	孙丽敏	女	汉	张家口市气象局	优秀值机员	国家气象局	1993	1
6	虞静茹	女	汉	唐山市气象	优秀值机员	中国气象局	1994	1
7	罗敏	女	汉	张家口市气象局	优秀值机员	中国气象局	1994	2
					1997年全国气象通信优秀值机员		1997	
8	李云	男	汉	张家口市气象局	1995年全国气象通信优秀值机员	中国气象局	1995	1
9	何建春	女	汉	张家口市气象局	1997年全国气象通信优秀值机员	中国气象局	1997	1
10	杨庆红	女	汉	承德市气象局	1998年全国气象通信优秀值机员	中国气象局	1998	1
11	郭树军	男	汉	河北省气象信息网络中心	优秀系统管理员	中国气象局	1998	1
12	安文献	男	汉	河北省气象局网络中心	1999年全国气象信息网络优秀系统管理员	中国气象局	1999	1

续表

序号	姓名	性别	民族	单位	荣誉称号	颁奖单位	时间	次数
13	赵景旺	男	汉	唐山市气象局	1999年全国气象信息网络优秀系统管理员	中国气象局	1999	3
					2002年全国气象信息网络优秀系统管理员		2002	
					2006年全国气象信息网络优秀维护与开发员		2006	
14	张静	女	汉	河北省气象台	全国气象信息网络优秀维护与开发员	中国气象局	2000	1
15	徐平	男	汉	张家口市气象台	全国气象信息网络优秀系统管理员	中国气象局	2000	1
16	仝美然	女	汉	河北省气象台	2001年全国气象信息网络优秀维护与开发员	中国气象局	2001	2
					2003年全国气象信息网络优秀维护与开发员		2003	
17	王沛涛	男	汉	邯郸市气象局	2001年全国气象信息网络优秀系统管理员	中国气象局	2001	1
18	李建军	男	汉	保定市气象局	2002年全国气象信息网络优秀系统管理员	中国气象局	2002	1
19	杨英武	男	汉	河北省气象台	2003年全国气象信息网络优秀值机员	中国气象局	2003	1
20	乔锐平	女	汉	河北省气象局	2004年全国气象信息网络优秀业务管理员	中国气象局	2004	1
21	杨向东	男	汉	承德市气象局	2005年全国气象信息网络优秀系统管理员	中国气象局	2005	1
22	詹立刚	男	汉	秦皇岛市气象局	2005年全国气象信息网络优秀系统管理员	中国气象局	2005	1
23	饶海塘	男	汉	衡水市气象局	2006年全国气象信息网络优秀维护与开发员	中国气象局	2006	1
24	马小山	男	汉	衡水市气象局	2007年全国气象信息网络优秀维护与开发员	中国气象局	2007	2
					2011年全国气象信息网络优秀网络管理员		2011	
25	王勇	男	汉	秦皇岛市气象局	2007年全国气象信息网络优秀维护与开发员	中国气象局	2007	1
26	吴杰	女	汉	秦皇岛市气象局	2008年度全国气象信息网络优秀网络管理员	中国气象局	2008	1
27	于小龙	男	汉	廊坊市气象局	2008年度全国气象信息网络优秀网络管理员	中国气象局	2008	1
28	张会	女	汉	保定市气象局	2009年全国气象信息网络优秀网络管理员	中国气象局	2009	1

续表

序号	姓名	性别	民族	单位	荣誉称号	颁奖单位	时间	次数
29	赵瑞金	男	汉	河北省气象台	2009年全国气象信息网络优秀网络管理员	中国气象局	2009	1
30	李景宇	男	汉	张家口市气象局	2010年全国气象信息网络优秀网络管理员	中国气象局	2010	1
31	张丁丁	女	汉	河北省气象台	2005年全国气象信息网络优秀值机员	中国气象局	2010	1
32	王磊	男	汉	石家庄市气象局	2011年全国气象信息网络优秀网络管理员	中国气象局	2011	1
33	秦莉	女	汉	河北省气象信息中心	2012年全国气象信息网络优秀业务人员	中国气象局	2012	1
34	聂恩旺	男	汉	河北省气象信息中心	2012年全国气象信息网络优秀业务人员	中国气象局	2012	1
35	刘焕莉	女	汉	河北省气象信息中心	2018年全国优秀气象信息技术人员	中国气象局	2018	1
36	张军	男	汉	河北省气象信息中心	2018年全国优秀气象信息技术人员	中国气象局	2018	1

附录11

河北省气象部门获得省部级以上集体荣誉统计

1957年

1957年4月 张家口庞家堡气象站被中央气象局授予先进单位称号。

1959年

1959年 承德地区气象局被河北省政府评为河北省农业系统先进单位。

1965年

1965年3月11—20日 黄骅县气象服务站获得河北省委、省人委"贫农下中农、农业先进生产者、先进单位评比"活动红旗单位；南宫县气象站、盐山县气象站、蔚县气象服务站、青龙县气象站获得先进集体。

1978年

1978年10月 青龙县气象站获得全国气象部门"双学"红旗单位称号；三河县气象局、正定县气象站、永年县气象站、巨鹿县气象站、怀来县气象站测报组、涿县小邵村气象哨获得全国气象部门"双学"先进集体称号。

1979 年

1975—1979 年　肥乡县气象站连续 5 年被河北省政府评为"支农先进单位"。

1980 年

1980 年　涿县气象站获得河北省委、省政府嘉奖。

1981 年

1981 年　新乐县气象站获得河北省委、省政府嘉奖。

1982 年

1982 年 2 月　涿县气象站获得河北省委、省政府嘉奖。

1983 年

1983 年　承德地区气象局被国家气象局评为全国农业气候区划工作先进集体。

1989 年

1989 年 4 月　怀来县气象站、黄骅县气象站被国家气象局授予全国气象部门双文明建设先进集体。

1990 年

1990 年 1 月 22 日　亚运会气象服务中心秦皇岛分中心被第十一届亚洲运动会组委会评为先进集体。

1991 年

1991 年 6 月 12 日　河北省气象局被国家人事部、劳动部、国家教委等 7 部委联合授予"全国职工教育先进单位"称号。

1991 年 9 月 8 日　河北省气象局被河北省人民政府办公厅授予"修志工作先进单位"。

1992 年

1992 年 2 月　沧州地区气象局综合档案室被河北省人民政府授予"河北省档案系统先进集体"称号。

1992 年 4 月　河北省气象局赴南和县社教工作队被河北省委社教办评为先进工作队。

1993 年

1993 年　邢台市气象局被国家气象局授予 1993 年气象服务先进集体。

同　年　正定县气象站、迁安县气象站被国家气象局授予先进气象站。

1994 年

1994 年 5 月　河北省气象局团委被河北省直团工委授予"红旗团委"称号。

1994 年 11 月 15 日　河北省气象计量站被国家技术监督局授予全国实施法定计量单位先进集体称号。

同　年　河北省气象台被河北省人民政府评为 1994 年度抗洪救灾先进集体。

同　年　河北省气象台、廊坊市气象局、兴隆县气象局被中国气象局评为全国汛期服务先进集体。

1995 年

1995 年 3 月　河北省气象局妇委会被河北省妇女联合会、河北省人事厅授予妇联系统先进集体。

1995 年 5 月　河北省气象局被中共河北省委、河北省人民政府评为"实绩突出单位"。

1995 年 12 月 26 日　河北省气象局妇委会在省直机关迎世妇会表彰会上被评为"先进妇委会"。

1996 年

1996 年 1 月 24 日　河北省气象台、邢台市气象局被中国气象局授予 1995 年汛期气象服务先进集体。

1996 年 3 月　河北省气象局工会女职工委员会被河北省总工会授予 1995 年工会女职工工作先进集体。

1996 年 5 月　河北省气象局被中共河北省委、河北省人民政府评为 1995 年工作"实绩突出单位"。

1996 年 9 月 2 日　河北省气象台、邢台市气象局被省委省政府评为"抗洪抢险先进集体"。

1996 年 11 月 27 日　河北省气象台、怀来县气象局被中国气象局授予"全国气象部门双文明建设先进集体"称号。

1997 年

1997 年 1 月 11 日　邢台市气象局、井陉县气象局被中国气象局授予 1996 年汛期气象服务先进集体。

1997 年 4 月　河北省气象局被中共河北省委、河北省人民政府评为 1996 年工作"实绩突出单位"。

1997 年 5 月 7 日　涿州市气象局被中国气象局确定为全国气象部门 20 个文明服务示范单位之一。

1997 年 9 月 5 日　河北省气象学会被中国气象局、中国气象学会授予全国气象科技工作先进集体。

1997 年 10 月　河北省气象学会被中国气象局、中国气象学会评为全国气象科普先进集体。

同　年　河北省气象台、沧州市气象局被中国气象局评为 1997 年度重大气象服务先进集体。

同　年　河北省气象局被河北省直工会授予 1996—1997 年度先进工会。

同　年　河北省气象局团委从 1991—1997 年连续七年被省直团工委评为先进团委。

1998 年

1998年5月 河北省气象局被中共河北省委、河北省人民政府评为1997年度"实绩突出单位"。河北省气象局连续三年被评为"实绩突出单位"。

1998年10月26日 河北省气象台、唐山市气象局被中国气象局授予1998年防汛抗洪气象服务先进集体。

1998年12月 河北省气象局被中共河北省委省直机关工作委员会评为：1998年省直机关党建活动"十佳奖"。

同　年 魏县、鸡泽、肥乡、涉县、永年、临西、束鹿、新乐、元氏、涿县、容城、武邑、黄骅、三河、丰润、青龙、怀来气象站，邢台地区气象局仪器组、香河县气象局预报组、安次县气象局农气组、永清县气象局测报组、大城县气象局人控组、廊坊地区气象局业务科测报管理组、遵化县气象局防雹小组、张家口地区气象局高空组、河北省气象局资料室被河北省委、河北省人民政府评为1997年农业生产先进集体。

1999 年

1999年4月 河北省气象台获河北省人民政府颁发的"河北省先进企事业单位"称号。

1999年5月10日 河北省气象局被中共河北省委河北省人民政府授予1998年度两个文明建设先进单位。

同　月 河北省气象局被中共河北省委、河北省人民政府评为1998年度"实绩突出单位"。河北省气象局连续四年被评为"实绩突出单位"。

1999年7月1日 河北省气象台党支部被中共河北省委授予"先进基层党组织"称号。

1999年9月12日 涿州市气象局被中共河北省委、河北省人民政府授予"创建文明行业工作先进窗口单位"。

1999年12月 河北省气象局被中共河北省委省直机关工作委员会评为1999年省直机关党建活动优秀奖。

同　年 涿州市气象局被中央文明委授予"全国创建文明行业工作先进窗口单位"。

同　年 河北省气象台、秦皇岛市气象台被中国气象局授予1999年重大气象服务先进集体。

同　年 邢台市气象局被中国气象局、中国气象学会授予"全国气象科技扶贫先进单位"。

2000 年

2000年5月 河北省气象局离退休干部处被中国气象局授予"全国气象部门老干部工作先进集体"荣誉称号。

2000年9月19日 河北省气象局、邢台市气象局、秦皇岛市气象局、涿州市气象局被中共河北省委、河北省人民政府命名为1998—1999年度省级文明单位。

2000年11月28日 河北省气象部门被中国气象局和河北省精神文明建设委员会联合授予"文明系统"称号。

2000年12月 河北省气象局被中共河北省委省直机关工作委员会评为2000年省直机关党建活动

优秀奖。

2000年12月17日　河北省气象台、秦皇岛市气象局被中国气象局授予全国气象部门双文明建设先进集体。

同　年　邢台市气象局被中国气象局授予2000年重大气象服务先进集体。

2001年

2001年1月　河北省气象台、秦皇岛市气象局被中国气象局评为全国气象部门双文明建设先进集体。

2001年3月　河北省气象局妇委会被河北省直妇工委评为"先进妇委会"。

2001年6月29日　河北省气象局机关党委被中共河北省委授予"先进基层党组织"称号。

2001年10月　秦皇岛市气象局被中国气象局命名为全国气象部门文明服务示范单位。

2001年12月　河北省气象局被中共河北省委省直机关工委、河北省机关党的建设研究会联合授予"全省机关党务系统信息工作先进集体"。

同　年　唐山市气象台被中国气象局评为2001年重大气象服务先进集体。

2002年

2002年2月　河北省气象局文明办被河北省文明办评为2001年度全省文明办系统先进单位。

2002年3月　河北省气象局妇女委员会被河北省妇女联合会、河北省人事厅联合授予"河北省妇联系统先进集体"称号。

2002年7月　河北省气象局荣获2000—2001年度省级文明单位称号。

同　月　霸州市气象局被河北省委、省政府命名为"三星级窗口单位"。

2002年8月　河北省气象局被中共河北省委省直机关工委、河北省机关党的建设研究会联合授予"全省机关党建理论研究工作先进集体"。

2002年9月　河北省气象局被中共河北省委省直工委评为"河北省省直机关思想政治工作先进集体"。

同　月　河北省气象局、邢台市气象局、秦皇岛市气象局、涿州市气象局再度被中共河北省委、河北省人民政府命名为2000—2001年度省级文明单位。河北省气象台和保定市气象局也进入省级文明单位行列。

2002年10月18日　河北省气象局监察审计处被中国气象局审计室评为2001年度气象部门内审工作先进单位。

2002年12月　河北省气象局被中共河北省委省直机关工委、河北省机关党的建设研究会联合授予"全省机关党务系统信息工作先进集体"。

同　年　河北省气象台被中国气象局授予2003年全国重大气象服务先进集体。

同　年　邯郸市气象局被中国气象局授予气象科技扶贫工作先进集体。

2003年

2003年1月2日　河北省人工影响天气办公室被中国气象局评为2001—2002年度中国气象局科

研开发奖。

2003年1月　河北省气象台被中央精神文明建设指导委员会授予"全国精神文明建设工作先进单位"荣誉称号。

2003年3月　河北省气象局妇委会被河北省直妇工委授予2001—2002年度"先进妇委会"称号。

同　月　河北省气象局机关党委被河北省直妇工委评为"支持妇女工作的党组织"。

2003年5月4日　河北省气象局团委被共青团河北省直工委评为2002年度省直红旗团委。

2003年12月　河北省气象局被中共河北省委省直机关工委、河北省机关党的建设研究会联合授予"全省机关党务系统信息工作先进集体"。

同　年　河北省精神文明建设委员会命名深泽县、辛集市、正定县气象局为二星级窗口单位；赵县气象局为一星级窗口单位。

2004年

2004年1月5日　河北省气象台被中国气象局授予2003年全国重大气象服务先进集体。

2004年5月4日　河北省气象局团委被共青团河北省直工委评为2003年度省直红旗团委。

2004年6月7日　河北省气象局监察审计处被中国气象局审计室评为2003年度气象部门内审工作先进单位。

2004年6月　河北省气象局被中央纪委驻中国气象局纪律检查组评为气象部门党风廉政宣传教育工作先进集体。

2004年9月1日　河北省气象局在2002—2003年度精神文明建设中成绩优异，被中共河北省委省直工委命名为省直文明单位。

2004年9月　河北省气象局政策法规处被中国气象局授予"全国气象法制工作先进集体"。

同　月　河北省气象局被中共河北省委省直工委、河北省文化厅、河北省广播电视局联合授予"河北省省直机关庆祝建国55周年文艺汇演（舞蹈类）节目优秀创作奖"。

2004年12月　河北省气象学会被河北省民间组织管理领导小组办公室、河北省民政厅联合授予"河北省优秀社团"荣誉称号。

同　月　河北省气象学会被中国科学技术协会授予"全国科普日活动先进单位"。

2005年

2005年1月　河北省气象局文明办被河北省文明办评为2004年度全省文明办系统先进单位。

2005年1月15日　河北省气象台被中国气象局授予2004年全国重大气象服务先进集体。

2005年3月　河北省气象局妇委会被河北省直妇工委授予2003—2004年度"先进妇委会"称号。

同　月　河北省气象局妇委会被河北省直属机关工会授予2003—2004年度"先进女职工委员会"称号。

同　月　河北省气象台预报科被河北省妇联、全国妇联分别授予"巾帼文明岗"称号。

同　月　河北省气象局机关党委被河北省直妇工委评为"支持妇女工作的党组织"。

2005年5月　河北省气象局团委被共青团河北省直工委评为"2004年度省直先进团委"。

2005年10月13日　河北省气象部门29个单位被中国气象局授予"气象部门局务公开先进单位"

称号。

2005年10月26日　河北省气象局机关荣获"全国精神文明创建工作先进单位"称号。

同　月　河北省气象局（机关）被中央精神文明建设指导委员会评为"全国精神文明建设工作先进单位"。

2005年12月　河北省气象台被人事部、中国气象局授予"全国气象工作先进集体"荣誉称号。

同　月　河北省气象局妇委会被河北省妇女联合会评为"妇女工作特色奖"。

同　年　河北省气象局被河北省直机关工会工作委员会授予"2004—2005先进厅（局）直属机关工会委员会"。

同　年　河北省气象局被河北省直属机关工会工作委员会评为"2004—2005先进职工之家"。

2006年

2006年1月10日　河北省气象台被中国气象局授予2005年全国重大气象服务先进集体。

2006年1月13日　河北省气象局在全国气象部门目标管理工作中经中国气象局考核，审定为特别优秀达标单位。

2006年2月16日　河北省气象局审计处被河北省审计厅评为2005年度"双优双先"活动河北省内部审计工作先进单位。

2006年5月4日　河北省气象局团委被共青团河北省直工委评为2005年度省直红旗团委。

2006年6月　河北省气象局被中共河北省委宣传部、河北省司法厅、河北省人事厅、河北省总工会、河北省法制宣传教育领导小组办公室联合授予"2001—2005年全省法制宣传教育先进集体"称号。

2006年7月　河北省气象局机关党委被中共河北省委省直工委授予"先进基层党组织"称号。

同　月　河北省人工影响天气办公室人工增雨技术保障集体被河北省创建"青年文明号"活动组委会授予2005年度"青年文明号"荣誉称号。

2006年8月　河北省气象局科技减灾处荣获2004—2005年度全国气象部门科技扶贫工作集体一等奖。

2006年10月26日　河北省气象局在省直干部职工"迎奥运健步走"比赛中，被河北省直属机关工会评为金奖单位。

2006年11月　河北省气象局被全国气象行业首届文艺汇演组委会授予"华风杯"全国气象行业首届文艺汇演"优秀奖"。

同　月　全省气象部门共有17个单位被中共河北省委、河北省人民政府命名为2004—2005年度省级文明单位。分别是：河北省气象台，石家庄、秦皇岛、廊坊、保定、沧州、衡水市气象局，青龙、卢龙、抚宁、三河、涿州、任丘、泊头、南皮、深州、邱县等县市气象局。

2006年12月30日　河北省气象局被河北省直属机关工会评为：2006迎奥运健身活动月系列活动优秀组织奖。

2006年12月25日　河北省气象台被中国气象局授予2006年全国重大气象服务先进集体。

同　月　涿州市气象局被中国气象局授予"全国气象部门文明台站标兵"称号。

2007年

2007年1月16日　河北省气象科技服务中心被中国气象局授予"全国气象科技服务先进集体"。

2007年3月　河北省气象局妇女工作委员会被河北省直妇工委授予2005—2006年度"先进妇委会"称号。

2007年5月　河北省气象局团委被共青团河北省直工委授予"2006年度省直先进团委"。

同　月　河北省气象局妇委会被河北省精神文明建设委员会办公室、河北省妇女联合会授予"河北省文明家庭创建活动优秀组织奖"。

2007年9月　河北省气象局监察审计处被中共河北省直纪工委评为省直机关迎国庆廉政文化建设书法绘画摄影作品创作活动优秀组织奖。

2007年12月29日　河北省气象台被中国气象局授予2007年全国重大气象服务先进集体。

同　年　河北省气象局被河北省直机关工会工作委员会授予"2006—2007先进厅（局）直属机关工会委员会"。

同　年　河北省气象局被河北省直属机关工会工作委员会评为2006—2007先进职工之家。

同　年　唐山市气象局被河北省委、省政府评为省级"文明单位"。

2008年

2008年5月　河北省气象局团委被河北省直团工委授予"省直先进团委"称号。

同　月　河北省气象局党组纪检组被中央纪委驻中国气象局纪检组评为气象部门反腐倡廉作品优秀组织奖。

2008年9月26日　廊坊市气象局、石家庄市气象局、遵化市气象局被中国气象局授予2007—2008年度"全国气象部门文明台站标兵"荣誉称号。

2008年10月6日　河北省气象局监察审计处被中共河北省委省直工委评为2007年度精神文明创建工作省直文明处室。

2008年10月27日　秦皇岛市气象局、张家口市气象局被中国气象局授予北京奥运会、残奥会气象服务先进集体。

2008年11月12日　河北省气象台被中国气象局、中国气象学会命名为"全国气象科普教育基地"。

2008年12月5日　河北省气象局被河北省网络与信息安全协调小组授予"北京奥运会和残奥会期间河北省网络与信息安全保障工作先进集体"。

2008年12月8日　廊坊市气象局、秦皇岛市气象局、迁安市气象局、泊头市气象局被中国气象局命名为"全国气象部门局务公开示范点"。

同　日　衡水市气象局被中国气象局命名为"全国气象部门廉政文化示范点"。

2008年12月31日　沧州市气象台被中国气象局授予2005年全国重大气象服务先进集体。

2009年

2009年6月　河北省气象局党组纪检组被中央纪委驻中国气象局纪检组评为2009年气象部门党

风廉政宣传教育月活动组织奖。

2009年9月　河北省气象局监察审计处被中共河北省直纪工委评为省直机关迎国庆廉政文化建设书法绘画摄影作品创作活动优秀组织奖。

2009年12月3日　张家口市气象局被中国气象局授予"新中国成立60周年庆祝活动气象服务先进集体"。

2009年12月28日　河北省气象台被人力资源社会保障部、中国气象局授予"全国气象系统先进集体"荣誉称号。

同　年　河北省气象台被中国气象局授予2009年全国重大气象服务先进集体。

2008—2009年度　承德市气象局被河北省委省政府评为河北省文明单位。

2010年

2010年1月　河北省气象局被中国气象局在2009年全国气象部门综合考评中获得"特别优秀单位"。

2010年7月26日　《河北日报》公告河北省2008—2009年度文明单位名单。全省气象部门有20个单位榜上有名，分别是：石家庄市、承德市、张家口市、秦皇岛市、抚宁县、卢龙县、青龙满族自治县、唐山市、廊坊市、三河市、保定市、涿州市、沧州市、任丘市、泊头市、南皮县、衡水市、武邑县、邢台市气象局及省气象台。

同　月　河北省气象局被中共河北省委组织部、老干部局评为2008—2009年度老干部工作先进单位，这是河北省气象局连续四年获此殊荣。

2010年12月　河北省气象局机关工会被河北省总工会授予模范职工之家。

同　年　衡水市气象局、承德市气象局、泊头市气象局被中国气象局授予2009—2010年度"全国气象部门文明台站标兵"荣誉称号。

2011年

2011年1月7日　满城县气象局被中国气象局授予2010年全国重大气象服务先进集体。

2011年1月25日　河北省气象局机关工会被河北省总工会授予"模范职工之家"称号。

同　月　河北省气象局被中国气象局在2010年全国气象部门综合考评中获得"优秀单位"。

同　月　河北省气象局被中国气象局在2010年全国气象部门综合考评中获得"创新工作奖"。

2011年2月　衡水市气象局、承德市气象局和泊头市气象局被中国气象局授予"全国气象部门文明台站标兵"称号。

2011年3月　河北省气象局财务核算中心被河北省妇女"巾帼建功"活动领导小组、河北省妇女联合会、河北省女性创业促进会联合评为河北省"巾帼文明岗"。

2011年6月　河北省人工影响天气办公室、秦皇岛市气象局被中共河北省委、河北省人民政府表彰为秦皇岛"4·12"森林火灾扑救先进集体。

2012年

2012年1月4日　河北省气象台被中国气象局授予2011年全国重大气象服务先进集体。

同　月　河北省气象局办公室被河北省直属机关工会工作委员会命名为2010—2011年度"先进职工小家"称号。

2012年2月　河北省气象局被中共河北省委组织部、河北省委老干部局评为"离退休干部工作先进单位"。

2012年6月　河北省气象局党组纪检组被中央纪委驻中国气象局纪检组评为2012年气象部门"保持党的纯洁性，保障气象事业科学发展"党风廉政建设宣传教育月活动优秀组织奖。

同　月　河北省气象局党组纪检组被中央纪委驻中国气象局纪检组评为2012年气象部门"保持党的纯洁性，保障气象事业科学发展"知识竞赛优秀组织奖。

2012年9月　河北省气象学会被第十四届中国科协年会执行委员会评为先进集体。

2012年10月　河北省防雷检测中心被中共河北省委创先争优活动领导小组评为"文明服务创先争优群众满意窗口"。

2013年

2013年1月7日　河北省气象台被中国气象局授予2012年全国重大气象服务先进集体。

同　月　清河县气象局、武安市气象局、蔚县气象局被中国气象局授予2011—2012年度"全国气象部门文明台站标兵"荣誉称号；秦皇岛市气象局、涿州市气象局、廊坊市气象局、石家庄市气象局、遵化市气象局、衡水市气象局、承德市气象局、泊头市气象局8个单位顺利通过复查，继续保持"全国气象部门文明台站标兵"称号。

2013年5月　承德市滦平县气象局被全国妇女"巾帼建功"活动领导小组、全国妇女联合会命名为"2011—2012年度全国巾帼文明岗"；石家庄市气象台、承德市气象科技服务中心、秦皇岛市气象局计划财务科、邯郸市魏县气象局、沧州市献县气象局、邢台市气象台被河北省妇女"巾帼建功"活动领导小组、河北省妇女联合命名为"2011—2012年度河北省巾帼文明岗"；河北省气象局妇女委员会被评为：河北省"巾帼建功"活动先进单位。

2013年12月27日　邢台市气象台被中国气象局授予2013年全国重大气象服务先进集体。

同　年　河北省气象台被人力资源和社会保障部、中国气象局授予"全国气象工作先进集体"。

2014年

2014年4月28日　河北省气象影视中心影视制作科被河北省人民政府授予河北省先进集体称号。

2014年9月　河北省防雷检测中心被共青团河北省委评为省级"青年文明号"。

2014年11月21日　河北省文明委公布了2012—2013年度省级文明单位，全省气象部门有38个单位榜上有名。分别是：石家庄市气象局、石家庄市飞宇气象科技服务中心平山县服务部、平山县气象局、承德市气象局、张家口市气象局、蔚县气象局、秦皇岛市气象局、抚宁县气象站、卢龙县气象站、青龙满族自治县气象站、昌黎县气象站、唐山市气象局、唐山市丰润区气象台、廊坊市气象局、三河市气象局、永清县气象局、保定市气象局、涿州市气象局、易县气象局、沧州市气象局、任丘市气象局、泊头市气象局、南皮县气象局、吴桥县气象局、献县气象局、东光县气象局、肃宁县气象局、衡水市气象局、武邑县气象局、枣强县气象局、饶阳县气象局、邢台市气象台、清河县气象局、内丘县气象局、宁晋县气象局、巨鹿县气象局、河北省气象台、河北省气象服务中心。

2015 年

2015 年 1 月 17 日 河北省气象台被中国气象局授予 2014 年全国重大气象服务先进集体。

同 月 河北省防雷检测中心被河北省青年文明号活动组委会评为第九届河北省"青年文明号标杆优秀奖"。

2015 年 3 月 1 日 中国文明网发布《关于表彰第四届全国文明城市（区）、文明村镇、文明单位的决定》，承德、石家庄、廊坊市气象局入选全国文明单位。河北省气象台（机关）通过复查继续保留全国文明单位称号。

同 月 河北省气象局被河北省直属机关工会工作委员会授予 2013—2014 年度省直工会女职工组织规范化建设先进单位。

同 月 "高速公路智能化气象保障服务系统建设"项目被河北省总工会、河北省科学技术厅、河北省人力资源和社会保障厅、河北省工业和信息化厅联合评为"河北省职工优秀技术创新成果优秀奖"。

同 月 蔚县气象局被全国妇女"巾帼建功"活动领导小组、中华全国妇女联合会命名为 2013—2014 年度"全国巾帼文明岗"。

同 月 满城县气象局被河北省妇女"巾帼建功"活动领导小组、河北省妇女"双学双比"活动领导小组命名为 2013—2014 年度"河北省巾帼文明岗"。

2015 年 4 月 张北县气象局、顺平县气象局、邯郸市气象局人事处被河北省总工会命名为河北省"工人先锋号"荣誉集体。

2015 年 10 月 河北省气象局被中国农林水利工会全国委员会授予全国气象行业模范职工之家。

2005 年 12 月 11 日 河北省文明办、河北省气象局联合授予平山、隆化、张北、丰润区、文安、易县、肃宁、枣强、巨鹿、磁县 10 个单位 2015 年度全省气象部门文明台站标兵称号。

2016 年

2016 年 1 月 19 日 张家口市气象局被中国气象局授予 2015 年全国重大气象服务先进集体。

同 月 河北省气象局机关工会委员会被中华全国总工会授予"模范职工之家"称号。

2016 年 4 月 25 日 河北省总工会授予河北省气象灾害防御中心"河北省五一劳动奖状"、唐山市气象台"工人先锋号"荣誉称号。

2016 年 5 月 沧州市气象局被中共中央宣传部、中华人民共和国司法部评为 2011—2015 年全国法制宣传教育先进单位。

2016 年 7 月 中共河北省委省直工委授予河北省气象服务中心党支部"先进基层党组织"称号。

2016 年 8 月 河北省气象局书画摄影协会被河北省总工会、河北省职工文化体育协会授予"河北省职工文化优秀示范团队"。

2016 年 10 月 河北省气象局被河北省直属机关工会、河北省体育局授予省直机关第五届运动会特别贡献奖。

同 月 河北省气象局被河北省直属机关工会、河北省体育局授予省直机关第五届运动会优秀组织奖。

同 月 河北省气象台，石家庄、保定、秦皇岛市气象局，邢台市气象台被中共河北省委、河北省人民政府表彰为"7·19"抗洪抢险救灾工作先进集体。

2017年

2017年1月10日 唐山市气象局被中国气象局授予2016年全国重大气象服务先进集体。

2017年3月 河北省气象局妇委会被河北省直属机关妇女工作委员会授予2015—2016年度省直先进妇委会。

2018年5月 武安市气象局被河北省总工会授予"2017年河北省工人先锋号"荣誉称号。

同 月 保定市气象服务中心和石家庄市气象局人事处被河北省妇女联合会命名为"河北省巾帼文明岗"荣誉称号。

同 月 武安市气象局被中华全国妇女联合会命名为"全国巾帼文明岗"荣誉称号。

2017年8月31日 河北省文明委公布了2016年度河北省"省级文明单位"命名表彰和保留荣誉称号单位名单，全省气象部门44个单位榜上有名。其中新命名表彰14个，分别是河北省气象局（机关）、保定市气象台、河间市气象局、黄骅市气象局、青县气象局、孟村回族自治县气象局、海兴县气象局、衡水市冀州区气象局、安平县气象局、邢台市气象局、临城县气象局、邯郸市气象局、武安市气象局、定州市气象局；保留荣誉称号30个，分别是河北省气象台、河北省气象服务中心、石家庄市气象局、平山县气象局、承德市气象局、张家口市气象局、蔚县气象局、秦皇岛市气象局、卢龙县气象站、唐山市气象局、唐山市丰润区气象台、廊坊市气象局、三河市气象局、永清县气象局、涿州市气象局、易县气象局、泊头市气象局、肃宁县气象局、献县气象局、吴桥县气象局、东光县气象局、南皮县气象局、衡水市气象局、枣强县气象局、武邑县气象局、饶阳县气象局、内丘县气象局、巨鹿县气象局、宁晋县气象局、清河县气象局。

2017年12月 河北省气象局被河北省直属机关工会工作委员会授予2016—2017年度先进厅（局）直属机关工会。

2018年

2018年1月14日 秦皇岛市气象局被中国气象局评为2017年全国重大气象服务先进集体。

2018年3月 河北省环境气象中心环境气象职工创新工作室被河北省总工会命名为"河北省五一巾帼标兵岗"和河北省"工人先锋号"荣誉称号。

2018年4月28日 河北省气象服务中心交通气象职工创新工作室被河北省总工会授予河北省"工人先锋号"荣誉称号。

同 月 河北省环境气象中心环境气象职工创新工作室被中华全国总工会命名为"工人先锋号"荣誉称号。

2018年6月 河北冀云气象技术服务有限责任公司工会、河北气象服务中心交通气象职工创新工作室分别荣获"全国农林水利气象系统模范职工小家"荣誉称号。

2018年7月 河北省气象局被中国气象局授予2018年气象科技活动周"优秀组织奖"。

2018年12月27日 河北省气象灾害防御中心被中国气象局评为2015年全国重大气象服务先进集体。

同　月　河北省气象局被中国气象局办公室评为"中国气象局节能管理优秀单位"。

同　月　河北省气象灾害防御中心工会委员会、河北冀云气象技术服务有限责任公司气象影视职工创新工作室工会小组被河北省总工会评委"河北省模范职工小家"称号。

同　年　河北省气象局被河北省直属机关工会工作委员会授予2018年河北省直机关乒乓球团体比赛优秀组织奖。

2019年

2019年2月　河北省气象局被国家机关事务管理局、国家发展改革委、财政部联合授予"节约型公共机构示范单位"称号。

同　月　河北省气象服务中心交通气象职工创新工作室被中华全国总工会命名为"全国五一巾帼标兵岗"称号。

2019年3月　中华全国妇女联合会发文表彰河北省气象科学研究所的农业气象职工创新工作室荣获"全国巾帼文明岗"称号；河北省气候中心的暴雨洪涝风险评估职工创新工作室荣获"全国巾帼建功先进集体"称号。

同　月　河北省环境气象中心环境气象创新工作室和内丘县气象台环境气象创新工作室被河北省总工会、河北省科学技术厅命名为第五批"河北省劳模和工匠人才创新工作室"。

同　月　河北省气象科学研究所的农业气象职工创新工作室被中华全国妇女联合命名为"巾帼文明岗"称号。

2019年10月1日　河北省气象局获中华人民共和国成立70周年北京市庆祝活动领导小组阅兵服务保障指挥部颁发的荣誉证书，以表彰在庆祝中华人民共和国成立70周年阅兵服务保障工作中成绩卓著、贡献突出。

2019年11月　河北省气象局被中国气象局评为：2019年全国气象科普宣传观摩交流活动"团体优先奖"。

附录12

河北省气象部门获得省部级以上科研成果统计

序号	成果名称	完成单位	完成人	颁奖机构 获奖类型及等级	获奖时间
1	农田林网防御小麦干热风的调查分析	河北省深县气象站	张广智、王琮	河北省科技成果三等奖	1979
2	客观分型与暴雨的统计预报方法	河北省气象台	游景炎、陈维博、魏淑秋、朱元森、杨秀真	河北省科技成果四等奖	1979
3	河北省可能最大暴雨图集	河北省水文总站	河北省气象台参与	河北省科技成果四等奖	1979

续表

序号	成果名称	完成单位	完成人	颁奖机构 获奖类型及等级	获奖时间
4	唐革10号高粱选育	唐山市农业科学研究所高粱研究室	冯家瑞、游双兰、王德生、贺际春、刘素芝	河北省科技成果三等奖	1980
5	大气中的冰核与冰雪晶	河北省气象科研所	石安英、李小石、刘海月、段英	中央气象局科研成果三等奖	1981
6	北方小麦干热风气候分析和区划	河北省气象科研所	余优森、杨珍林、林美英、于玲、简慰民	中央气象局科研成果三等奖/国家气象局科技成果二等奖	1981/1987
7	北方暴雨预报方法及理论研究	吉林省气象局、河北省气象局等	谢义炳、丁士晟、游景炎、周晓平、雷雨顺	国家气象局科技成果二等奖	1982
8	遵化县农业气候资源调查和农业气候区划综合报告	唐山地区气象局	赵庆芬、王宝成、王德生、刘阔元、果继博	国家气象局科技成果三等奖	1982
9	冀杂1号高粱选育	唐山市农业科学研究所高粱研究室	贺俊先、冯家瑞、游双兰、王德生、贺际春	农牧渔业部技术改进一等奖	1983
10	气象用内标式玻璃液体温度表检定规程（JJG207-80）	河北省气象局	秦岭	国家气象局气象科学技术进步四等奖/国家计量科学技术进步四等奖	1984/1980
11	WT-1A卫星云图接收机功能开发与利用	河北省气象台	杨家治、王炳国	河北省科技进步三等奖	1985
12	北方暴雨预报方法及理论研究的推广应用	吉林省气象局、河北省气象局等	谢义炳、丁士晟、游景炎、周晓平、雷雨顺	国家科学技术进步二等奖	1985
13	冰雹预报方法研究	北京市气象局、河北省气象局等	苏福庆、游景炎、吴正华、李吉顺、陈乾	国家科学技术进步三等奖	1985
14	制定唐山市大气污染物排放标准的研究	河北省气象科研所	韩志成、刘海月、段英、韩承胤、石安英	河北省科技进步一等奖	1986
15	张家口地市农业气候资源图集	张家口市气象局	梁敬、杨宝玲、刘爱梅	河北省科技进步三等奖	1986

续表

序号	成果名称	完成单位	完成人	颁奖机构 获奖类型及等级	获奖时间
16	小麦干热风研究及其推广应用	陕西、河南、甘肃、山东、河北省气象局	杨珍林、余优森、张挺珠、于玲	国家气象局科技进步三等奖 国家科委科技进步三等奖	1986 1987
17	湿有效能量推广应用研究	国家气象局气象科学研究院天气气候所、陕西、湖南、广西、河北（省、自治区）气象局	吴宝俊、刘延英、张国材、王凤岐、蒋伯仁	国家气象局科技进步三等奖	1986
18	河北省板栗、核桃产量预报技术	河北省气象台	王同庆、尚久乐、田双振、王静勤、赵桂英	对外经济贸易部科技进步二等奖	1987
19	京津冀统一网络冬小麦遥感综合估产技术与方法的研究	北京、天津、河北气象科研所	刘国祥、张桂芝、肖淑招、孟宪钺、阎宜玲	北京市科技进步二等奖	1987
20	河北省暴雨预报方法的研究	河北省气象台	游景炎、赵亚民、马瑞隽、孙寿全、童仙娥等	河北省科技进步三等奖	1987
21	车贝雪夫多项式在天气分析和预报中的应用	中国科学院大气物理研究所、北京、河北、扬州气象台	周家斌、李黄、董晓敏、金一鸣、叶愈源	国家气象局科技进步三等奖	1987
22	日本北海道红小豆产量预报技术	河北省气象局、河北省粮油食品进出口公司	邢树本、李凤书、刘洪斌、刘月芬、王琨玲	对外经济贸易部科技进步一等奖	1987
23	河北省板栗、核桃产量预报技术	河北省气象局、河北省粮油食品进出口公司等	王同庆、尚久乐、田双振、王静勤、赵桂英、郝荣庭、武锡勤、李书双、杨彦亭、朱志俭、邢树本	对外经济贸易部科技进步二等奖	1987
24	高粱优良恢复系"白平"选育与应用	唐山市农业科学研究所高粱研究室	冯家瑞、游双兰、王德生、贺际春、刘素芝	河北省科技进步三等奖	1987
25	气象科技扶贫	阜平县气象站、河北省气象咨询服务中心、平山县农业技术推广站		中国气象局气象科技扶贫三等奖	1987/1988

续表

序号	成果名称	完成单位	完成人	颁奖机构 获奖类型及等级	获奖时间
26	沧州金丝小枣产量预报技术（含IBM微机预报系统）	河北省气象局科教处	杨文桂、韩万录、邢树本、王清礼、田竹节	对外经济贸易部 科技进步 二等奖	1988
27	河北省农业气候资源调查及农业气候区划系列成果	河北省气候中心	尹祥林、程树林、苏剑勤、阎宜玲、郭康	河北省农业区划委员会 农业区划成果一等奖	1988
28	石家庄地区农业气候资源调查和农业气候区划	石家庄市气象局	刘金堂、赵希明、郑绍统、李庆海	河北省农业区划委员会 农业区划成果二等奖	1988
29	沧州地、市农业气候资源调查和区划	沧州市气象局	张玉相、张立波、陈德勋、刘金衡	河北省农业区划委员会 农业区划成果三等奖	1988
30	黄渤海区海陆风对比试验成果	辽宁、山东、天津、河北气象局、中央气象台	万宝林、陈尚名、郭大敏、丁合盛、王永祥	国家气象局 科技进步 三等奖	1988
31	北方暴雨短期短时业务预报方法研究	河北省气象台	游景炎、席国耀、陆一强、孙淑清、吴正华	国家气象局 科技进步四等奖	1988
32	杏扁研究	河北省气象局扶贫办公室	杏扁科技扶贫技术小组	中国气象局 气象科技扶贫 三等奖	1988/1989
33	河北省海岸带资源综合调查	河北省海洋局、农业厅、水利厅、水产局、测绘局、气象局等17个单位	徐绍斌、胡国松、戴荣法、刘廉、丁兆山、丁鼎治、苏剑勤、曹盈昌、胡镜荣、王清廉、苗育林、徐家声、傅谦、吉义林、尹铭盘、邱文祥、肖乾太、赵振兴	河北省科技进步 一等奖	1989
34	711天气雷达更新改进技术	河北省气象局物资处	马保安、李国粹、徐福金、张军、董献义	河北省科技进步 四等奖	1990
35	海河流域旱涝、冷暖史料分析	河北省气象台	汤仲鑫、赖叔彦、王琨玲、李敬芬、池俊成	中国气象局 科技进步 四等奖	1990
36	综合统计报表数据处理系统	国家气象局计财司、河北省气象局	王新城、刘建文、戴萍	中国气象局 科技进步 四等奖	1990
37	雹雨分测自计	河北省气科所、张家口地区气象局	石安英、梁敬、韩承胤、樊惠新、胡德玉	河北省科技进步 三等奖	1990

续表

序号	成果名称	完成单位	完成人	颁奖机构 获奖类型及等级	获奖时间
38	河北板栗品质气候与品质预报的研究	河北省食品进出口公司、河北省气象局科教处等	邢树本、王静勤、樊志和、宋武德、尚久乐、王占武、王树英、邢群	对外经济贸易部 科技进步 二等奖	1990
39	沧州金丝小枣品质气候与品质预报的研究	河北省食品进出口公司、河北省气象局科教处等	邢树本、韩万禄、樊志和、池俊成、周人纲、王丹、杜青文、张伍龙	对外经济贸易部 科技进步 二等奖	1990
40	梨黑星病预报方法研究及防治	河北省昌黎果树所、河北省气科所、河北省食品进出口公司	彭福媛、方利英、赵志芬、刘薇、赵春雷、尹文通、王西平、闫乃庚	对外经济贸易部 科技进步 三等奖	1990
41	北方冬小麦气象卫星动态监测及评估系统	中国气科院、国家气象局卫星中心、北京农林科学院、河北省气象局等13个单位	李郁竹、肖乾广、刘国祥、阎宜玲、孟宪钺、史定珊、汤志成、刘笃慧、王稳成	中国气象局 科技进步 二等奖 国家科技进步 二等奖	1990/1991
42	河北省四种主要作物气候年景展望产量气象预报及应用研究	河北省气科所	王清礼、池俊成、田竹节、孔敏、李维平	河北省科技进步 三等奖	1991
43	旱地自然降水生产潜力研究	河北省气科所	于玲、林艳、张年生	中国气象局 科技进步 四等奖	1991
44	省级天气预报实时资料处理系统	河北省气象台	杨家治、刘增基、艾维申、刘福盈、林红	河北省科技进步 三等奖	1991
45	廊坊（天津）红小豆品质与气候条件关系的研究—兼论红小豆品质预报	廊坊市气象局、廊坊市粮油食品出口公司、河北省气象局科教处	刘玉存、李汉生、白瑞珊、张增福、李凤书、王荣和、齐宪明、王欣璞、邢树本	对外经济贸易部 科技进步 四等奖	1991

续表

序号	成果名称	完成单位	完成人	颁奖机构 获奖类型及等级	获奖时间
46	太行山核桃仁、燕山苦杏仁品质气候分析	河北省外经贸委科技办、河北省气象局科教处	邢树本、李书双、张伍龙、李晓芝、刘京敏、田大民、韩炜、魏国栋、邢群、张国恩、孙东兰、谷世泽	对外经济贸易部 科技进步 四等奖	1991
47	河北大宗名优特农副产品产量和品质预测新技术在外贸经营决策中应用的研究	河北省外经贸委科技办、河北省气象局科教处	邢树本、秦海禄、叶四和、许连栋、武锡勤、胡永辉、郭忠诚、张伍龙、田双振、董松林、李瑞奇、池俊成	对外经济贸易部 科技进步 一等奖	1991
48	提高中期天气预报准确率的研究	河北省气象台	胡欣、王同庆、李淑贞、史凤兰、兰长林	河北省科技进步 三等奖	1992
49	主要类型旱农地区农田水份状况及其调控技术研究	中国农业科学院农业气象研究所等9个单位（河北省气科所第6）	陈毓汾、李玉山、王立祥、韩仕锋、赵聚宝、习耀国、于玲、徐祝龄、王邦锡、巫新民、汪德水、庄季屏、蒋骏、周白、梅旭荣	农业部 科技进步 二等奖	1992
50	省级气象科技管理及决策系统	河北省气象局科教处	杨秀真、刘增基、王欣璞、刘建文、卜国清	中国气象局 科技进步 四等奖	1992
51	汉字电报通信终端机软件系统	河北省气象台	张月山、孟庆恩、王炳国、杨士江、赵刚	中国气象局 科技进步 四等奖	1992
52	经贸科技成果转化机制研究	河北省外经贸委科技办、河北省气象局科教处	秦海禄、邢树本、郭忠诚、张伍龙、彭子杰、刘品华、杜元生、徐晖、田双振、吴景成、董松林、贾喜来	对外经济贸易部 科技进步 二等奖	1992
53	短期预报业务系统的推广应用研究	河北省气象局业务处、沧州地区气象局	梁凤森、韩根夫、秦庚、藏建升、董智敏	中国气象局 科技进步 三等奖	1993
54	沧州地区预报服务业务系统	沧州地区气象局	秦庚、董智敏、李树森、周连科、刘金恒	河北省科技进步 三等奖	1993
55	不稳定能量与湿有效能量在暴雨预报中的应用	河北省气象台、河北气象学校	尤凤春、李任承、魏文秀、徐志青、娄芳	河北省科技进步 四等奖	1993

续表

序号	成果名称	完成单位	完成人	颁奖机构 获奖类型及等级	获奖时间
56	日本北海道红小豆产量预报技术推广	河北省粮油进出口公司、河北省气象局科教处	刘洪斌、邢树本、吴景成、刘月芬、王涛、马洪才、杨庚申、孙义考、马洪江、王秀兰	河北省科技进步四等奖	1993
57	引种美国PINTO BENS芸豆适应性的外界环境评价研究	河北省粮油进出口公司	牛智魁、邢树本、王黎生、任维权、李云川、邹力、杜生元、尤凤春	对外经济贸易部科技进步三等奖	1993
58	修订气象温度表检定规程的研究	河北省气象局技术装备处	秦岭、鲍正梁、张文杰、刘嘉义	河北省科技进步三等奖	1993
59	干薯、柿饼晾晒期晴天日数和天气过程预报技术研究	河北省食品进出口公司	杨凤芝、王琨玲、孙建国、魏国栋、孙海群、边会光、赵志斌、王树英、池俊成、邢树本	对外经济贸易部科技进步三等奖	1993
60	冀西北山间盆地"三七"弹防雹效果检验	河北省气科所、张家口地区气象局	石安英、梁敬、樊慧新、胡德玉、孙玉稳	河北省科技进步四等奖	1994
61	数值预报产品动力释用方法的研究	河北省气象台	杜青文、刘连池、李运宗、郭树军	中国气象局科技进步三等奖	1994
62	长期预报系统的研究	河北省气象台	池俊成、史印山、王琨玲、赖叔彦、王新颖	河北省科技进步四等奖	1994
63	华北地区小麦优化灌溉技术推广	中国气象科学研究院、河北、河南、山东省气象局	安顺清、朱自玺、俞文龙、阎宜玲、杨秀真、吴乃元、赵国强、刘庚山、安保政	中国气象局科技进步二等奖	1994
64	小麦优化灌溉技术推广	河北省气科所	阎宜玲、杨秀真、安保政、史美胡、林艳、秦庚、王志军、宋永芳、董智敏、赵春雷	河北省科技进步三等奖	1994
65	全国三大棉区棉花产量和品质预报技术研究	河北省纺织品进出口公司	张振华、王清礼、张宇、李玉圈、王健林、盛本成、毛翠辉、齐文明、张五龙、田福生	对外经济贸易部科技进步二等奖	1994
66	北方部分地区土壤湿度遥感监测	河北省气候资料室	张文宗、阎宜玲、王晓云、李惠、王颖	中国气象局科技进步四等奖	1994
67	引进小麦早熟品种气候适应性研究	衡水地区气象局	李俊玲	中国气象局气象科技扶贫兴农三等奖	1994/1995

续表

序号	成果名称	完成单位	完成人	颁奖机构获奖类型及等级	获奖时间
68	水银气压表等四种仪器检定不确定度研究	河北省气象技术装备中心	秦岭、武春爱、杨保东、杜东明、习晓萍	中国气象局科技进步四等奖	1995
69	秦皇岛海上风的分析和预报	秦皇岛市气象局	马安民、杨喜魁、蔡政、王德森、宁秀凤	中国气象局科技进步四等奖	1995
70	利用气象卫星遥感技术建立玉米等作物产量综合预报系统研究	河北省气科所	林艳、齐作辉、王清礼、赵春雷、王西平	河北省科技进步三等奖	1995
71	利用 NOAA 卫星遥感技术综合监测河北省棉花产量和品质研究	河北省纺织品进出口公司	张振华、王清礼、张秀海、李啸泊、刘永辉、马庆保、杨秀真、邢树本、王国全、齐作辉	对外经济贸易部科技进步三等奖	1995
72	科研管理信息系统	河北省气象局科技规划处、湖北省气科所	杨秀真、刘桂枝、王欣璞、王国全、王志斌	河北省科技进步三等奖	1995
73	雹雨分测自动记录仪	河北省人工影响天气办公室	石安英、张炳信、孙玉稳、张胜昔、石立新	中国气象局科技进步四等奖	1995
74	河北省人工增雨的气象条件与作业技术研究	河北省人工影响天气办公室	游景炎、段英、游来光、钱春生、刘海月、吴志会、石立新、刘增基、郭金平	河北省科技进步一等奖	1995
75	河北省气象通信业务系统	河北省气象台	戴维士、郭树军、安文献、徐宝新、杨海龙	中国气象局科技进步三等奖	1996
76	海河低平原旱区气候资源优化利用冬小麦栽培管理决策系统	河北省气象科学研究所	李红梅、王西平、李志宏、齐作辉、林艳	中国气象局科技进步三等奖	1996
77	电解水制氢操作规程的研究	河北省气象技术装备中心	秦岭、张景云	河北省科技进步三等奖	1996
78	太行山燕山气候考察研究	河北省气候中心	程树林、郭迎春等	农业部农业资源区划科学技术成果三等奖	1996
79	省级气象信息技术服务系统开发与管理	河北省气象局	杨秀真、孙桂顺、顾光芹、安文献、齐文明	中国气象局科技进步三等奖	1997

续表

序号	成果名称	完成单位	完成人	颁奖机构 获奖类型及等级	获奖时间
80	蔚县南山贫困区绒山羊、莜麦、马铃薯等优良品种引进的气候条件分析及推广应用	张家口市气象局		中国气象局 科技扶贫 二等奖	1996/1997
81	温棚 CO_2 气肥开发和施肥技术的推广	邢台市气象局		中国气象局 科技扶贫 三等奖	1996/1997
82	河北省农业气象灾害指标体系及保险费率研究	河北省人民保险公司、河北师范大学、河北省气候中心	刘濂、郭迎春（3）等	河北省科技进步 三等奖	1997
83	《地（市）县气象信息技术服务系统》	保定市气象局	徐志清	省科委 三等奖	1997
84	利用微波遥感方法探测降水系统云水分布规律的研究	河北省人工影响天气办公室	吴波、段英、游来光、吴志会、孙玉稳、石立新、郭金苹、田利庆、刘海月、杨文霞等	河北省科技进步 三等奖	1997
85	棉花产量预报技术研究	河北省气象科研所	张文宗	国家外经贸部 科技进步三等奖	1997
86	河北省农业气象情报预报服务系统	河北省气象科研所	李春强、姚树然、杨彬云	河北省科技进步 三等奖	1997
87	应用T106数值预报产品做基本要素预报方法研究	河北省气象局	张守保、杜青文、张迎新、史凤兰、康锡言	中国气象局 科技进步 三等奖	1998
88	晋冀蒙老区第一期气象科技扶贫协作	晋冀蒙老区气象科技扶贫协作领导小组		中国气象局 科技扶贫 特别奖	1998/1999
89	水稻、暖棚蔬菜连作气象技术应用	承德市气象局	课题组	中国气象局 科技扶贫 三等奖	1998/1999
90	棉铃虫灾害的气象监测和预报服务系统研究	河北省气象科研所	于玲、王西平、李红梅、杨彬云、相云	中国气象局 科技进步 三等奖	1999
91	河北省飞机人工增雨作业决策指挥技术系统	河北省人工影响天气办公室	李云川、段英、石立新、张杏敏、王福霞	中国气象局 科技进步 三等奖	1999

续表

序号	成果名称	完成单位	完成人	颁奖机构 获奖类型及等级	获奖时间
92	河北省气象局内部网（Intranet）	河北省气象科技产业开发中心	郭树军、徐宝新、杨海龙、安文献、李兴文	中国气象局 科技进步 三等奖	1999
93	晋冀蒙半干旱农牧区三项农业气象技术试验研究	河北省气象科研所	林艳、李艳旗	河北省科技进步 三等奖	2000
94	应用气象适用技术推广	邯郸市气象局		中国气象局 科技扶贫 三等奖	2000/2001
95	石家庄市空气污染预报系统研究	河北省气象科研所	范引琪、韩志成	河北省科技进步 三等奖	2002
96	"96·8"特大暴雨分析研究	河北省气象台	胡欣、张迎新、尤凤春等	河北省科技进步 三等奖	2002
97	人工防雹与农业减灾的研究	河北省人工影响天气办公室	段英、刘海月、许焕斌、韩根夫、李云川、赵亚民、张杏敏、吴志会、刘静波、田利庆、杨文霞、石立新、赵利品	河北省科技进步 二等奖	2002
98	河北省山区农业气候资源综合开发利用推广	河北省气象科学研究所、河北省气候中心		中国气象局 科技扶贫 二等奖	2002/2003
99	水稻北移气象条件的分析引种	承德市气象局	课题组	中国气象局 科技扶贫 三等奖	2002/2003
100	人工防雹与农业减灾的研究	河北省人工影响天气办公室	段英、刘海月、许焕斌、韩根夫、李云川、赵亚民、张杏敏、吴志会、刘静波、田利庆、杨文霞、石立新、赵利品	中国气象局 科研开发 二等奖	2003
101	河北省干旱监测预测及减灾对策研究	河北省气象台	臧建升、池俊成、史印山等	河北省科技进步 三等奖	2003
102	低温寡照对日光温室果菜生产的影响及其省气象服务系统的建立	河北省气象科研所	魏瑞江、姚树然、李春强	河北省科技进步 三等奖	2004
103	河北省气象科技扶贫	河北省气象局预测科技处		中国气象局 科技扶贫 一等奖	2004/2005

续表

序号	成果名称	完成单位	完成人	颁奖机构 获奖类型及等级	获奖时间
104	人工影响天气综合管理信息系统开发与推广	河北省人工影响天气办公室、河北省生态环境监测实验室	段英、吴志会、赵利品、张杏敏、孟旭、石立新、孙玉稳、金星、陈志宇等	中国气象局 气象科技成果应用二等奖	2005
105	太行山区农业气候资源开发应用研究	河北省气象科研所	安保政、杨彬云、张文宗、康西言、魏瑞江、高建华	河北省科技进步二等奖	2005
106	农业气候区划气象科技扶贫	河北省气象科研所	张文宗、李春强、赵春雷、杨彬云、王云秀、康西言、魏瑞、姚树然、邢文发、赵超	中国气象局 科技扶贫 二等奖	2005
107	沙尘灾害天气监测预报技术研究	河北省气象台	臧建升、尤凤春、李春强等	河北省科技进步三等奖	2005
108	河北省冬季光温因子分析及温室蔬菜安全生产	河北省农科院	魏瑞江	河北省科技进步三等奖	2005
109	河北省蝗虫灾害气象监测预测方法研究	河北省气象科研所	姚树然、张文宗、李春强、魏瑞江、王云秀	河北省科技进步三等奖	2006
110	农业气象灾害综合应变防御技术成果转化	中国气科院	李春强	中国气象局 成果应用 二等奖	2006
111	河北省沿海风暴潮预报技术研究	沧州市气象局	王月宾、周连科、吴明月、边清河、居丽玲、郭丽霞、王世彬	河北省科技进步二等奖	2007
112	火箭人工增雨的作业条件与关键技术研究	河北省人工影响天气办公室	段英、刘海月、杨保东、许焕斌、靳瑞军、张蔷、连志鸾、吴志会、秦长学、孟辉	河北省科技进步三等奖	2007
113	新一代EOS/MODIS生态环境监测应用系统	河北省气象科研所	张文宗、王云秀、赵春雷、杨彬云、魏瑞江、吴国明、李二杰	河北省科技进步二等奖	2007
114	河北省近50年气候变化及其影响研究	河北省气候中心	安保政、阮新、刘学锋、安月改、邵爱军	河北省科技进步三等奖	2007
115	河北省多模式中尺度集合数值天气预报系统	河北省气象台	张迎新、侯瑞钦、张守保、王福侠、张彦宾、孔繁超、王宗敏、王新龙、赵玉广、李江波、王宏	河北省科技进步二等奖	2008
116	河北省粮棉气候条件监测评估技术	河北省气象科学研究所	魏瑞江、张文宗、李春强、姚树然、李二杰、康西言、代立芹、董占强	河北省科技进步三等奖	2008

续表

序号	成果名称	完成单位	完成人	颁奖机构 获奖类型及等级	获奖时间
117	市级新一代人工影响天气作业指挥系统研发与应用	河北省人工影响天气办公室	李云川、张文宗、赵利品、连志鸾、郭金平、张杏敏、石立新、姜岩	河北省科技进步三等奖	2008
118	电力负荷预测与精细预报气象服务技术研究	河北省气象科技服务中心	付桂琴、李运宗、刘建文、周须文、王宗敏、武辉芹、张金满、曲晓黎、时青格、张彦恒	河北省科技进步三等奖	2009
119	城市气象灾害短时预报系统	唐山市气象局	郭丽霞、王月宾、张婉莹、宿海良、刘爽、张晓东、郑艳萍、赵景旺、高桂芹、花家嘉	河北省科技进步三等奖	2009
120	河北省气象灾害预警（应急）管理发布系统	河北省气象科技服务中心	刘建文、李运宗、马翠平、赵建明、杨荣芳、杨晓光、李飞、王贺、张月山、范楠	河北省科技进步三等奖	2010
121	环渤海飞蝗气象监测预警技术推广应用	河北省气象科学研究所	关福来、姚树然、李春强、刘淑梅、高建华、张书敏、赵春雷、李二杰、魏瑞江、代立芹	河北省科技进步三等奖	2010
122	河北平原大雾能见度与生消时间预报系统研发	河北省气象台	李江波、赵玉广、杨晓亮、田志广、侯瑞钦、孔凡超、何丽华、段宇辉、张延宾、孟凯	河北省科技进步三等奖	2010
123	日光温室低温寡照灾害监测预警评估技术	河北省气象科学研究所	魏瑞江、张晶、王鑫、康西言、杨永胜	河北省科技进步三等奖	2011
124	冬春季煤气中毒气象预警系统建设	河北省气象服务中心	付桂琴、张德山、刘建文、李运宗、武辉芹、刘燕、张彦恒、周须文、时青格	河北省科技进步三等奖	2011
125	河北省致灾暴雨预警方法研究	河北省气象台、石家庄市气象台	张守保、王福侠、裴宇杰、张迎新、王丽荣	河北省科技进步三等奖	2012
126	物候数据信息化及对气候变化的响应	石家庄市气象局	王春彦、郭彦波、陈静、智利辉、高祺	河北省科技进步三等奖	2012
127	气候变化对河北省粮食安全的影响	河北省气象局	关福来、安月改、郝立生、李春强、张晶	河北省科技进步三等奖	2012
128	河北省灾害性天气精细化临近分析预警系统	河北省气象台	张迎新、田利庆、李宗涛、于占江、张江涛、张南、张守保	河北省科技进步二等奖	2013
129	河北省重大气候事件发生规律及预测技术研究	河北省气候中心	史印山、顾光芹、郝立生、周须文、谷永利	河北省科技进步三等奖	2013

续表

序号	成果名称	完成单位	完成人	颁奖机构获奖类型及等级	获奖时间
130	河北省雷电监测预警预报与减灾对策研究	河北省防雷中心	吴孟恒、柴东红、崔海华、孟青、李贵玲	河北省科技进步三等奖	2014
131	京津冀森林火灾遥感监测与精细化火险等级预报预警推广应用	河北省气象科学研究所	赵春雷、付桂琴、吴国明、高建华、张金满	河北省科技进步三等奖	2014
132	华北暴雨发生发展特点及预报技术研究	河北省气象台、北京市气象台、天津市气象台、山西省气象台	张迎新、姚学祥、李江波、王宗敏、李宗涛、苗爱梅、王福侠	河北省科技进步二等奖	2015
133	交通气象灾害预报预警技术及智能化保障服务系统	河北省气象服务中心、河北省高速公路管理局指挥调度中心	马翠平、刘建文、付桂琴、曲晓黎、周须文	河北省科技进步三等奖	2015
134	健康气象及其预报技术研究	河北省气象局	牛静萍、罗斌、王宝鉴、付桂琴、谢静芳、朱卫浩	河北省科技进步二等奖	2016
135	山区果品种植区防雹减灾技术研究与示范	河北省人工影响天气办公室	孙玉稳、杨军、李宝东、吴志会、孙云	河北省科技进步三等奖	2016
136	环境气象与大气污染对心血管、呼吸系统的影响及其预报技术研究	河北省气象局	牛静萍、罗斌、张夏琨、崔世杰	河北省科技进步三等奖	2017
137	华北日光温室小气候资源高效利用技术研究	河北省气象科学研究所	魏瑞江、王鑫、乐章燕、高建华、范凤翠	河北省科技进步三等奖	2018
138	高影响天气风险预报预警技术及其在高速公路气象服务中的应用	河北省气象服务中心	曲晓黎、张娣、郭蕊、张金满、齐宇超	河北省科技进步三等奖	2018

附录 13

河北省气象局各级机构设置
（2019）

一、局机关

1	办公室	6	人事处
2	应急与减灾处	7	政策法规处
3	观测与网络处	8	党组纪检组
4	科技与预报处	9	机关党委办公室
5	计划财务处	10	离退休干部办公室

二、直属单位

1	河北省气象台	9	中国气象局气象干部培训学院河北分院
2	河北省气候中心	10	河北省气象行政技术服务中心
3	河北省气象灾害防御中心	11	河北省人工影响天气办公室
4	河北省气象信息中心	12	河北省气象局财务核算中心
5	河北省气象技术装备中心	13	河北省气象局后勤服务中心
6	河北省气象服务中心	14	河北省宇翔雷电灾害防御科技有限公司
7	河北省环境气象中心	15	河北省冀云气象技术服务有限责任公司
8	河北省气象科学研究所		

三、市气象局（河北雄安新区气象局、省直管县级市气象局）

1	石家庄市气象局	8	沧州市气象局
2	承德市气象局	9	衡水市气象局
3	张家口市气象局	10	邢台市气象局
4	秦皇岛市气象局	11	邯郸市气象局
5	唐山市气象局	12	河北雄安新区气象局
6	廊坊市气象局	13	定州市气象局
7	保定市气象局	14	辛集市气象局

四、县（市）气象局

	石家庄				
1	晋州市气象局	7	行唐县气象局	13	赞皇县气象局
2	新乐市气象局	8	灵寿县气象局	14	藁城区气象局
3	正定县气象局	9	平山县气象局	15	鹿泉区气象局
4	井陉县气象局	10	赵县气象局	16	栾城区气象局
5	无极县气象局	11	元氏县气象局		
6	深泽县气象局	12	高邑县气象局		

	承德				
1	承德县气象局	4	滦平县气象局	7	宽城满族自治县气象局
2	兴隆县气象局	5	隆化县气象局	8	围场满族蒙古族自治县气象局
3	平泉市气象局	6	丰宁满族自治县气象局		

	张家口				
1	宣化区气象局	6	蔚县气象局	11	涿鹿县气象局
2	张北县气象局	7	阳原县气象局	12	赤城县气象局
3	康保县气象局	8	怀安县气象局	13	崇礼区气象局
4	沽源县气象局	9	万全区气象局		
5	尚义县气象局	10	怀来县气象局		

	秦皇岛		
1	青龙满族自治县气象局	3	卢龙县气象局
2	昌黎县气象局	4	抚宁区气象局

	唐山				
1	曹妃甸工业区气象局	5	遵化市气象局	9	乐亭县气象局
2	曹妃甸区气象局	6	迁安市气象局	10	迁西县气象局
3	丰润区气象局	7	滦州市气象局	11	玉田县气象局
4	丰南区气象局	8	滦南县气象局		

	廊坊				
1	三河市气象局	4	永清县气象局	7	文安县气象局
2	香河县气象局	5	固安县气象局	8	大城县气象局
3	大厂回族自治县气象局	6	霸州市气象局		

	保定				
1	涿州市气象局	7	涞源县气象局	13	雄县气象局
2	安国市气象局	8	顺平县气象局	14	容城县气象局
3	高碑店市气象局	9	唐县气象局	15	曲阳县气象局

		保定			
4	满城区气象局	10	望都县气象局	16	阜平县气象局
5	易县气象局	11	高阳县气象局	17	蠡县气象局
6	徐水区气象局	12	安新县气象局		

		沧州			
1	渤海新区气象局	6	青县气象局	11	南皮县气象局
2	泊头市气象局	7	东光县气象局	12	吴桥县气象局
3	任丘市气象局	8	海兴县气象局	13	献县气象局
4	黄骅市气象局	9	盐山县气象局	14	孟村回族自治县气象局
5	河间市气象局	10	肃宁县气象局	15	沧县气象局

		衡水			
1	冀州区气象局	5	武强县气象局	9	景县气象局
2	深州市气象局	6	饶阳县气象局	10	阜城县气象局
3	枣强县气象局	7	安平县气象局		
4	武邑县气象局	8	故城县气象局		

		邢台			
1	沙河市气象局	7	南和县气象局	13	南宫市气象局
2	内丘县气象局	8	宁晋县气象局	14	威县气象局
3	临城县市气象局	9	巨鹿县气象局	15	临西县气象局
4	隆尧县气象局	10	平乡县气象局	16	清河县气象局
5	任县气象局	11	新河县气象局		
6	柏乡县气象局	12	广宗县气象局		

		邯郸			
1	成安县气象局	6	馆陶县气象局	11	曲周县气象局
2	磁县气象局	7	广平县气象局	12	涉县气象局
3	大名县气象局	8	鸡泽县气象局	13	武安市气象局
4	肥乡区气象局	9	临漳县气象局	14	魏县气象局
5	峰峰矿区气象局	10	邱县气象局	15	永年区气象局

附录14

河北气象工作中的第一

中国共产党政权下河北省境内第一个气象站——1948年12月，张家口第二次解放后张家口测候所改名为张家口气象站，成为中国共产党政权下张家口人民政府（河北省）的第一个气象站。

河北省气象台第一张天气图——东亚地面天气图（1953年3月1日08时）。

河北省气象台首任台长——朱玉峰（任职时间：1954年10月）。

河北省气象局第一任局长——李春光（任职时间：1955年9月—1964年4月）。

河北省第一个海洋气象台——1956年4月13日，天津海洋气象台正式向河北省气象局移交，更名为河北省气象局天津海洋气象台，确定天津海洋气象台为全省天气服务中心。

全省各人民广播电台和有线广播站建立"天气预报"广播节目——1956年6月1日开始每日定时广播天气预报。

《河北日报》第一次公开刊登天气预报——1956年9月1日《河北日报》第一版。

第一次派出流动气象台——1958年，河北省气象局第一次派出流动气象台随指挥渔轮出海，为海上渔业捕捞服务。

河北省气象台开始发布渤海海面的波浪预报、渤海解冻和封冻预报——1959年2月。

河北省气象学会在天津市成立——1959年5月11日。

河北省第一部《河北省军事气候志》——1978年编辑出版（河北省气象局参与编撰）。

河北省首届地面测报技术比赛——1979年3月23—26日在石家庄举办。

创出河北省气象部门第一个百班无错情——张力，东光县气象站，创建时间1979年。

全省气象部门第一个质量优秀测报员——樊淑英，怀来县气象站，获得日期1980年。

河北省气象部门第一位高级工程师——游景炎（1981年6月）。

河北省气象局首次选派乐亭县气象站肖新民、青龙满族自治县气象站马成来二同志赴西藏援助工作——1981年7月15日。

全省气象部门第一个开展专业有偿服务的台站——廊坊地区气象台，为石油管道局提供石油管道沿线气象服务（1982年）。

全省气象系统第一次开展"业务服务质量月"活动——1982年9月。

河北省气象局首次举办世界气象日纪念活动——1983年3月23日。

河北省气象局首次办理干部离休手续——原河北省气象局顾问张彪、副局长马鸣山、李志宣、张文秀离职休养（1983年9月）。

河北省气象局发文批准邢台地区气象台正式启用PC-1500计算机投入探空记录整理工作——1984年7月1日。

河北省气象局首次举办APPLE Ⅱ微机培训班——1985年4月16日，河北气象学校，学期25天。

河北省气象台首次接收气象传真图——1985年6月1日。

河北省气象台第一张自动填图仪天气图——东亚地面天气图（1985年8月9日20时）。

河北省气象局应用诺阿气象卫星预测小麦产量首次获得成功——1985年，预测精度达95%以上，时效提前两个多月。

河北省软科学项目《海河流域历代自然灾害史料》首次出版——1985年12月。

河北省气象局出国访问第一人——游景炎，1986年9月29日—10月11日，随中国气象考察团到日本考察访问。

河北省气象部门省—地微机转报系统全部开通并投入业务使用——1987年6月1日（取代了单边带收报）。

河北省气象部门第一位正高级工程师——游景炎（1987年）。

河北省气象局首次举办气象信息新闻发布会——1988年1月18日。

首次承办全国青少年气象夏令营——1988年7月24日，沧州。

河北省气象部门首届体育运动会——1988年8月22—25日，保定，河北省气象学校。

河北省气象局第一次参加省会科技周活动——1988年9月19日。

河北省气象局首次召开全省气象部门综合经营工作会议——1988年9月。

首次阵地大修测雨雷达——1988年10月12日，河北省气象局组织沧州、唐山、邯郸地区气象局技术人员对沧州711测雨雷达进行为期三个月的阵地大修，这项工作的开展在河北尚属首次。

河北省恢复人工影响天气工作以来空军增雨机组首次飞抵石家庄——1990年6月5日。

河北气象部门最早开通气象信息服务传输乡—村的县局——1992年1月13日，宁晋县气象局在刘路乡安装无线遥控广播站，解决了气象服务最后一公里的问题。

河北省首批省管优秀专家——1992年5月30日，游景炎同志被中共河北省委、河北省人民政府确定为河北省首批省管优秀专家。

高分辨同步卫星云图接收和资料处理系统投入河北省气象台业务使用——1992年6月28日。

河北省气象局第一批享受国务院政府特殊津贴专家——1992年9月，游景炎、尹祥林、马瑞隽。

省级气象部门第一高楼——河北省气象局713雷达资料业务楼于1992年10月9日竣工并交付使用。（建筑高度80.5米，天线高度90米）

第一个国家基准气候站挂牌运行——1993年1月1日，丰宁国家基准气候站。

河北电视台正式增播午间全省天气预报——1993年10月1日。

河北省气象局正式开通河北省气象台至河北省人民政府气象服务微机终端——1993年11月15日。

全省第一家开通"121"天气预报答询的县局——抚宁县气象局（1994年5月）。

政府系统地厅级领导来河北省气象局调研考察规模最大人数最多的一次——1994年6月30日、7月6日，河北省人民政府组织8个地市市长专员和省直30多个厅局领导分两批参观河北省气象局业务现代化建设。

气象主持人首次走上银屏——1994年8月1日，河北电视台电视天气预报节目开始由气象主持人主持播出。

河北省第一部关于气象工作的政府规章——《河北省实施〈中华人民共和国气象条例〉办法》，1995年12月11日发布实施，2001年11月1日废止。

首家气球庆典协作中心——1995年3月28日，邢台市气象局成立气球庆典协作中心。

第一家开展电视天气预报广告制作的县局——晋县气象局（1996年3月）。

河北省气象台天气预报语音合成及播发系统投入使用——1996年5月。

第一台天气预报答询机——1996年6月26日，由河北省气象科技产业开发中心研制的第一台天气预报答询机（样机）成功生产，6月30日，在唐山玉田县气象局投入使用。

河北省气象部门首次承担的河北省重中之重科研项目《河北省人工防雹与农业减灾的研究》被确定为河北省1996年12项科技攻关计划项目之一，总投资50万元——1996年7月1日。

河北省气象局首次设立青年气象科学基金——1996年7月。

河北省气候中心首次出版《河北气候》《京津冀气候图集》——1996年7月。

河北省人大常委会视察河北省气象工作规模最大、规格最高、人数最多的一次——1996年9月8日，河北省人大常委会主任吕传赞，副主任李永进、刘宗耀、宁全福、周欣、张建新，秘书长解玉琦带领人大常委会63名委员来河北省气象局视察工作。

河北省气象局举办全省首届农业气象观测技术比赛——1996年10月7—9日。

河北省气象灾害警报系统正式建成——1997年5月3日。

河北省气象局团委从1991—1997年连续七年被省直团工委评为先进团委——1997年。

全国第一个"9210"工程县级单收站在河北省气象局气象信息网络中心安装成功并投入业务使用——1998年7月10日。

全国首家气象服务用户"9210"单收站在承德潘家口水利枢纽管理局建成开通——1998年7月28日。

承德市局在全省开通首家"221"专业气象信息电话答询台——1998年7月。

河北省气象局在全国气象部门率先建成Internet网站——1998年8月。

全国首家"医疗气象预报自动答询系统"正式开通——1998年11月23日。

全国气象部门第一家通过电视台正式发布医疗气象预报和城市环境气象要素预报——1998年12月23日。

唐山市气象局研制成功具有天气预报和当前天气实况两种自动播放功能的"121"自动答询系统，该系统在国内尚属首创——1999年3月。

河北省气象局连续5年被中共河北省委、河北省人民政府评为"实绩突出单位"——1995—1999年度。

河北省气象部门被中国气象局和河北省精神文明建设委员会联合授予"文明系统"称号（气象部门全国第一）——2000年11月28日。

全省气象部门获得"质量优秀测报员"称号次数最多的——高英杰，乐亭县气象局，从2000—2011年共获得17次。

河北省气象局首次组织公开招录公务员面试工作——2001年3月12日。

河北省气象局首次开通移动通信"121"气象信息服务台——2001年7月18日。

河北省气象部门参加赴南极长城站越冬科学考察任务第一人——滦平县气象站李国辉。先后两次赴南极参加科考任务，分别是：第18次（2001年12月—2003年1月）、第21次（2004年10月—2006年3月）。

河北省第一个文明系统——全省气象部门146个单位，全部创建成为文明单位，成为河北省第一个文明系统，2002年2月。

国家卫星气象中心收到张北第一份CE318型太阳光度计观测资料，张北县气象局成为全国最先开展沙尘暴观测并传出第一份观测数据的气象观测站——2002年4月10日。

河北省第一部关于气象工作的地方性法规——《河北省实施<中华人民共和国气象法>办法》，2002年9月1日起实施。

河北省气象局完成28个自动气象站建设，成为全国大气监测自动化项目中成功上传自动站资料的第一省份——2002年12月21日。

河北省气象局建成集视频、音频、数据传输为一体全国省级气象部门电视天气预报会商系统——2002年。

河北省气象局政务信息网正式开通，标志着信息时代网上资源共享、网上办公时代的到来——2003年6月6日。

河北省气象局与河北省农林科学院签署局院合作协议（局校合作之开端）——2003年9月1日。

河北省第一部新一代天气雷达正式开始业务试运行（石家庄新乐）——2004年1月1日。

河北省气象部门首期气象基础知识培训班开班——2004年4月12日。

河北省气象台实施预警信号发布以来首次发布台风黄色预警信号——2005年8月7日 17时。

首期自动气象站技术培训班开班——2006年11月20日（河北省气象培训中心）。

河北省第一个海岛无人气象站——2006年12月26日，曹妃甸区域海岛无人气象观测站建成，数据成功上传河北省气象局中心站。

河北卫视频道早间气象《天气早报》有主持人节目顺利首播——2007年1月1日。

"12121"答询电话6号信箱——旅游信箱正式开通——2007年4月17日。

尤凤春同志入选中国气象局首批"百名首席预报员计划"人员名单——2007年5月。

"河北省生态环境监测重点实验室"通过专家验收——2007年12月21日。

河北省气象学会自1986年以来连续20年被河北省科协评为先进学会，宋歆方同志（1986—1995）、李建国同志（1996—2007）各连续10年被评为先进个人——2008年2月27日。

河北省第一个海洋气象浮标观测站——2009年9月12日，曹妃甸海洋气象浮标观测站正式投放使用。

河北省气象局首次荣获中国气象局综合考评"特别优秀单位"——2010年1月12日。

河北省气象部门取得"国际注册内部审计师"（CIA）资格证书第一人——王淑巧2010年3月。

沧州新一代天气雷达楼建筑高度达到100米，成为河北最高雷达楼——2010年8月30日。

河北省气象局与共青团河北省委联合召开首届"河北气象青年/集体五四奖章"表彰大会——2011年5月10日。

北斗测试校验场首家落户顺平县气象局——2012年4月1日。

河北省首家新型数字化火箭防雹增雨作业示范基地建成并投入使用（衡水深州穆村乡）——2012年4月19日。

河北省老科技工作者协会气象分会在河北省气象局正式成立并挂牌——2012年4月26日。

河北省人民政府办公厅印发《2012年省气象防灾减灾绩效管理试点工作方案》，气象防灾减灾绩效管理正式纳入全省各地市政府、各级部门日常工作——2012年5月11日。

河北省人民政府出资购买2架运12飞机用于人工增雨作业，河北省气象局与中航直升机有限责任公司购销合同签约仪式在石家庄举行——2012年6月12日。

河北省气象局首次配发印有"中国气象"徽标和"行政执法"字样的12辆长城气象行政执法越野车（保定）——2012年7月12日。

河北省机构编制委员会正式批复同意成立河北省气象灾害防御中心——2012年8月28日。

河北省气候中心史湘军博士申报的"设计气候模式中的冰晶核化参数化方案"获得国家自然基金委批准，列入2012年度国家自然基金委青年科学基金项目。这是河北省气象部门获得的首个牵头承担的国家青年科学基金专项课题——2012年8月。

河北省气象局首聘郭迎春、付桂琴、安月改三位同志为河北省气象局首席气象服务专家——2012

年12月1日。

河北省首家市级气象灾害防御中心得到承德市机构编制委员会的批复——2013年2月25日。

河北省第一部气象应急指挥车——河北省气象局购置应急指挥车并通过验收投入使用，2013年12月11日。

河北省县级气象部门第一部气象志——《阜平县气象志》2013年12月出版发行。

河北省首个在景区建设的气象科普馆——武安市气象科普馆于2014年3月22日向公众开放。

全国气象部门首家由省人民政府批准成立的环境气象正处级事业单位——河北省环境气象中心经河北省机构编制委员会于2014年4月23日批复设立，核定事业编制10名，经费形式为财政性资金基本保证。

河北气象部门第一个"爱心妈妈小屋"落成并投入使用——2017年11月15日。

河北省气象局首批首个职工创新工作室"暴雨洪涝风险评估职工创新工作室"揭牌成立——2017年11月17日。

《河北省气象灾害风险地图集》由科学出版社首次出版发行——2018年10月。

河北省气象部门建立的第一家院士工作站——2018年11月2日，秦皇岛市气象局院士工作站正式揭牌，聘请李泽椿、蒋兴伟、杨志峰三位中国工程院院士入住。

河北省气象局妇委会从1993—2018年连续26年（13届）当选省直先进妇委会——2019年3月。

附录15

省、市电视天气预报节目各阶段具体开播时间

部门	滚动字幕	广告画面	气象主持人
河北省气象台（银图）	1988年8月14日	1991年1月1日	1994年8月1日
石家庄市气象局	无	1995年6月1日	2004年10月1日
承德市气象局	无	1997年3月1日	2001年1月1日
张家口市气象局	1994年5月31日	1994年6月11日	2006年10月1日
秦皇岛市气象局	1989年	1994年8月2日	2006年10月1日
唐山市气象局	1990年	1992年	2006年1月26日
廊坊市气象局	无	1997年7月1日	2005年10月8日
保定市气象局	1989年5月	1994年1月	1994年5月11日
沧州市气象局	1989年1月	1990年1月1日	2012年6月1日
衡水市气象局	1998年	2003年	2010年10月1日
邢台市气象局	1995年8月23日	1995年8月23日	2012年1月1日
邯郸市气象局	1994年5月	1997年1月1日	2015年3月23日

附录16

全省气象部门开通政府服务终端、地-县微机终端时间

单位	政府服务终端	地—县微机终端（第一家）
河北省气象局	1993年11月15日	
石家庄市气象局	1995年8月	1993年9月24日（辛集）
承德市气象局	1995年	1996年8月
张家口市气象局	1995年1月	1997年7月7日
秦皇岛市气象局	1995年	1993年6月26日（昌黎）
唐山市气象局	1993年	1995年
廊坊市气象局	1995年8月	无
保定市气象局	1993年6月	1993年6月
沧州市气象局	1995年7月14日	
衡水市气象局	无	1996年6月18日
邢台市气象局	1994年11月22日	1994年11月22日
邯郸市气象局	1994年8月	1994年12月

附录17

"121"天气预报自动答询系统开通时间

单位	地市级	县级
河北省气象局		
石家庄市气象局	1996年	
承德市气象局	1992年6月30日	1993年2月1日
张家口市气象局	2004年8月15日	1995年10月
秦皇岛市气象局	1998年	1994年5月（抚宁）
唐山市气象局	1997年6月	1998年（迁西）
廊坊市气象局	1999年4月15日	
保定市气象局	1994年5月	1994年5月
沧州市气象局	1996年1月	1996年4月
衡水市气象局	1996年7月24日	1996年7月24日

续表

单位	地市级	县级
邢台市气象局	1997年6月24日	1996年2月1日
邯郸市气象局	1997年11月	1996年6月

附录 18

河北省气象部门各类业务比赛（竞赛）统计

全省填图比武竞赛

届别	举办时间	举办地点	获奖情况
第一届	1982年2月18日	石家庄	
第二届	1984年12月	石家庄	

全省地面气象测报技术比赛

届别	举办时间	举办地点	获奖情况
第一届	1979年3月23—26日	石家庄	承德、邢台、沧州分获团体前三名；杨凤英、宋书芒、钱宗良、王式辉、黄康明、张忠照、刘运星分获个人前七名
第二届	1983年10月21—25日	石家庄	唐山、秦皇岛联队获团体第一名，廊坊、邢台获团体二、三名；刘瑞璞、杨兰春、周文英分获个人前三名
第三届	1987年10月7—11日	秦皇岛	保定、沧州、邯郸分获团体前三名；田国辉、赵士明、李素芹、赵延斌、杨兰春、周文英分获个人总分前六名（同时获得"测报能手"荣誉证书）；邵兴海、田芳、孙秀换、樊武、郭叔华、冯树旺、李继良、李华蕊、王云秀、陈惠敏、刘兰锁、乞宏修等12人获得"测报能手"荣誉证书
第四届	1991年10月21—23日	保定	保定、唐山、秦皇岛分获团体前三名；李素芹、陈永红、李兰英、于志明、杨兰春、郭卫东分获个人前六名
第五届	1995年10月11—13日	涿州	承德、保定一队、保定二队和衡水分获团体前三名；李玉娥、李国辉、冉玉芳分获个人前三名
第六届	1999年11月18—19日	石家庄	保定、承德、唐山分获团体前三名；董学友、张会、李朝华、杨晓丽、袁素琴、张永兴个人总分前六名
第七届	2003年9月26—27日	石家庄	廊坊、沧州、衡水分获团体前三名；程晓晖、韩桂娥、曹丽华、闫利霞、秦云苗、张雷、崔万里、康文英、姜海生、薛玉敏、乞宏修、闫小春、王伟、杨建秋、赵平、孙秀环获得"河北省地面气象测报技术能手"

续表

届别	举办时间	举办地点	获奖情况
第八届	2006年10月28—29日	石家庄	唐山、沧州、保定分获团体前三名；杨国庆、石建丰、张雷、王伟、康文英、崔万里分获个人全能前六名

河北省气象行业职业技能竞赛（地面测报工种）

届别	举办时间	举办地点	获奖情况
第一届	2010年10月26—27日	保定	沧州、邢台、石家庄市气象局分获团体前三名。杨国庆、程晓辉、曹江、杨晓丽、许丽景、王书冰分获个人全能前六名；程晓辉获地面天气报告编发第一名，程晓辉获气象观测理论第一名，王书冰获计算机综合处理第一名
第二届	2012年9月19—20日	石家庄 正定	衡水、石家庄、沧州市气象局分获团体前三名。崔伟、许丽景、王书冰、张争、孙浩志、王立山分获个人全能前六名；张金凤获观测基础理论第一名；许丽景获计算机综合处理第一名；王立山获自动气象站技术保障第一名
第三届※	2014年9月26—27日	保定 河北分院	邢台、保定、邯郸市气象局分获团体前三名。刘安、李秀英、赵娜、荀唯伟、任春颖、罗晶获个人全能前六名；赵娜获综合业务基础理论第一名；梁翠丽获计算机综合处理第一名；荀唯伟获自动气象站技术保障第一名
第四届	2016年8月23—24日	保定 河北分院	邢台、石家庄、沧州市气象局分获团体前三名。罗晶、蔡飞、赵娜、孟丽红、荀唯伟、白洁分获个人全能前六名；蔡飞获综合业务基础理论第一名；罗晶获观测数据综合处理第一名；罗晶获自动气象站技术保障第一名
第五届	2018年8月29—30日	保定 河北分院	邢台、石家庄、唐山市气象局分获团体前三名。谷海停、吴萍萍、马东晓、白洁、梁翠丽、刘丹分获个人全能前六名；王丹获综合业务理论第一名；马东晓获观测数据处理第一名；谷海停获装备技术保障第一名

注：第三届河北省气象行业职业技能竞赛暨第一届河北省县级综合气象业务技能竞赛。

河北省短期天气预报基本功比赛

届别	举办时间	举办地点	获奖情况
第一届	1988年10月26—28日	廊坊	前8名分别是：扈成省（衡水）、徐国强（保定）、艾维申（省台）、高万全（保定）、金平（衡水）、尤凤春（省台）、陈小雷（邢台）、王月宾（唐山）

河北省气象行业职业技能竞赛（天气预报工种）
河北省气象局、河北省人力资源和社会保障厅、河北省总工会联合举办

届别	举办时间	举办地点	获奖情况
第一届	2010年11月21—25日	保定 河北分院	沧州、省台一队、唐山分获前三名；杨晓亮、李国翠、张婉莹分获个人前三名
第二届	2013年1月28—29日	保定 河北分院	省台、石家庄、唐山分获团体前三名；李宗涛、孙云、张南分获个人全能前三名
第三届	2015年6月2—5日	保定 河北分院	省台一、二队分获团体第一、二名，沧州获得第三名；张南、曹晓冲、张立霞分获个人全能前三名
第四届	2017年4月24—27日	保定 河北分院	省台一队、唐山、邢台市气象局分获团体前三名；曹晓冲、闫雪瑾、于雷分获个人全能前三名
第五届	2019年5月28—31日	保定 河北分院	省台一队、沧州、廊坊市气象局分获团体前三名；闫雪瑾、李芷霞、何璇分获个人全能前三名

农业气象观测技术比赛

届别	举办时间	举办地点	获奖情况
第一届	1996年10月7—9日	石家庄 正定	张家口、石家庄、邢台分获团体前三名；吴文海获个人全能一等奖，姚太强、赵斌获个人全能二等奖，郭淑静、耿世明、高桂芹获个人全能三等奖
第二届	2013年12月13日	石家庄 正定	廊坊、石家庄、沧州分获团体前三名；赵晓飞获个人全能一等奖，朱慧钦、刘思廷获个人全能二等奖，姚太强、李艳荣、史琳、刘安获个人全能三等奖
第三届（第一届特种气象观测技能竞赛）	2014年12月18—20日	石家庄 正定	石家庄、廊坊、唐山分获团体前三名；朱慧钦获个人全能一等奖，房志远、郭淑静获个人全能二等奖，杜爱娟、贾瑞花、赵晓飞获个人全能三等奖

气象装备保障技能竞赛

届别	举办时间	举办地点	获奖情况
第一届	2015年1月19—20日	河北 正定	衡水、石家庄、沧州分获团体前三名；崔伟、孟宪罗、蒋涛、罗晶、孟丽红、孙浩志分获个人全能前六名；孟宪罗、蒋涛、孙浩志分获基础理论前三名；崔伟、罗晶、孟宪罗分获现场维护维修前三名

续表

届别	举办时间	举办地点	获奖情况
第二届	2017年5月24—25日	天津	承德、唐山一队、沧州市分获前三名。吴萍萍获个人全能第一名，吴萍萍获基础理论第一名，吴萍萍获现场操作第一名
第三届	2019年11月18—20日	江苏 无锡	廊坊、唐山、衡水分获前三名。李丹阳获个人全能第一名，朱涛获基础理论第一名，李丹阳获现场操作第一名
第四届	2021年9月27—28日	保定 河北分院	承德、唐山、邢台分获前三名，承德获团体进步最快奖。楚甜获个人全能第一名，李安琪获国家级自动气象站操作第一名，孙萌萌获（常规）自动气象站操作第一名，贾硕获仪器设备现场校准（核查）第一名

信息网络保障技能竞赛

届别	举办时间	举办地点	获奖情况
第一届	2015年11月20日	石家庄	石家庄、邢台、河北分院分获团体一、二、三等奖。张进、庞谦、赵博、分获个人全能前三名；王晋生、张进、于海磊分获理论考试前三名；张进、庞谦、吴裴裴分获现场操作考试前三名

高空雷达业务技能竞赛

届别	举办时间	举办地点	获奖情况
第一届	2015年12月1—2日	新乐、邢台	牟凤军、傅超、薛学武分别荣获新一代天气雷达个人全能一、二、三等奖；刘立辉、程晓辉、贾秋兰分别荣获高空个人全能一、二、三等奖

公文与新闻写作业务技能竞赛

届别	举办时间	举办地点	获奖情况
第一届	2016年6月17—18日	保定河北分院	衡水、邢台、唐山市气象局分别荣获团体一、二、三等奖

河北省气象科普讲解大赛

届别	举办时间	举办地点	获奖情况
2019	2019年3月31日	石家庄	冀云张硕、衡水尹鹏飞、唐山杨慧玲一等奖；石家庄马思佳、秦皇岛张树伟、邯郸王浩宇二等奖；张家口郑婷、沧州谢浩、冀云耿高涵三等奖

附录 19

河北省气象部门在全国、华北区及全省各类业务比赛（竞赛）情况统计

全国地面气象测报技术比赛

届别	举办日期	举办地点	获奖情况
1	1980年5月上中旬	江西　南昌	表演赛、不设奖
2	1992年5月23—27日	四川　成都	团体第六名，于志明、郭卫东、李淑敏分别荣获个人11、12、16名

中国技能大赛——全国气象行业职业技能竞赛

届别	举办日期	举办地点	获奖情况
3	2007年1月13日（测报）	江苏　苏州	团体第二名；李厚发获得"地面气象观测"单项第一、个人全能第六名；杨国庆获个人全能第八名；张雷获个人全能第十六名、"地面气象报告编制"第四名
4	2009年3月18日（测报）	云南　昆明	团体第二名；杨国庆获"地面气象观测"单项第三名，计算机综合处理第二名，个人全能第二名；崔万里获"地面气象报告编制"第四名，个人全能第十三名；程晓辉获个人全能第十五名
5	2011年2月26—27日（测报）	海南　海口	团体第二名；曹江获得个人全能第三名、计算机综合处理第二名、气象基础理论第五名；程晓辉获得个人全能第十一名
6	2012年1月9日—11日（预报）	中国气象局	团体第五名；杨晓亮获得个人全能第十三名（三等奖）、熊险平第十五名（优秀奖）、花家嘉第十七名（优秀奖）；花家嘉获得现场问答单项三等奖
7	2013年1月8日（测报）	成都信息工程大学	团体第二名；杨晓丽获得个人全能第一名，张争获得个人全能第六名；杨晓丽获地面气象观测和计算机综合处理第一名
8	2014年1月15—17日（预报）	中国气象局	团体第二名；孙云获得个人全能第一名（一等奖），李宗涛、获得个人全能第九名（三等奖）、侯书勋获得个人全能第十四名（优秀奖）
9	2015年1月13—15日（县局综合）	成都信息工程大学	团体第九名；李秀英、史琳获个人全能优秀奖。史琳获自动站设备保障第四名
10	2016年1月13—15日（预报）	中国气象局	无名次
11	2016年11月28—30日（县局综合）	成都信息工程大学	团体第一名；孟丽红、郭义涛分获个人全能一、二等奖，罗晶获得个人全能优秀奖；孟丽红分获综合业务基础理论第一名和强对流天气监测预警与服务第五名；郭义涛分获观测数据综合处理第一名和县级综合业务基础理论第二名；罗晶获得观测数据综合处理第三名

续表

届别	举办日期	举办地点	获奖情况
12	2018年1月24—26日（预报）	中国气象局	团体第四名；理论知识和业务规范单项团体第二名；金晓青获得个人全能三等奖；曹晓冲获得个人全能优秀奖；张立霞获得理论知识和业务规范单项三等奖
13	2018年12月5日（县局综合）	成都信息工程大学	团体第一名；装备技术保障、监测预警服务和观测数据处理三个单项团体第一名；吴萍萍、王璐、罗晶分获得个人全能第一名、第三名和第五名。王璐、吴萍萍分获装备技术保障第一名、第二名及监测预警服务第一名、第五名，罗晶获得观测数据处理第一名

全国"观云识天"人机对抗大赛

届别	举办时间	举办地点	获奖情况
第一届	2019年9月5日—11月10日	河北雄安	邢台杨晓丽获人工识云赛道冠军、人机对抗优胜奖

全国科普讲解大赛（中国科技部）

届别	举办时间	举办地点	获奖情况
2015	2015年5月30日	广东广州	冀云 杨莹 二等奖
2017	2017年6月17日	广东广州	冀云 刘颖 三等奖
2018	2018年6月22日	广东广州	冀云 蒋书文 一等奖
2019	2019年6月21日	广东广州	唐山 杨慧玲 二等奖

全国气象科普讲解大赛（中国气象局）

届别	举办时间	举办地点	获奖情况
2019	2018年4月20日	四川成都	衡水尹鹏飞二等奖、保定李梅隆、冀云张硕优秀奖

全国气象影视服务业务竞赛

届别	举办单位	举办日期	举办地点	获奖情况
第一届	中国气象局	1996年10月	北京	三等奖
第二届	中国气象局	1998年10月	北京	无
第三届	中国气象局	2000年10月	北京	无
第四届	中国气象局	2002年10月	北京	三等奖
第五届	中国气象局	2004年10月	北京	1.省级天气预报类节目三等奖 2.省级生活资讯类节目一等奖 3.团体一等奖
第六届	中国气象局	2006年10月	北京	1.省级天气预报类节目二等奖 2.省级生活资讯类节目二等奖 3.团体二等奖

续表

届别	举办单位	举办日期	举办地点	获奖情况
第七届	中国气象局	2009年10月	北京	1.省级天气预报类节目一等奖 2.省级生活资讯类节目一等奖 3.省级交通气象节目一等奖 4.省级农业气象节目一等奖 5.创意类天气预报节目二等奖 5.团体一等奖
第八届	中国气象局	2011年10月27—28日	北京	1.省级天气预报类节目第二名 2.地市级天气预报类节目第三名（河北石家庄代表队） 3.省级气象为农服务类节目第二名 4.中国气象频道省级插播类节目（第一名） 5.团体奖第一名
第九届	中国气象局	2013年10月24—25日	北京	1.省级专业气象服务类节目二等奖 2.省级气象为农服务类节目三等奖 3.团体奖二等奖
第十届	中国气象局	2015年10月29—30日	北京	1.省级天气预报类节目三等奖 2.省级气象为农服务类节目三等奖 3.省级交通气象节目一等奖 4.创意类节目二等奖 5.团体奖二等奖
第十一届	中国气象局	2017年10月20—21日	北京	1.气象服务节目第一名 2.天气预报创意节目第三名 3."全国气象行业技术能手"称号获得者（蒋书文） 4.团体奖第三名

从2011年起，中国气象局将以往气象影视观摩评比活动"升格"为全国气象影视服务业务竞赛，并将此作为中国气象局全国性专项业务竞赛，每两年举办一届。

全国智慧气象服务创新大赛

届别	举办单位	举办日期	举办地点	获奖情况	备注
第一届	中国气象局	2017年11月30日—12月1日	北京	1.专业气象服务优秀奖（面向高速交警的融入式交通气象服务） 2.气象服务系统平台类三等奖（环境气象智能评估系统）	全国气象服务创新大赛
第二届	中国气象局	2019年11月14—15日	北京	1.入围优胜奖（基于"泛在+智能"感知的多源气象灾情采集技术） 2.气象服务应用创新奖三等奖 3.气象影视服务业务竞赛预报类奖项一等奖 4.气象影视服务业务竞赛服务类奖项一等奖	

全国智能预报技术方法交流大赛

届别	举办时间	举办地点	获奖情况
第一届	2019年10月29日	北京	河北取得全国排名第三,荣获二等奖

华北区域气象行业(测报)职业技能竞赛

届别	举办时间	举办地点	获奖情况
第一届(总第一届)(地面气象测报)	2009年12月8—9日	天津 滨海新区	团体第一名;程晓辉、曹江、许丽景分获个人全能前三名
第二届(总第四届)(地面气象测报)	2012年11月13—16日	内蒙 呼和浩特	团体第一名;杨晓丽、张争、张莉、王书冰分获个人全能第一、二、五、七名
第三届(总第六届)(县级综合业务)	2014年11月18—20日	河北 保定	团体第一名;史琳、李秀英、孟丽红、罗晶、赵娜、孙晓杰分获个人全能前六名
第四届(总第八届)(县级综合业务)	2016年10月12—14日	山西 太原	团体第一名;郭义涛、罗晶、苟唯伟分获个人全能前三名

华北区域气象行业(预报)职业技能竞赛

届别	举办时间	举办地点	获奖情况
第一届(总第二届)(天气预报技能)	2009年12月9—11日	河北 保定	团体第二名;王宏、李国翠分获个人全能第三、第五名
第二届(总第三届)(重要天气预报)	2011年11月16—18日	山西 太原	团体第一名;花家嘉、熊险平、杨晓亮、李宗涛分获个人全能前四名
第三届(总第五届)(重要天气预报)	2013年10月28—31日	河北 保定	团体第一名;孙云、张南分获个人全能第一、三名
第四届(总第七届)(天气预报)	2015年11月4—6日	河北 保定	团体第一名;曹晓冲、张南分获个人全能第一、第二

京津冀职工职业技能大赛天气预报员决赛

届别	举办单位	举办日期	举办地点	获奖情况
第一届	河北省总工会	1996年12月15—17日	保定 河北分院	张立霞、金晓青、曹晓冲分获前三名

河北省科普讲解大赛(河北省科技厅)

届别	举办时间	举办地点	获奖情况
2015	2015年5月15日	河北石家庄	冀云 杨莹 一等奖
2017	2017年8月3日	河北石家庄	冀云 刘颖 一等奖
2018	2018年5月22日	河北石家庄	冀云 蒋书文 一等奖
2019	2019年4月22日	河北石家庄	唐山 杨慧玲 一等奖

附录20

河北省有关气象工作的地方法规、政府规章目录

一、地方法规

1.《河北省气象灾害防御条例》

（2013年5月30日河北省第十二届人民代表大会常务委员会第二次会议通过）

2.《河北省气候资源保护和开发利用条例》

（2016年7月29日河北省第十二届人民代表大会常务委员会第二十二次会议通过）

3.《河北省实施＜中华人民共和国气象法＞办法》

（2002年7月30日河北省第九届人民代表大会常务委员会第二十八次会议通过　根据2004年7月22日河北省第十届人民代表大会常务委员会第十次会议《关于第一批废止地方性法规中若干行政许可规定的决定》修正　根据2005年1月9日河北省第十届人民代表大会常务委员会第十三次会议《关于第二批废止地方性法规中若干行政许可规定的决定》第二次修正　根据2018年5月31日河北省第十三届人民代表大会常务委员会第三次会议《关于修改部分法规的决定》第三次修正）

二、政府规章

1.《河北省暴雨灾害防御办法》

（2012年8月1日河北省人民政府令〔2012〕第3号公布）

2.《河北省暴雪大风寒潮大雾高温灾害防御办法》

（2012年12月18日河北省人民政府令〔2012〕第11号公布）

3.《河北省防雷减灾管理办法》

（2007年9月30日河北省人民政府令〔2007〕第11号公布　2014年1月16日河北省人民政府令〔2014〕第2号修改　2017年12月31日河北省人民政府令〔2017〕第6号修改）

4.《河北省气象探测环境保护办法》

（1998年10月9日河北省人民政府令〔1998〕第15号公布　根据2002年9月24日河北省人民政府令〔2002〕第16号第一次修订　根据2007年4月22日河北省人民政府令〔2007〕第5号第二次修正）

5.《河北省人工影响天气管理规定》

（2010年12月25日河北省人民政府令〔2010〕第15号公布　2014年1月16日河北省人民政府令〔2014〕第2号修改　2017年12月31日河北省人民政府令〔2017〕第6号修改）

附录21

河北省气象局处级以上干部名录

（以汉语拼音首字排序、任职时间为最高或最后职务）

A

安保政	男	汉	1954.1—	河北乐亭	2000.4—2006.11	任河北省气象局党组书记、局长
安军力	男	汉	1969.5—	河北新乐	2019.6—	任石家庄市藁城区气象局三级调研员
安文献	男	汉	1969.4—	河北石家庄	2010.3—	任河北省气象局观测与网络处副处长
安志武	男	汉	1934.11—2016.7	河北清苑	1987.4—1994.11	任保定地区气象局调研员

B

包书琪	男	汉	1934.3—	河北清河	1978.3—1987.4	任河北省气象局资料室主任
鲍印清	男	汉	1954.1—	河北兴隆	2002.10—2014.1	任承德市气象局副调研员
暴建河	男	汉	1946.5—2015.2	河北威县	1994.1—	任河北省气象局行政处专职书记
毕仲武	男	汉	出生年月及籍贯不详		1965.1—1965.7	任邯郸专区气象局局长
边清河	男	汉	1968.9—	河北河间	2011.12—	任沧州市气象局党组成员、副局长
边文华	男	汉	1927.12—	河北任丘	1982.6—	任河北省气象局党组成员

C

蔡存耀	男	汉	1933.10—2015.5	河北滦县	1986.7—1988.8	任秦皇岛市气象局党组书记、局长
蔡守新	男	汉	1971.5—	河北承德	2017.8—	任邯郸市气象局党组书记、局长
曹力民	男	汉	出生年月及籍贯不详		1964.12—1969.6	任承德地区气象局副局长
曹丽华	女	满	1971.6—	河北丰宁	2016.7—	任承德市气象局党组成员、副局长
曹仁奇	男	汉	1954.6—	河南商丘	2005.2—2011.6	任河北省气象局监察审计处处长
曹桐凤	男	汉	出生年月及籍贯不详		1958.12—1960.12	任保定专员公署气象局局长
曹新斌	男	汉	1962.10—	河北滦南	唐山市丰润区气象局 2015.1—	职级并行副处级
柴全璋	男	汉	1934.11—	河北峰峰	1986.7—1988.10	任邯郸地区气象局副局长
常 庚	男	汉	1912.9—1980.12	河北新乐	1975.5—1980.3	任张家口地区行署气象局局长
常进军	男	汉	1957.5—	河北玉田	唐山市玉田县气象局 2015.1—2017.5	职级并行副处级
陈 峤	男	汉	1930.1—	河北丰润	1985.12—1990.6	任河北省气象局调研员
陈 杰	男	汉	1964.12—	河北故城	2002.10—	任邢台市气象局副局长
陈 艳	女	汉	1971.12—	河北乐亭	2019.10—	任唐山市气象局党组成员、三级调研员

陈宝江	男	汉	1962.3—	河北香河	2017.5—	廊坊市气象局二级调研员
陈道红	女	汉	1967.8—	安徽怀宁	2017.10—	任河北省气象局应急与减灾处调研员
陈桂荣	男	汉	1961.4—	河北枣强	1991.6—1993.7	任衡水地区气象局副局长
陈吉明	男	汉	1931.7—2018.12	江苏大丰	1983.12—1986.5	任石家庄地区气象局副局长
陈小雷	男	汉	1965.5—	河北任县	2013.1—	任河北省气象灾害防御中心主任
陈秀峰	男	汉	1975.10—	河北盐山	2011.12—	任河北省气象局人事处副处长
崔 杰	男	汉	1925.5—2006.2	河北清苑	1978.3—1983.11	任河北省气象科学研究所所长
崔 嵬	男	汉	1909.6—?	河北满城	1960.4—1964.1	任河北省气象局副局长
崔成和	男	汉	1955.3—	河北丰润	2009.4—2015.3	任唐山市气象局党组成员、副调研员
崔树欣	男	汉	1922.2—2015.11	河北清苑	1970.10—1983.12	任保定地区气象局副局长
崔向华	男	汉	1979.8—	河北饶阳	2017.8—	秦皇岛市气象局党组成员、纪检组长

D

戴维士	男	汉	1961.5—	福建福州	1996.5—2001.4	任河北省气象科技产业开发中心副主任
戴振东	男	汉	1958.8—2011.11	河北唐山	2011.9—2011.11	任唐山市气象局党组成员、纪检组长
刁增海	男	汉	1951.9—	河北深泽	2002.3—2011.9	任河北省防雷中心副主任
丁春华	男	汉	1950.5—	河北唐海	1987.7—1988.12	任承德地区气象局副局长
丁德刚	男	汉	1931.2—	吉林通化	1983.7—1985.7	任河北省气象局副局长
董国华	男	汉	1962.12—	河北赵县	2019.6—	任赵县气象局三级调研员
董何飞	男	汉	1963.10—	河北河间	2019.12—	任沧州市气象局四级调研员
董清林	男	汉	1931.7—2004.8	山东聊城	1984.7—	任河北省气象局党组成员
董树馨	男	汉	1931.2—	山东邹城	1985.11—1991.3	任河北省气象局调研员
董晓波	男	汉	1982.8—	河北柏乡	2018.10—	任河北省人工影响天气办公室副主任
董占强	男	汉	1973.3—	河北永年	2019.8—	任雄安新区气象局副局长
董智敏	男	汉	1963.8—	河北泊头	2011.9—	任沧州市气象局党组成员、纪检组长
杜春平	男	汉	1957.4—	河北滦南	唐山市滦南县气象局	2015.1—	职级并行副处级
杜海涛	男	汉	1971.11—	河北献县	2006.10—	任廊坊市气象局副局长
杜声越	男	汉	1931.9—1991.10	河北井陉	1984.8—1991.10	任河北省气象局业务管理处副处长
杜书川	男	汉	1956.9—2015.12	河北深泽	2008.6—2015.12	任河北省气象局后勤服务中心主任
段 英	男	汉	1953.11—	河北张北	1993.4—2008.4	任河北省人工影响天气办公室主任

F

范永祥	男	汉	1943.1—	河北唐山	1989.8—1993.4	任唐山市气象局党组书记、局长
范增禄	男	汉	1974.11—	河北灵寿	2019.11—	河北省气象局应急与减灾处副处长
房桂花	女	汉	1955.6—	山东聊城	1998.1—2010.6	任河北省气象局计财处助理调研员
封宇芳	男	汉	1921.6—2000.1	河北平山	1978.8—1980.9	任廊坊地区气象局党组副书记、

副局长

冯考京　男　汉　1961.5—　　　　河北井陉　2014.7—　　　任河北省气象局后勤服务中心主任

冯生臣　男　汉　1931.5—2002.12　河北束鹿　1983.7—1984.5　任河北省气象局党组书记、局长

冯永法　男　汉　1952.7—　　　　河北深泽　2000.7—2008.7　任河北省气象技术装备中心副主任

冯占福　男　汉　1939.4—2018.12　河北滦南　1993.4—1999.3　任河北省气象局离退休干部办公室主任

冯长均　男　汉　1940.2—2012.10　河北故城　1991.2—1996.5　任河北省气象局行政管理处处长

傅昺珊　女　汉　1967.4—　　　　河北正定　2006.5—2009.8　任河北省气象台副台长

G

高正新　男　汉　出生年月及籍贯不详　1956.8—?　任河北省气象局党组成员

宫全胜　男　汉　1952.2—　　　　天津市　　1996.4—1999.10　任唐山市气象局党组书记、局长

顾东彦　女　汉　1973.2—　　　　河北阜平　2017.4—　　　任保定市徐水区副处职级

顾光芹　女　汉　1963.3—　　　　河北河间　2009.5—　　　任河北省气候中心主任

关福来　男　汉　1964.11—　　　 河北三河　2005.3—2016.2　任河北省气象局党组成员、副局长

关彦华　男　汉　1961.6—　　　　河北平山　2010.11—　　　任河北省气象技术装备中心主任

郭春德　男　汉　1952.4—　　　　天津市　　2011.1—2012.3　任河北省气象局巡视员

郭福祥　男　汉　出生年月及籍贯不详　1962.6—1973.11　任保定专员公署气象局负责人

郭江宁　男　汉　1962.10　　　　 河北永年　2019.6—　　　任邯郸市永年区气象局四级调研员

郭丽丽　女　汉　1978.8—　　　　河北定州　2014.7—　　　任河北省气象灾害防御中心副主任

郭丽霞　女　汉　1971.2—　　　　河北唐山　2011.9—　　　任唐山市气象局党组成员、副局长

郭世荣　男　汉　1934.6—2004.11　河北故城　1987.4—　　　任河北省气象局机关党委专职副书记

郭树军　男　汉　1968.6—　　　　河北大名　2017.5—　　　任河北省气象局党组成员、副局长

郭彦波　男　汉　1962.3—　　　　河北深泽　2014.12—　　　任河北省气象局计财处副处长

郭艳岭　男　汉　1975.12—　　　 河北肃宁　2017.8—　　　任邢台市气象局党组书记、局长

郭长恩　男　汉　1946.4—2012.4　河北平山　1998.1—2006.4　任河北省气象局离退休干部办公室助理调研员

H

韩承胤　男　汉　出生年月不详　北京市　1984.8—1988.6　任河北气象科学研究所所长

韩力欣　男　汉　1965.2—　　　　河北安国　2015.1—　　　任保定市蠡县气象局副处职级

韩书亭　男　汉　1970.6—　　　　河北正定　2010.1—　　　任河北省气象局计财处副处长

韩玉奎　男　汉　1962.9—　　　　河北尚义　2019.6—　　　任张家口市沽源县气象局四级调研员

郝立生　男　汉　1966.10—　　　 河北霸州　2008.4—2014.8　任河北省气候中心副主任

郝雪明　男　汉　1976.1—　　　　河北阜城　2018.12—　　　任中国气象局气象干部培训学院河北分院（中国气象局党校河北分校、河北省信息工程学校）副院长、副校长

何　军　男　汉　1978.2—　　　　四川蓬溪　2015.6—　　　任河北省气象局政策法规处副处长

何玉铸	男	汉	1953.7—2004.12	河北唐山	2000.12—2004.12	任唐山市气象局党组书记、局长
和　亮	男	汉	1979.6—	河北万全	2013.7—	任承德市气象局党组成员、纪检组长
侯树林	男	汉	1964.1—	河北沽源	2019.6—	任张家口市沽源县气象局四级调研员
胡　欣	男	汉	1959.12—	江苏丰县	2002.4—2004.5	任河北省气象局党组成员
胡晓蓉	女	汉	1962.8—	四川成都	2010.5—	任河北省气象局直属机关工会委员会主任
胡艳玲	女	汉	1957.6—	河北昌黎	2002.10—2005.7	任唐山市气象局党组成员、副调研员
胡永辉	男	汉	1934.2—	福建同安	1984.8—1987.4	任河北省气象局科教处处长
扈　勇	男	汉	1982.10—	河南清丰	2019.9—	任邯郸市气象局党组成员、副局长
扈成省	男	汉	1963.8—	河北故城	2016.1—	任河北省气象局党组纪检组常务副组长
华惠康	男	汉	1955.6—	上海市	2000.12—2007.8	任承德市气象局党组成员、副局长
黄　鹤	男	蒙	1981.8—	河北唐县	2016.2—	任保定市气象局党组成员、副局长
黄　强	男	汉	1978.5—	河北沧州	2019.8—	任保定市容城县气象局副处职级
黄海兰	女	汉	1947.3—	河北滦南	1998.1—2001.12	任河北省气象局政策法规处助理调研员
黄雪英	女	汉	1972.10—	河北望都	2019.1—2019.7	任保定市唐县气象局副处职级

J

吉海明	男	汉	1926.5—	河北滦县	1979—1983.12	任保定地区气象局副局长
纪留祥	男	汉	1963.3—	河北故城	衡水市故城县气象局 2015.1— 任四级调研员
冀　深	男	汉	1926.12—2001.5	河北深县	1964.8—1983.3	任河北省气象局计财处副处长
贾保安	男	汉	1971.3—	河北乐亭	2011.12—	任唐山市气象局党组成员、副局长
贾贵陆	男	汉	1977.12—	河北三河	2016.7—	任廊坊市气象局党组成员、副局长
贾国庆	男	汉	1945.3—	河北阜平	1989.8—2001.3	任廊坊市气象局党组书记、局长
贾国瑞	男	汉	1926—	河北武强	1976.9—1978.8	任衡水地区革命委员会气象局局长
贾升堂	男	汉	1918.2—1983.6	河北井陉	1973.6—1983.6	任河北省气象局测报处处长
贾文忠	男	汉	1955.3—	河北青县	1996.4—2004.4	张家口市气象局党组书记、局长
贾永强	男	汉	1970.12—	河北晋州	2019.6—	任石家庄市晋州市气象局三级调研员
姜英华	男	汉	1926.1—2001.12	辽宁辽阳	1974.8—1976.1	任河北省气象局人工控制天气组副组长
焦　英	男	汉	1922.7—1996.12	河北鸡泽	1981.7—1984.7	任邯郸地区气象局局长
焦英峰	男	汉	1954.3—	河北巨鹿	1996.10—2004.12	任邢台市气象局党组书记
金继华	男	汉	1942.9—	河北正定	2002.11—2002.12	任张家口市气象局助理调研员
金连柱	男	汉	1921.1—2008.1	河北无极	1974.5—1981.8	任唐山地区气象局副局长
金志勇	男	回	1962.11—	河北大名	2019.6—	任邯郸市大名县气象局四级调研员
居丽玲	女	汉	1968.12—	河北昌黎	2016.12—	任秦皇岛市气象局党组书记、局长

K

康秀昌	男	汉	1948.8—	河北鸡泽	2003.5—2007.2	河北省气象局监测与网络处调研员

| 寇志刚 | 男 | 汉 | 1925.8—1977.11 | 河北阜城 | 1962.6—1969.9 | 任衡水专区气象局局长 |

L

兰会民	男	汉	1961.11—	河北无极	2019.6—	任石家庄市无极县气象局三级调研员
黎兴林	男	汉	1959.7—	北京延庆	2019.6—2019.7	任张家口市宣化区气象局四级调研员
李　才	男	汉	1945.11—	河北徐水	1988.10—2003.5	任保定市气象局党组书记、局长
李　秦	男	汉	1950.2—	山西泌源	2002.1—2010.2	任河北省气象局政策法规处助理调研员
李　崴	男	汉	1982.3—	河北唐山	2015.6—	任河北省气象局应急与减灾处副处长
李爱凤	女	汉	1968.8—	河北大城	2019.6—	任廊坊市大城县气象局局长、四级调研员
李宝东	男	汉	1962.6—	河北玉田	2009.11—	任河北省人工影响天气办公室主任
李宝香	男	汉	1945.3—	河北乐亭	1996.6—2003.1	任秦皇岛市气象局党组书记、局长
李成萱	女	汉	出生年月及籍贯不详		1970.1—1971.5	任河北省水文气象工作站领导小组成员
李春光	男	汉	1908—1979.1	河北遵化	1955.9—1964.4	任河北省气象局党委书记、局长
李春强	男	汉	1964.2—	山西芮城	2002.2—	任河北省气象科学研究所副所长
李根娥	女	汉	1966.1—	河北新河	2008.7—	任河北省气象科学研究所副所长兼河北省气象学会秘书长
李国庆	男	汉	出生年月及籍贯不详		1956.9—1958.11	任河北省气象局副局长
李海青	男	汉	1973.7—	河北涞源	2017.11—	任河北省气象行政技术服务中心主任
李红梅	女	汉	1965.5—2001.3	河北冀州	1996.10—2001.3	任河北省气象科学研究所副所长
李红艳	女	汉	1969.11—	甘肃甘谷	2012.1—	任河北省气象局办公室副主任
李厚发	男	汉	1978.1—	河北盐山	2018.10—	任观测网络处副处长
李建国	男	汉	1949.2—	河北栾城	1996.6—2008.11	任河北省气象局气象学会秘书长
李金池	男	汉	1930.7—2017.11	河北任丘	1984.1—1990.7	任沧州市气象局调研员
李金锁	男	汉	1962.12—	河北石家庄	2019.6	任石家庄市井陉县气象局四级调研员
李景锁	男	汉	1961.8—	河北卢龙	2014.8	任秦皇岛市气象局副调研员、三级调研员
李兰卿	女	汉	1930.10—2012.5	河北献县	1983.12—1984.6	任沧州地区气象局调研员
李立宪	男	汉	1954.10—	河北深泽	2008.4—2011.6	任河北省气象局机关党委党委专职副书记、党办主任
李茂生	男	汉	1956.9—	天津武清	2012.4—2016.9	任廊坊市气象局调研员
李朋泽	男	汉	1917.7—1987.10	北京密云	1979.2—1983.12	任张家口地区气象局副局长
李平阳	女	汉	1980.11—	河北饶阳	2017.6—	任衡水市气象局党组成员、纪检组长
李荣淑	女	汉	1967.7—	河北元氏	2019.6—	任石家庄市元氏县气象局三级调研员
李尚文	男		出生年月及籍贯不详		1976.7—1981.6	任承德地区气象局副局长
李少克	男	汉	1962.7—	河北平山	2002.2—	任河北省人工影响天气办公室副主任
李士杰	男	汉	1958.5—	河北饶阳	衡水市冀州区气象局	2015.1—2018.5 职级并行副处级
李士英	女	汉	1949.1—	天津市	1993.6—2004.1	任河北省气象局计财处处长
李书田	男	汉	1931.8—2020.8	河北固安	1984.3—1987.7	任廊坊地区气象局党组书记、局长

姓名	性别	民族	出生年月	籍贯	任职时间	职务
李淑荃	女	汉	1944.12—	河北丰润	1996.2—2000.1	任河北省气象局办公室调研员
李素花	女	汉	1952.8—	河北饶阳	1998.1—2007.8	任河北省气象局人事教育处助理调研员
李王锁	男	汉	1943.12—2019.6	河北武安	1984.7—1993.12	任邯郸地区气象局副局长
李维平	女	汉	1958.10—	山西左权	2011.9—2013.10	任河北省气象局人事处调研员
李向东	男	汉	1940.11—	河北宁晋	1996.5—2000.1	任河北省气象局办公室主任
李啸泊	男	回	1942.10—	河北河间	1996.2—2001.12	任河北省气象局党组纪检组副组长、监察室主任
李兴文	男	汉	1962.3—	河北青龙	2011.5—	任承德市气象局党组书记、局长
李学峰	男	汉	1964.12—	广东惠州	2019.9—	任承德市气象局四级调研员
李彦宗	男	汉	1946.9—	河北安平	1986.4—	任河北气象学校校长
李云强	男	满	1969.4—	河北围场	2016.2—	任保定市气象局党组书记、局长
李运宗	男	汉	1964.3—	河北高邑	2008.4—	任河北省气象局政策法规处副处长
李长林	男	汉	1947.4—	河北三河	2001.4—2007.4	任河北省气象局监察审计处处长
李振宽	男	汉	1954.7—	北京市	1996.10—1997.9	任保定市气象局副局长（挂职）
李正均	男	汉	出生年月不详	河北蠡县	1984.3—1988.6	任河北省气象局副局长
李志强	男	汉	1957.12—	河北新城	2004.5—2017.11	任河北省信息工程学校（中国气象局气象干部学院河北分院）校长、常务副院长
李志萱	女	汉	1923.11—2006.6	河北深县	1973.9—1983.9	任河北省气象局副局长
李志英	女	汉	1933.1—	山西沁源	1980.10—1988.1	任河北省气象局计财处副处级调研员
连志鸾	女	汉	1967.8—	河北平山	2014.7—	任河北省气象台台长
廉介之	男	汉	1924.11—2018.5	河北成安	任职时间不详	任石家庄专员公署气象局局长
梁敬	男	汉	1937.12—2012.5	河北阳原	1984.6—1997.12	任张家口市气象局副局长
梁钰	男	汉	1961.5—	河北晋州	2014.5—	任河北省气象局政策法规处处长
梁凤森	男	汉	1941.1—	河北大名	1996.5—2001.1	任河北省气象局业务发展处处长
梁建义	男	汉	1953.12—	河北邢台	1991.12—1996.9	任邢台地区气象局局长、邢台市气象局党组书记、局长
梁景惠	男	汉	1924.12—2003.6	山东聊城	1976.12—1983.12	任河北省气象局副局长、党组成员
梁万里	男	汉	1945.7—	北京大兴	2002.10—2005.7	任廊坊市气象局调研员
梁伟明	男	汉	1957.11—	河北景县	2007.7—2017.11	任衡水市气象局副调研员
林艳	女	汉	1959.12—	辽宁台安	2008.3—2012.3	任河北省气象局观测网络处处长
林朝旭	男	汉	1972.6—	河北望都	2018.10—	任河北省气象局直属事业单位正处级领导
蔺波	男	汉	出生年月及籍贯不详		1998.4—1998.8	任唐山市气象局副局长（挂职）
蔺虎山	男	汉	1950.9—	河北磁县	1996.4—2004.12	任邯郸市气象局党组书记、局长
刘剑	男	汉	1980.2—	河北故城	2013.7—	任张家口市气象局党组成员、纪检组长
刘舰	男	汉	1958.8—	辽宁锦州	2017.5—2018.8	任河北省气象局副巡视员
刘军	男	汉	1966.7—	江苏睢宁	2017.10—	任石家庄市气象局党组成员、副局长

刘　云　男　汉　1953.11—　河北宣化　1990.8—1997.8　任张家口市气象局党组成员、副局长

刘爱民　男　汉　1961.10—　河北定兴　1994.1—2002.12　任张家口市气象局党组成员、副局长

刘宝元　男　汉　1923.6—　河北行唐　1979.1—1984.2　石家庄行署气象局局长、石家庄地区气象管理处处长

刘伯彦　男　汉　出生年月及籍贯不详　1958.10—1962.7　任河北气象学校校长

刘桂林　男　汉　1946.9—　河北东光　2003.5—2006.9　任沧州市气象局调研员

刘红旗　男　汉　1948.3—　河北武邑　1994.1—1996.6　任衡水市气象局党组书记

刘怀玉　男　满　1978.9—　河北滦平　2015.6—2018.1　任河北省气象局办公室（应急管理办公室）主任

刘惠贞　男　汉　1932.2—　河北衡水　1984.8—1990.7　任衡水地区气象局党组成员

刘建平　男　汉　1928.3—2015.2　河北唐县　1984.8—1988.3　任河北省气象局物资处调研员

刘建文　男　汉　1967.2—　河北成安　2016.2—　任河北省气象局计财处处长

刘剑军　男　蒙　1964.1—　河北崇礼　2019.6—　任张家口市崇礼区四级调研员

刘金才　男　汉　1943.2—1999.11　江苏武进　1999.4—1999.11　任河北省气象局党组成员、副局长

刘景钰　男　汉　1955.10—　河北肥乡　2015.1—2015.10　任邯郸市肥乡县气象局副调研员

刘景泽　男　汉　1925.3—1987.8　河北文安　1978.8—1980.9　任廊坊地区气象局党组书记、局长（副厅级）

刘聚山　男　汉　1944.1—　河北蠡县　1996.5—2004.1　任河北省气象局直属机关党委专职副书记兼政治工作处处长

刘丽颖　女　满　1959.6—　河北丰宁　2014.5—2014.6　任承德市气象局副调研员

刘美荣　女　汉　1940.1—　河北行唐　1993.6—1995.2　任张家口市气象局党组书记、局长

刘平安　男　汉　1944.7—2019.2　河北磁县　1994.2—2001.12　任河北省气象局监查审计处调研员

刘庆海　男　汉　出生年月及籍贯不详　1965.4—1974.5　任石家庄专员公署气象局局长、石家庄地区气象台革命委员会主任、石家庄地区气象局局长

刘树勋　男　汉　出生年月及籍贯不详　1979.10—1983.12　任河北气象学校副校长

刘顺明　男　汉　1945.11—　河北安国　1990.1—2002.9　任保定市气象局党组成员、副局长

刘文奎　男　汉　1966.9—　河北行唐　2013.3—　任河北省气象局机关党委党委专职副书记、党办主任

刘文振　男　汉　1937.8—　河北行唐　1984.8—1988.9　任河北气象学校副校长

刘小国　男　汉　1958.10—　河北顺平　2010.6—2016.2　任保定市气象局党组成员、纪检组长

刘晓光　男　汉　1959.7—　河北曲阳　2015.1—2019.7　任保定市曲阳县气象局副处职级

刘晓红　男　汉　1966.11—　河北元氏　2010.7—　任河北省气象局观测与网络处副调研员

刘辛田　男　汉　1930.2—1999.7　河北安国　1979.11—1984.1　任保定地区气象局副局长

刘新建　男　汉　1975.1—　河北顺平　2017.1—2017.12　任保定市顺平县气象局副处职级

刘学峰　男　汉　1963.05—　河北遵化　2011.11—　任河北省气象信息中心副主任

刘燕辉　男　汉　1961.1—　　河北徐水　　　2002.4—2005.3　任河北省气象局党组副书记、副局长

刘英凤　女　汉　1971.2—　　黑龙江海林　　2018.1—　　任保定市涿州市气象局副处职级

刘玉虎　男　汉　1963.8—　　河北阜平　　　2004.11—2016.2　任保定市气象局党组书记、局长

刘玉民　男　汉　1965.2—　　山东寿光　　　2011.6—　　任河北省气象技术装备中心副主任

刘玉山　男　汉　1967.6—　　河北涞源　　　2016.5—　　任保定市涞源县气象局副处职级

刘占先　男　汉　1933.12—　 河北宣化　　　1981.12—1994.1　任河北省气象局测报处副处长

娄　芳　女　汉　1967.8—　　河北晋州　　　2010.11—　　任河北省气象局财务核算中心副主任

卢建立　男　汉　1973.11—　 河北满城　　　2019.10—　　任张家口市气象局党组书记、局长

卢宪梅　女　汉　1968.9—　　河北昌黎　　　2011.7—　　任秦皇岛市气象局党组成员、副局长

鲁永平　女　汉　1955.7—　　天津宁河　　　2009.4—2010.7　任廊坊市气象局助理调研员

路　广　男　汉　1968.11—　 河北霸州　　　2019.6—　　任廊坊市永清县气象局局长、四级调研员

路云清　男　汉　1972.6—　　河北景县　　　2019.4　任沧州市景县气象局四级调研员

骆　英　男　汉　1931.5—2017.5　河北石家庄　　1984.3—1989.2　任石家庄地区气象管理处处长、石家庄地区气象局党组书记、局长

吕明惠　男　汉　1932.11—　 山东莱阳　　　1975.4—1993.1　任河北省气象科学研究所调研员

M

马　光　男　汉　1971.2—　　河北蔚县　　　2019.10—　　任张家口市气象局党组成员、副局长

马保安　男　汉　1951.11—　 河北唐县　　　2008.3—2011.10　任河北省气象局政策法规处调研员

马翠平　女　汉　1963.11—　 吉林四平　　　2015.06—　　任河北省环境气象中心主任

马厚祯　男　回　1937.6—1992.3　山东淄博　　　1983.12—1992.3　任秦皇岛市气象局副局长

马鸣山　男　汉　1921.7—2005.10　河北新城（高碑店）　1982.10—1983.9　任河北省气象局副局长

马庆保　男　汉　1942.6—　　河北宁晋　　　1994.2—2001.4　任河北省气象科学研究所所长

马瑞隽　男　汉　1938.12—　 江苏宜兴　　　1993.6—1999.1　任河北省气象台台长

马有祯　男　汉　1941.11—2007.3　河北临西　　　1990.11—1993.12　任邯郸地区气象局党组书记、局长

毛本玉　男　汉　1934.11—　 河北丰宁　　　1986.4—？　任河北气象学校副校长

毛翠辉　女　汉　1965.03—　 湖南韶山　　　2010.7—　　任河北省气象局办公室副调研员

孟庆三　男　汉　1930.8—2014.11　辽宁建平　　　1984.8—1990.12　任河北省气象局办公室副主任

孟增芳　男　汉　1932.7—　　河北任县　　　1979.12—1987.6　任邢台地区气象局副局长

苗先华　女　汉　1947.10—　 河南济源　　　2002.10—2002.11　任张家口市气象局助理调研员

苗志成　男　汉　1967.1—　　河北蔚县　　　2011.12—　　任承德市气象局党组成员、副局长

N

牛朝阳　男　汉　1972.8—　　河北新乐　　　2019.6—　　任石家庄市正定县气象局三级调研员

牛忠保　男　汉　1955.9—　　河北枣强　　　2001.6—2011.5　任衡水市气象局党组书记、局长

P

潘玉清　男　汉　1945.2—　吉林榆树　1984.3—1990.5　任承德市气象局副局长

彭　军　男　汉　1969.6—　湖北钟祥　2011.5—2017.7　任河北省气象局党组成员、副局长

彭东风　男　汉　1923.1—　河北献县　1960.1—1960.3　任石家庄市气象局局长

Q

齐文明　男　满　1967.7—　河北平泉　2015.11—　任河北省气象局人事处处长

齐宪明　男　汉　1958.3—　河北阜平　2002.1—2008.6　任河北省气象局人事教育处副调研员

齐英巍　男　汉　1925.3—　河北完县　1973.11—1983.12　任保定地区气象局局长

钱学超　女　汉　1948.7—　重庆开县　1998.1—2003.7　任河北省气象局人事教育处助理调研员

乔锐平　女　汉　1962.1—　山西昔阳　2010—2018.10　任河北省气象局观测与网络处副调研员

秦　庚　男　汉　1954.7—2018.10　河北河间　2012.3—2014.7　任河北省气象局副巡视员

秦　岭　男　汉　1936.3—2011.9　重庆涪陵　1984.8—1996.3　任河北省气象局物资处副处长

秦宝国　男　汉　1978.12—　河北滦县　2016.8—　任河北省气象台副台长

曲晓黎　女　汉　1982.7—　吉林蛟河　2017.10—　任河北省气象服务中心副主任

R

任　健　男　汉　1921.3—2003.9　河北灵寿　1960.3—1965.3　任石家庄市气象局、石家庄专署气象局局长

任　亮　男　汉　出生年月及籍贯不详　1974.11—1979.11　任承德地区气象局副局长

任建国　男　汉　1957.9—　河北容城　2015.1—2017.9　任保定市容城县气象局副处职级

戎改林　男　汉　1932.1—　河北隆尧　1974.12—1981.7　任邯郸地区行政公署气象局副局长

S

尚庆录　男　汉　1933.12—2005.4　河北威县　1973.7—1984.6　任邢台地区气象局副局长

申　敏　男　汉　1963.12—　河南新密　2015.8—2018.7　任河北省气象局党组成员、纪检组长

申社学　男　汉　1956.12—　河北魏县　2015.1—2016.12　任邯郸市魏县气象局副调研员

石立新　男　回　1968.1—　河北泊头　2011.6—　任河北省气象科学研究所所长、河北省气象与生态环境重点实验室常务副主任

石培仁　男　汉　1926.2—2007.5　河北无极　任职时间不详　任石家庄地区气象局副局长、调研员

石志增　男　汉　1965.10—　河北栾城　2017.6—　任衡水市气象局党组书记、局长

史美胡　男　汉　1946.2—　江苏宜兴　1986.12—1993.12　任邯郸地区气象局副局长

宋凤良　男　汉　出生年月及籍贯不详　1969.7—1974.11　任承德地区气象局局长

宋建清　男　汉　1966.5—　河北深州　2019.6—　任衡水市冀州区气象局四级调研员

宋善允　男　汉　1967.1—　辽宁丹东　2012.11—2018.3　任河北省气象局党组书记、局长

宋仕峰　男　汉　1964.11—　河北香河　2019.6—　任廊坊市香河县气象局局长、四级调研员

宋歆方　男　汉　1938.3—　　　　河北晋州　1996.7　　　　任河北省气象局工会工作委员会主任

宋永芳　男　汉　1945.9—　　　　河北清河　1989.3—2002.9　任石家庄地区气象局局长、石家庄市气象台台长、石家庄市气象局党组书记、局长

苏建林　男　汉　1935.7—2011　　广西梧州　1984.3—1988.8　任衡水地区气象局副局长

苏剑勤　男　汉　1941.9—　　　　福建晋江　1993.4—2001.9　任河北省气象局气候资料室主任

孙东磊　男　汉　1979.9—　　　　河北清河　2015.3—　　　 任邢台市气象局党组成员、纪检组长

孙连生　男　汉　1927.10—2017.12　河北交河　1979.10—1988.11　任邯郸地区气象局副局长

孙青宁　女　汉　1956.5—　　　　河北衡水　2002.3—2008.6　任河北省气候中心副主任

孙少军　女　汉　1964.7—　　　　河北蔚县　2019.6—　　　 任张家口市蔚县气象局四级调研员

孙顺清　男　汉　1929.6—2013.11　河北博野　1982.5—1987.7　任石家庄地区气象局副局长、调研员

孙志泉　男　汉　1934.2—　　　　河北唐山　1988.8—1994.1　任秦皇岛市气象局党组书记、局长

T

谭显富　男　汉　1952.7—　　　　四川开县　2002.6—　　　 任河北省气象局机关党委党委专职副书记、党办主任

檀盛岐　男　汉　1935.7—2013.10　河北唐山　1983.12—1988.8　任衡水地区气象局局长

汤仲鑫　男　汉　1938.10—　　　 湖北孝感　1993.3—1999.4　任河北省气象局党组书记、局长

田　广　男　汉　1913—1979.3　　河北新乐　1963.4—1979.3　任河北省气象局副局长（主持工作）

田　毅　男　汉　1955.10—　　　 河北辛集　2010.7—2015.10　任河北省气象局离退休干部办公室副调研员

田丽光　男　汉　1965.11—　　　 河北阜平　2015.1—　　　 任保定市阜平县气象局副处职级

田梦周　男　汉　1978.10—　　　 河北临漳　2018.12—　　　任沧州市气象局党组成员、副局长

田彦芳　女　汉　1959.11—　　　 河北唐县　1997.10—2013.11　任河北省信息工程学校副校长

田艳婷　女　汉　1971.6—　　　　河北晋州　2008.5—2013.3　任河北省防雷中心副主任

田子明　男　汉　1921.10—2004.3　河北玉田　1974.4—1978.10　任唐山地区气象局局长

W

王　川　男　汉　1965.9—　　　　河北滦南　2015.1—　　　 任唐山市曹妃甸工业区气象局副局长、职级并行副处级

王　锋　男　汉　1962.6—　　　　河北丰南　2012.12—　　　任唐山市气象局党组成员、副局长（兼任曹妃甸区气象局局长、曹妃甸工业区气象局局长）

王　利　男　汉　1962.8—　　　　河北磁县　2019.6—　　　 任邯郸市峰峰矿区气象局四级调研员

王　梅　女　汉　1971.1—　　　　河北成安　2018.10—　　　任邯郸市武安市气象局副调研员

王　梦　男　汉　1934.10—2015.11　河北巨鹿　1986.11—1994.10　任邢台市气象局调研员（副处级）

王　新　男　汉　1965.8—　　　　河北高碑店　2017.1—　　 任保定市涿州市气象局副处职级

王　学　男　满　1953.6—　　　　河北隆化　2006.3—2013.6　任承德市气象局调研员

姓名	性别	民族	出生年月	籍贯	任职时间	职务
王爱君	女	汉	1968.3—	河北丰南	2015.1—	任唐山市丰南区气象局局长、职级并行副处级
王春生	男	汉	1945.3—	北京市	1998.4—2005.3	任河北省气象局助理调研员
王春彦	男	汉	1952.3—	河北辛集	2002.10—2009.5	任石家庄市气象局党组书记、局长
王福振	男	汉	1928.8—	河北深泽	1984.8—1988.8	任河北省气象局物资处调研员
王高磊	男	汉	1982.8—	河北衡水	2019.8—	任河北省气象局人事处副处长
王国权	男	汉	1967.1—	河北玉田	2017.11—	任河北省气象局离退休干部办公室副主任
王海棠	男	汉	1966.11—	河北临西	2016.2—	任沧州市气象局党组书记、局长
王和全	男	汉	1954.5—	河北秦皇岛	2006.3—2014.5	任秦皇岛市气象局副调研员
王洪荣	男	汉	出生年月及籍贯不详		1982.9—？	任河北省气象局机关党委专职副书记
王建恒	男	汉	1973.4—	河北饶阳	2011.12—	任衡水市气象局党组成员、副局长
王建平	男	汉	1965.1—	河北迁安	2019.3—	任唐山市气象局党组书记、局长
王军迎	男	汉	1952.2—	河北高阳	2008.4—2012.2	任保定市气象局调研员
王丽荣	女	汉	1973.6—	河北定州	2011.12—2016.2	任廊坊市气象局党组成员、副局长
王青旺	男	汉	1960.3—	河北辛集	2019.6—	任石家庄市辛集市气象局四级调研员
王秋仙	女	汉	1962.7—	河北涞水	2002.12—	任保定市气象局副局长
王尚海	男	汉	1921.4—1989.12	山西五台	1974.11—1979.10	任承德地区气象局党委书记、局长
王世恩	男	汉	1969.4—	内蒙清水河	2018.5—	任河北省气象局党组成员、副局长
王淑巧	女	汉	1968.9—	河北故城	2008.6—	任河北省气象局监察审计处副处长
王铁英	男	汉	1954.10	河北定州	2008.3—	任河北省气象局计划财务处调研员
王文学	男	汉	1923.4—	辽宁北票	1979.10—1983.12	任承德地区气象局局长
王希贤	男	汉	1913—1974.12	河北定州	1966.5—1968.7	任邢台地区气象局副局长
王晓方	男	汉	1957.10—	河北乐亭	2015.9—2017.10	任张家口市气象局副调研员
王晓林	男	汉	1957.6—	河北乐亭	2015.1—2017.6	任唐山市丰润区气象局职级并行副处级
王晓霞	女	汉	1972.10—	河北武邑	2010.7—	任衡水市气象局党组成员、副局长
王欣璞	女	汉	1962.8—	湖北麻城	2018.11—	任河北省气象局党组成员、副局长
王新龙	男	汉	1967.5—	河北枣强	2008.6—	任河北省气象局科技与预报处副处长
王杏军	男	汉	1964.9—	河北安国	2015.1—	任保定市安国市气象局副处职级
王序宁	男	汉	1958.5—2001.5	河北故城	1993.11—2001.5	任衡水市地区气象局、衡水市气象局局长；1996.6—2001.5任衡水地区气象局、衡水市气象局党组书记
王序善	男	汉	1952.9—	河北临西	2008.8—2019.12	任河北省气象局财务核算中心主任
王永良	男	汉	1943.7—	天津武清	2000.12—2002.9	任廊坊市气象局助理调研员
王月宾	女	汉	1965.3—	河北故城	2008.4—2012.6	任河北省气象局计财处处长
王长生	男	汉	1950.10—	河北任丘	2002.4—2010.10	任河北省气象技术装备中心专职副书记
王治华	男	汉	1938.10	四川峨边	1984.3—1986.7	任张家口地区气象局副局长
王子洋	男	汉	1925.4—2010.5	天津宝坻	1981.3—1984.3	任廊坊地区气象局党组书记、局长
王宗敏	男	汉	1970.9—	河北新乐	2008.5—	任河北省气象台副台长
魏　滨	男	汉	1938.1—	河北万全	1996.10—1998.2	任河北省气象局助理巡视员

魏俊国　男　汉　1973.4—　　　河北威县　　2016.02—2019.5　任河北省气象信息中心主任

魏瑞江　女　汉　1966.4—　　　河北晋州　　2010.11—　　　任河北省气象科学研究所副所长

翁贵宾　男　汉　1934.8—2018.8　四川宜宾　　1983.5—1989.6　任唐山地区气象局、唐山市气象局党组书记、局长

吴　波　男　汉　1943.2—　　　浙江江山　　2002.4—2003.4　任河北省气象局巡视员

吴建路　男　汉　1952.2—　　　河北顺平　　1996.7—2004.12　任邢台市气象局党组成员、纪检组长

吴孟恒　男　汉　1961.10—　　　河北晋州　　2011.11—2016.02　任河北省气象信息中心主任

吴文海　男　汉　1964.3—　　　河北石家庄　2019.6—　　　任石家庄市栾城区气象局三级调研员

吴显春　男　蒙　1959.1—　　　河北丰宁　　2015.9—2019.10　任承德市气象局副调研员

吴彦丽　女　汉　1973.1—　　　河北石家庄　2019.6—　　　任石家庄市栾城区气象局三级调研员

吴玉田　男　汉　1939.7—　　　河北玉田　　1995.6—1999.7　任河北省气象局离退休干部办公室调研员

吴志会　男　汉　1965.9—　　　河北藁城　　2008.5—　　　任河北省人工影响天气办公室副主任

X

肖永茂　男　汉　1920.6—1928.7　河北馆陶　　1965.8—1965.12　任邯郸专区气象局局长

邢开成　男　汉　1965.12—　　　河北文安　　2011.8—　　　任河北省气候中心副主任

邢彦超　男　满　1971.9—　　　河北围场　　2016.1—　　　任保定市高阳县气象局副处职级

修玉洪　男　汉　1963.2—　　　河北霸州　　2019.6—　　　任廊坊市霸州市气象局局长、四级调研员

徐　平　男　汉　1965.9—　　　河北万全　　2002.12—　　　任张家口市气象局党组成员、副局长

徐党英　男　汉　1962.7—　　　河北广平　　2019.7—　　　任邯郸市广平县气象局四级调研员

徐登文　男　汉　1938.1—　　　江苏淮阴　　1992.8—1996.9　任沧州市气象局党组书记、局长

徐景福　男　汉　1926.10—　　　河北安国　　1981.2—1984.8　任河北省气象局人事劳动处处长

许德贤　男　汉　1930.4—2007.7　河北涞源　　1975.6—1979.2　任张家口地区行署气象局副局长

许金贵　男　汉　1915.12—2010.8　河北临西　1973.10—1983.12　任邢台地区革命委员会气象局局长、邢台地区气象局局长

许靖国　男　汉　出生年月不详　河北唐县　　1975.6—1978.12　任张家口地区行署气象局副局长

薛庆国　男　汉　1963.9—　　　河北肥乡　　2019.6—　　　任邯郸市肥乡区气象局四级调研员

薛遂猷　男　汉　1936.1—　　　河南修武　　1989.10—1996.11　任沧州市气象局调研员

Y

闫巨盛　男　汉　1971.2—　　　河北张家口　2016.10—　　　任河北省气象局应急与减灾处处长

闫树龙　男　汉　1964.1—　　　河北东光　　2010.7—　　　任河北省气象局离退休干部办公室副调研员

杨　红　女　汉　1967.5—　　　河北枣强　　2016.10　　　　任衡水市枣强县气象局四级调研员

杨　洁　女　汉　1967.10—　　　河北定州　　2018.6—　　　任保定市定州市气象局副处职级

杨大苏　女　汉　1954.5—　　　河北武安　　2008.3—2009.5　任河北省气象局机关党委办公室调研员

杨德本　男　汉　出生年月及籍贯不详　　　　1961.11—1962.7　任河北气象学校副校长

杨国星　男　汉　1974.10—　　　河北东光　　2018.12—　　　任河北省气象局直属事业单位正处级领导职务

姓名	性别	民族	出生年月	籍贯	任职时间	职务
杨海龙	男	满	1971.3—	河北遵化	2019.5—	任河北省气象信息中心主任
杨景文	男	回	1957.7—	河北易县	2015.1—2017.7	任保定市易县气象局副处职级
杨立新	男	汉	1966.9—	河北邢台	2019.6—	任邢台市气象局党组成四级调研员
杨林春	男	汉	1937.3—	江苏无锡	1984.6—1994.1	任邢台地区气象局副局长、邢台市气象局党组书记、局长
杨茂林	男	汉	1956.11—	河北曲周	1993.12—2009.8	任邯郸市气象局党组成员、副局长
杨润章	男	汉	1930.7—2001.1	河北阜城	1984.4—1985.12	任廊坊地区气象局调研员
杨生荣	男	汉	1929.8—	山西柳林	1984.9—1990.2	任河北省气象局调研员
杨淑玉	女	汉	1964.3—	河北曲周	2015.1—2019.3	任邯郸市曲周县气象局副调研员
杨慰畔	男	汉	1927.12—	河北曲阳	1984.12—1987.12	任河北省气象局监察审计室调研员
杨喜魁	男	汉	1941.1—2011.11	河北秦皇岛	1994.1—1996.6	任秦皇岛市气象局党组书记、局长
杨晓亮	男	回	1982.7—	河北滦县	2018.12—	任河北省气象台副台长
杨秀真	女	汉	1944.9—	河北河间	1993.4—1999.10	任河北省气象局科技教育处处长
杨彦欣	男	汉	1932.10—	河北安平	1984.8—1987.4	任河北省气象局物资处处长
杨永孚	男	汉	1953.9—	河北蔚县	2002.1—2013.9	任河北省气象局政策法规处调研员
杨永胜	男	汉	1969.8—	河北新河	2006.4—	邢台市气象局党组成员、副局长
杨玉超	男	汉	1967.10—	河北辛集	2019.6—	任石家庄市辛集市气象局三级调研员
杨玉峰	男	汉	1929.11—2016.1	河北涉县	1986.11—1990.3	任邯郸地区气象局党组副书记
杨志民	男	汉	1923.2—1989.8	河北无极	1972.7—1982.12	任河北省气象局党组副书记、副局长
幺伦韬	男	汉	1979.10—	安徽灵璧	2017.10—	任河北省气象技术装备中心副主任
姚学祥	男	汉	1963.9—	江苏盐城	2007.11—2012.11	任河北省气象局党组书记、局长
要虎臣	男	汉	1962.12—	河北满城	2017.12—	任保定市满城区气象局副处职级
叶常山	男	汉	出生年月及籍贯不详		1972.5—1972.12	任承德地区气象局局长
易春明	男	汉	1954.9—	河北涿鹿	2014.8—2014.9	任张家口市气象局调研员
尹祥林	男	汉	1935.1—	安徽天长	1987.5—1995.2	任河北省气象局气候资料室主任
尤凤春	女	汉	1958.3—	河北满城	2001.6—2007.7	任河北省气象台副台长
游景炎	男	汉	1934.12—2017.11	广东顺德	1983.7—1991.11	任河北省气象局副局长
游有源	男	汉	1952.1—	江苏宿迁	1995.10—1996.10	任河北省气象局副局长（挂职）
于德旺	男	汉	1963.8—	河北廊坊	2005.2—	任河北省气象局离退休干部办公室主任
于国华	男	汉	1963.1—	河北文安	2019.6—	任廊坊市文安县气象局四级调研员
于占江	男	满	1968.11—	河北宽城	2016.1—	任石家庄市气象局党组书记、局长
于长文	男	汉	1979.1—	黑龙江克东	2015.7—	任河北省气候中心副主任
俞海洋	男	汉	1983.4—	江苏连云港	2017.10—	任河北省气象灾害防御中心副主任
贠奎元	男	汉	出生年月及籍贯不详		1980.1—1982.3	任河北气象学校校长
袁春才	男	汉	1946.6—	河北卢龙	2001.2—2006.7	任秦皇岛市气象局纪检组长、调研员
苑铁军	男	汉	1954.1—	河北廊坊	2011.1—2014.1	任沧州市气象局副调研员
岳英树	男	汉	1954.7—	河北井陉	2008.4—2014.7	任石家庄市气象局调研员

Z

臧建升　男　汉　1955.11—　　　河北沧州　2011.01—2015.10　任河北省气象局巡视员
詹家立　男　汉　1932.12—　　　福建闽清　1988.2—1989.8　任唐山市气象局副调研员
展　芳　女　汉　1962.11—　　　北京昌平　2007.8—　任廊坊市气象局党组书记、局长
张　彪　男　汉　1918.9—1999.12　河北赵县　1973.9—1978.3　任河北省气象局局长、党委书记
张　红　女　汉　1957.3—　　　四川永川　2002.1—2012.3　任河北省气象局计财处副调研员
张　晶　男　汉　1969.9—　　　河北深县　2018.03—　任河北省气象局党组书记、局长
张　明　男　汉　1941.9—　　　河北雄县　1998.1—2001.8　任河北省气象局计划财务处助理调研员
张　帅　男　汉　1977.11—　　　河北香河　2016.7—　任廊坊市气象局党组成员、纪检组长
张秉祥　男　汉　1958.3—　　　天津宁河　2017.7—2018.6　任河北省气象局副巡视员
张灿仿　男　汉　1945.10　　　山东荣城　1998.4—2005.11　任河北省气象局调研员
张苍根　男　汉　1961.9—　　　河北晋州　2010.1—　任河北省气象局财务核算中心主任
张殿卿　男　汉　1951.5—2015.12　北京市　2002.01—2011.5　任河北省气象局计财处副调研员
张光亮　男　汉　1960.6—　　　河北广平　2010.6—2019.10　任邯郸市气象局党组成员、纪检组长
张广智　男　汉　1945.2—　　　河北辛集　1993.3—2005.3　任河北省气象局副局长、党组成员
张海霞　女　汉　1971.4—　　　河北永年　2010.7—　任河北省气象局科技与预报处副处长
张汉章　男　汉　1917.5—2007.2　河北武邑　1979.10—1983.11　任河北省气象科学研究所副所长
张和国　男　汉　1942.10—　　　江西南昌　1998.4—2002.12　任河北省气象局助理调研员
张洪涛　男　汉　1963.1—　　　山西阳城　2018.08—　任河北省气象局党组成员、纪检组长
张会英　男　汉　1951.1—　　　河北深泽　1994.1—2008.4　任河北省气象局后勤服务中心副主任
张金海　男　汉　1944.9—　　　河北顺平　1987.6—2002.9　任保定市气象局党组成员、副局长
张景云　男　汉　1953.11—　　　河北满城　2002.3—2010.11　任河北省气象技术装备中心主任
张军花　女　汉　1956.6—　　　河北隆尧　2002.1—2011.6　任河北省气象局政策法规处助理调研员
张立波　男　汉　1942.10—　　　安徽灵璧　1985.1—1992.7　任沧州市气象局党组书记、局长
张鹏程　男　汉　出生年月及籍贯不详　1988.9—　任河北气象学校副校长
张润民　男　汉　1963.6—　　　河北怀安　2002.01—　任河北省气象局办公室助理调研员
张守保　男　汉　1964.1—　　　安徽无为　2005.3—2013.6　任河北省气象局党组成员、副局长
张文秀　男　汉　1922.10—2002.5　河北安国　1973.1—1983.9　任河北省气象局副局长
张文宗　男　汉　1956.2—　　　浙江绍兴　2003.7—2010.2　任河北省气象科学研究所所长
张显涛　男　汉　1958.10—　　　河南郑州　2016.1—2018.10　任河北省气象局党组纪检组副组长
张新利　男　汉　1958.8—　　　河北阜平　2015.1—2018.8　任保定市阜平县气象局副处职级
张秀得　男　汉　1928.6—　　　辽宁义县　1956.1—1985.8　任承德市气象局副局长
张秀德　男　汉　出生年月及籍贯不详　1978.10—1985.8　任承德地区行署气象局、承德地区气象局副局长
张秀清　男　汉　出生年月及籍贯不详　1963.3—1964.12　任邯郸专员公署气象局副局长
张学文　男　汉　1929.1—　　　河北获鹿　1984.8—1989.7　任河北省气象局调研员

姓名	性别	民族	出生年月	籍贯	任职时间	职务
张亚卿	男	汉	1938.12—	辽宁黑山	1991.2—1996.6	衡水地区气象局党组成员
张耀海	男	汉	出生年月及籍贯不详		1966.11—1967.4	任张家口专区气象局副局长（主持工作）
张永红	女	汉	1962.12—	河北邯郸	2010.7—	任河北省气象局政策法规处副调研员
张永新	男	汉	1970.12—	河北大名	2019.10—	任邯郸市气象局党组成员、三级调研员
张友杰	男	汉	1982.4—	河北吴桥	2016.7—	任秦皇岛市气象局党组成员、副局长
张雨来	男	汉	1955.7—	河北定兴	2011.1—2014.1	任廊坊市气象局助理调研员
张云娉	女	汉	1963.5—	河北高碑店	2016.3—	保定市气象局党组成员、纪检组长
张增福	男	汉	1946.2—	北京平谷	1984.4—1985.12	任廊坊地区气象局副局长
张中杰	男	汉	1968.12—	河北辛集	2011.12—	任河北省气象服务中心主任
张作昌	男	汉	出生年月及籍贯不详		1977	任唐山地区气象局副局长
赵冠英	男	汉	出生年月及籍贯不详		1956.11—1960.10	任河北省气象局副局长
赵桂英	女	汉	1945.6—	山东临清	1998.4—2000.7	任河北省气象局人事处助理调研员
赵国石	男	满	1962.1—	河北遵化	2019.02—	任河北省气象局副巡视员
赵建明	男	汉	1977.7—	河北丰南	2011.12—	任河北省气象服务中心副主任
赵洁萍	女	回	1962.1—	河北沧县	2012.4—	任沧州市气象局调研员
赵京波	男	汉	1970.8—	河北徐水	2013.11—	任河北省信息工程学校（中国气象局气象干部学院河北分院）副校长、副院长
赵景旺	男	汉	1972.4—	河北乐亭	2013.7—	任唐山市气象局党组成员、副局长
赵九堂	男	汉	1923.6—	河北魏县	任职时间不详	任邯郸地区气象局副局长
赵开仲	男	汉	1945.11—	河北秦皇岛	1991.9—2002.9	任唐山市气象局党组成员、副局长
赵黎明	男	汉	1975.6—	河北阜平	2017.7—2018.11	任河北省气象局党组成员、副局长
赵妙文	男	汉	1979.10—	陕西岐山	2019.5—	任河北省气象局观测网络处处长
赵庆芬	男	汉	1941.10—	河北高碑店	1994.1—2001.11	任河北省气象技术装备中心专职书记
赵现平	男	汉	1965.6—	河北任县	2008.4—2011.5	任沧州市气象局党组书记、局长
赵银培	男	汉	1943.4—	河北阜平	1992.5—2002.3	任河北省气象技术装备中心主任
赵玉广	男	汉	1969.01—	河北辛集	2014.12—	任河北省环境气象中心副主任
赵志川	男	汉	1971.8—	河北磁县	2019.5—	任邯郸市成安县气象局副调研员
郑立顺	男	汉	1930.2—2008.12	河北滦南	1978.12—?	任唐山地区气象局副局长
郑绍统	男	汉	1938.7—	山东广饶	1995.10—1998.8	任石家庄市气象局党组纪检组长
郑祥成	男	汉	1926.3—2013.3	山东诸城	1964.3—1968.11	任河北省气象台副台长
郑新鹰	女	汉	1956.1—	山东诸城	2008.3—2011.1	任河北省气象局监察审计处调研员
郑旭明	男	汉	1960.11—	河北唐山	2019.10—	任唐山市气象局四级调研员
郑英武	男	汉	1931.7—	河北丰润	1987.8—1991.7	任河北省气象局物资处处长
郅京敏	男	汉	1967.8—	河北赵县	2002.3—	任河北省防雷中心、河北省气象行政技术服务中心副主任
智利辉	男	汉	1971.11—	河北元氏	2011.8—	石家庄市气象局党组成员、副局长
周 欣	男	汉	1933.10—	河北行唐	1978.2—1983.7	任河北省气象局党组书记、局长

周彩峰	男	汉	1919.3—1991.5	山东夏津	1974.11—1982.7	任河北省气象局办公室副主任
周凤祥	男	汉	出生年月及籍贯不详		1970.1—1971.5	任河北省水文气象工作站领导小组成员
周连科	男	汉	1962.8—	河北献县	2001.9—	任沧州市气象局党组成员、副局长
周学海	男	汉	1926.1—	北京通县	1984—?	主持河北气象学校全面工作
周友信	男	汉	1966.8—	河北饶阳	2015.1—	任衡水市饶阳县气象局四级调研员
朱 品	男	汉	1931.01—	安徽阜阳	1984.11—1993.03	任河北省气象局党组书记、局长
朱建良	男	汉	1941.12—	河北望都	1970.1—1971.5	任河北省水文气象工作站领导小组成员
朱永湘	男	汉	1945.10—	吉林德惠	1998.4—2005.11	任河北省气象局人事教育处助理调研员
朱玉峰	男	汉	1921.10—2007.10	山西右玉	1978.8—1983.9	任河北省气象局计财处处长
朱玉平	男	汉	出生年月及籍贯不详		1961.7—1962.10	任承德地区气象局局长
朱振栋	男	汉	1927.2—2014.10	河北枣强	1980.7—1983.7	任衡水地区气象局副局长
朱志俭	男	汉	1942.3—	河北丰南	1992.5—2001.5	任河北省气象局气象服务处处长
祝崇明	男	汉	1933.11—2019.11	陕西长安	1985.8—1987.7	任承德市气象局党组书记、局长
祝瑞肖	男	汉	1917.2—2012.7	河北饶阳	1961.7—1963.2	任邯郸专员公署气象局副局长

附录22

河北省气象局历年人员情况统计（1980—2019）

年份	职工人数			学历构成				职称构成				离退休		
	总人数	干部	工人	博士生	研究生	本科	大专	中专	正高	高级	中级	初级	总数	离休	退休
1981	2298														
1982	2395									2	201	562			
1983	2482					197	312	758							
1984	2393					218	308	714							
1985	2388					230	338	841		1	211	612	全省享受离休待遇200人，已办理115人		
1986	2560					219	362	1078							
1987	2573				1	227	362	1109	1						
1988									1	33	686	1255			
1989	2275	机关91 事业单位2184											229	145	84
1990	2527	2304	223			704		1019		30	646	1257	246	152	96

*1981年、1982年不包括临时工与计划外用工。

续表

年份	职工人数			学历构成					职称构成				离退休		
	总人数	干部	工人	博士生	研究生	本科	大专	中专	正高	高级	中级	初级	总数	离休	退休
1991	2684														
1992													358	175	183
1993	2390								2				489	166	323
1994	2370								3						
1995	2582	2205	377		8	833		1034	3	104	847	1188			
1996	2488														
1997	2534	2249	285		12	327	565	928	4	113	842	1101			
1998	2352	2084	268		15	312	574	837		102	763	1024			
1999	2327	2108	219		17	307	615	865		115	858	1029			
2000	2299	2108	191		18	310	647	834	3	109	859	1032			
2001	2249	2055	194		24	306	667	749		128	826	1013			
2002	2212	2024	188		28	341	688	688		127	787	1000			
2003	2189	2011	178		34	447	664	683		107	714	929	1062	116	946
2004	2196	2027	169	1	29	491	709	573	2	130	761	960	1170	108	1062
2005	2214			1	34	589			3	128	761		1204	102	1101
2006	2206			1	48	686			5	141	769		1265	98	1166
2007	2232	2081	151	2	62	818			4	161	744		1277	88	1188
2008	2224	2088	136	2	73	906			4	185	794		1302	81	1220
2009	2182			5	90	1029			9	197	881		1359	81	1274
2010	2154	编外91		7	105	1048			12	227	876		1411	75	1332
2011	2146	编外106		12	137	1108			15	255	936		1455	72	1380
2012	2178	编外117		12	180	1235			16	253	943		1515	68	1445
2013	2168	编外872											1546	62	1482
2014	2136	其中地方编制在编90		12	170	1366	588		19				1583	57	1524
2015	2241	其中地方编制在编131		12	180	1422	508						1581	45	1534
2016	2228	其中地方编制在编157		12	307	1528	475		17	291	1015		1597	42	1555
2017	2189	其中地方编制在编170		12	330	1536			24	301	1000		1617	37	1580
2018	2012	地方编制在编190		12	258	1577	355						1652	32	1618
2019	2004	地方编制在编207		13	280	1599	319		29	337	999		1672	28	1644

附录 23

河北省气象部门赴南极科考情况统计

姓名	性别	工作单位	次别	时间	站别
李国辉	男	滦平县气象局	18	2001年12月—2003年1月	长城站
王雷	男	高阳县气象局	19	2002年12月—2003年12月	长城站
刘军	男	河北省气象局	20	2003年12月—2005年1月	长城站
李国辉	男	滦平县气象局	21	2004年10月—2006年3月	中山站
李海锋	男	保定市气象局	27	2010年11月—2012年4月	中山站
刘志刚	男	青龙满族自治县气象局	29	2012年11月—2013年12月	长城站
张金龙	男	安平县气象局	34	2017年11月—2019年1月	中山站

附录 24

河北气象 65 周年纪

贺河北省气象局建局六十五周年华诞

河北气象事业 65 年回顾项目建设编纂小组集体创作

红色气象	延安始创	建国前夕	转至太行	柏坡扎根	服务中央	华北电专	建校李庄
农家窑洞	当作课堂	陆空探测	教授大纲	革命摇篮	培养栋梁	分赴全国	建设气象
一九四九	全国解放	气象工作	迎来曙光	军队建制	权在中央	一九五四	转建地方
华北统筹	省设科长	多业共举	建设气象	服务经济	保驾护航	五年计划	首绘理想

厅局建制	保定初创	九站一哨	全部家当	白手起家	描绘理想	骑马建站	寒来暑往
一局一台	省局开张	二十五站	铺开天网	成绩斐然	国家重奖	主席接见	永铸辉煌
省会迁津	服务扩张	海洋捕捞	民航保障	防雹增雨	土洋并上	台站过百	能力增强
六三八月	暴雨连降	气象预报	服务优良	保卫京津	守护家乡	十天十夜	党报表扬

文革十年	艰辛探索	省局两迁	业务失常	机制缺水	技术少粮	专家学者	集中农场
领导靠边	人才摺荒	今日军管	明日并合	学校停办	科研泡汤	基层台站	自律自强
坚守岗位	职责不忘	邢唐地震	雪上加霜	气象工作	人民至上	及时服务	全力保障

三中全会	步入正常	体制上收	隶属中央	首批学生	新生力量	雷达卫星	微机转报
职称评定	复归众望	人才入冀	学有所长	综合改善	合理布网	全员奋进	四化图强
气象大厦	省级首创	强局建设	基层希望	五个中心	各有所长	三个网络	传输保障
九二一〇	卫星专网	四个一流	能力更强	政府终端	科学翅膀	卫星遥感	预测产量
预报生动	美颜主讲	自动答询	伸手可尝	飞机大炮	增雨保墒	亚运服务	彰显力量
世纪新启	管理有方	法治社会	立法建章	项目建设	公开招商	人才引进	面对阳光
局校合作	补短采长	网上办公	效率至上	电视会商	快捷时尚	防雷检测	短信预警
新乐张北	雷达布网	自动观测	人员解放	台站美化	鸟语花香	文明系统	燕赵摘花
河北气象	六五华光	综合考评	全面开花	省部合作	做大做强	百年测站	八站上榜
人影基地	减灾护航	科技英才	茁壮成长	科普基地	社会共享	全国竞赛	水平超强
五一奖章	连续获得	进驻雄安	服务中央	备战奥运	为国争光	不忘初心	再续新章

附录 25.1

石家庄气象赋

常玉珍

华北腹地，冀域首府。东襟渤海，得水势之云气；西接太行，化山形之象数。燕晋咽喉，南北通衢。伏羲旧地，炎黄始祖。常山留韵，赵子龙长坂救主；李春冠技，安济桥横洨骇俗。繁荣之复，古城舵手起航；民族之兴，柏坡红旗永矗。

温带大陆，春秋温凉适度；季风气候，冬夏冷热凸显。寒暑分明，夏长春短；焚风西来，下沉风吹霾后；回流东起，抬升雨落山前。

时维己未，初立市郊农气站，继而专区气象台。岁至辛丑，已有十八市县局，二百余人惠城乡。百叶箱星罗密布，天地空立体测量；智能网络全覆盖，气象预警进村庄。激光雷达，苍穹流场探测；微波辐射，墟落耕桑护航；移动雷达车，堪称顺风耳听风雨，风云接收器，无异千里眼观天象；监测精密，科技创新保障；预报精准，防灾助力康庄；服务精细，福泽四境群众；再图振兴，共话百年沧桑。

信息传播，渠道渐广；公众满意，赞誉八方。拔尖人才时涌现，创新奉献出榜样。折桂全国文明单位，荣膺五一劳动奖章。新厦堂皇耸然起，气象事业续华章！

尽职以敬，增强风险意识；用利至诚，崇尚协调联动。天蓝九重，山韫玉而光辉；河碧千顷，水含珠而清莹。循序有恒，花香鸟鸣。星文竞秀，建设幸福都市；草木争荣，我辈再攀高峰！

附录 25.2

承德气象赋

鲍印清

巍巍燕山，滔滔滦水；东临渤海，西接蒙疆；北控朔漠，南卫京蓟。
溯五千载，红山文化；追商之初，殷人生息；抚三百年，清朝夏都。
山村上营，发迹行宫；承蒙德泽，热河故地；灵峰濡水，紫塞明珠。
新开史册，华夏龙腾；热河气象，开启新程；气象才俊，佟山铸功。
台站布网，量雨测风；预知寒暑，普惠民众；励志图谋，其乐无穷。
经磨历劫，图强奋争；霜雪同饮，雷雹共生；百折不挠，与时偕行。
旷世壮举，民族复兴；承德气象，时逢其盛；三个战略，开辟前景。
尖端科技，探索宇穹；济济贤能，把脉天公；拓展领域，阡陌纵横。
极目巡天，遥测自动；加密观测，车载移动；先进雷达，监测预警。
卫星通信，"9210"；微机网络，可视系统；数字传输，人机互动。
洞察天机，云图捕踪；数值模式，运筹风云；平台系统，帷幄集成。
驱雹增雨，降缚雷公；区划资源，桑果农耕；趋利避害，重大保障。
气象宗旨，情盈苍生；搏击天宇，大志永恒；六十甲子，再树丰功。

附录 25.3

张家口气象赋

贾文忠

察省旧府，张垣新市；神京屏翰，塞外名城。处三省冲要，逢源左右；据九边之首，雄踞内外。本是一方圣地，然地形多样，气候复杂，风生云起之苍穹，雨落雪飞；绿黄红翠之山川，尘漫霜染。历酷暑之盛夏，经寒冷之严冬。时风调雨顺，时灾害频繁，干旱洪涝高温，暴雨冰雹寒潮，低温冷害，大风大雪。虚空浩瀚，感风雨雷电之神秘；大地原野，叹万千气象之无穷。电闪雷鸣，暴风骤雨；万里雪舞，千山素裹。天地物华，云蒸霞蔚，古往今来，自然迷津，悠悠春秋之长远，漫漫岁月之绵长。

溯源鸿蒙，气象开篇。殷墟甲骨卜辞，周代河书洛图；春秋观天占卜，唐宋测风量雨。测天占候，安排农事。感动杞人忧天，赞叹诸葛预知浓雾兮草船借箭；天有不测风云，人能胜算东风兮烧赤壁。测风雨寒热燥湿，观云雾霜雹雷电，四时八节兮问世，二十四气兮诞生。南宋首创测雨验雪，明代已有气象观测；清朝定期奏《晴雨录》，各地报告《雨雪粮价》……

气象灾害，清河水患，档案载入历史；民国八年察哈尔观象台，和平公园测候所，已成今日古迹。为民服务，各有千秋，今日气象，与往不同。竺可桢培养人才，新一代继往开来。仰以测天，俯以察地，测天以控风云，察地以御灾情。降雷伏云，决胜九天之上；观云测雨，目极万里之遥。防汛抗旱，首当其冲；增雨消雹，舍我其谁？放眼大千世界，心系百万斯民。千古不测之难题，迎刃而解，鬼神皆为惊叹；桀骜不驯之蛟龙，束手就擒，世人无不称奇。

泽被高地先暖，风启境门后开。半世纪张垣建设，气象一路随行；十二载山城开放，服务军事牵手海外。凭地广蕴厚之长，读天人助力能源大市；借天高风行之阔，管天人协展风电宏图。还林兴木，固生态基础，菜优奶香，测天人伴百姓步致富新途；宣化葡萄，长城干红，蔚县杏扁，畅销海内外，气象人把准气象资源脉搏。安乐祥和，百姓愿望；日新月异。山城美景，四望屏山，披绿添彩；环路盛装，敞门迎客，治河蓄水，灵气韵起；扩城上山，错落多姿。都沁进了气象人的辛劳。无论是街中园兮，繁花秀树；园中亭兮，丝竹管弦。还是城中夜兮，华灯异彩；城中河兮，碧水微澜。都可以得到读天人对天气的把脉。太平山下同享盛世太平；清水河畔，共建清明秩序；气象人与众同担风雨，共享阳光。

云霞凌霄，红日东方，山川万里，气象神州。忆往日台站建设，看今朝气象崛起。废除机构多元，整顿体质紊乱。奠基近代气象，统一规划发展；用于军事航空，服务社会各业。布局建设台站网络，整顿规范气象测报。台站业务综合改革，触角延伸农林牧副渔。千山万壑兮，地形地貌纳尽万象；辽阔疆域兮，天气气候风美雨新。坝上草原，气象人冰天求真如苍柏守望；荒芜之地，观测员风雨严锲似红梅傲寒。风云际会，号角催征，未雨绸缪求发展，振兴气象日月新。卫星环球，雷达旋转；自动站代替人工测风雨，边远山区适时传回数据；全球联网资料相互交换，帷幄千里云天尽收眼底。雷达更新换代，如虎添翼，顿提升雷暴龙卷冰雹检测能力；极端天气事件，预报精细，更密切经济社会公众切身利益。服务途径，立体齐全。看图遥知十日雨，回波瞬晓午时雷。高空资料能报一地风云冷暖，区域站点可见全市雨势汛情。电视准点播报，网络随时待询，电话专号服务，短信温馨提醒。鼠标轻点，寰宇尽在掌握；键盘微动，预警已达四方。学知识，提素质，利国利民，钻技术，强业务，精益求精。走科学发展，敢当尖兵；建和谐社会，不遗余力。历届班子，协力同心。凭艰苦创业之精神，已历数十寒暑；乘改革开放之东风，要建百年功业。全局一体，同甘共苦，创业风正帆悬。披荆斩棘，一班老将猛志犹在；栉风沐雨，几多新人茁壮成长。市优秀，工作早入佳境；省文明，国先进，捷报频传。深得党政之赞，而为民众所称道。

噫吁兮！今逢盛世，春满华夏，美景良辰，感慨万千。六十年张垣气象人求索，观云测天；三十载改革浪潮涌动，丰功可碑。空间、大气、天气、气候、雷电、农业、生态，研究气象科学，解决关键技术。强化观测基础，提高预测水平，服务社会经济，气象业务拓展。抗洪抢险，预测天气挽危局；抗旱救灾，人工增雨显神通。社会进步建树奉献各业之所期，时代发展气象弥新民族之所望。

掩卷沉思，世事沧桑归大道；凭栏远眺，大好河山任览游。四个一流齐发展，四个提升在达标。滋雨露，沐阳光，万物得以孕育；制天命，晓时节，气象得以勃兴。百草繁茂，虽为造化所赐；五谷丰登，难离测报之功。赞我气象，艰难起步，屡创辉煌；祝我气象，一路凯歌，再谱新章。

附录 25.4

<h1 style="text-align:center">秦皇岛气象赋</h1>

王雅静　张双林

　　夫气者，云起之谓；象者，形态之变。气动四时，象及九县。节候嬗替，乃自然之属性；阴阳交割，实大化之筹算。公元之初，灵台肇始；甲骨之时，云图即见。

　　盖此一城，地接山海，名赋秦皇，孤竹故国，碣石旧乡。北屏燕山，峨峨乎叠嶂；南襟渤澥，浩浩乎泱茫。冬燥无寒，夏爽而凉。昔存长城雄关之首，近开北方不冻之港，且兼戴河夏都之谓，迨至于今，洋洋乎声名愈显。风云际会兮，人和至重；风骚引领兮，气象未央。乃铭渤曰：分担风雨，分享阳光。言自铮铮，气自昂昂。

　　港城气象，由站而局，已逾六十余年。绸缪风雨，耕耘云烟。邦民并重，黎庶为先。一则为农工，一则为商企；一则以决策，一则以践言。踞高山，穿郊原；观星象，度暑寒。未惮绝巘兮，踽步崇山之耸峙；长向荒郊兮，安知驻站之形单。深水良港，巨舰引航；临海大道，游人神闲。电力抢险，煤炭救援，果农筹划，旅游指南。狂飚未发而昭示，惊雷乍起而了然。高炮凌空，大音播散于云雨；早发预警，重任担当于铁肩。占卜而测，至绘图而析；临屏而断，故因网而缘。假科学为统领，以智慧而争先。任重道长，薪尽火传。平畴巨海，衣食之源。五谷垂颖，桑麻铺菼；网笼散布，鱼蟹盈篮。北瞻老岭，则竹苞松茂；南临沧溟，则岸阔帆悬。风尘盈袖，安为世之褒誉；霜雪载途，但求民之欢颜！

　　皇天隆物，以示下民。雨电风云，露霜垂落；山川草野，雾霭蒸腾。大参乎天，倏忽而有迹；细达乎地，精微而着形。清凉宣温，向由天定；狂飙雨雪，亦赖人成。因歌曰：燕山峣峣，集九天之灵气；渤海浼浼，寄万象以芳蘅。嗟乎！维我气象，赋此嘉名。河清海晏，俯仰天地心无所愧；朝乾夕惕，顾念生民道自我行！

附录 25.5

<h1 style="text-align:center">唐山气象赋</h1>

　　锦绣唐山，右北平旧地，渤海湾新府。锁钥东北，进出中原之关塞；屏蔽京城，问鼎华夏之要冲。南俯津门，东观沧海，尽得地利之便、风气之先，为华夏文明之旧址、近代工业之摇篮。先祖勤朴，耒耜躬耕；天工开物，得日月之精华；磨砺沧桑，植五谷养六畜；凤凰涅槃，不屈于旷世奇难。

　　宜居唐山，是为冬无严寒，夏无酷暑，雨热同季，四季分明。春则天光和煦，杨柳依依，花团锦簇，鸟啭莺啼；夏则凉风习习，草木蓊郁，莲荷田田，芳菲逶迤；秋则清明朗朗，金风送爽，层林尽染，丹桂飘香；冬则莽莽皑皑，银装素裹，玉树琼枝，冰湖鉴彻。

气象唐山，建站伊始，陋室简几，势孤人单，荒秽盈院，举步维艰。孰料天垂不测，地动震发，百年重镇分秒夷平；民蒙浩劫，凤凰折羽，廿万生灵阴阳两界。其苦其难，难以诉言。

尤能吃苦，自力更生开创新业；尤能战斗，抗震精神谱写新篇。看如今，一流台站，一站一景。庭院幽雅，楼舍俨然，科学发展，人尽其贤。仰以测天，俯以察地。追云逐月，显科学之能；书晴画雨，传世间冷暖。五十年风雨沧桑关乎民生，半世纪卧薪尝胆谋求发展。

卫星、雷达、自动站，织就天罗地网；数字、网络、应急车，尽展科技云天。驱雹增雨，气凌霄汉，预警应急，趋利避险。殚精竭虑于三农，创业不止于前瞻。

祈为一方之平安任重道远，思谋未来之发展重担在肩。顾当今而思沧桑，享成果而思奋战。十一五基础铺就，十二五蓝图展现。后来者且谨记创业之艰，蹈励进取之志，传承前辈胆识思愿，和谐创新并举，共谱唐山气象新篇！

附录 25.6

沁园春·廊坊气象

京畿重地，珠耀燕赵，黄金走廊。更风调雨顺，春芬秋芳。润泽何久？气象承当。未雨绸缪，四时不辍，以人为本惠千乡。人胜天，掌阳晴冷暖，砥柱中梁。

服务发展为纲，强网络预警达四方。誓争一流，与时俱进，提升能力，保驾护航。公共，安全，资源共享，决胜万里奏华章。望寰宇，浩歌天远，再铸辉煌。

附录 25.7

保定气象赋

刘玉虎

千年古城，人文保定。保州始宋，督署在清。地处京畿，龟卧冀中。北控三关，南通九省。西仰太行，云绕秀美之山川；东揽阔野，霞披富饶之平原。山高谷低，道元挥毫注水经；源短流急，九龙扇舞戏一珠。唐河流碧，胭脂漂红，冬浴温泉，夏沐凉城。野三坡十渡拒马，天生桥九瀑挂川。天道无言，四时行焉。桃夭杏白，崔护中山寻旧梦；苇绿荷红，孙犁泽国书新篇；红娘线牵，层林染尽秋色；窦娥冤伸，群山舞乱冬雪。狼牙雾冷，北岳霜寒，易水风萧，白石云暖。入诗入画，气象万千。

沧海桑田，气候变迁。三分人祸，七分在天。沙飞尘扬，十有九干。风狂瓦揭，雨骤城瘫。雹魔常年有，洪兽偶为患。雷电轻夺生命，雾雪阻断交通。春花晚雪，秋蔬早霜，花凋叶零，人悲心伤。呜呼哉！天施淫威，生命脆弱如累卵！

雄鸡高唱，东方红遍。建站伊始，创业维艰。管天为民，可感云天。春天故事，南北流传，神州上下，直指发展。老子曰："人法地，地法天，天法道，道法自然。"顺天应人，远离祸患。君不见，改革开放三十年，一部思想解放史，一曲气象发展歌。保定制造、保定文化，双轮驱动经济；气象服务、气象科技，合力护卫发展。奥运保障，我局英才当尖兵；汛期护航，天之骄子谱华章。避雷测风，气象科技助农；争先创优，上级表彰登峰。看今朝：卫星明我千里目，俯察风云变幻；雷达聪我顺风耳，细索四方八面。疏而不漏，四网三站。天气预报，力求精严。气象服务，嘘寒问暖。防雷消雹，防患于未然；预警提示，广播于灾前。展未来：防灾减灾，托起人民安康；气象资源，支撑可持续发展。新世纪、新理念，新风貌、新起点！金台海纳，聚我贤才无数；中枢英明，更谱气象新篇。

附录 25.8

衡水气象赋
刘鸿玉

大地之表　一气充盈　风云变幻　万象生成　人之与气　如鱼水中　须臾不离　休戚相生　远古圣人　探究时令　仰观天文　俯察地形　造宪作易　渊薮文明　气象之学　由此而生　华夏祖先　物候取征　龙凤龟麟　创为图腾　二十八宿　划分星空　二十四节　人人可诵　殆及西汉　大儒董公　创立学说　天人感应　雨雹之对　领先水平　风为噫气　云雨形成　雷电相击　冰雹发生　种种气象　科学阐明　其功甚伟　世代称颂　十八世纪　西方文明　中国气象　落后难兴

新中国后　开辟前景　五十多年　辉煌鼎盛　二十世纪　五六年冬　气象台站　创立建成　道路曲折　一语难形　气象之人　众志成城　艰苦奋斗　自力更生　百折不挠　努力奋争　开拓进取　与时偕行　时至今日　五十暑整　基本体系　渐渐形成　大气探测　天气预警　气象通信　资料加工　气象服务　区域联动　经济社会　全面作用　抗灾救灾　气象先行　人民财产　得以保证　科学发展　保护环境　和谐家园　气象有功　自古以来　无复其盛　赋以志之　以彰其兴　唯愿后贤　再树丰功　气象之绩　永志桃城

（作者：中共枣强县委党校）

附录 25.9

邢襄气象赋
郭彦波

泱泱商都，古郡邢台。传为尧舜之域，古乃燕赵名城。秦设信都，隋置邢州，元改顺德。东西分疆，山区、丘陵、平原相连；西依太行之巍峨，东揽运河之清秀；北沐省城之繁华，南临赵都之兴盛。顺德名胜，达活泉，山清水秀；开元寺，福佑众生；大峡谷，太行美景；白云洞，华夏奇观。邢州气候，四季分明，春煦夏暑，秋爽冬寒。奈大风寒潮，暴雨干旱，浓雾强霾，高温雹线，灾频害繁。幸信德人文浸润，才俊涌现；忆往昔、郭氏守敬，灵目双开，制仪表精数算；辨识宇宙洪荒，解释星斗云汉。气象台站，五三始建；昼夜观象，勤绘图慎推断。看今朝、气象人，雷达卫星织云间，观象站点密布，数值模拟窥云天；预知准确，广送及时，惠及人间；消雹增雨，防汛抗旱，欲现绿水青山；勇创新，甘奉献，助生态和谐发展。

附录 25.10

邯郸气象赋

张光亮

盘古开天地,日月铸风雨。古都邯郸三千年,燕赵南隅一万里①,西倚太行连三晋,东接齐鲁揽圣地,漳滏东渐融渤海,紫气西来②耕云雨;集山川名胜于秀美,聚古今贤明于一邑。遥想当年,女娲补天拯华夏,磁山文化创奇迹,胡服骑射推变革,将相和睦传世纪;魏武邺城,响堂北齐,太极广府,秦皇故里,浸透千古灵气。看今朝,两白两黑③兴赵都,富庶宝域展瑰丽。

寻踪磁山种桑麻④,气象物候分利弊;春夏秋冬交集,四时轮回运宜,八千年风和雨;观星看相,河书洛图,甲骨卜文测天气。月晕不刮风,日晕必下雨;朝霞不出门,晚霞行千里,古往今来集谚语;嗟呼,岁月留痕俱往矣!

邯郸气象,盛世起航。始于甲午国庆日,风雨历程一甲子;发展六十载,壮丽气象史。五十年代布网设点,十六台站竞相争奇。赤手肇造,创业奠基,手工抄报,小图分析;六三八⑤勇缚苍龙,九六八⑥巧掌天机;心系百姓,预测天气;探索天空气象人,胸怀广厦辨风雨!

改革开放三十载,科技主导谱新曲。业务现代化,四维探天气?卫星接收,天气雷达,地面观测,天基地基空基,宏观微观引天入地。天基系统测密于星际,空基张网探测于云系,地基网络探幽于山巅林海大地。通信电子,火箭飞机,气象装备,日新月异;趋利避害,人影干预;预报预测,精准分析;嘉誉富五车,勤勉创业绩;预警大楼耸然崛起,和谐单位闻名省际;云雨无常而鸣警,风雷骚动占先机;无处不在,无微不至,倾其力做好气象灾害防御。噫吁兮,唯我气象,恪守以尽其职,诚信以其诺言矣!

壮哉邯郸,气象新篇。承古风于流韵,展宏图于期冀;四个作用⑦兴燕赵,市厅合作奠宏基;秉政府职能,施法治管理,气象改革展新翼;降龙伏虎司天象,耕云布雨续佳绩?恰逢立业六十载,盛世赋言以铭记!